Für alle meine Verwandten.

Jochen Schilk – Die Wiederbegrünung der Welt
50 ansteckende Geschichten vom Bäumepflanzen

2., durchgesehene Auflage 2020

Gestaltung: Marlena Sang
Umschlagmotiv unter Verwendung eines Fotos von
ArtistGNDphotography/iStockphoto
Herstellung: www.drachenverlag.de
Papier: aus verantwortungsvollen Quellen/FSC® Mix C014138
Druck und Bindung: Finidr, s.r.o., Český Těšín, Tschechien
ISBN 978-3-947296-07-1

Jochen Schilk

Die Wiederbegrünung der Welt

50 ansteckende Geschichten vom Bäumepflanzen

Weitere Geschichten, Informationen und Neuigkeiten finden sich auf dem Weblog: www.planetenpflege.de

DRACHENVERLAG

Inhalt

Kapitel mit methodisch-theoretischem Ansatz

Auftakt
Pflanzt, pflanzt, sonst sind wir verloren

Die wichtigste Aufgabe im Angesicht der kommenden Klimakatastrophe lautet: Pflanzt Bäume, Bäume, Bäume!

Philipp Gerhard, Forstwissenschaftler

Bäume habe ich in meinem Leben schon – beziehungsweise: erst – ein paar Dutzend gepflanzt, aber ich bin kein Forstwissenschaftler. Wie komme ich also dazu, dieses Buch über Aufforstung zu schreiben?

Wie kommen Laien dazu, plötzlich mit dem Pflanzen eines Walds zu beginnen? Ist da größenwahnsinnige Selbstüberschätzung im Spiel?

Eine gewisse Expertise lässt sich freilich kaum vermeiden, wenn man sich lange genug mit einer theoretischen Materie oder einer praktischen Herausforderung beschäftigt. Die in diesem Buch vorgestellten Laien-Aufforster wurden mit der Zeit zu Experten in Hinblick auf die ökologische Wiederherstellung eines ganz bestimmten Stückchens der Erde mit seinen jeweils spezifischen klimatischen, biologischen, geologischen usw. Bedingungen. Ich selbst wurde zu einem Fachmann hinsichtlich der hoffnungsvollen Geschichten dieser Leute – sowie der hoffnungsvollen Geschichten aufforstungsfreudiger Nationen und Organisationen. Ja, am (vorläufigen) Ende meiner Recherchen hatte ich nebenbei auch eine ganze Menge über die praktischen Aspekte der Aufforstung gelernt – Dinge, die Sie, liebe Leserin, lieber Leser, hoffentlich ebenso mühelos bei der Lektüre der nachfolgenden Kapitel aufnehmen.

Seit ich vor etwa fünfundzwanzig Jahren auf Jean Gionos berühmte Kurzgeschichte »Der Mann, der Bäume pflanzte« stieß, hat diese auf mich gewirkt. Die Sache ließ mich nicht los, ich war fasziniert von den im wahrsten Wortsinn radikalen (lat. *radix* bedeutet »Wurzel«) landschaftlichen und gesellschaftlichen Transformationsmöglichkeiten, die das Pflanzen von Bäumen eröffnet. Wie so mancher Leser jener Erzählung aus dem Jahr 1953, hatte auch ich zunächst angenommen, dass diese auf wahrer Begebenheit fußt. Und so fühlte ich Enttäuschung, als ich später Gionos Erklärung fand, sein Text sei reine Öko-Fiktion (siehe die Zusammenfassung im folgenden Kapitel). Meine Desillusionierung wich aber wiederum der Begeisterung, als mir mit den Jahren nach und nach bewusst wurde, dass weltweit eine ganze Reihe realer Beispiele für Menschen, die eigenmächtig Landschaften bewalden, existieren. Diese wahren Geschichten von den »Frauen und Männern, die Bäume pflanzen« ähneln einander – und auch Jean Gionos fiktivem Protagonisten Elzéard Bouffier – in vielerlei Hinsicht.

Als ein Bewunderer dieser großartigen Vorbilder entstand in mir der Wunsch, ihre ermutigenden Beispiele in einer Zusammenschau vereinigt zu sehen. Wenn es heute noch so etwas wie Heldenhaftigkeit gibt, wird sie für mich in diesen Geschichten sichtbar. Ihr »gem-einsam« vollbrachtes Werk müsste doch, so dachte ich, eine gebührende Würdigung finden! Ich hoffte außerdem, dass die frohe Botschaft von der weitgehenden Wiederherstellbarkeit der bereits an so vielen Stellen zerstörten Biosphäre dazu imstande wäre, besorgten Menschen Trost zuzusprechen und Inspiration zum Tätigwerden zu geben! Im deutschsprachigen Raum fand sich kein entsprechendes Buch, also habe ich mich daran gemacht, es selbst zu schreiben. Ich hoffe, es verfehlt seine Wirkung nicht.

Die Zeit wäre mehr als reif. So, wie es aussieht, treibt die Menschheit auf einen Abgrund zu; es droht der vollständige Verlust unserer Lebensgrundlagen. Ob es uns wohl gelingen wird, gemeinsam das Steuer herumzureißen und in letzter Minute einen anderen, rettenden Kurs einzuschlagen? Ich weiß es freilich nicht. Wenn ich aber eine ganz weite Perspektive einnehme, werden mir zumindest zwei Dinge klar. Erstens: Bevor man sich ans Aufräumen und Reparieren der Folgen einer menschgemachten Havarie begibt, muss man sicherstellen, dass das Leck gestopft ist. Wenn Ihre Badewanne überläuft, werden Sie nicht mit dem Aufwischen des Bodens beginnen, bevor Sie nicht den Hahn zugedreht haben. Ebenso verhält es sich mit der derzeitigen Krise auf dem Globus, der nicht mit Aufwischen und Reparaturmaßnahmen beizukommen sein wird. Es gilt zunächst, die systemischen Ursachen dieser Krise zu erkennen und zu beheben. Konkret: Die auf Profitmaximierung einiger weniger Unternehmen programmierte kapitalistisch-patriarchalische »Megamaschine«, um einen von Fabian Scheidler popularisierten Begriff zu gebrauchen, muss irgendwie in ihrer Zerstörungswut gestoppt und durch eine lebensdienliche Ordnung ersetzt werden!

Die zweite Erkenntnis lautet: Erst wenn dies bewerkstelligt ist, kommen die in diesem Buch versammelten, wunderbaren Beispiele der pionierhaften Landschaftswiederherstellungspraktiker zur vollen Geltung. Es ist gut, heute schon ihr leuchtendes Vorbild aufzugreifen und mit ihren Methoden weiter zu experimentieren. Es ist – natürlich! – richtig, heute möglichst viele Bäume für kommende Generationen zu pflanzen. Es ist wichtig, heute an Artenvielfalt zu bewahren, was zu bewahren ist. Man denke nur an jenen Spruch, der gerne Luther untergeschoben wird: »Und wenn ich wüsste, dass morgen die Welt untergeht, ich würde heute noch einen Apfelbaum pflanzen.« Aber die große Stunde der ökologischen Rekultivierung wird erst dann gekommen sein, wenn das Gespenst der fortschreitenden Weltvernutzung gebannt ist. Wenn begrünte Sandwüsten, in fruchtbare Agroforst-Systeme verwandelte Agrarwüsten, wiederaufgeforstete Berghänge und rekultivierte Industriebrachen nicht länger davon bedroht sind, doch wieder vom System der Gier eingefordert und verwertet zu werden – dann erst wird der Wiederaufbau dieser schönen Welt wirklich sinnvoll erscheinen. Und dann wird man der in diesem Band versammelten Do-it-yourself-Aufforsterinnen und -Aufforster vermutlich in Dankbarkeit gedenken und neugezüchtete Apfelsorten nach ihnen benennen.

In diesem Buch geht es aber nicht ausschließlich um diese oft einsam und unverstanden über Jahrzehnte vor sich hin pflanzenden Menschen. Ich fand neben diesen auch viele andere motivierende Beispiele von Gemeinschaften bzw. Teilen der Gesellschaft, die sich der Aufgabe der Wiederbegrünung annahmen, oder von einzelnen Ländern, die Erstaunliches auf diesem Gebiet leisten. Ja, tatsächlich legt die internationale Staatengemeinschaft mittlerweile massive Wiederbegrünungsprogramme auf – eine Nachricht, von der erstaunlicherweise erst in allerjüngster Zeit vermehrt in den Zeitungen zu lesen ist. Und das, obwohl die Art und Weise, wie dieser Ansatz zur Umsetzung kommt, vermutlich entscheidend die Lebensqualität unserer Enkel bestimmen wird. Dabei werden auch einige Ansätze vorgestellt, die den fahlen Beigeschmack des modernen Ablasshandels im neu aufgekommenen Geschäftsfeld des Emmissionsrechtehandels haben.

Sie, liebe Leserin, lieber Leser, werden auf diesen Seiten eher nebenbei auch Informationen zum flächenmäßigen Potenzial landschaftlicher Wiederherstellungsmaßnahmen auf der Erde finden, zu entsprechenden praktischen Methoden, zu gebotenen Prinzipien usw. Auch habe ich versucht, das Potenzial zu umreißen, das die weltweite Aufforstung bei der Abmilderung der Erdüberhitzung (der gängige Begriff des »Klimawandels« erscheint mir verharmlosend) haben dürfte. Immer wieder wird in diesem Buch außerdem deutlich, welch mannigfaltige unmittelbare sozioökonomische Vorzüge eine von Gehölz-Vegetation belebte Landschaft für die ansässige Bevölkerung besitzt (von den natürlichen Graslandschaften, die weite Anteile der Landflächen ausmachen, und anderen baumlosen Biotopen einmal abgesehen). Manches hiervon mag allzu selbstverständlich erscheinen. Aber solange in der Zeitung mehr von Lebensmittel-Fremdversorgung an abhängig gemachte Bedürftige oder von technischem Geoengineering als Strategie gegen den Temperaturanstieg zu lesen ist als von naheliegenden, natürlich-systemischen Lösungsansätzen, so lange haben diese Buchpassagen ihre Berechtigung.

Kurz vor Fertigstellung der letzten Manuskriptfassung wurde an der ETH Zürich eine wegweisende Studie veröffentlicht (siehe Seite 83), die das weltweite Potenzial von Aufforstung zur Senkung des Weltklimas klar benennt: Bäume pflanzen ist die wirksamste Maßnahme gegen die Erdüberhitzung!

Am liebsten wäre ich für dieses Buch durch die Welt gereist, um all die grünen Wunder mit eigenen Augen zu sehen. So hätte aus diesem Projekt auch ein Fotoband oder ein Dokumentarfilm werden können. Doch aus zeitlichen, ökologischen, finanziellen und nicht zuletzt aus gesundheitlichen Gründen wurzelt dieses Werk nicht in Feldforschung, sondern beruht auf Recherche von zu Hause aus. Jahrelang sammelte ich Zeitungsartikel, wertete Buchkapitel aus, übersetzte Texte, die ich im Internet gefunden hatte, wühlte mich durch das Angebot auf Online-Filmportalen und führte Interviews per Telefon und E-Mail mit Vertretern privater und öffentlicher Aufforstungsinitiativen. Die Arbeitsfassungen einiger kurzer Pflanzgeschichten wurden vorab in der Zeitschrift »Oya«, an der ich mitarbeite, veröffentlicht. Ermutigt durch Reaktionen auf diese Artikelreihe forschte ich weiter. Immerhin gelang es mir dabei, auch einen Aufforstungsprofi sowie mehrere Selbermach-Aufforster in Deutschland ausfindig zu machen und zu besuchen, um sie direkt nach ihren Erfahrungen zu befragen.

Es geht hier nicht um eine exakte Analyse der diversen Gründe für Abholzung und Bodendegradation, obwohl dies an mehreren Stellen im Buch angesprochen wird. Auch geht es nicht um den Kampf gegen Landschaftszerstörung – wobei zumindest an dieser Stelle festgestellt werden muss, dass solches Engagement ebenso wichtig ist wie Aufforstungsbemühungen. Es sind komplementäre Ansätze, und die Geschichten von Menschen, die sich schützend vor Bäume stell(t)en – die indische Chipko-Bewegung, Julia Butterfly Hill in den USA, die Leute, die im Kampf gegen den Braunkohletagebau den Hambacher Forst besetzen, um nur einige zu nennen –, sind nicht weniger wichtig und bewegend als jene der Wiederbegrünungsaktivistinnen. Worauf ich ebenfalls bewusst verzichtet habe, ist die botanische Seite. Wer Handbücher und Fachliteratur zu empfehlenswerten Forstpflanzen und -methoden für die unterschiedlichen Breitengrade sucht, wird anderswo leicht fündig werden. Ich versuche mich hier auf Aspekte zu konzentrieren, die – derart aufbereitet – noch nicht in Buchform verfügbar sind. Und wo wir schon dabei sind: Dieses Buch erhebt selbstredend keinerlei Anspruch auf Vollständigkeit, auch wenn der oben erwähnte Fan in mir noch so gerne eine komplette Zusammenschau der grünen Hoffnungsschimmer gesehen hätte. (Wie viele Beispiele von Do-it-yourself-Aufforstern mag es wohl weltweit geben? Dreihundert? Dreitausend? Dreißigtausend?) Wenn Sie sich, möglicherweise angespornt von dieser Lektüre, künftig weiter mit der Thematik befassen, so werden Sie vermutlich auf weitere Beispiele und Informationen stoßen, die es wert wären, hier erwähnt zu werden. Gerne können Sie mir Ihre Fundstücke zuschicken – außerdem freue ich mich über Rückmeldungen fast jeder Art! Ich werde die Geschichtensammlung online fortführen – schauen Sie doch mal vorbei auf www.planetenpflege.de!

Am schönsten wäre es freilich, wenn dieses Buch dazu beitrüge, dass Sie Feuer fangen nicht nur für die Theorie, sondern auch für die Praxis der Wiedergrünmachung! Wer erste Erfahrungen beim Bäumepflanzen sammeln möchte, findet am Ende des Buchs neben einigen Pflanztipps auch Adressen von Organisationen und Online-Plattformen aus dem deutschsprachigen Raum. Und warum nicht dieser globalen Herausforderung eine berufliche Karriere voller Sinnhaftigkeit widmen?!

Die grüne Transformation dieser Welt beginnt im Kopf. Wenn Sie dieses Buch gelesen haben, werden Sie Ihre Um- und Mitwelt womöglich mit neuen Augen sehen. Überall sind Räume zu entdecken, denen eine Bepflanzung mit Büschen und Bäumen guttäte: entlang städtischer Straßenzüge und Landstraßen, in ausgeräumten heimischen Agrarlandschaften oder auf wüstenartigen Flächen, denen Sie im Ausland begegnen. Vielleicht verfügen Sie selbst über Land oder kennen einen Waldbesitzer? Wir können uns auf politischer Ebene für Pflanzmaßnahmen einsetzen, können vertrauenswürdigen Initiativen Spenden zukommen lassen, können Permakultur-Techniken erlernen, können uns einer bereits vorhandenen Aufforstungsorganisation anschließen oder selbst eine solche ins Leben rufen. Legen Sie mit gesammeltem Saatgut eine kleine Baumschule an, verschenken Sie Setzlinge, starten Sie in Ihrem Bekanntenkreis eine Tradition des Baumpflanzens ... Sie werden sehen, dass gerade die Praxis große Freude bereitet und vielfältige neue Verbindungen schafft.

Die simple Botschaft dieses Buchs zielt auf die Utopie einer grünen Welt, in der wir Menschen in Frieden miteinander und mit der Planetin leben. Doch die hier dargestellten Ansätze sind – soweit ich das beurteilen kann – alles andere als utopisch, sie sind absolut real, konkret und auf klein- wie großräumige Landschaften skalierbar. Wenn Sie die hier versammelten Hoffnungsgeschichten lesen, wird es Ihnen leichtfallen, sich die Welt als Paradiesgarten vorzustellen. Erdüberhitzung, Hunger, Erosion und Bodendegradation sind keine Notwendigkeiten. Die Idee der Wiederherstellbarkeit völlig verwüsteter Landstriche wurde vielfach eindrucksvoll bewiesen. Die Zeit, als diese Ideen einiger verrückt erscheinender Pioniere verlacht wurden, ist vorüber. Heute können – und müssen – wir ganz selbstbewusst darauf hinwirken, dass diese verheißungsvollen Möglichkeiten überall zum Einsatz kommen. Vielleicht gelangt die Menschheit in wenigen Jahren zu der Erkenntnis, dass ihre Rettung auch darin liegt, sich »aufzubäumen«, das heißt: um ihr Leben Bäume zu pflanzen und Landschaften zu reanimieren, wo immer es möglich ist.

Als weiteres Anzeichen dafür, dass das Potenzial der Landschaftswiederherstellung verstärkt ins Blickfeld der Öffentlichkeit gerät, werte ich die Verleihung des Alternativen Nobelpreises (offiziell: »Right Livelihood Award«) im Jahr 2018 an zwei der hier vorgestellten Selbermach-Aufforster. Die wunderbaren Geschichten zu Tony Rinaudo und Yacouba Sawadogo können Sie ab Seite 55 bzw. 59 nachlesen. Die kenianische »Mutter der Bäume«, Wangari Maathai (Seite 87), hatte diese Auszeichnung bereits 1984 erhalten; zwanzig Jahre darauf wurde ihr sogar der Friedensnobelpreis zuerkannt. Ibrahim Abouleish (Seite 102) erhielt den Alternativen Nobelpreis 2004; allerdings blieb sein Wirken als Wüstenbegrüner in der Jurybegründung unerwähnt. Die öffentliche Würdigung dieser Menschen macht Mut – und bestärkt mich in dem Glauben, dass mein Buch zur rechten Zeit kommt. Vielleicht entdecken Sie darin ja noch weitere alternative und anderweitige Nobelpreisträgerinnen und -träger in spe.

Neben den von mir selbst geführten Interviews und Gesprächen durfte ich bei meiner Arbeit auf eine Fülle bereits vorhandenen Materials zurückgreifen. Mein Dank gilt deshalb zuerst jenen Autorinnen und Autoren, die ermutigende Aufforstungsgeschichten vor mir recherchiert und dokumentiert haben. Ich danke zudem allen Menschen, die zum Entstehen dieses Buchs beigetragen haben. Und ich danke Ihnen, die oder der Sie sich die Zeit nehmen, diese Seiten zu lesen – und zu überlegen, auf welche Weisen die Wiederbegrünung der Erde praktisch umgesetzt werden kann. Nicht zuletzt möchte ich den Bäumen danken, die ihr Holz für Druckerzeugnisse wie dieses geben und auf zahlreiche weitere, bekannte und unbekannte Weisen das Leben von uns Menschen auf diesem Planeten unterstützen. Danke! Zusammen sind wir stark.

Eine kurze Gebrauchsanweisung für dieses Buch

Die nachfolgenden Kapitel lassen sich in drei Kategorien – deren Grenzen oft fließend sind – einteilen: erstens Geschichten von Do-it-yourself-Aufforstern und -Wiederbegrünerinnen; zweitens Berichte von aufforstenden Gemeinschaften, Staaten sowie der internationalen Staatengemeinschaft; und drittens Kapitel, die (auch) methodische Ansätze und wichtige theoretische Überlegungen zur großflächigen Landschaftswiederherstellung enthalten. Diese Methodenkapitel erkennen Sie leicht daran, dass diese am oberen Seitenrand durch einen grauen Balken sowie durch ein einleitendes Zitat gekennzeichnet sind.

Die Anordnung der Kapitel erfolgte zum einen geographisch, das heißt, dass die Praxisprojekte, die sich einem bestimmten Ort zuordnen lassen, grob nach Weltgegenden wie »Indien«, »China« oder »Afrika« geordnet sind. Die offensichtlichste Ausnahme von dieser Regel bildet eine kleine Reihe von Geschichten über aufforstende Unternehmer. Ein anderes Kriterium bei der Anordnung bestand darin, Ihnen ein abwechslungsreiches Lesevergnügen zu bereiten; so habe ich etwa reine Methodenkapitel, die keinen geographischen Bezug aufweisen, zwischen die mehr erzählerischen Kapitel gemischt. Wo es angebracht erschien, habe ich versucht, aufeinander aufbauende Aspekte in eine sinnvolle Reihenfolge zu bringen – doch kann das Buch sicher auch nach einer selbstgewählten Kapitel-Abfolge gelesen werden.

Im Anschluss an jedes Kapitel finden sich Buchhinweise, Internet-Links sowie Anmerkungen. Ich rate dazu, sich durch die zahlreich empfohlenen Online-Videos weiter inspirieren zu lassen, denn Bilder erlauben oft tiefere Einblicke als geschriebene Worte. Damit Sie die Links nicht umständlich abtippen müssen, gibt es auf der Website www.planetenpflege.de eine interaktive Linksammlung. Auf dieser Seite werde ich zudem neu aufgetauchte Geschichten und Infos zum Buchthema bloggen; außerdem können Sie mich dort kontaktieren.

Elzéard Bouffier | Weltliteratur

Jean Gionos »Mann, der Bäume pflanzte«

Der französische Schriftsteller Jean Giono (1895–1970) schrieb diese Geschichte im Jahr 1953 für das amerikanische Magazin »Reader's Digest«, das ihn um einen Beitrag für seine Rubrik »Der erstaunlichste Mensch, dem ich je begegnet bin« gebeten hatte. Nachdem er zunächst begeisterte Reaktionen von der Redaktion erhalten hatte, bekam er jedoch bald einen sehr ungehaltenen Brief. Das Magazin – berühmt für seine gutrecherchierten Reportagen – hatte die Story auf ihren Wahrheitsgehalt hin überprüft und herausgefunden, dass 1947 kein Elzéard Bouffier im Hospital von Banon gestorben war. Man könne seinen Beitrag deshalb nicht abdrucken. Jean Gionos Tochter Aline berichtet, dass in der Familie noch jahrelang über die Naivität gelacht wurde, einen Schriftsteller – also einen professionellen Geschichtenerfinder – um eine Geschichte zu bitten und sich dann zu wundern, dass die Hauptperson erfunden war.

Doch Gionos Erzählung war gut genug, um es in einem Dutzend verschiedener Sprachen und unter verschiedenen Titeln doch noch in Bücher und Magazine auf der ganzen Welt zu schaffen. Sie inspirierte viele Menschen dazu, ihrerseits Bäume zu pflanzen und somit ein Stück von Elzéard Bouffier in die Wirklichkeit zu holen. In einer deutschen Biographiensammlung erschien der französische Schäfer sogar unter lauter realen Persönlichkeiten. Jean Giono hatte dem Herausgeber auf dessen Nachfrage hin die vergilbte Fotografie eines alten Bauern im Sonntagsstaat geschickt.

In einem Brief an den Wasser- und Forstverantwortlichen der Stadt Digne aus dem Jahr 1957 schrieb Giono jedoch: »Leider muss ich Sie enttäuschen, Elzéard Bouffier ist eine erfundene Person. Mein Ziel war es, die Liebe zu Bäumen oder besser die Liebe zum Pflanzen von Bäumen zu fördern. Das ist seit jeher eine meiner liebsten Ideen. Misst man die Sache am Resultat, so ist das Ziel durch diese erfundene Person erreicht worden.«[1] Das ist nicht übertrieben: Die nur 4000 Wörter zählende Kurzgeschichte hat sich in verschiedenen Übersetzungen annähernd eine halbe Million mal verkauft – und hat wohl mindestens ebenso viele Menschen inspiriert. Und noch immer erliegen Leserinnen und Leser, die nicht über den fiktiven Charakter der so glaubwürdig und berührend erzählten Story aufgeklärt wurden, dem nachvollziehbaren Wunschdenken, dass Elzéard Bouffier eine reale Person gewesen sei. (Mit den im vorliegenden Buch versammelten lebendigen Beispielen als Beweis könnte man behaupten, dass Bouffier tatsächlich real ist – er tritt nur weltweit unter verschiedenen Namen und Gesichtern auf.) So finden sich auf einer deutschsprachigen Website Landkarten und andere Details, durch die der Betreiber der vermeintlich historischen Figur des Elzéard Bouffiers auf die Spur zu kommen hofft.[2] Auch der Autor des aktuellen Buchs »Bäume auf die Dächer, Wälder in die Stadt!« (2017) sitzt diesem Irrtum auf.

Elzéard Bouffier – Vorbild und Trugbild zugleich

Ein unbenannter Erzähler berichtet in »Der Mann, der Bäume pflanzte« davon, wie er 1910 in den französischen Alpen wandert und die wilde Landschaft genießt. Als er durch ein ausgetrocknetes, vegetationsarmes Tal kommt, in dem bröckelnde Ruinen von der Flucht ihrer Bewohner künden, trifft er auf einen Schäfer mittleren Alters. Während dieser auf seine Tiere aufpasst, sät er mit Hilfe seines Schäferstabs einhundert mitgebrachte Eicheln in die Erde. Später stellt sich heraus, dass er auf diese Weise – einem inneren Auftrag folgend – mehr als einhunderttausend Bäume in der öden, windgepeitschten Landschaft angesiedelt hat.

Nachdem er den Ersten Weltkrieg als Frontsoldat überlebt hat, kehrt der Erzähler nach sechs Jahren in die Hütte des Schäfers Elzéard Bouffier zurück. Bei der Anreise ist er überrascht zu sehen, dass bereits schulterhoch wachsende Bäume »sich weiter [über das Tal] erstreckten, als das Auge reichte«. Ferner berichtet er: »Als ich aber zu den Dörfern hinabstieg, sah ich Wasserrinnen in den Bachbetten, die seit Menschengedenken trocken gewesen waren. Es war die erstaunlichste Wirkungsfolge, die mir je zu sehen geschenkt war […]. Auch der Wind trug neue Samen herbei: kaum war das Wasser wieder da, erschienen auch die Weiden wieder, die Flechtweiden, die Wiesen, die Gärten, die Blumen und – ein gewisses Recht, zu leben.« Den Schäfer aber schienen die schönen Auswirkungen seines Tuns nicht weiter zu kümmern, er verfolgte seine selbstgesetzte Aufgabe mit großer Beharrlichkeit und ließ sich auch durch Rückschläge – einmal waren ihm etwa 10 000 Ahornbäume, die Arbeit eines Jahres, eingegangen – ebenso wenig beirren wie vom Besuch eines törichten Forstbeamten, der ihm zum Schutz des vermeintlich natürlich gewachsenen Walds jedes offene Feuer untersagt.

Im Lauf der Jahre wird der Wald im Tal immer höher und dichter, und das einstmals trockene Ökosystem verwandelt sich in ein feuchtes, fruchtbares. Als der Erzähler gegen Ende der Geschichte ein drittes Mal zurückkehrt, leben in dem Tal wieder Tausende Menschen. »Alles war nun verändert: sogar die Luft. Statt der trockenen, jähen Stürme, die mich einstmals empfangen hatten, wehte ein sanfter, dufterfüllter Wind. Ein Laut wie Wasserrauschen kam von den Höhen. Es war der Ton des Windes in den Wäldern. Schließlich, das Erstaunlichste, hörte ich den Klang von wirklichem Wasser, das in ein Becken floss. Man hatte einen Brunnen gebaut, der überreichlich strömte, und, was mich am meisten rührte, man hatte neben ihn eine Linde gepflanzt, die bereits vier Jahre alt sein mochte, schon üppig, ein unbestreitbares Zeichen der Auferstehung.«

Jean Gionos Geschichte ist weltbekannt. Ironischerweise dürfte sie jedoch den wenigsten der echten Do-it-yourself-Aufforsterinnen und -Aufforstern ein Begriff sein, denn die leben und wirken meist außerhalb der westlich-industrialisierten Welt mit ihren literarischen Kanons.

Sehen wir im Folgenden, wie sehr Jean Gionos Fiktion mit der Realität an den Wirkplätzen der echten Elzéard Bouffiers übereinstimmt.

Anmerkungen

1 Jean Gionos Brief und der volle Wortlaut von »Der Mann, der Bäume pflanzte« in deutscher Übersetzung sowie in acht weiteren Sprachen sind verfügbar auf: www.pinetum.org/GionoDE.htm; Abbildungen der handschriftlichen Originale des Briefwechsels zwischen Giono und dem Forstbeauftragten Valdeyron können auf folgender Seite eingesehen werden: kurzlink.de/BriefGiono.

2 www.horstweyrich.de/luw/baumpfl.htm

Literatur

Giono, Jean: Der Mann, der Bäume pflanzte. Mit Illustrationen von Quint Buchholz, ins Deutsche übersetzt von Uli Aumüller, Hanser, 2007. (Französisches Original: L'Homme qui plantait des arbres, 1953. fr.wikisource.org/wiki/L'Homme_qui_plantait_des_arbres)

Film

Oscar-prämierter Zeichentrickfilm zu einer gelesenen Fassung von »Der Mann, der Bäume pflanzte« von Frédéric Back, 1987 (deutsch, 30 Min.)
www.vimeo.com/150193975

David Milarch | USA
Nicht irgendwelche Bäume!

Planst du ein Jahr, so säe Korn.
Planst du ein Jahrtausend, so pflanze Bäume.

Guan Zhong (720–645 v. Chr.), chinesischer Philosoph

Als ich mit der Aufbereitung des reichhaltigen Stoffs für dieses Buch fast fertig war, stieß ich plötzlich auf Jim Robbins' im Frühjahr 2015 veröffentlichtes und bislang unübersetztes Buch »The Man Who Planted Trees. A Story of Lost Groves, the Science of Trees, and a Plan to Save the Planet«. Der Titel lehnt sich unmissverständlich an Jean Gionos bekannte Kurzgeschichte an, der Untertitel lässt sich etwa folgendermaßen übersetzen: »Eine Geschichte von verlorenen Wäldern, der Wissenschaft von den Bäumen und einem Plan zur Rettung des Planeten«. Wie sich herausstellte, ist dieses Buch des US-amerikanischen Wissenschaftsjournalisten Jim Robbins ein Quell der Inspiration und die darin erzählte Geschichte des Aufforstungsaktivisten David Milarch eine hervorragende Ergänzung der vorliegenden Geschichtensammlung. Milarchs Botschaft – der zufolge die Wiederbegrünung der Welt vermutlich die einzige Überlebenschance der Menschheit ist und deshalb wohlüberlegt mit dem besten Pflanzmaterial zu erfolgen habe – erscheint mir so wichtig, dass sie den Auftakt der Pflanzgeschichten in diesem Buch bildet.

In der nun folgenden Zusammenfassung von Robbins' Buch klingen diverse Grundlagen zur Biologie und zu den vielfältigen Wohltaten von Bäumen an, die im weiteren Verlauf des Buchs gerne mitgedacht werden dürfen, auch wenn diese aus Gründen der Lesefreundlichkeit nicht stets aufs Neue genannt werden.

In einem ähnelt die Struktur von »The Man Who Planted Trees« jener fast aller hier versammelter Geschichten: Sie beginnt mit dem Verlust von Wäldern. In diesem Fall erzählt der Autor, wie er persönlich miterleben musste, wie ab 2003 auch die Kiefern seines Grundstücks bei Helena im US-Bundesstaat Montana durch eine sich aufgrund der Klimaerwärmung explosionsartig vermehrende Käferart dahingerafft wurden – so, wie es allen Kiefern des vom nördlichen New Mexico bis nach Alaska reichenden Gebirgszugs während des bislang umfangreichsten bekannten Baumsterbens in der jüngeren Geschichte erging. »Mit einem Mal hatte der Klimawandel mein Zuhause getroffen«, schreibt Autor Jim Robbins.

Bereits 2001 hatte Robbins für die »New York Times« einen ersten Artikel über David Milarch beziehungsweise über dessen damals noch in den Kinderschuhen steckende Organisation »Champion Trees« (Rekordbäume) verfasst. Das sich im Wesentlichen aus einer Farmerfamilie zusammensetzende Aktivistengrüppchen vertritt bis heute die Ansicht, dass die genetischen Erbinformationen der größten Exemplare jeder der in den USA heimischen 829 Baumarten unbedingt bewahrt werden müssten, solange die Riesen noch lebendig dastehen. Insbesondere ging und geht es ihnen um die arg dezimierten Mammutbäume an der kalifornischen Küste, die Redwoods und Sequoias; heute sammeln sie allerdings Proben aus aller Welt.

Wenn sich David Milarch, der Sohn eines Baumschulbetreibers nahe Detroit, in Fahrt geredet hat, ist er kaum noch zu bremsen. Man kann davon bei seinem TEDx-Talk oder in dem elfminütigen Dokumentarfilm »Moving the Giants« einen Eindruck bekommen. Seiner Ansicht nach hätten die Menschen eigentlich allen Grund zur Besorgnis, denn die Größe der heutigen Rekordbäume sei ursprünglich ganz normal gewesen für die nordamerikanischen Wälder, die bis zur Kolonisierung den ganzen Kontinent bedeckt hatten, »nicht bloß hier und dort ein letzter aufrechter Soldat«, wie Milarch sich ausdrückt. »Unsere natürlichen Systeme funktionieren nicht mehr richtig, weil das, was wir in unserer Lebenszeit als normal empfinden, weit davon entfernt ist, wie es sein sollte. Nachdem die alten Wälder drei, vier oder fünfmal durchforstet und ihrer besten Bäume beraubt worden sind, sehen wir nur mehr den Ausschuss vom Ausschuss vom Ausschuss. Das ganze Land sollte von Küste zu Küste mit Riesen bestanden sein, nicht mit diesem kümmerlichen, armseligen Rest, den wir unsere Wälder nennen. Wir haben Bäume mit schwachen Genen, Bäume mit genetisch schwachen Immunsystemen, und das führt zu einem geschwächten Filtersystem für Land und Wasser. Doch die Leute erkennen gar nicht, was sie verloren haben.«

Die Natur ist heute bekannterweise vielfach bedroht. Milarch behauptet aber, man müsse all die anderen Umweltprobleme – die Verschmutzung der Ozeane, das Artensterben oder die Erhöhung der CO_2-Konzentration in der Atmosphäre – nur lang genug zurückverfolgen, und man komme immer zu der einen Lösung: Wir brauchen mehr Bäume! »Wenn du aber in eine Baumschule gehst oder einen Baumkatalog anguckst, dann wirst du begreifen, dass die vorhandenen Bäume uns nicht werden retten können. Die Baumverkäufer haben nie beachtet, ob ihre Pflanzen genetisch auf Trockenheit vorbereitet oder resistent gegen Hitze sind. Und sie haben auch nicht erforscht, welche Arten am meisten CO_2 einlagern.«

Bei der Abholzung der alten Wälder rund um die Erde verlieren wir weit mehr als nur große Bäume: Wir bringen die Wälder um ihre Anpassungsfähigkeit an die Herausforderungen der Zukunft. Denn wenn Menschen immer wieder die besten Bäume heraussuchen und zu Brettern verarbeiten, geht jener DNA-Schatz verloren, der sich über die Jahrtausende durchs Überleben von Dürren, Krankheiten, Hitze und Kälte entwickelte. Wie Robbins schreibt, könnte jedoch eben diese DNA der kräftigsten, größten Bäume möglicherweise am besten geeignet sein, um die Reise einer Baumart in eine ungewisse Zukunft auf einem wärmer werdenden Planeten zu sichern. Paradoxerweise seien diese Informationen nun gerade in dem Moment verschwunden, wo der Baum sie am dringendsten brauche.

Baum-Rekorder

Hier sieht die Organisation »Champion Trees« ihre Aufgabe. Ihr Begründer David Milarch kam – wie noch zu hören sein wird – auf besondere Weise zu seiner Mission. Er glaubt: »Ein tausend Jahre alter Baum hat womöglich etwas zum Thema Überleben zu sagen. Wenn die Gene der größten Bäume verschwinden, muss sie irgendjemand schleunigst klonen und ein Archiv anlegen. Keiner kann heute sagen, welche Bedeutung diese Bäume haben. Also sollten wir sie schützen für den Fall, dass sich herausstellt, dass sie wichtig sind und erforscht werden müssen.«

Indem er Kopien von den besten der verbliebenen großen Bäumen macht und zu Abertausenden in den USA und weltweit anpflanzt, möchte David Milarch erreichen, dass diese Bäume weiterleben. Es mag sich herausstellen, dass diese Bäume nicht die besseren Eigenschaften besitzen – aber wenn doch, dann sind ihre genetischen Merkmale gesichert. Es bleibe uns gar nichts anderes übrig, als mit dem vermutlich besten verfügbaren Material zu arbeiten. Bäume begleiten die Menschen seit jeher auf bekannte und auf noch nicht erforschte Weise. »Wenn wir die Bäume verlieren«, warnt Milarch, »dann werden wir uns in einer Welt des Schmerzes wiederfinden.«

Wiederholt weist Jim Robbins darauf hin, dass es bei Bäumen große wissenschaftliche Erkenntnislücken gebe. Was Milarchs Hoffnung auf Rekordbäume betrifft, so ist sich die Forschergemeinde tatsächlich uneinig, welche Rolle die Gene für die Langlebigkeit spielen. Sicher ist, dass Umweltbedingungen wie Wasserverfügbarkeit und Bodenbeschaffenheit auch wichtige Faktoren sind. Zwei identische Ableger, die zehn Meter voneinander entfernt gepflanzt werden, entwickeln sich unter Umständen sehr unterschiedlich. Man kann also nur vermuten, dass es von Vorteil sein könnte, das genetisch am besten angepasste Material zu verwenden, wenn man einen Baum pflanzen und ihn dann sich selbst überlassen möchte.

Als »Champion Trees« davon zu sprechen begann, die größten der verbliebenen Redwoods kopieren zu wollen, hielten es nicht wenige Wissenschaftler für schlichtweg unmöglich, einen zweitausend Jahre alten Baum zu klonen. Das sei so, als ob man von einer 90-Jährigen verlangte, ein Kind zu gebären. Andere meinen, es sei pures Glück, dass die Baumriesen ihre Größe und ihr Alter erreicht haben. Es sei zwar keine schlechte Idee, ihr Genmaterial zu bewahren, aber letztlich unnötig.

Einen Riesenbaum kopieren

Vielleicht wissen Sie als baumbegeisterte Leserin oder Leser, dass Obstgehölze vermehrt werden, indem man einen Ableger (hier einen einjährigen Trieb) etwa einer bestimmten Apfelsorte auf einer »Wurzelunterlage« »aufpfropft«, um beide Teile zusammenwachsen zu lassen. Auf diese Weise ist garantiert, dass das Erbgut des ursprünglichen Baums sich zu 100 Prozent auf dem neuen Bäumchen wiederfindet. In den Samen zum Beispiel eines Boskop-Apfels stecken wahrscheinlich auch 50 Prozent Erbinformationen eines anderen Baums – mit anderen Eigenschaften –, die über den Pollen auf die Boskop-Blüte gelangten; deshalb lassen sich Obstsorten nicht über Samen vermehren. Will man einen rekordverdächtigen Mammutbaum kopieren, um dessen Erbinformation unverändert zu bewahren, gilt das gleiche Prinzip. Diese Redwood-Bäume haben zwar sowohl weibliche als auch männliche Blüten und können sich demnach selbst bestäuben, doch besteht natürlich auch die Möglichkeit, dass ein Redwood-Same von einem fremden Pollen befruchtet wurde.

Wenn David Milarch davon spricht, Rekordbäume über Ableger zu »klonen«, meint er jedoch nicht die aus dem Obstbau bekannte Pfropf-Veredelung, sondern ein Verfahren, das unter Laborbedingungen stattfindet. Hierbei wird am unteren Ende der geschnittenen Ableger-Jungtriebe ein kleines Stück Rinde entfernt, so dass das Kambrium zum Vorschein kommt. Diese Stelle wird dann mit Wachstumshormonen behandelt, bevor der Ableger für einige Wochen in ein bestimmtes Substrat gesteckt und in einem Gewächshaus permanent mit Wassernebel besprüht wird. Ist die Prozedur erfolgreich, wachsen aus der Schnittstelle kleine Haarwurzeln. Noch schneller ist die Klon-Methode in Gewebekulturen, wobei eine kleine Menge des sogenannten Meristem-Bildungs- bzw. -Teilungsgewebes eines Baums in Gefäßen mit Hormonlösungen dazu gebracht wird, fünf Sprossen zu bilden, die sich vorsichtig auseinanderlösen und dann ihrerseits weitervermehren lassen.

Im Auftrag des Herrn unterwegs

Wie bereits angedeutet, ist die Geschichte, wie David Milarch zu seiner Weltrettungs-Mission gekommen sein will, ziemlich ungewöhnlich – noch erstaunlicher klingt sie, wenn man die proletarische Herkunft des 1949 in Detroit geborenen Mannes in Betracht zieht. Seine Urgroßeltern waren aus Irland bzw. Deutschland eingewandert, der Vater betrieb eine Baumschule. Dort gewöhnte sich David schon ab dem Alter von acht oder neun Jahren an sehr harte Arbeit. Die Plackerei verhalf ihm früh zu einem muskulösen Körper, was dazu führte, dass er an seiner Schule bald zum König der Armdrücker wurde – ein Sport, der ihn noch ein halbes Leben lang viel Zeit in Kneipen verbringen ließ. Aus den Armdrücker-Wettkämpfen wurden bald mit bloßen Fäusten ausgetragene Boxkämpfe. David Milarch war in eine Straßengang geraten, die sich brutal mit anderen Gruppen bekriegte. Erst als er eine Familie gründete, wurde er etwas ruhiger; vom Alkohol, der früh ein Teil seines Lebens geworden war, konnte er allerdings auch dann nicht die Finger lassen. 1991 entschloss sich der schwere Trinker, einen kalten Entzug zu machen, zu Hause, ohne jede fremde Hilfe. Der riskante Versuch führte dazu, dass Milarch mit Leber- und Nierenversagen auf die Intensivstation eingeliefert werden musste – wo er in der darauffolgenden Nacht nach eigenem Bekunden eine Nahtoderfahrung machte: Er stieg im Raum auf und sah von oben seinen Körper im Bett liegen. Sein Bewusstsein stieg weiter auf und kam durch eine Zone aus hellem, weißem Licht. Er sah überwältigend schöne Dinge, Engel und andere Lichtwesen und fühlte eine bedingungslose Liebe. »Wenn das der Tod ist«, so dachte er, »dann ist das okay!« Bald darauf erklärte ihm jedoch ein Engel, er habe auf Erden noch eine Mission zu erfüllen; er könne nicht bleiben und müsse wieder zurück in seinen Körper – in dem er sich dann auch unvermittelt wiederfand. Milarch blieb noch sechs Wochen im Bett und entließ sich dann selbst aus dem Krankenhaus, obwohl die Ärzte eigentlich noch seine Füße amputieren wollten. Schmerzende Füße erinnern ihn seither ständig daran, auch nur dem Gedanken an Alkohol abzuschwören.

Drei Monate nach dem Vorfall, so erzählte David Milarch es Jim Robbins, wachte er zu Hause in seinem Schlafzimmer auf, das wie von mehreren Scheinwerfern grell erleuchtet war; rätselhafterweise schlief seine Frau Kerry weiter friedlich neben ihm. Eine weibliche Stimme wies ihn an, einen Stift zu nehmen, um etwas zu notieren. Als er am nächsten Tag erwachte und zehn mit seiner Handschrift beschriebene Seiten fand, konnte er sich zunächst an nichts erinnern. Er hatte in seinem Leben nie viel geschrieben. Seine Gattin wunderte sich allerdings, dass dieser in Davids Schrift verfasste Entwurf einer Rettungsorganisation für die von Auslöschung bedrohten Rekordbaum-Gene dieser Welt völlig fehlerfrei geschrieben war. Eine derartige orthografische Leistung hatte sie bei ihrem Mann noch nie erlebt!

David Milarch berichtet, dass ihm bereits bei der Nahtod-Rückreise Lichtwesen Bilder der schweren Zeiten, die auf den Planeten zukommen, gezeigt hätten: nicht bloß heißere und trockenere Bedingungen, sondern auch eine Landschaft der extremen Kälte, mit starken Winden, Tornados, Erdbeben und Fluten. Das gleißende Licht habe ihm zu verstehen gegeben, dass es sehr wichtig sei, die DNA der alten Bäume am Leben zu erhalten. Er erklärt: »Die Lichtwesen sorgen sich um die Bäume, weil sie wollen, dass der Planet überlebt. Nenn sie ›Lichtwesen‹, ›Pflanzendevas‹, ›Erdgeister‹ oder ›Engel‹ – es gibt sie tatsächlich, und einige von ihnen sind für Bäume zuständig. Die Amerikaner sind womöglich das einzige Volk der Welt, das nicht an ihre Existenz glaubt, aber ich und eine Menge anderer Leute können sie hören.«

Für den Wissenschaftsautor Jim Robbins ist der angebliche himmlische Auftrag freilich schwer zu akzeptieren – auch dann noch, als er recherchiert, dass einer Studie zufolge bereits zwischen 8 und 13 Millionen US-Amerikaner so etwas wie eine Nahtoderfahrung gemacht haben und dass das Phänomen überdies in allen Kulturen und

Religionen weltweit bekannt ist. Also behilft er sich, indem er entscheidet, dass er Milarchs Erweckungsgeschichte nicht notwendigerweise für bare Münze nehmen muss, um dessen Mission gutheißen zu können: »Ich habe keinen Wissenschaftler gefunden, der gesagt hätte, dass es keine gute Idee sei, die Gene der weltgrößten Bäume zu bewahren, um für eine mögliche Katastrophe auf einem rasch wärmer werdenden Planeten gewappnet zu sein.«

Freunde, die David Milarch schon lange kennen, bezeugen die Verwandlung, die das Erlebnis des Beinaheablebens bei ihm auslöste. Sie sagen, vor seiner Tuchfühlung mit dem Tod hätte er – abgesehen von einem Hang zu bewusstseinserweiternden Substanzen – keinerlei Sinn für spirituelle Dinge gehabt. (Skeptikern sei an dieser Stelle der Nahtod-Bericht »Blick in die Ewigkeit« des Neurochirurgen und ehemaligen Skeptikers Dr. Eben Alexander empfohlen.)

In Richard Powers 2018 erschienenem und 2019 mit dem Pulitzer-Preis ausgezeichnetem Baum-Roman »Die Wurzeln des Lebens« erhält eine der Hauptfiguren übrigens ebenfalls bei einer Nahtoderfahrung den Auftrag, sich um die Erhaltung der verbliebenen Redwood-Bestände zu kümmern. Der Verdacht liegt nahe, dass Powers dabei Anleihen bei David Milarchs Biographie genommen hat – auch wenn im Vorspann des Romans steht, dass jede Ähnlichkeit zu lebenden Personen rein zufällig sei.

Warum die himmlischen Wesen gerade ihn für die Mission ausgewählt haben, erklärt Milarch sich und der Welt so: »Wenn du ein absolut dringendes Projekt vorhast und dich in einer schwierigen Lage befindest und du zugleich über genügend Beistand und halbwegs ausreichend Geld verfügst – dann ist es immer das Beste, sich mit der Angelegenheit an einen Farmer zu wenden! Denn Landwirte sind es gewohnt, unter genau solchen Bedingungen zu arbeiten. Und es ist auch die Situation, in der sich meine Organisation Champion Trees von Beginn an befand. Wir begannen als Familienprojekt, wurden ein lokales, dann ein regionales Projekt, darauf erreichten wir die Ebene des Bundesstaats, dann die Landesebene – und heute fragen die unterschiedlichsten Staaten bei uns an, ob wir ihre Rekordbäume archivieren können. Meistens haben wir nicht genug Geld, aber ich bin überzeugt, dass es doch immer irgendwie reichen wird. Diese Bäume müssen besser früher als später archiviert werden! Das Universum möchte es so, also werden wir das hinkriegen.«

Rückschläge gehören dazu

In »The Man Who Planted Trees« lässt sich nachverfolgen, wie über die Jahre Projektfördermittel und Großmäzene kommen und gehen – und manchmal die Aktivitäten von Champion Trees auf Sparflamme laufen müssen, weil wieder mal Ebbe in der Kasse herrscht. Die Notlagen sind besonders bitter nach vorangegangenen üppigen Zeiten, wenn Reisen getätigt und Ableger geschnitten, große Infrastrukturmaßnahmen wie der Betrieb eines eigenen Gewächshauses zur Klonung finanziert und das

Team um wichtige Mitglieder erweitert werden konnten – wie eine Baumkletterin, einen Experten für die Ableger-Vermehrung, einen Baumfreak mit dem siebten Sinn für das Auffinden von Rekordbäumen oder eine wissenschaftliche Beraterin. Auch wenn David Milarch überzeugt ist, dass das ganze Unterfangen im Großen und Ganzen von himmlischen Kräften geleitet wird, bleiben Rückschläge nicht aus. Als etwa 2009 im organisationseigenen Gewächshaus Schimmelbefall auftritt, sterben innerhalb eines Monats 16 000 angewurzelte Ableger von Rekordhaltern 30 verschiedener Arten – da hätte Milarch, wie er eingesteht, beinahe alles hingeworfen. Ein anderer schwarzer Tag ist jener, als die nationale Forstbehörde seiner Organisation beschied, dass sie niemandem die Erlaubnis geben könnten, in Staatswäldern Genproben von Bäumen zu sammeln. Seither müssen die Aktivisten sich auf Bäume im Privatbesitz beschränken, auch wenn das nicht immer die ältesten oder größten ihrer Art sind.

Mammutbäume für die Welt

Mit dem Sammeln von Ablegern begann David Milarch im Sommer des Jahres 1992, einige Monate nach seiner Nahtoderfahrung und anschließenden Eingebung. Schon damals begleitete ihn sein Sohn Jared, der durch die Vision seines Vaters inspiriert wurde und seither ein fester Teil des Teams ist. Zwanzig Jahre später, im Dezember 2012, pflanzte Champion Trees im südlichen Oregon den ersten neuen Wald aus Klonen von uralten Mammutbäumen. Es gibt drei Unterarten von Mammutbäumen, zwei davon – die Sequoias und Redwoods – sind die in der ganzen Welt bewunderten Riesen der amerikanischen Westküste; sie wachsen schnell und gehören zu den besten Kohlenstoff-Einlagerern der Welt. Weil sie sich auch in vielen anderen Erdteilen anpflanzen lassen, möchte Milarch etwa in England, Irland, Frankreich, Australien, Chile und Neuseeland Redwood-»Superwälder« entstehen lassen: »Diese Bäume können uns aus dem Dreck ziehen!«, lautet sein Credo. »Sie wiegen tausend Tonnen und bestehen zu 40 Prozent aus Kohlenstoff.« Etwas 95 Prozent des ursprünglichen kalifornischen Mammutbaumwalds wurde abgeholzt, und von den verbleibenden 5 Prozent sind etwa 82 Prozent als Schutzgebiete ausgewiesen. Die weltweite Anpflanzung böte den weiteren Vorteil, dass die gefährdeten Baumarten in verschiedene neue Zonen »wandern« können, wo sie möglicherweise besser mit den abzusehenden klimatischen Veränderungen zurechtkommen. Die dritte Mammutbaumart, der Metasequoia, galt als ausgestorben, bis sie 1941 im Tempelhain eines abgelegenen chinesischen Dorfes entdeckt wurde. Samen dieses Baums wachsen heute in aller Welt, ein 1948 in England gepflanzter Metasequoia misst bereits mehr als 30 Meter.

Das größte heute bekannte Exemplar eines Mammutbaums, der General Sherman Tree im Sequoia-Nationalpark, erreicht bei einem Alter von etwa 3000 Jahren eine Höhe von 85 Metern und weist am Boden einen Stammdurchmesser von fast 10 Metern auf. Sein Gewicht wird auf etwa 2400 Tonnen geschätzt.

Da das Holz sehr witterungsbeständig ist, sind Stümpfe von vor 100 Jahren gefällten Mammutbäumen noch immer zu sehen – und einige leben sogar noch! Milarchs Crew nahm Ableger von Trieben, die aus solchen Stümpfen wachsen (dabei jedoch anfällig gegen Windbruch sind). Jim Robbins zitiert David Milarch mit der vor Selbstbewusstsein und Pathos strotzenden Aussage: »Dieser Stumpf ist von den Toten auferstanden – gerade so wie ich. Wir spielen beide die gleiche Rolle: Auferstehung.«

Damit in den künftigen Wäldern nicht immer nur dieselben Klone herumstehen, sondern die Evolution aus einem großen Genpool schöpfen kann, sät Champion Trees in den Superwäldern Zehntausende Samen von Bäumen verschiedenen Ursprungs; dabei wird pro hundert Samen jeweils ein Champion-Baum-Klon gepflanzt.

Neue Aufgaben für Militär und Wissenschaft

David Milarchs größte Vision betrifft eine Bewegung von bäumepflanzenden Menschen, die überall auf der Welt die alten Waldgebiete wiederherstellen und auch die Städte und Vorstädte aufforsten. Schulklassen sollten ihre Umgebung mit Gehölzen bepflanzen, und den Arbeitslosen dieser Welt könnte mit der Planetenpflege eine äußerst sinnvolle Beschäftigung gegeben werden. Außerdem schlägt Milarch vor, Aufforstungen vom Militär durchführen zu lassen (eine Idee, nach der mindestens bereits in Kenia gehandelt worden ist): »Statt Unmengen Steuergelder für Kriege und Rüstung zu verwenden, wäre es weise, die Armeen und ihr Equipment zur Aufforstung des Planeten zu verwenden. Das mag verrückt klingen, aber es ist doch genau das Richtige, um die Zerstörung rückgängig zu machen. Aufforstung und Heilung der Erde ist die einzig denkbare Antwort [auf die heutige Situation], und diese Möglichkeiten sind noch viel wirksamer, als die Wissenschaft bislang sagen kann.«

Jim Robbins beklagt, wie bereits gesagt, an mehreren Stellen seines Buchs, dass die Forschung bei Bäumen noch nicht so weit ist, wie sie sein könnte. Dennoch lebt »The Man Who Planted Trees« nicht nur von der guten Story um Milarchs Mission, sondern durchaus auch von den darin aufgeführten wissenschaftlichen Erkenntnissen zur Bedeutung der Wälder und einzelner Baumarten. Erstaunlich vieles von dem nachfolgend Notierten war für mich – zumindest in der von Robbins zum Ausdruck gebrachten Deutlichkeit – neu.

Was Bäume für Ökosysteme und Biosphäre tun

Obwohl allgemein bekannt ist, dass Bäume Sauerstoff produzieren, behaupten einige Forscher, dass diese Sauerstofferzeugung vergleichsweise gering gegenüber jener sei, die durch das mikroskopisch kleine Phytoplankton in den Ozeanen gewährleistet werde. Etwa 20 Prozent der Erdatmosphäre besteht aus Sauerstoff und etwa 90 Prozent davon stammen aus den Meeren. Diese Tatsache relativiert die Aussage der folgenden Absätze jedoch nur leicht:

Über Bäume gelangen Sauerstoff und Minerale in die Ozeane, sie schaffen Niederschlag, bauen Quecksilber, Nitrate und andere giftige Stoffe im Boden ab; sie sammeln und neutralisieren Sulfur, Dioxide, Ozon, CO_2 und andere gefährliche Luftschadstoffe in ihrem Gewebe.

Bäume versorgen uns Menschen mit Baustoffen, Schatten, Heilmitteln und einer großen Bandbreite an Nüssen, nährstoffreichen Blättern und Früchten. Sie bilden Nahrungsgrundlage und Habitate für eine große Zahl wilder Tiere, etwa für Vögel und Insekten.

Bäume sammeln große Mengen an Wasser und bilden ein planetares Hitzeschild, sie verhindern die Austrocknung des Bodens und kühlen die Erde. Der von der Blattvegetation langsam abgegebene Wasserdampf hat die Funktion eines bedeutsamen Kühlungseffekts für den Planeten. Dies hat nicht nur der deutsche Süßwasserökologe Wilhelm Ripl 2007 hervorgehoben (Seite 71), auch George A. Ban-Weiss und seine Kollegen von der »Carnegie Institution for Science's Global Ecology« kamen 2011 zu diesem Ergebnis. Bäume geben das in ihnen gespeicherte Wasser also nur langsam in den Wasserkreislauf ab, und wenn es regnet, lassen sie das Wasser langsam in den Boden eindringen, so dass es die Erdkrume nicht in Strömen mit sich reißt.

Das Säubern von verschmutztem Wasser könnte zu den wichtigsten Diensten gehören, die Bäume der Welt leisten. Viele Städte, darunter New York, sind dazu übergegangen, ihre Trinkwassereinzugsgebiete durch Aufforstungen bzw. Waldreservate zu schützen. Die Wasserqualität an baumgesäumten Flüssen ist bis zu zehnmal besser als diejenige offen fließender Gewässer; denn hier gelingt es den Baumwurzeln, Stoffe wie Ammonium oder Stickstoff und sogar Pestizide herauszufiltern und unschädlich zu machen. Ökologen sagen, der Schutz der Meere beginne wesentlich damit, Flussufer zu bepflanzen. Jim Robbins schreibt, dass Bäume eingesetzt werden können, um die schlimmsten Wasserverunreinigungen mit Dioxin, Ammonium, Reinigungsmitteln, in die Umwelt geratene Öle und Gase, Munitionsstoffe, polyaromatische Fluorchlorkohlenwasserstoffe, PCB und andere Industrieabfälle, ja sogar Sprengstoffe wie TNT unschädlich zu machen. Eine mit Altlasten verseuchte Stelle lasse sich oftmals durch die Anpflanzung von Pappeln und Weiden reinigen, denn diese Baumarten bilden mehr Wurzeln aus als andere. »Im Wurzelgeflecht mit seinen unzähligen Pilzen und Bakterien geschieht dann das wundersame Abbauen der Gifte.« Weißbirken zum Beispiel nehmen in industriellen Gebieten große Mengen an Zink auf.

Die zentralschwedische Stadt Enköpping entsorgt mittlerweile ihre gesamten Abwässer über eine mit Kopfweiden und Pappeln bestückte, 77 Hektar große Pflanzenkläranlage. Im stickstoffreichen Boden gedeihen die Bäume äußerst gut. Sie werden regelmäßig zurückgeschnitten; das Schnittgut wird gehäckselt und für die städtische Energieversorgung genutzt. Derartige Kläranlagen sind etwa 25 bis 30 Prozent günstiger zu errichten als konventionelle Anlagen. Der Hamburger Siedlungswasserwirtschaftler Ralf Otterpohl meint allerdings, dass die Wasserklärung mittels Gehölzen noch viel besser in äquatornahe Gegenden passt, wo es keine nennenswerte Vegetationspause gibt. Im skandinavischen Enköpping muss das im Winter entstehende Abwasser in riesigen Becken zwischengelagert werden.

Städtische Abwassersysteme können bei großen Wolkenstürzen oftmals nicht die anfallenden Wassermassen aufnehmen; dann gelangen Schadstoffe wie Öl und Benzin von den versiegelten Flächen oder auch große Mengen Hundekot unkontrolliert in Gewässer. Auch hier gewährleisten strategisch gepflanzte Bäume die Filterung von Boden und Wasser.

Die Verbesserung des Baumbestands sollte der erste Punkt jedes städtischen Umweltmaßnahmenkatalogs sein, fordert Robbins, wobei es hier nicht mehr darum gehen könne, einfach nur Bäume zu pflanzen – gefragt sei eine radikalere Herangehensweise an das Thema Neu- und Wiederaufforstung: Bäume seien keinesfalls als bloße Verschönerungsgegenstände des Stadtbilds zu begreifen; man müsse sie als eine strategisch zu pflanzende Ökotechnologie betrachten, als Teil der vielfältigen, lebendigen und äußerst wertvollen ökologischen Infrastruktur, die steinerne Städte zu kühlen vermag, die Wasser- und Luftströme säubert und reguliert, die als natürlicher Stimmungsaufheller dient, der Ängste und Depressionen reduzieren kann, die Grundstückswerte anhebt, die Lärm dämmt und vor UV-Strahlung schützt, die Wildtieren Habitate und Menschen Erholungsmöglichkeiten, Arzneistoffe, Früchte, Nüsse und andere wichtige Nahrungsmittel gibt. Statt an »Bäume in der Stadt« zu denken, fordert Jim Robbins dazu auf, das Leitbild von »Städten zwischen Bäumen« zu verfolgen.

Besonders faszinierend sind die Forschungen zu den Effekten der grünen Natur auf die menschliche Psyche. So haben Studien gezeigt, dass baumbestandene Nachbarschaften von weniger häuslicher Gewalt betroffen sind. Ebenso wurde nachgewiesen, dass Menschen, deren Krankenhauszimmer einen Blick ins Grüne erlaubt, schneller gesunden als Patienten ohne solche Aussicht. Kinder mit ADHS konnten sich vor und nach einem Waldspaziergang besser konzentrieren als vor und nach einem Ausflug ins urbane Chicago. Menschen, deren Lebensumfeld im Radius von einem Kilometer nur 10 Prozent Grünflächen aufweist, leiden öfter an Angststörungen (nämlich 26 von 1000 Individuen) als Menschen, deren Lebensumfeld 90 Prozent Grünflächen aufweist (18 von 1000 Individuen). Wo Bäume verschwinden, schlägt sich das nicht zuletzt in der allgemeinen Gesundheit der Bevölkerung nieder. Forschern zufolge schnellt die Zahl der Opfer von Herz-Kreislauf- sowie Atemwegserkrankungen in die Höhe, wenn ein Insektenschädling oder ein Holzfällerkommando regionale Wälder dahinrafft. Dieses Phänomen wurde an verschiedenen Orten beobachtet. Dr. Frances Kuo arbeitet an der Universität Illinois, wo der Zusammenhang zwischen Landschaften und menschlicher Gesundheit erforscht wird. Sie stellt in deutlichen Worten fest: »Ein verschwindender Wald führt zum psychischen, physischen und sozialen Zusammenbruch.«

Aerosol-Forschung

Zu David Milarchs Verbündeten zählt auch Diana Beresford-Kroeger, eine irischstämmige, seit 1969 in Kanada lebende Botanikerin und Expertin für medizinische Biochemie. Diese vermutet in ihrem Buch »Arboretum America. A Philosophy of the Forest«, dass die gigantische Rolle der Wälder bei der Aufrechterhaltung der Gesundheit der natürlichen Welt bislang weitgehend ignoriert wird. Zwar gehöre es zum Allgemeinwissen, dass Bäume Wasser und Luft filtern sowie Lebensräume für alle möglichen Insekten bilden, die bekanntlich auf der ersten Stufe der Nahrungskette stehen. Doch die Wissenschaftlerin beklagt, dass im Allgemeinen nie von den chemischen Zusammensetzungen die Rede ist, die von Bäumen in die Luft abgegeben werden und die vermutlich einen wichtigen Beitrag dazu leisten, die Biosphäre aufrechtzuerhalten. Nachdem David Milarch ihr Buch in die Hand bekommen hatte, wusste er, dass er in Diana Beresford-Kroeger eine Art Seelenverwandte hatte. »Sie ist die erste, die endlich das ganze Bild betrachtet: die weltweite Aufgabe, die die Bäume erfüllen!«, jubelte er. Als die beiden sich zum ersten Mal trafen, war klar, dass sie auch das gleiche Ziel teilten: die Aufforstung des Planeten.

Beresford-Kroeger hat in den letzten drei Jahrzehnten eine Menge (selbstfinanzierte) Privatforschung auf einem eigenen 65-Hektar-Grundstück betrieben, wobei ihr Hauptaugenmerk den Aerosolen gilt. Sie erklärt: »Wenn beim Schälen einer Orange dieser Sprühnebel in der Luft entsteht, dann ist das ein Aerosol.« Auf ihrem Grundstück steht zum Beispiel eine Kleeulme *(Ptelea trifoliata)*, die sie als eine »wahre Chemiefabrik« bezeichnet. Die von dem Baum abgegebenen Aerosole seien Teil einer ausgeklügelten Überlebensstrategie: Im Frühling sprühen die auffallend weichen, grünlich-weißen Blüten Terpene in die Luft, das sind unter anderem Bestandteile vieler ätherischer Öle. In diesem Fall bewirken diese Stoffe, dass Säugetiere abgestoßen werden, die sich sonst von Pflanzenteilen der Kleeulme ernähren würden. Um zugleich Bestäubungsinsekten anzulocken, geben die Blüten Lakton-Duftstoffe ab, die Schmetterlingen und Bienen gut gefallen. Für die Insekten bedeuten diese Stoffe zugleich einen Schutz gegen hungrige Vögel, da sie bitter schmecken. Zudem emittieren die Bäume auch medizinisch wirksame Verbindungen. Rotwild, Füchse und andere Wildtiere reiben sich am Stamm, um in den Genuss einer Aerosoldusche zu gelangen, die antifungizide, antibakterielle, antivirale sowie krebshemmende Wirkung hat. Honigbienen, Vögel und Fledermäuse fliegen aus dem gleichen Grund durch das Astwerk.

Für die globalen Wälder vermutet Diana Beresford-Kroeger analoge Funktionen. Sie glaubt, dass die von Bäumen abgesonderten Aerosolwolken, die über und durch die Wälder streichenden Luftmassen desinfizieren: »Die Pinienwälder des globalen Gartens funktionieren wie Durchlaufsysteme zur Reinigung der Luft. Und das gilt ebenso für andere Baumarten.« Studien haben gezeigt, dass in baumbestandenen Nachbarschaften die Asthma-Rate bei Kindern geringer ist als in baumarmen Gegenden.

Wie schon mehrfach erwähnt, gibt es es noch immer allerhand Forschungsbedarf zum Leben und zur Funktion der Bäume. Wissenschaftler wissen beispielsweise noch sehr wenig darüber, wie ein Baum stirbt. Ebenso sind die Ökosysteme auf schwer-erreichbaren Baumkronen kaum erkundet, und auch über die Anfälligkeit des Bodenlebens gegenüber der Erdüberhitzung ist noch wenig bekannt; einige Forscher vermuten, dass es noch sensibler auf klimatische Veränderungen reagiert als die Bäume selbst.

Zu den weitgehend unerforschten Rätseln gehört natürlich auch die Rolle der Aerosole für das Leben eines Baums, für den Wald, die irdischen Ökosysteme sowie für die Atmosphäre – was daran liegen mag, dass sie schwer zu studieren sind und bislang als unwichtig galten. Mit der Verbesserung der technischen Möglichkeiten bei der Mikroanalyse beginnt sich das jedoch zu ändern. Über einem ausgedehnten kalifornischen Waldgebiet, weitab von urbanen Verschmutzungsquellen, fanden Wissenschaftler in der Luft 120 verschiedene chemische Substanzen, von denen nur 70 identifiziert werden konnten. In Französisch-Guyana fingen Wissenschaftler chemische Verbindungen aus der Luft, nachdem sie im Regenwald Ast- und Blattwerk zerdrückt hatten. In den Proben von 55 tropischen Baumarten konnten insgesamt 264 flüchtige organische Verbindungen nachgewiesen werden, das entspricht einem Durchschnitt von 37 pro Spezies.

Einige Aerosole steigen in die Atmosphäre und reisen über Hunderte von Kilometern. Andere beeinflussen nur die unmittelbare Umgebung eines Baums, indem sie etwa bestimmte Gefahrenquellen abschrecken oder nützliche Organismen anlocken. Einige Wurzeln emittieren eine leicht flüchtige Substanz, die nützliche Pilze anzieht. Die Produktion dieser Substanzen variiert von Stunde zu Stunde, Tag zu Tag und Monat zu Monat – ja, sogar von Jahr zu Jahr. Die von Bäumen produzierten Chemikalien wirken in der Umwelt auf je eigene Weise und verbinden sich auch mit Volatilen aus anderen Quellen, »um die Erde mit dem Schauer ihrer Essenzen zu überziehen«, wie sich Jim Robbins ausdrückt.

Isopren ist der Name des am häufigsten vorkommenden Waldaerosols. Jährlich werden von den Wäldern der Erde mehr als eine halbe Milliarde Tonnen Isopren freigesetzt, wobei eine Schlüsselfunktion von Isopren darin liegen dürfte, die Bäume vor Sonneneinstrahlung zu schützen – mit anderen Worten: Die Substanz kann als natürlicher Sonnenschild des Planeten betrachtet werden. Forschungen an den borealen Wäldern des Nordens ergaben, dass die Bäume im Winter, wenn dort keine oder kaum Sonneneinstrahlung herrscht, weniger Isopren abgeben.

Auf jeden menschlichen Erdenbewohner kommen etwa 400 Bäume

Für weitere, sehr schön aufbereitete deutschsprachige Informationen zum »geheimen Leben der Bäume« möchte ich auf den gleichnamigen Bestseller des Försters Peter

Wohlleben verweisen. Nachfolgend außerdem noch ein paar statistische Daten zu den Wäldern des Planeten.

Auf der Erde gibt es etwa vier Milliarden Hektar Wald, das heißt, 31 Prozent der Landfläche sind mit Bäumen bedeckt. Davon liegt mehr als die Hälfte in fünf Staaten: Russland, Brasilien, Kanada, USA und China. Allein Russland hatte 2015 mit 815 Millionen Hektar Wald einen Anteil von einem Fünftel der Gesamtfläche. Bei einer Auswertung von Satellitenaufnahmen im Jahr 2015 zeigte sich, dass weltweit mehr als drei Billionen Bäume wachsen – auf jeden menschlichen Erdenbewohner kommen statistisch gesehen also etwa 400 Stück. (Zum Zustandekommen dieser Studie siehe Seite 226.) In tropischen und subtropischen Wäldern standen zum Zeitpunkt der Untersuchung 1,3 Billionen Bäume. In kalten Regionen wie etwa in Nordeuropa, Russland und Kanada waren es 740 Milliarden (»boreale Wälder«) und in Ländern mit gemäßigtem Klima 660 Milliarden. In Deutschland wachsen über 90 Milliarden Bäume, am häufigsten sind es Nadelbäume, vor allem Fichten (26 Prozent) und Kiefern (23 Prozent). Den größten Anteil am globalen Bestand haben natürliche Wälder (57 Prozent), die durch menschliches Handeln beeinflusst werden. Etwa 36 Prozent sind Urwälder und 6,5 Prozent Waldplantagen.

Eine einheitliche Definition für einen Wald gibt es nicht. Eine Studie von 2008 fand heraus, dass es weltweit mehr als 800 unterschiedliche Definitionen für Wälder und Baumbestände gibt. Sicher kann man nur sagen, dass mehrere Bäume noch keinen Wald machen. Ökologen sprechen erst dann von einem Wald, wenn Bäume so dicht und zahlreich stehen, dass sich ein typisches Klima entwickelt. Für die UN-Ernährungs- und Landwirtschaftsorganisation FAO besteht das Kriterium für Wald aus Bäumen, die in winterkalten Gebieten mindestens drei, im gemäßigten Klima mindestens sieben Meter hoch sind. Wenigstens zehn Prozent des Bodens müssen durch Baumkronen überschirmt sein. Das deutsche Bundeswaldgesetz dagegen definiert jede mit Forstpflanzen bestockte Grundfläche als Wald. Dazu zählen etwa auch kahlgeschlagene Flächen oder Holzlagerplätze.

Weltweit leben über 350 Millionen Menschen unmittelbar im oder vom Wald, der für sie Lebensraum und Speisekammer ist. Über 60 Millionen davon, insbesondere Menschen indigener Volksgruppen, sind völlig abhängig vom Wald. Von den etwa 1,8 Millionen beschriebenen Tier- und Pflanzenarten auf der Erde leben nach Angaben der Umweltorganisation WWF rund zwei Drittel im Wald. Wälder sind damit die artenreichsten Lebensräume überhaupt. In Deutschlands Wäldern gedeihen 1215 Pflanzenarten, darunter allein 90 verschiedene Baum- und Straucharten. Dort tummeln sich Tausende unterschiedliche Tierarten, größtenteils Insekten. In einem Würfel gesunden Bodens von zehn Zentimetern Kantenlänge können bis zu zehn Milliarden Bodenlebewesen vorkommen (das sind mehr, als es Menschen auf der Erde gibt). Zu diesen gehören unter anderem Bakterien, Strahlenpilze, Geißeltierchen, Fadenwürmer,

Milben und Asseln. Die meisten dieser winzigen Wesen sind nur unter dem Mikroskop zu erkennen.

Die globalen Waldbestände sind stark bedroht, immer mehr Wälder gehen durch Menschenhand verloren. Allerdings hat sich das Tempo des Verlustes nach Angaben der FAO seit 1990 verlangsamt. Von 1990 bis 2015 reduzierte sich die weltweite Waldfläche um 129 Millionen Hektar auf unter vier Milliarden Hektar. Dabei sind die Tropen, insbesondere in Südamerika und Afrika, am stärksten betroffen. Hauptursache für die Abholzung ist die Umwandlung von Wäldern in Ackerflächen. Aufforstung findet vor allem in Asien, Europa, Ozeanien sowie in Nord- und Zentralamerika statt. Doch die globale Nettobilanz ist trotz dieser Anstrengungen noch immer deutlich negativ. Alle Aufforstungen zusammengenommen können den weltweiten Waldverlust von durchschnittlich 13 Millionen Hektar pro Jahr nicht wettmachen (siehe Seite 218). Die Menschheit wird künftig noch mehr Kräfte in Waldschutz und Landschaftswiederherstellung stecken müssen. An motivierenden Vorbildern und erfolgversprechenden Methoden herrscht kein Mangel.

—

Website

www.ancienttreearchive.org

Literatur

Gardner, Jordan: Interview with Michael Ramsey of Moving the Giants, Environmental Film Festival at Yale, 28.3.2016. http://effy.yale.edu/blog/interview-with-michael-ramsey-of-moving-the-giants

Robbins, Jim: The Man Who Planted Trees. A Story of Lost Groves, The Science of Trees, and a Plan to Save the Planet. Spiegel & Grau, 2012.

— Reaching for the Sky. A California Project to Clone Redwoods, New York Times, 27.11.2007. www.nytimes.com/2007/11/27/science/27redw.html

Filme

»Ancient Trees For The Future«, TEDx-Talk von David Milarch, 2.12.2011 (englisch, 15 Min.) www.youtube.com/watch?v=y069UFbk11s

»Moving the Giants«, Kurzdokumentation von Michael Ramsey, 2015 (englisch, 11 Min.) www.vimeo.com/163280465

Yin Yuzhen | Innere Mongolei
Ausdauer-Aufforsterin

Yin Yuzhen und ihr Mann aus Uxin in der Inneren Mongolei – einem autonomen Gebiet in der Volksrepublik China – gehören definitiv in die Kategorie der heldenhaften Do-it-yourself-Försterinnen und -Förster. Was für eine Geschichte! Mit 18 Jahren wurde Yin 1958 in die Ordos-Wüste verheiratet, wo die Temperaturen zwischen minus 30 Grad Celsius im Winter und 50 Grad im Sommer schwanken. In dem Film »Greening the Mu Us Desert« sagt sie: »Ich kam aus einem großen Dorf, war ein Mädchen aus bester Gegend«, doch hat die einfache Bäuerin nie Lesen und Schreiben gelernt. Ihr Mann ging in der Wüste der Aufgabe nach, verendete Tiere einzusammeln, was ihnen ein kleines Einkommen und manchmal getrocknetes Fleisch einbrachte; nicht selten musste Yin eine Mahlzeit aus toten Ratten zubereiten. Ihre winzige Hütte war in eine Sanddüne eingebaut, die nächste Siedlung mehrere Tagesmärsche entfernt. Immerhin gab es eine kleine Quelle, aber das Leben war extrem hart und einsam – so sehr, dass die Eheleute Yuzhen irgendwann beschlossen, sich umzubringen.

Nach einem fürchterlichen Sandsturm, der ohne Unterbrechung 40 Tage lang wütete, hatte Yin in der Ferne einen Mann in den Dünen gesehen. Spontan war sie in aufgeregter Freude auf den seltenen Anblick zugerannt, doch der Mann lief vor lauter Schreck davon. Sie holte die große Schüssel aus ihrer Hütte und stülpte sie über einen Fußabdruck des Fremden – der Beweis, dass tatsächlich ein Mensch bei ihnen gewesen war. Mehrere Tage kehrte sie immer wieder zurück, um sich den Abdruck anzusehen – bis der Wind ihn doch wieder verweht hatte. Das war der Moment, an dem die Yuzhens beschlossen, ihrem tristen Dasein ein Ende zu bereiten.

Aber dann hielt sie doch etwas davon ab, ihren Plan auszuführen. Stattdessen machten sie sich auf einen tagelangen Fußmarsch, um von Yins Brautgeld eine trächtige Kuh zu erstehen. Vom Erlös des Kalbs kauften sie später Baumsamen und Setzlinge. Sie gerieten in helle Aufregung, als die Pflanzen tatsächlich anwuchsen. Im Frühjahr 1968 begannen sie, mit beispielloser Ausdauer ihre Umgebung aufzuforsten. Seitdem haben sie auf einem Gebiet von 26 Kilometern Länge und 17 Kilometern

Breite zahlreiche Haine mit mindestens 600 000 Exemplaren von mehr als einhundert verschiedenen Baumarten gepflanzt. Mit Eselskarren brachten sie Wasser an ihre zukünftigen Oasen, um die jungen Pflanzen zu gießen. Sie wässerten in den frühen Morgenstunden, denn dann konnte das kostbare Nass nicht gleich wieder verdunsten. Als sie einige grüne Inseln etabliert hatten, machten sie sich daran, diese durch weitere Pflanzungen zu verbinden. Bis zum Jahr 2011 hatten sie bereits unfassbare 5000 Hektar Wüste bepflanzt.

Das Ehepaar Yuzhen verdient seinen Lebensunterhalt heute mit einer Baumschule und baut auf vom Staat gepachtetem Land Gemüse an. Mit den Bäumen sind nicht nur Insekten und Vögel zurückgekommen – es regnet jetzt sogar hin und wieder in Uxin! Im Schatten der Bäume gedeihen Kartoffeln, Wein, Rüben, Melonen und Mais. Die Esel ersetzten die Yuzhens durch Kühe, Schweine und Ziegen, ihre Hütte wich einem Steinhaus. Das Tollste: Nach Jahrzehnten ausschließlicher Eigeninitiative erhalten die Pflanzer nun sogar eine kleine finanzielle Unterstützung durch die Behörden, denn China unternimmt große Anstrengungen, die Wüsten im Norden – deren Sand bis nach Peking im Süden weht – aufzuhalten (siehe S. 35).

»Ohne Schmerz erreicht man nichts«, resümiert Yin Yuzhen. »Wer nehmen will, muss auch geben. Ich habe die Wüste irgendwann akzeptiert, und heute liebe ich sie sogar. Ohne sie hätte ich nie so viele Bäume gepflanzt.« Mit ihrem Mann hat Yin zwei leibliche und zwei adoptierte Kinder, doch auch die vielen Bäume betrachtet sie als ihren Nachwuchs: »Wenn ich schlecht gelaunt bin, gehe ich raus und sehe meine Kinder, wie sie den Hang der Düne bedecken. Wie sie mich anlachen! Das macht mich so glücklich! Mein Herz wird leicht und froh, wenn ich im Wald spazierengehe.«

Literatur

Haartje, Maren: Das Wunder in der Wüste, in: Ute Scheub und Heinrich Böll Stiftung (Hrsg.): Gute Nachrichten! Wie Männer und Frauen weltweit Kriege beenden und die Umwelt retten, Heinrich Böll Stiftung, 2012.

— Das grüne Wunder in der Wüste, taz, 5./6.12.2009. https://taz.de/!526012

Scheub, Ute und Stefan Schwarzer: Vom Sahel bis nach China – Regeneration in der (Halb-)Wüste, in: dieselben: Die Humusrevolution, Oekom, 2017.

Filme

»Couple turns desert into oasis«, Fernsehbeitrag, New China TV, 2013 (englisch 3 Min.) www.youtube.com/watch?v=VoZaJILE1vY

»Greening the Mu Us Desert«, Film von Kou Yanding, 2011 (englische Untertitel, 36 Min.) commons.ln.edu.hk/kfcrd_videos/11

Yongshun Ma | China
Ein gewandelter Holzfäller

Als 1949 die Volksrepublik China gegründet wurde, waren Industrien dort noch kaum entwickelt. Die reichen Wälder der Provinz Heilongjiang wurden damals zur gewaltigen Holzquelle erklärt, die dazu beitragen sollte, das Land aufzubauen. Noch im Jahr der Staatsgründung erlangte der Holzfäller Yongshun Ma den Status eines nationalen Helden, weil er in rekordverdächtiger Anstrengung sechsmal so viele Bäume fällte wie der durchschnittliche Arbeiter. Als proletarisches Vorbild war Ma eine Legende, der »große Vorsitzende« Mao ließ sich gerne mit ihm blicken. Später jedoch erkannte Ma, dass die Menschen die Geschenke der Natur im Übermaß beanspruchten. So wuchs in ihm der Wunsch, den nunmehr fast kahlen Hinggan-Bergen etwas zurückzugeben. Im Bewusstsein, eine große Schuld begleichen zu müssen, hängte er Axt und Säge an den Nagel und griff stattdessen für den Rest seines Lebens zum Spaten: Bäume anpflanzen. Er hatte ausgerechnet, dass er mindestens 36 500 Bäume setzen musste, um die Verwüstung, die er angerichtet hatte, wiedergutzumachen. Als er 1982 in Rente ging, hatte er in 21 Jahren mehr als 28 000 Bäume gepflanzt. Man sprach ihm zu, es damit bewenden zu lassen; er solle sich endlich ausruhen. Doch Yongshun Ma antwortete den gutmeinenden Stimmen: Nein, er habe seine Schuld noch nicht beglichen.

1988 erhielt Ma als einer von weltweit 500 Menschen die von der UNO vergebene Auszeichnung des »Global Environmental Forum«. Drei Jahre später, nun 78-jährig, hatte Ma gemäß seines selbstgesteckten Plans nur noch tausend zu pflanzende Bäume vor sich. Damals überzeugte er seine drei Generationen umspannenden, sechzehnköpfige Familie davon, gemeinsam in der Freizeit Aufforstung zu betreiben. Insgesamt setzte Yongshun Ma in 40-jähriger Freiwilligenarbeit etwa 50 000 Bäume.

Motiviert durch Mas Taten pflanzten immer mehr Leute in der Region Bäume, so dass der Wald beständig größer wurde. Der mehrfach ausgezeichnete Holzfäller und später zum »Wegbereiter der Wiederbegrünung« gekürte Mann lehrte sie, Setzlinge aufzuziehen und sorgfältig zu verpflanzen. Unter seinen Anweisungen, so heißt es, erreichen die Bemühungen seiner Schüler eine Anwuchsrate von 95 Prozent.

—

Literatur

Fan, Yang: Ma Yongshun, dbw.cn, 2008. http://english.dbw.cn/system/2008/06/17/000040457.shtml

Global 500 Environmental Forum: Yongshun Ma, www.global500.org, 2014. www.global500.org/index.php/thelaureates/online-directory/item/101-yongshun-ma

Haile, Liu: The Last Lumberjacks, China Pictorial, 2012. www.chinapictorial.com.cn/en/lifestyle/txt/2012-04/02/content_444532.htm

China
Eine Nation ringt mit dem gelben Drachen

China gehört in Sachen Aufforstung zu den interessantesten Ländern, denn in der Volksrepublik erlangte das Anlegen neuer Wälder dank staatlicher Politik einen hohen gesellschaftlichen Stellenwert. Die dabei gemachten Erfahrungen könnten bei künftigen Anstrengungen zur Wiederbegrünung des Planeten von erheblichem Nutzen sein.

Die von Desertifikation (Wüstenbildung) betroffenen Gebiete Chinas einschließlich der bereits bestehenden Wüstengebiete umfassen 2,6 Millionen Quadratkilometer. Das entspricht etwa 28 Prozent des chinesischen Territoriums oder der siebenfachen Größe Deutschlands. Durch die Desertifikation verliert China jedes Jahr eine nutzbare Fläche von der Größe des Saarlands. Etwa 100 Millionen Menschen sind durch die Ausbreitung der Wüsten bedroht.

In Großraum Beijing gab es früher an durchschnittlich 56 Tagen im Jahr Alarm wegen drohender Atemprobleme, wenn ein Sturm aus dem Norden Sand aus den chinesischen und mongolischen Wüsten mitbrachte. Seit der Gründung der chinesischen Volksrepublik im Jahr 1949 wurden riesige Wiederbegrünungsvorhaben geplant und umgesetzt, um den Wind aus Richtung der Mongolischen Volksrepublik abzuhalten. 1978 beschloss die Partei, die bestehenden Aufforstungen in den nordöstlichen, nördlichen und nordwestlichen Landesgebieten zu ergänzen und diese zu einem Schutzwaldsystem zu vernetzen. Dieses als die »Große Grüne Mauer« bekannt gewordene Projekt ist das größte Aufforstungsvorhaben der Welt. Das 7000 Kilometer lange Gebiet südlich der Chinesischen Mauer ist zwischen 400 bis 1700 Kilometer breit. 35 Millionen Hektar grüne Aufforstungen, so das Ziel, sollen bis 2050 den »gelben Drachen« der Versteppung bannen. Das »Schutzgürtel-Aufforstungsprogramm des dreifachen Nordens« wurde zu Beginn in drei Etappen eingeteilt, mit acht exakt beschriebenen Phasen. Aktuell steht die Arbeit in der fünften Phase und kann eine stolze Zwischenbilanz vorlegen: 46,14 Millionen Hektar aufgeforsteter Wald (eine Fläche größer als Deutschland), den Plan übererfüllt mit 118 Prozent. Die Flächen mit erosionsverhindernden Hecken und Wäldern sind um 154 Prozent erweitert worden. Dadurch konnte die Ausbreitung der Wüste gestoppt und die Bodenerosion kontrolliert werden. Im Großraum Beijing (130 Millionen Bewohner) gibt es heute praktisch keine Sandstürme mehr. Das 13,6-Milliarden-Dollar-Megaprojekt beschäftigte etwa 313 Millionen Menschen; 53 Prozent des Budgets war für die Schaffung von Arbeits- und Ausbildungsplätzen bestimmt. Die Entwicklung der Forstwirtschaft und des Gartenbaus (Blumen) hat vielen Menschen der Region geholfen, ihr Einkommen zu steigern.

Als Vorläufer des nationalen Jahrhundertprojekts Große Grüne Mauer wurde bereits 1962 die »Saihanba Jixie Forest Farm« auf verödetem Brachland gegründet. Innerhalb von zwei Generationen verwandelten Bäuerinnen und Bauern das weitgehend gehölzlose Ödland aus gelbem Sand in einen »grünen See«. 400 Kilometer vor Beijing steht heute der weltgrößte künstlich angelegte Wald von der Größe Hamburgs: Bäume und Sträucher bedecken die fast 75 000 Hektar der Waldfarm zu 80 Prozent.

Eine Baumpflanzpflicht für alle Erdenbürger?

Kein Volk hat so viele Bäume gesetzt wie das chinesische, heißt es in Christian Küchlis Buch »Wälder der Hoffnung«. Seit 1981 sind jedes Jahr am 12. März, dem nationalen Baumpflanztag, alle gesunden, über elf Jahre alten Chinesinnen und Chinesen angehalten, jeweils drei bis fünf Bäume zu pflanzen, Setzlinge vorzuziehen oder Jungbäume zu pflegen; alternativ kann man sich durch Zahlung einer Gebühr von der Pflanzpflicht freikaufen. Allein zwischen 1981 und 1985 hatten die mobilisierten »Volksmassen« auf diese Weise sieben Milliarden Arbeitstage geleistet.

Motivierend für die Pflanzung sowie Erhaltung von Bäumen und Wäldern sind dabei auch die im chinesischen Forstgesetz von 1985 neu geregelten Eigentumsrechte. Danach gehören die Bäume unabhängig vom Bodeneigentum denjenigen, die sie gepflanzt haben. Diese Bäume sind vererbbar, und die Eigentumsrechte an noch nicht »hiebreifen« Bäumen lassen sich verkaufen.

Im Februar 2019 publizierte die US-Weltraumbehörde NASA die Studie »Human Activity in China and India Dominates the Greening of Earth«, der zufolge China zwischen 2000 und 2017 mit einem Anteil von mindestens 25 Prozent einen der wichtigsten Beiträge zum globalen Umweltschutz geleistet hat. Seit den 1990er Jahren hat sich Chinas Waldfläche fast verdoppelt. Als Resultat der staatlichen Bemühungen weist das Land im internationalen Vergleich die höchste Aufforstungsrate auf. Kritische Stimmen monieren allerdings die schlechte Effektivität der Maßnahmen, die insbesondere in zuvor baumlosen Regionen augenfällig sei. Untersuchungen hätten gezeigt, dass die Aufforstungen dort mitunter ein Sinken des Grundwasserpegels zur Folge habe. Das Phänomen tritt besonders bei den in China bevorzugt gepflanzten Pappeln auf. Die Do-it-yourself-Oasenpflanzerin Yin Yuzhen in der Provinz Innere Mongolei (siehe Seite 31) hat Pappeln aus diesem Grund schon lange aus ihrer Liste gestrichen und kritisiert die Regierung dafür, dass sie weiterhin auf diese Baumart setzt.[1]

Das Ordos- und das Lössplateau

Die Kubiqui-Wüste auf dem Ordosplateau in der Inneren Mongolei war eine der drei Wüsten, die die Bewohner im 800 Kilometer entfernten Beijing immer wieder zwangen, Staubmasken zu tragen und zu Hause den Sand aus allen Ritzen zu saugen. Das UN-Umweltprogramm beschreibt die Region heute als »ein globales ökologisch-ökonomisches Vorbild«: Die Wüste – mit 18600 Quadratkilometern etwa halb so groß wie Nordrhein-Westfalen – war noch in den 1980er Jahren nur zu 3 bis 5 Prozent mit Vegetation bedeckt, doch im Jahr 2016 zu 53 Prozent bewaldet! Man hatte das Kubiqui-Gebiet ins nationale Programm der Großen Grünen Mauer aufgenommen; die Verwaltung mobilisierte die Bevölkerung und setzte eine bis heute gültige Politik zur Einkommensförderung und Landbewirtschaftung um: Wer Büsche und Bäume in der Wüste pflanzte, hatte das Recht, das Land zu bewirtschaften und die erzielten Gewinne zu behalten – ein massenhafter Erfolg in der Region. Das 1,8-Milliarden-Dollar-Projekt erregt weltweit Aufmerksamkeit und erhielt sogar Modellcharakter für integrierte ökologische, ökonomische und soziale Entwicklung. So fand im Juli 2019 bereits das 7. internationale Wüsten-Forum von Kubiqui statt, das sich der Frage widmet, wie eine »ökologische Zivilisation« zu schaffen wäre.

Zu den staatlich gesteuerten Wiederbegrünungsanstrengungen im riesigen Gebiet des ebenfalls in Nordchina befindlichen Lössplateaus finden sich auf Youtube faszinierende Dokus aus der Kamera von John D. Liu. Der US-Amerikaner mit chinesischen Wurzeln, dessen Interesse an Möglichkeiten zur Regeneration von verlorenen Gebieten ihn zu einem gefragten Boden- und Aufforstungsexperten werden ließ, hat auch inspirierende Beispiele aus anderen Weltgegenden dokumentiert, so aus Ruanda, Äthiopien oder Jordanien. Das Lössplateau sticht jedoch aufgrund seiner Ausdehnung hervor; zudem wirkt die Wiederbegrünung umso erstaunlicher, wenn man Bilder von der aussichtslos erscheinenden biologisch-geologischen Ausgangslage sieht. Zu den frühesten landwirtschaftlich genutzten Gebieten der Erde zählend, war dieses einstmals sehr fruchtbare Land nach Jahrtausenden nichtnachhaltiger agrarischer Praxis – Abholzung, Überweidung, Ackerbau an Hanglagen – völlig degeneriert. Wind und Wassererosion trugen den hochfruchtbaren Lössboden fort; so erhielt der Gelbe Fluss seinen Namen durch die Massen an Löss-Sedimenten, die er mit sich führt, seitdem die schützende Vegetationsschicht über dem Gebirgsplateau fehlt. Die weitreichenden Wiederherstellungsmaßnahmen auf einem Gebiet von der Fläche Hollands, bei denen Bergkuppen aufgeforstet, Hanglagen – offenbar weitgehend mittels Muskelkraft! – terrassiert und Täler mit Wasserrückhaltesystemen versehen wurden, ließen den Bodenverlust bereits eklatant zurückgehen. Bis sich die Landschaft erholt hatte, durften Nutztiere sie nicht beweiden.

Es ist schwer, angemessene Worte für die dort geleistete Arbeit der Menschen und den im Film zu bewundernden Vorher-nachher-Effekt zu finden – man muss das mit eigenen Augen sehen. Die Zahlen sind beeindruckend, aber auch sie vermögen nicht zu vermitteln, was die Rückgewinnung dieses Lebensraums bedeutet. So schätzt ein Sprecher der Weltbank, die das Vorhaben mitfinanziert hatte, dass von der Wiederbegrünung mindestens 3,2 Millionen Menschen profitiert hätten; mindestens einer Million habe sie geholfen, sich aus überaus ärmlichen Verhältnissen zu befreien; die Durchschnittseinkommen seien um das Dreifache gestiegen, seitdem das Plateau wieder landwirtschaftlich nutzbar ist.

Aber, so fragt John D. Liu in seinem Film ganz richtig: Kann dieses Modell auch in weniger zentralisierten Staaten funktionieren?

Eine Antwort sehe ich im Positivbeispiel Äthiopien, wo ein von der Regierung seit zwei Jahrzehnten beharrlich verfolgtes Landschaftswiederherstellungsprogramm beeindruckende Resultate gezeitigt hat. Das Programm, das sich unter anderem an die beim Lössplateau gemachten Erfahrungen anlehnt, wurde von diversen ausländischen Organisationen finanziell unterstützt, darunter auch wieder die Weltbank. Aber umgesetzt wurden die Maßnahmen letztlich von der Bevölkerung selbst, die die darin liegende Chance erkannte und folglich tatkräftig Hand anlegte, um riesige Landschaften zu terrassieren und aufzuforsten. Dem massenhaften, ehrenamtlichen Einsatz in Äthiopien (siehe Seite 94) liegt anscheinend ein anderes Muster zugrunde als den chinesischen Bemühungen, wo die Arbeiterinnen und Arbeiter für die Wiederherstellung zentral rekrutiert und bezahlt wurden.

Weitere, aktuelle Beispiele für die Massenmobilisierung kommen aus Indien, wo zuletzt aufsehenerregende Aufforstungsweltrekorde aufgestellt wurden: 1,5 Millionen Menschen haben im zentralindischen Bundesstaat Madhya Pradesh Anfang Juli 2017 innerhalb von nur zwölf Stunden mehr als 66 Millionen Bäume gepflanzt. Die Freiwilligen – darunter viele Kinder und Alte – pflanzten bei der Aktion Setzlinge von mehr als 20 Baumarten in 24 Abschnitten entlang des Narmada-Flusses. Der Hintergrund der Aktion ist, dass Indien im Rahmen des Pariser Klimaabkommens zugesagt hat, seine Waldflächen bis 2030 um mehrere Millionen Hektar zu vergrößern. Die indische Regierung hat dafür ein milliardenschweres Budget zur Verfügung gestellt. Leider konnte ich nicht herausfinden, ob die Pflanzerinnen und Pflanzer für ihre Dienste entlohnt wurden; der Begriff »Freiwillige« deutet wohl eher auf unbezahlte Arbeit hin. Mit den über 66 Millionen neu gepflanzten Bäumen überbot die indische Region den Weltrekord aus dem Bundesstaat Uttar Pradesh, wo erst im Jahr zuvor 50 Millionen Bäume in 24 Stunden gesetzt worden waren. Am 29. Juli 2019 holte Äthiopien mit 23 Millionen Teilnehmenden und 350 Millionen Setzlingen den Rekord in der Disziplin »Baumpflanzen an einem Tag« – vorläufig – ins eigene Land (siehe Seite 96).

Vielleicht ist es ja gar keine so schlechte Idee, den sportlichen Ehrgeiz für eine gute Sache zu nutzen, indem verschiedene Regionen dazu gebracht werden, miteinander in einen Wiederbegrünungswettbewerb zu treten.

Anmerkungen

1 Ian Calders von der University of Newcastle hat in Indien, Costa Rica, Südafrika und Tansania den Einfluss von Bäumen auf den Wasserhaushalt erforscht und ist dabei zu dem Schluss gekommen, dass Aufforstungsmaßnahmen – die ja in der Regel darauf hinzielen, dass der Boden mehr Wasser halten kann – in bestimmten Fällen kontraproduktiv für den Grundwasserspiegel sind. Das ist laut einem Beitrag der Süddeutschen Zeitung aus dem Jahr 2005 damit zu erklären, dass »viele Bäume über ihre Blätter mehr Feuchtigkeit verdunsten, als dies zum Beispiel Gräser tun«. Dies gelte insbesondere für schnellwachsende Gehölze mit tiefen Wurzeln. Wichtig scheint deshalb neben der sorgfältigen Auswahl der Baumarten auch der Standort und die Bodenbeschaffenheit zu sein: Die Untersuchungen zeigten, dass an Gewässern stehende Bäume diesen mehr Wasser entziehen, als durch ihren Schatten vor dem Verdunsten bewahrt wird. Aufforstungen auf Grasland mit lockerem Boden können laut Calders sogar die Erosion verstärken; die Wasserspeicherfähigkeit der Bäume sei nicht wesentlich besser als die von intaktem Grasland. Doch die Ergebnisse zeigen auch, dass eine Aufforstung sehr wohl helfen kann, wenn das Erdreich durch intensive Landwirtschaft dünn und hart geworden ist; Böden könnten sich dann erholen und wieder mehr Wasser speichern. Dies könne die starke Verdunstung über die Blätter ausgleichen. Der Artikel mit dem schönen Titel »Böse Bäume« zitiert zudem den Forstwissenschaftler John Palmer. Ihm zufolge kann es selbst dann Gründe für eine Aufforstung geben, wenn die Bäume mehr Wasser verdunsten als die bestehende Vegetation: »Der Nutzen des Walds als Lieferant von Holz, Früchten und hundert anderen Dingen und seine Vorteile für das Ökosystem können den höheren Wasserverbrauch durchaus aufwiegen.«

Literatur

Baines, Chris: India plants 66 million trees in 12 hours as part of record-breaking environmental campaign, The Independent, 3.7.2017, kurzlink.de/India66million

Hallermayer, Georges: Dank Aufforstung praktisch keine Sandstürme mehr in Beijing. infoSperber, 28.8.2019. kurzlink.de/keineSandstuerme

Hoster, Alexandra: Böse Bäume, Süddeutsche Zeitung, 24.8.2005

Küchli, Christian: Wälder der Hoffnung, Verlag Neue Zürcher Zeitung, 1997.

Trafford, Abigail: Let a billion trees bloom: Can a great green wall of trees stop China's spreading desert?, Washington Post, 22.11.2013. kurzlink.de/GreatGreenWall

Zhou, Shengxian: Forestry in China. Historical Transitions and Industry Developments, Cengage Learning Asia Pte Ltd, 2011. (Relevantes Kapitel online: www.encyclopedia.com/books/news-and-education-magazines/historic-transitions-chinas-forestry-new-era)

Filme

»Green Gold«, Film von John D. Liu, 2012 (englisch, 47 Min.)
www.youtube.com/watch?v=YBLZmwlPa8A

»Lessons of the Loess Plateau«, Film von John D. Liu, 2007 (englisch, 53 Min.)
www.youtube.com/watch?v=8QUSIJ8on50

»Hope in a Changing Climate«, Film von John D. Liu, 2009 (englisch, 30 Min.)
www.youtube.com/watch?v=bLdNhZ6kAzo

Wang Zhangfeng | China

Do-it-yourself-Aufforster findet Nachahmer in der Nachbarschaft

Der Kreis Youyu in der nordchinesischen Provinz Shaanxi grenzt an die autonome Provinz Innere Mongolei. Die sandige, windige Gegend, die nur über Straßen mit der Außenwelt verbunden ist, zählt zu den ärmsten in China und ist im Schatten der Großen Grünen Mauer (siehe Seite 35) Schauplatz eines weiteren grünen Wunders. Der Do-it-yourself-Aufforster Wang Zhanfeng, dessen außergewöhnliche Geschichte hier auch erzählt werden soll, hat als einer von Tausenden Menschen Anteil an der Entstehung dieses wundersamen Triumphs über die Wüste.

Weil das Land durch jahrhundertelange Entwaldung, Überweidung und unregulierte Bebauung praktisch sämtlicher Vegetation verlustig geworden war, erodierten die Böden zusehends. In den 1950er Jahren befanden die Vereinten Nationen den verwüsteten Kreis sogar als unbewohnbar und schlugen die Umsiedlung der Bevölkerung vor. Auch heute ist Youyu noch immer auf die umfangreiche Unterstützung durch die Zentralregierung angewiesen; auf die etwa 100 000 Bewohner kommen sechsmal so viele Ziegen. Dennoch hat sich hier in den vergangenen Jahrzehnten vieles zum Positiven gewendet.

Konfrontiert mit dem dramatischen Niedergang der Landschaft hatten die Menschen vor etwa 60 Jahren mit der Durchführung von Wiederherstellungsmaßnahmen begonnen. Sie pflanzten vor allem Pappeln und Pinien, da diese Baumarten angepasst sind an die schwierigen Bedingungen in Chinas Norden: kaltes Klima, viel Wind, sandige Böden. Ein Bericht in der Zeitung »Shanghai Daily« spricht davon, dass vom Regierungsbeamten bis hin zu Ziegenhirten und kleinen Kindern »die gesamte Bevölkerung von Youyu in die Pflanzaktionen involviert« gewesen sei. Mit Picken, Schaufeln und emsigen Händen hätten die Leute »Baum für Baum das Grün zurückgebracht«. Während von den rund 200 000 Hektar des Bezirks Youyu in den frühen 1950er Jahren lediglich 0,3 Prozent mit Vegetation bedeckt gewesen war, sind es nun mehr als 50 Prozent. Vor sechzig Jahren dachte kein Mensch an Tourismus, doch nun kommen Menschen teils von weit her, um das Wunder zu bestaunen. Und so kam es auch, dass

Journalisten auf die Geschichte von Wang Zhanfeng aufmerksam wurden, dem Mann, der das Waldpflanzen zu seiner Lebensaufgabe gemacht hat.

Das örtliche Aufforstungsprojekt am Nanshan Hill wurde Mitte der 1970er Jahre begonnen und wird nach wie vor weitergeführt. Als Wang Zhanfeng, damals Besitzer eines kleinen Hotels in der Kohle-Stadt Datong, Anfang der 1980er Jahre von den Wiederherstellungsanstrengungen in seiner Geburtsregion hörte, spürte er den unwiderstehlichen Wunsch, sich zu beteiligen. Zu jedermanns Überraschung schloss er 1983 sein florierendes Hotel, das ihm ein Einkommen und leichtes Leben sicherte, um zurück nach Youyu zu gehen. Dass seine Söhne ihn als verrückt bezeichneten und seine Frau sich von ihm scheiden ließ, änderte nichts an seinem Entschluss, dem inneren Ruf zu folgen, einem verödeten Tal seine jadegrüne Farbe zurückzugeben. »Ich wollte nichts anderes mehr, als mich für meine Heimat einzusetzen, deshalb verschrieb ich mich dem Bäumepflanzen«, gab Wang Zhanfeng Journalisten zu Protokoll. Für seine Vision war er auch bereit, seine Ersparnisse einzusetzen. (Die 20 000 Yuan, umgerechnet fast 3000 Dollar, bedeuteten damals in China ein kleines Vermögen.)

So lebt und arbeitet er also seit mehr als drei Jahrzehnten auf sich gestellt in jenem Tal. Auf einem Bild trägt der ehemalige Hotelier abgerissene Kleidung, sein Gesicht macht einen wettergegerbten Eindruck, er sieht glücklich aus. Um seine Pflanzungen bewässern zu können, baute er ein Staubecken und einen Kanal von zwei Kilometern Länge. In Teichen züchtet er Fische, und er pflanzt Blumen an. Natürlich habe all das viel Geld und Mühen gekostet, doch zähle nur, dass das Pflanzen für ihn zu einer Freude geworden sei: »Ohne diese Beschäftigung hätte ich wohl nur meine Zeit vertan«, glaubt er. Und fährt fort: »Dass mein erster gepflanzter Baum gedieh, hat mich ermutigt, den nächsten zu setzen. Heute bin ich glücklich, dass sich all der Aufwand gelohnt hat!« Im Jahr 2010 hatte der damals 57-Jährige bereits zwei Quadratkilometer aufgeforstet und zeigte sich entschlossen, noch 15 weitere Jahre dranzuhängen, bis das gesamte Tal »vollkommen jadegrün« sein werde.

Dieser Pflanzer wurde nicht verspottet

Es liegt vermutlich am allgemeinen Bewusstsein der Bevölkerung für die Notwendigkeit von Wiederbegrünungsmaßnahmen, dass die Reaktion von Wang Zhanfengs Nachbarn auf dessen Aktivitäten deutlich anders ausfiel als bei so vielen Geschichten in diesem Buch: Weitere Bewohner der Region wurden nämlich vom beharrlichen Tun des Mannes inspiriert. Weder erklärten sie ihn für verrückt, noch warteten sie seine Berühmtwerdung ab, um seinem Beispiel zu folgen. In einer Kurzreportage des Senders »New China TV« von 2014 wird als ein Beispiel für Wang Zhanfengs Nachahmer der Geschäftsmann Li Yunsheng gezeigt, der zwölf Jahre zuvor in seine Heimat zurückgekehrt war und seither 1000 Hektar Ödland aufgeforstet hat. Der Mann sagt vor der Kamera, dass das Bäumepflanzen für die Leute im Bezirk über die Jahre zu einer Art

Gewohnheit geworden sei. Sie wüssten auch ohne die Regierung, dass diese Arbeit einfach lebensnotwendig ist, und würden sie sowieso machen. Das betont auch Wang Zhanfeng: »Das Pflanzen im Frühjahr ist für uns zu einer jährlichen Routine geworden, bei der alle Einwohner mitmachen.«

Am Nanshan Hill haben seit den Anfängen der Wiederbegrünungsmaßnahmen vor vierzig Jahren Tausende Freiwillige Hand angelegt und mindestens 13 000 Hektar wüstes Land aufgeforstet. Dies geschah offenbar weitgehend unabhängig von der Einflussnahme durch die Regierung und ohne dass irgendjemand bezahlt wurde.

Literatur

Weiyun, Tan: Turning barren land into »green jade« country by planting poplar trees, Shanghai Daily, 21. 1. 2010. www.shanghaidaily.com/feature/Turning-barren-land-into-green-jade-country-by-planting-poplar-trees/shdaily.shtml

Film

»Man single-handedly plants forest in North China desert«, New China TV, 2014 (englisch, 3 Min.) www.youtube.com/watch?v=6uNWM9EBhfg

Südkorea

Komplett wiederbegrünt!

»Aufforstungsweltmeister« wird Südkorea in einem Artikel der österreichischen Tageszeitung »Der Standard« genannt. Tatsächlich kann das Land heute sein bei der eigenen Wiederbegrünung gesammeltes Wissen an 14 andere Staaten exportieren, unter anderem nach Neuseeland, Australien, Kambodscha, Uruguay und Indonesien. Die chinesische Regierung orientiert sich mit dem eigenen ambitionierten Programm am koreanischen Erfolg, und die Seouler Regierung investiert in Dutzende Aufforstungsprojekte zwischen Südost- und Zentralasien.

Südlich der entmilitarisierten Zone zwischen den beiden verfeindeten koreanischen Staaten finden sich heute keinerlei Spuren jener weitflächigen, öden, hügeligen Mondlandschaft, die dort noch vor vierzig Jahren das Bild prägte. Die japanischen Kolonialherren hatten während ihrer Besatzungszeit von 1910 bis zum Ende des Zweiten Weltkriegs 30 Prozent des Walds geschlagen und abtransportiert; in der folgenden Zeit des Hungers und des Koreakriegs (1950–1953) sah sich die Bevölkerung vielerorts gezwungen, die letzten Gehölze zu verbrennen, um zu überleben. Weitere Wälder fielen Schädlingen, wie etwa einer auf Piniennadeln spezialisierten Raupe, zum Opfer. Ein Drittel des südkoreanischen Walds (6,7 Millionen Hektar) war nach dieser katastrophalen Zeit deutlich geschwächt, davon 700 000 Hektar in einem Zustand starker Zerstörung. Wo keine Wurzeln den Boden festhielten, spülten Niederschläge die letzten Humusreste fort. Die von der Erosion mitgerissenen Materialien führten dazu, dass die Flussbetten in den Niederungen schließlich höher lagen als das umgebende Land – was wiederum Überschwemmungen und Missernten zur Folge hatte. Die Bilder aus dieser Zeit erinnern stark an jene des chinesischen Lössplateaus vor seiner Wiederbegrünung.

Die koreanische grüne Wende wurde 1967 mit einem Deutschlandbesuch des damals herrschenden Diktators Park Chung-hee eingeläutet. Park machte bei dieser Reise Bekanntschaft mit dem Konzept der nachhaltigen Forstbewirtschaftung und erkannte, dass sein Land mit derart zerstörten Böden niemals würde prosperieren können. Auf seine Initiative hin kam es zur Gründung der staatlichen Forstbehörde, unter deren Leitung ab 1973 ein erstes, auf zehn Jahre angelegtes Aufforstungsprogramm in Angriff genommen wurde. Der Diktator gab die Devise aus, »den Wald zurück nach Südkorea« zu holen, und dem russischen Forstwissenschaftler Victor Teplyakov von der Seouler Universität zufolge machte die Bevölkerung enthusiastisch mit. In den ersten sechs Jahren des Aufforstungsplans pflanzten Bürgerinnen und Bürger drei Milliarden Bäume auf einer Fläche von mehr als einer Million Hektar an. Die Setzlinge der auch auf unfruchtbarem Boden schnell wachsenden Robinie stabilisierten rasch die Böden; später wurden zusätzlich Kiefern und Eichen gesetzt. Wo der patriotische Eifer nicht ausreichte, half der Staat auch mit Zwangsarbeit nach (was die Forstbehörde heute als »aggressive grüne Politik« bezeichnet); die meisten Aktivisten wurden jedoch von staatlichen Subventionen angelockt, die die beim Aufforsten erfolgreichsten Kommunen zugesichert bekamen.

Kahle Berghänge als nationale Peinlichkeit

Ein zweites, ab 1979 »nach umfangreichen Planungen gemäß den Bedürfnissen der Natur« umgesetztes Aufforstungsprogramm betraf die im Südosten des Lands am Japanischen Meer liegende Region Gyeongsangbuk-do. Das mehr als 4500 Hektar große Gebiet wurde offenbar nicht zuletzt deshalb ausgewählt, weil seine offen und karg daliegenden Berghänge von internationalen Linienflügen aus gesehen werden konnten – was führende Politiker als nationalen Schandfleck betrachteten. Ein sehenswerter Kurzfilm der koreanischen Forstbehörde zeigt, wie Männer sich an steilen Hängen anseilen, um diese mit Spitzhacken zu bearbeiten. Man legte Terrassen an, hob Wasserrückhaltungs-Gräben aus und brachte aus Nachbarregionen biologischen Dünger herbei – Letzteren trugen Frauen in Schüsseln zu schwer zugänglichen Stellen. Um das Fortspülen des neuen Bodens zu verhindern, wurden Grasbüschel-Reihen auf die Terrassen gepflanzt und zusätzlich Samen in die aufgebrachte Erde eingearbeitet. Erst wenn der Boden solcherart vorbereitet war, pflanzte man Baumsetzlinge, mulchte die Baumscheiben mit Stroh und wässerte sie aus Eimern. In der Folge begannen auf dem ehemals völlig verödeten Land neue Pflanzen zu sprießen.

Die beiden großen Aufforstungsprogramme waren bereits im Jahr 1987, vier Jahre früher als erwartet, abgeschlossen. Insgesamt konnten unter der Mitarbeit der Bevölkerung bereits 2,4 Millionen Hektar Land wiederaufgeforstet und die Bodenerosion auf einer Fläche von 75 000 Hektar eingedämmt werden. Zwischen 1953 und 2007 nahm die Bewaldungsquote von 35 auf 64 Prozent zu, während sich die Bevölkerung im gleichen Zeitraum verdoppelte und das Bruttoinlandsprodukt um das 300-fFache anwuchs!

Anders als in Nordkorea, wo die Waldübernutzung noch immer gang und gäbe ist und laut Berechnungen bereits fünf Milliarden Bäume fehlen, sind auf der südlichen koreanischen Halbinsel heute keine größeren ausgelaugten, unbegrünten Flächen mehr zu finden. In Südkorea arbeitende Forscher wie der oben zitierte Victor Teplyakov bemühen sich darum, gemeinsame Aufforstungsprojekte mit dem nördlichen Nachbarn zu initiieren, doch der akademische Brückenschlag scheiterte bislang leider an den politischen Verhärtungen der verfeindeten Staaten.

—

Literatur

Hanns Seidel Stiftung: Improvement Of Rural Living Conditions Through Healthy Forests, ohne Jahr. https://korea.hss.de/fileadmin/user_upload/Projects_HSS/Korea/Dokumente/Flyer-and-Booklets-Publications/Forestry-in-DPRK-EU-Proj.-HSF.pdf

Kretschmer, Fabian: Abholzung in Südkorea. Auferstanden aus Robinien, Der Standard, 24.3.2015. http://derstandard.at/2000013247307/Abholzung-in-Suedkorea-Auferstanden-aus-Robinien

Sojung, Yoon: Forstbehörde in 14 Ländern aktiv, Korea.net, 19.04.2016. http://german.korea.net/NewsFocus/Policies/view?articleId=135553

Film

»Korea's Way of Forest Management and Reforestation«, Imagefilm, Korea Forest Service, o.J. (13 Min.) www.youtube.com/watch?v=_3KkN8hvUCI

Agroforstwirtschaft
Pflanzt Bäume auf Weiden und Äcker!

Auf großen Raum pflanz einen Baum
und pflege sein, er bringt dir's ein.

Bauernweisheit

Hier und da sind Einwände gegen die Idee einer intensiven globalen Aufforstung zu vernehmen. Eine wachsende Menschheit, so lautet ein gängiges Argument, sei auf ausreichend Flächen für die Landwirtschaft angewiesen.

Darauf ließe sich zunächst einmal antworten, dass der Hunger auf der Welt vor allem auf schlecht organisierte Verteilung zurückzuführen ist: Die Erde bringt mehr als genug Nahrungsmittel für alle hervor, aber diese werden sehr ungerecht verteilt – ja, wie seit einiger Zeit allgemein bekannt, verkommen etwa 30 Prozent der global produzierten Nahrungsmittel ungegessen auf Feldern, in Kühlschränken und in Müllcontainern, während zugleich Menschen hungern.

Dennoch mag an dem Argument, dass herkömmliche Land- und Forstwirtschaft mit dem Naturschutz in Konkurrenz stehen, in einigen Fällen etwas dran sein, besonders, wenn man in Richtung des Konzepts der Ernährungssouveränität denkt, bei dem regionaler Selbstversorgung der Vorzug vor globalisierter Fremdversorgung gegeben wird. Flugzeuglieferungen in bedürftige Gebiete stellen im Zeitalter der Globalisierung zwar kein technisches Problem dar, doch ganzheitlich betrachtet ist nur die dauerhafte Nahrungsmittel-Selbstversorgung (auch) der heutigen Hungergebiete eine Lösung. Hinsichtlich der postulierten Konkurrenz zwischen Landwirtschaft und Wäldern muss ich an einen alten chinesischen Bauern denken, der sich in John D. Lius Dokumentarfilm über die Wiederbegrünung des Lössplateaus darüber aufregt, dass nun plötzlich auf den letzten halbwegs ertragreichen Flächen Bäume gepflanzt werden sollen. (Das war offenbar, bevor die mannigfaltigen Segnungen durch die Landschaftswiederherstellung in der riesigen Region deutlich wurden. In der Zwischenzeit wurde die ansässige Bevölkerung auch vermehrt durch die Regierung fremdversorgt; siehe hierzu das Interview mit Stephan Schmidt ab Seite 130.) Wo Menschen direkt existenziell von einem bestimmten Stück Land abhängen, kann man schlecht mit dem Argument ins Haus fallen, dass Bäume für Klima, Boden, Auge und Wasserhaushalt doch eigentlich viel besser seien als Hirse, Hafer und Hülsenfrüchte.

Die Realität entpuppt sich bei genauerem Hinsehen jedoch als weit weniger schwarzweiß. Die Zeit des Entweder-Landwirtschaft-oder-Forstwirtschaft-oder-Naturschutz ist vorbei, die Epoche des Sowohl-als-auch hat bereits vor Jahren begonnen. Selbstversorger-Kleinbauern in Trockengebieten sollten das Folgende ebenso wissen wie global denkende Umwelt- oder Landwirtschaftspolitiker.

Versöhnung vermeintlicher Konkurrenten

Es gibt einen äußerst hoffnungsvollen Ansatz zur Aufhebung des scheinbaren Widerspruchs zwischen Land- und Forstwirtschaft, der bereits vielerorts – gerade auch in prekären Weltgegenden – erprobt und im Kommen ist. Tatsächlich ist die Synthese beider Landnutzungsformen, von Fachleuten als »Agroforstwirtschaft« bezeichnet, nichts wirklich Neues. Bereits seit der neolithischen Revolution haben Bäuerinnen und Bauern ihre Tiere in Wäldern und unter Bäumen weiden lassen, sie haben unter Bäumen gegärtnert und Äcker in Wäldern sowie später Hecken rund um Äcker angelegt. Wie ab Seite 55 nachzulesen ist, hat ein australischer Missionar in der dürregeplagten Sahelzone ab 1983 dafür gesorgt, dass die dort bis zur Kolonialzeit jahrhundertelang um und auf Feldern und Weiden üblichen Bäume wieder aufwachsen durften, was die Produktivität des Bodens und die Resilienz der Bewohner auf Millionen Hektar in ungeahnte Höhen schnellen ließ. Auch in Deutschland waren »silvopastorale« Systeme – Viehweiden unter Bäumen bzw. die Beweidung von Wäldern – sowie »silvoarable« Systeme – Ackerbau unter und neben Bäumen, zum Beispiel als Windschutzhecken – Bestandteile landwirtschaftlicher Traditionen und wurden durch die Gesetzgebung gefördert. Schon im Jahr 1819 schrieb der deutsche Forstwissenschaftler Heinrich Cotta (1763–1844) eine Abhandlung mit dem Titel »Die Verbindung des Feldbaues mit dem Waldbau oder die Baumfeldwirthschaft«. Im Zug der Modernisierung der Landwirtschaft nach dem Zweiten Weltkrieg wurde die Nutzung traditioneller Agroforstsysteme jedoch uninteressant. Bäume und Sträucher standen der Einführung der landwirtschaftlichen Mechanisierung im Weg und wurden oft rigoros aus den Fluren entfernt.

Das Erfahrungswissen von Bauern und die Forschungen von Wissenschaftlern in verschiedenen Ländern besagen, dass klug gewählte Kombinationen von Land- und Forstwirtschaft erstaunliche Vorteile (Synergien) mit sich bringen können – und zwar sowohl für das Gedeihen von Tieren bzw. Ackerfrüchten als auch für das Wachstum von Gehölzen.

Beispiele für moderne agroforstliche Systeme finden sich unter anderem in Südfrankreich, wo auf den Feldern einiger Landwirte seit Jahren wissenschaftlich begleitete Langzeitversuche laufen. Man stelle sich etwa einen Getreideschlag vor, in dem lange, schnurgerade Reihen gut entwickelter, aufgeasteter Pappeln wachsen; hier sind es 150 Bäume pro Hektar. Die Anlage ist an der Arbeitsbreite landwirtschaftlicher

Maschinen ausgerichtet, das heißt: In den »Alleen« zwischen den Baumreihen ist genau so viel Platz, dass der Mähdrescher einmal hin- und einmal herfahren kann. Pappeln wachsen sehr schnell; in diesem Agroforstsystem sind sie schlicht als Biomasselieferanten vorgesehen. Werden sie nach zehn Jahren geerntet, wachsen aus ihren Wurzeln sogar erneut Pappeln.

In anderen Systemen wird mit »Werthölzern« für die Möbelindustrie gearbeitet, die wesentlich länger wachsen müssen, dann aber – nach 45 bis 60 Jahren – auch angemessene finanzielle Gewinne versprechen. Wertholzbäume, die im Wortsinn zusätzliche jährliche Fruchterträge »abwerfen«, sind die Walnuss oder die Kirsche.

Es ist klar, dass die Gehölze auf dem Acker wertvollen Platz in Anspruch nehmen. In modernen Agroforstsystemen beträgt der Baumabstand etwa 15 Meter, damit können auf einem Hektar 49 Bäume – auf sieben Reihen verteilt – gepflanzt werden. Dennoch lassen sich mit derartigen Mischkultursystemen erhebliche Mehrerträge von bis zu 30 Prozent realisieren, wie ein Forschungsprogramm der EU ergab. Im wissenschaftlichen Versuch entsprach die Produktion einer mit einer Mischung aus Pappeln und Weizen kultivierten Fläche von einem Hektar dem Ertrag, der im getrennten Anbau nur bei einem Flächenverbrauch von 1,3 Hektar möglich würde (0,9 Hektar Weizen und zusätzlich 0,4 Hektar Pappeln). Diese guten Ergebnisse erklären sich durch eine Reihe von positiven Wechselwirkungen, die jedem gut geplanten Agroforstsystem »eingepflanzt« sind. Im Mischkulturanbau wird generell mit jeder Einzelkultur eine geringere Ernte pro Hektar erzielt (im Vergleich zur Reinkultur); erst mit der Addition der verschiedenen Kulturen ergibt sich ein Mehrertrag.

Zahlreiche Vorteile

Eine zwischen 2005 und 2008 durchgeführte Studie der Universität Freiburg zum Potenzial von Agroforst in Deutschland fasst einen positiven agrarökologischen Aspekt folgendermaßen zusammen:

»Die Konkurrenz der Bäume mit der Feldfrucht zwingt die Bäume dazu, tiefer zu wurzeln, als es ohne eine Feldbearbeitung geschehen würde. Die tiefere Wurzelung der Bäume führt zu einer stärkeren klimatischen Resistenz und dadurch zu einem gleichmäßigeren Wachstum. Dadurch ergibt sich nicht nur quantitativ ein beschleunigter Holzzuwachs, sondern es wird auch eine bessere Holzqualität erzielt. Die Wurzelkonkurrenz und die damit verbundene tiefergeschichtete Bodendurchwurzelung führen zu einer Verbesserung des Wasser- und Nährstoffhaushalts der Böden (Stickstoff-Fixierung, Nährstoffpumpe). Die Wurzeln der Bäume nehmen Wasser auf und stellen ein Gleichgewicht von Feuchtigkeit und Nährstoffen im Boden her. Durch diese Interaktion kann einerseits die Kühlfunktion des Wassers wiederhergestellt werden, andererseits nimmt der Boden eines Agroforstsystems mehr Wasser auf und wirkt als Wasserspeicher. (Sehr wahrscheinlich führt auch das Auftreten von Symbiosen mit

Pilzen zu weiteren positiven Effekten auch für die Getreidewurzeln.) Indem Agroforstsysteme Wasser und Nährstoffe wieder vermehrt in lokale Kreisläufe einbinden, verbessern sie auch den regionalen und überregionalen Landschaftshaushalt.«

Besonders interessant für den Anbau von einjährigen Nutzpflanzen ist die im vorstehenden Zitat erwähnte Fixierung von Stickstoff im Boden durch Baumwurzeln. In unseren Breiten können das die Baumarten Robinie und Erle bewirken. Ebenso wie die Gründüngerpflanzen Bohne, Klee oder Lupine weisen diese Gehölze in ihrem Wurzelsystem knöllchenförmige Auswucherungen auf. Die darin lebenden Bakterien (Rhizobien) sind in der Lage, den in der Atmosphäre befindlichen Stickstoff zu einem für Pflanzen verfügbaren Stickstoffmolekül umzubauen und zu speichern. Normale Pflanzen haben vielerorts Probleme, an ausreichend Stickstoffverbindungen heranzukommen, die sie als Bodennährstoffe brauchen, um Pflanzenzellen zu bilden. Stickstoff gehört deshalb üblicherweise zu den Substanzen, die beim Nutzpflanzenanbau gedüngt werden müssen. Robinien und Erlen kennen aufgrund ihrer besonderen Fähigkeit keinen Stickstoffmangel. Im Gegensatz zu anderen Bäumen sind sie daher auch nicht darauf angewiesen, vor dem Abwerfen der Blätter Nährstoffe aus diesen zurückzuziehen. Das auf der Erde landende Erlen- und Robinienlaub ist also nährstoffhaltiger als anderes Baumlaub; in einem Agroforstsystem dient es den einjährigen Nutzpflanzen der folgenden Saison als Dünger. Obwohl Robinien ein äußerst witterungsbeständiges Holz ausbilden, zählen weder sie noch die Erlen zu den offiziellen (Furnier-)Werthölzern; aber es ist ohnehin anzunehmen, dass in zahlreichen subsistenzgeprägten Weltgegenden die agrarökologischen Effekte kleinbäuerlicher Agroforstsysteme und nicht die finanzielle Verwertbarkeit des Holzes im Vordergrund stehen. So heißt es in der Freiburger Studie, dass die Eigenschaft der Stickstoffbindung aus der Luft bei den in den Tropen und Subtropen verwendeten Agroforstbäumen ein vielgenutzter Effekt sei.

Ich habe bei einem Besuch in der hessischen Baumschule von Stephan Schmidt (siehe Seite 130) eine Fläche mit Reihen von gleichaltrigen Obstbäumchen gesehen. Zwischen zwei Reihen hatte Schmidt eine Reihe Erlen gepflanzt, und an dieser Stelle ist wunderbar zu erkennen, dass die jungen Obstgehölze zu beiden Seiten der Erlen-Reihe von der verbesserten Stickstoffversorgung profitieren, denn sie sind deutlich größer als ihre entfernter wachsenden Artgenossen.

Untersuchungen mit Pappeln in gemäßigten Klimazonen zeigten nach fünf Jahren bereits eine signifikante Humuserhöhung gegenüber der baumlosen Fläche; bei der Wiederbegrünung von Braunkohle-Tagebaugebieten wurden »merkliche« Humusverbesserungen durch Baumsetzungen sogar »innerhalb von drei, vier Jahren« festgestellt. Mit der Zunahme von Humus steigt natürlich auch die Anzahl der Bodenlebewesen, insbesondere diejenige der Regenwürmer. Würmer sind durch ihre Ausscheidungen ganz wesentlich für die Krümelstruktur und damit für die Wasseraufnahme- und -speicherfähigkeit des Bodens verantwortlich. Weil Niederschläge entlang von Baumwurzeln in eine von Würmern aufgelockerte Erde gut eindringen können, sinkt auf Agroforstflächen die Gefahr von Wassererosion erheblich. Auch die Gehölze selbst bilden Barrieren, die das Wasser daran hindern, schnell abzufließen und den Humus mit sich zu reißen.

Wie Bäume den Boden düngen

Zum Stichpunkt »Nährstoffpumpe« bzw. »Feinwurzelumsatz« noch eine interessante Passage aus der umfassenden Agroforst-Studie der Uni Freiburg: »Bäume können durch Blattfall und die regelmäßige Erneuerung ihrer Feinwurzeln Nährstoffe an den Boden zurückgeben. Außerdem erreichen sie mit ihren Wurzeln tiefere Bodenschichten und können dort Mineralstoffe entziehen. Bei vielen tiefwurzelnden Baumarten geht man davon aus, dass sie Wurzeltiefen zwischen 15 und 35 Metern erreichen können. In Minen und Höhlen wurden Baumwurzeln auch schon in 60 Metern Tiefe gefunden. Die in tieferen Bodenschichten aufgenommenen Nährstoffe werden für die landwirtschaftlichen Nutzpflanzen durch Blattfall und Wurzelumsatz (der Bäume) verfügbar. Feinwurzeln haben eine Lebensdauer von zwei Wochen bis zu einem Jahr. Es wird vermutet, dass die meisten Bäume durch den Feinwurzelumsatz mehr Nährstoffe an den Boden zurückgeben als durch den jährlichen Laubabwurf. Von Wäldern der gemäßigten Zone weiß man, dass zum Beispiel ein Kalkbuchenwald 80 bis 90 Prozent der in einem Jahr aufgenommenen Nährstoffe an den Boden zurückgibt.«

Die Baumwurzeln leisten auf dem Agroforstacker noch einen weiteren Dienst: Sie verhindern, dass Nährstoffe – auch gegebenenfalls aus Düngung – rasch ausgewaschen werden; die Nährstoffe bleiben an den Wurzeln hängen und somit dem Gesamtsystem erhalten. Für den Landwirt bedeutet dies ein weiteres Einsparpotenzial.

Auf Feldern und Weiden stehende Bäume tragen nicht nur durch ihr Wurzelsystem dazu bei, dass die örtlich verfügbaren Niederschläge auch von anderen Pflanzen optimal genutzt werden können. Zum einen hat sich gezeigt, dass Gehölze Winde deutlich abbremsen, wodurch sich die Verdunstungsrate von Boden und Kulturpflanzen sowie die Gefahr der Winderosion des nach der Ernte offen daliegenden Bodens verringern. Der Effekt ist bei dichten Windschutzhecken natürlich größer als bei aufgeasteten, langstämmigen Werthölzern, die im lichten Abstand von 15 Metern auf dem Kartoffelacker verteilt stehen (wobei das Beispiel nicht eines gegen das andere ausspielen möchte; so sind Kombinationen wie »Werthölzer in Windschutzhecken« denkbar). Zum anderen führt auch der Schattenwurf der Baumkronen zu niedrigeren Bodentemperaturen und verringerter Verdunstung. Zugleich trägt die zusätzliche Verdunstung über das Blattwerk der Gehölze zu einem insgesamt kühleren Mikroklima bei. Weil wegen des Klimawandels auch gemäßigte Zonen zunehmend unter Hitze und Trockenheit leiden – vor allem im Frühjahr –, kann das ein wichtiger Vorteil sein.

Natürlich stellt die Beschattung auch einen hemmenden Faktor für Dinkel, Kartoffeln und Co. dar: Einjährige Kulturpflanzen reagieren auf eine beeinträchtigte Lichtversorgung in der Regel mit verringertem Wachstum. Die Schattentoleranz variiert von Frucht zu Frucht; lediglich einige Weidegräser werden durch zeitweise Beschattung in ihrem Wuchs stimuliert. Die Erträge werden aber nicht signifikant durch Schattenwurf beeinträchtigt, wenn die Systeme in Größe, Abstand und Sonnen-Ausrichtung angepasst sind.

Schon anhand dieses einen Faktors (unter zahlreichen weiteren denkbaren Faktoren) wird deutlich, dass Agroforstsysteme gut geplant werden müssen, was etwa die Auswahl der Arten, die Anzahl und Anordnung der Gehölze, ihre Ausrichtung nach den Himmelsrichtungen, die Pflegearbeiten an den Bäumen usw. betrifft. Schließlich wird so eine Anlage mehrere Jahrzehnte lang existieren – ja, vielleicht werden die Bäume erst von einer kommenden Bauern-Generation oder zur Aufstockung der Rente des Altbauern geerntet.

In bestimmten Situationen – etwa wenn die Bäume noch jung und ihre Wurzeln noch nicht tief sind – kann es zwischen den Gehölzen und den einjährigen Kulturen auch zur Konkurrenz um Nährstoffe und Wasser kommen. Sowohl der Effekt der Zusatzdüngung als auch die Nährstoffkonkurrenz nehmen mit zunehmendem räumlichen Abstand von der Baumreihe ab. Das Design eines Agroforstsystems erfordert eine eingehende Beobachtung der örtlichen Gegebenheiten und nicht zuletzt auch viel Wissen: etwa um Schädlinge, die von manchen Bäumen auf Nutzpflanzen überspringen, oder auch darum, dass Bäume wie die Walnuss Stoffe in den Boden unter ihrer Krone einbringen, die bereits in geringer Konzentration die Keimfähigkeit von Konkurrenzpflanzen hemmen können.

Es gibt weitere mögliche Synergieeffekte: Auf Tierweiden können Bäume und Sträucher nachgewiesenermaßen Witterungsextreme und sozialen Stress in der Herde mindern und damit die Tiergesundheit und die Zuwachsraten verbessern. Die Gesundheit von Herden wird auch dadurch gesteigert, dass die Tiere gewisse Mengen Laub und Gehölzrinde fressen und so Mineralstoffe und Spurenelemente aufnehmen, die ihnen sonst eventuell fehlen würden. Ein Biobauer im Leinebergland teilte einem Mitglied der »Agroforstkampagne« mit, dass seine Kühe keine Klauenkrankheiten mehr hätten, seitdem sie an dem Hecken knabbern dürfen. Maulbeerbäumchen oder -büsche bringen ein hervorragendes Futter für Wiederkäuer hervor; sie sind sehr schnittverträglich und kommen auch mit armen Böden zurecht. In Costa Rica fand man heraus, dass Bäume auf Viehweiden die Milchleistung steigern. Zu den Synergieeffekten zählt auch, dass die Düngung etwa eines Getreidefelds angrenzenden bzw. integrierten Gehölzen zugutekommen kann – und zugleich besteht die Gefahr, dass die Bäume durch den Einsatz landwirtschaftlicher Maschinen oder durch weidende Tiere Schäden erleiden. All dies macht erneut deutlich, dass Aufbau und Betrieb von

Agroforstsystemen ein wohlüberlegtes Vorgehen bedingen. Die bereits mehrfach zitierte Freiburger Studie bringt es auf einen formelhaften Nenner: »Wie die möglichen Interaktionen in einem Agroforstsystem sich auf den Flächenertrag auswirken, hängt von ihrer Summe ab. Überwiegt der Einfluss der positiven (negativen) Interaktionen, ist der Ertrag im Vergleich zu einer Monokultur höher (niedriger).« Die Summe der positiven und der negativen Interaktionen könne unter anderem durch eine gezielte Auswahl der Pflanzen in Mischkulturen beeinflusst werden. Das sei vor allem an Standorten wichtig, auf denen Wachstumsressourcen wie Wasser und Nährstoffe nicht in ausreichender Menge zur Verfügung stehen.

Hoffnung für Artenvielfalt und Menschenaugen

Der Begriff der Mischkultur bringt uns zu einem weiteren gewichtigen Vorteil von Agroforstwirtschaft, der hier bislang noch gar nicht angeklungen ist. Der Bewuchs mit Gehölzen wirkt nämlich nicht nur äußerst positiv auf das Mikroklima etwa eines Weizenfelds, sondern auch auf die Biodiversität des Orts und darüber hinaus. Biologen haben auf Agroforstflächen zahlreiche Insekten und Kleintiere gefunden, die auf gehölzfreien Vergleichsflächen nicht mehr vorhanden waren. Je mehr Habitate und Nischen ein Ökosystem bietet, je vielfältiger und ausgeglichener (d.h. »naturnäher«) es ist, desto größer ist seine Widerstandsfähigkeit gegen allerlei Bedrohungen – und davon profitieren in der Regel auch vom Menschen kultivierte Nutzpflanzen. Können sich beispielsweise insektenjagende Vögel auf Bäumen im Feld niederlassen, wird möglicherweise die Population eines im Erstarken begriffenen Getreideschädlings noch rechtzeitig im Zaum gehalten. Auch Fledermäuse, die bekanntlich gute Insektenjäger sind, können mit Gehölzstrukturen auf großen Ackerschlägen wieder in diese vordringen. Sie brauchen vertikale Strukturen zur Orientierung; ihre Echolotnavigation funktioniert auf quasi zweidimensionalen Äckern nicht.

Von den Bäumen, die zukünftig in den heute noch ausgeräumten Agrarwüsten wachsen, werden voraussichtlich nicht nur Vögel oder Schmetterlinge angezogen. Auch das menschliche Auge darf sich daran erfreuen! Die Aufwertung des Landschaftsbilds gehört zu den gerne aufgezählten Argumenten der Agroforstfreunde. Die Verfasser eines Artikels im Ithaka-Webjournal schreiben angesichts eines solchen Systems begeistert: »Man hat das Gefühl, als könnte man auf diesen Feldern aufatmen, spazieren, leben.«

In den Tropen und Subtropen sind Agroforstsysteme bereits weitverbreitet. Große Bäume liefern dort Holz und spenden Schatten, eine Ebene tiefer gedeihen zum Beispiel Bananen, darunter Kaffeesträucher und am Boden wachsen noch Bohnen. Auch Kombinationen mit Palmen oder Bambus sind möglich. Agroforstwirtschaft wird insbesondere in Gebieten, die natürlicherweise von tropischem Regenwald bewachsen sind, als ökologisch vorteilhaft gegenüber einer kompletten Rodung angesehen. Das ist freilich keine echte Alternative zu einem naturbelassenen Regenwaldsystem mit seinen unzähligen Elementen; aber es ist immer noch weitaus besser als eine Rodungsfläche, die nach einigen Jahren als Rinderweide zur Mondlandschaft erodiert. Ich denke, dass agroforstwirtschaftliche Systeme vor allem in bereits verwüsteten Gegenden ein riesiges Potenzial besitzen; hier sei auch auf das wunderbare Beispiel der Sahelzone im folgenden Kapitel hingewiesen. Und der Schweizer Ernst Götsch hat in Brasilien auf verwüstetem Land einen hochertragreichen Waldgarten entstehen lassen, der dem ursprünglich dort wachsenden Atlantischen Regenwald in Sachen Artenvielfalt fast in nichts nachsteht (Seite 165).

Doch auch in gemäßigten Breiten, wo die Landwirtschaft gleichfalls vor immensen ökologischen Herausforderungen steht, sind die Anwendungsmöglichkeiten gewaltig. Sollten nicht auch etwa in Mitteleuropa sämtliche Möglichkeiten zur Aufforstung wahrgenommen werden, um der globalen Bedrohung durch die Erdüberhitzung oder durch den immensen Humusverlust zu begegnen? Ich lebe in Mecklenburg-Vorpommern, einem Gebiet, in dem die Flurbereinigung der DDR-Agrarpolitik stark gewütet hat. Seinerzeit soll sogar die Nationale Volksarmee eingesetzt worden sein, um im Dienst des Betonsozialismus die Stümpfe riesiger Eichen aus den Feldern zu sprengen. Bis heute hat sich – zum großen ökologischen sowie sozialen Nachteil – die im Zuge der Kollektivierung geschaffene Agrarstruktur mit ihren oft riesengroßen Monokultur-Ackerschlägen erhalten. Die Vorstellung, dass diese mit Ackergiften und Kunstdünger traktierten Felder künftig wieder von Hecken durchzogen und sogar von Baumreihen bestanden sein könnten, gibt mir auf meinen Spaziergängen Hoffnung.

Innerhalb der gemäßigten Klimazone sind moderne Agroforstsysteme vor allem in den USA und Kanada, in Neuseeland und Australien, in Teilen Chinas und gebietsweise auch in Europa verbreitet. Von diesen Ländern sind die USA und Kanada in der Forschung an modernen Agroforstsystemen am längsten aktiv. Das »World Agroforestry Centre« wurde bereits 1978 gegründet, um Forschung und Informationsaustausch zu fördern; es verfolgt das Ziel, zu Armutsreduzierung und Ernährungssicherung durch ökologisch angepasste Produktionsweisen beizutragen. In Europa wurden bislang vor allem in Großbritannien und in Frankreich Versuche zu Agroforstsystemen durchgeführt, in beiden Ländern gibt es entsprechende Forschungsanstalten. Frankreich hat in der Praxis eine Art Vorreiterrolle für Europa eingenommen. Die Anbaufläche hat sich dort zwischen 2005 und 2015 verzehnfacht und beträgt nun etwa 100 Quadratkilometer, was der Größe von Paris entspricht. Die föderale deutsche Agrarstruktur mit ihren zum Teil sehr divergierenden Strukturen und Zielsetzungen verlangsamt die Umsetzung der von der EU geförderten Agroforstwirtschaft deutlich; die Bundesländer haben ihre Gesetze noch immer nicht angepasst. Dies macht es willigen Landbesitzern in einer von Paragrafen und Subventionsprogrammen geprägten Agrarlandschaft leider sehr schwer. Fördermittel gibt es nur für landwirtschaftliche

Flächen, und auf denen haben Bäume nach deutscher Definition nichts zu suchen. So könnte es hierzulande also noch ein Weilchen dauern, bis das gute Neue, das das Schöne mit dem Nützlichen verbindet, sich durchsetzt – schade um die vertane Zeit, bietet Agroforstwirtschaft doch eine vorzügliche Möglichkeit, vermehrt Bäume auch in hiesige Landschaften zu pflanzen.

—

Websites

www.agroforst-info.de
www.agroforstkampagne.net
www.defaf.de
www.agroforst.de

Literatur

Cotta, Heinrich: Die Verbindung des Feldbaues mit dem Waldbau oder die Baumfeldwirthschaft, Arnold, 1819. (Ansicht und Download eines Digitalisats: kurzlink.de/HeinrichCotta)

Gerhard, Philipp: In einer Waldlandschaft … könnten wir leben, wären die Ideen des Forstwirts Heinrich Cotta vor 200 Jahren ernst genommen worden, in: Oya 51/2018. www.oya-online.de/article/read/3065-in_einer_waldlandschaft.html

Hurtig, Florian: Am Anfang war die Esskastanie. Die wohl ältesten Anbausysteme der Menschheit dürften Waldgärten gewesen sein. Ein Blick zurück in die Zukunft, in: Oya 51/2018. www.oya-online.de/article/read/3067-am_anfang_war_die_esskastanie.html

Institut für Waldwachstum, Universität Freiburg u. a. (Hrsg.): Neue Optionen für eine nachhaltige Landnutzung. Schlussbericht des Projektes agroforst, 2009. www.agroforst.uni-freiburg.de/download/BMBF0330621_24-11-09.pdf

Jäger, Mareike: Hochstamm-, Wildobst und Laubbäume mit Kulturpflanzen kombinieren, Agridea, 2017. (Download und Bezug: https://agridea.abacuscity.ch/de/~1926)

Liebau, Daisy und Burkhard Kayser: Agroforestry – Die Rückkehr der Biodiversität in die traditionelle Landwirtschaft, in: Journal für Terroirwein und Biodiversität, 2010. kurzlink.de/Agroforestry

Schilk, Jochen: Pflanzt Bäume auf Weiden und Äcker!, in: Oya 47/2018. www.oya-online.de/article/read/2925-.html

Smith, J. Russell: Tree Crops. A permanent agriculture, Harcourt, Brace and Company, 1929. (Download: https://archive.org/details/TreeCrops-J.RussellSmith/page/n1)

Wildermuth, Volkart: Ackern unter Bäumen, vierter Teil einer fünfteiligen Hörfunkreihe, Deutschlandfunk, Manuskript vom 15. 7. 2012. www.deutschlandfunk.de/manuskript-ackern-unter-baeumen.740.de.html?dram:article_id=215803

Film

»Wie Agroforstwirtschaft die Umwelt schützt«, Fernsehbeitrag, Arte, 2015 (16 Min.)
www.youtube.com/watch?v=UGx-X-b9c2Y

Tony Rinaudo | Sahel

Der Mann, der den »Wald in Wartestellung« zum Wachsen bringt

Wer heute Bäume pflanzt, sie achtet und schützt,
gehört zu den wahren Heiligen der Gegenwart.

Clark Strand, Autor und Bewusstseinsforscher

Wer hätte gedacht, dass es möglich sei, kahle Felder, Weideflächen und degradierte Wälder aufzuforsten, ohne einen einzigen Baum zu pflanzen oder zu säen? Der Australier Tony Rinaudo hat dies – ausgerüstet nur mit einem simplen Taschenmesser und gesundem Menschenverstand (sowie Gottes Beistand) – auf mehr als 12 000 Hektar im westlichen Afrika eigenhändig bewiesen. Ein Fachmann für nachhaltiges Landmanagement vom »World Resources Institute« nennt die von Rinaudo angestoßene und von zahllosen Bauern in verschiedenen Teilen des Kontinents ausgeführte Wiederaufforstung »die wohl größte Umweltveränderung in Afrika in den letzten hundert Jahren«. Mit der von ihm entdeckten Methode sind seit 1983 auf einer Fläche von mehr als sechs Millionen Hektar die Bäume zurückgekehrt. Wie hat Tony Rinaudo dieses Wunder bewerkstelligt?

Nach einem Landwirtschaftsstudium war der gläubige Christ 1980 als Missionar in den westafrikanischen Niger gegangen, um Bäume gegen die Wüstenausbreitung und gegen den Hunger zu pflanzen. Nach schweren Dürren in den 1970er Jahren hatten mehrere Sahelstaaten vor allem auf den Einsatz schnell wachsender exotischer Bäume wie den indischen Neem oder australischen Eukalyptus gesetzt. Sechzig Millionen Bäume ließ allein die Regierung von Niger pflanzen. Der Erfolg war lausig: Vier von fünf Bäumchen gingen ein. Anderswo mag das Pflanzen von Setzlingen gut funktionieren – in der Sahelzone offenbar nur sehr eingeschränkt. (Auf den Seiten 59 bzw. 124 finden sich allerdings Gegenbeispiele von Yacouba Sawadogo sowie den »Ondernemers Zonder Grenzen«, die jeweils innovative Methoden verfolgen.)

Rinaudo fragte sich bald, wie man den neuen Bäumen in dieser vielfach desolaten Region wohl bessere Chancen geben könnte, um groß zu werden. »Ich habe in den ersten Jahren jeweils rund 6000 Bäume gepflanzt«, erinnert er sich. »Wahrscheinlich kann man an einer Hand abzählen, wie viele davon heute noch leben. Bald fühlte ich mich völlig entmutigt. Ich blickte um mich und hatte den Eindruck, dass es mit den Baumschul-Setzlingen wohl kaum gelingen würde, hier irgendeine Veränderung zu bewirken.« Fragen drängten sich ihm auf: »Wie viele Millionen Dollar würde eine erfolgversprechendere Variante kosten? Woher sollten all die notwendigen Arbeitskräfte kommen? Wie viele Jahrzehnte würde solch ein Unterfangen brauchen?«

Ein erhörtes Gebet

Ratlos und frustriert wandte sich Tony Rinaudo während einer Autofahrt im Mai 1982 an seinen Gott und bat ihn, ihm die Augen zu öffnen und ihm zu zeigen, was zu tun sei. Als er sich einige Zeit nach dem Gebet neben den Wagen kniete, um Luft aus den Reifen zu lassen – ein probates Mittel gegen das Festfahren im Sand –, hatte er die richtige Perspektive, um eine wichtige Beobachtung zu machen: Viele der niedrigen Büsche in der Landschaft waren eigentlich Bäume! Bäume, die es nicht schafften, zu ihrer natürlichen Größe heranzuwachsen, weil in Niger – wie in so vielen Teilen Afrikas – die Flächen von allzu vielen Weidetieren kurzgehalten werden. Grasende Tiere knabbern Büsche und Bäumchen buchstäblich auf Stumpf und Stiel herunter, und dazu kommt noch, dass die Kleinbauern der Sahelzone in ihrer Not die verbleibenden Bäume zu Brennholz und Kohle machen. »Zwei Jahre lang war ich die Strecke fast täglich gefahren und hatte diesen unterirdischen Wald nie gesehen«, sagt Tony Rinaudo. Die von ihm erdachte Methode, den wartenden Wald sprießen zu lassen, war schließlich ebenso einfach wie clever: Er begann der Landbevölkerung beizubringen, mit einfachen Werkzeugen – einer Machete, einem Beil oder einem billigen Messer – alle Seitenaustriebe der niedrig gebliebenen »Busch-Bäumchen« abzuschneiden. Das Schnittgut können die Leute als Brennmaterial verwenden, sie sollen nur einen zentralen Stamm übrig lassen, der dann in die Höhe schießen kann, weil nun die gesamte Wurzelkraft auf ihn konzentriert ist. Wichtig ist dabei allerdings noch, dass die Viehbesitzer ihre Tiere für die Dauer von mindestens sechs Monaten daran hindern, dieses eine Stämmchen herunterzufressen. Unter afrikanischen Verhältnissen reicht diese Zeit aus, um die in Wartestellung harrenden Bäume mannshoch werden zu lassen.

Die Überzeugungsarbeit gestaltete sich anfangs als herausfordernd; die Bauern misstrauten dem »verrückten weißen Farmer«, der in der baumlosen Region Sträucher beschnitten haben wollte. Rinaudo weiß um die Gründe hierfür: »Jahrzehntelang haben Weiße den Leuten erzählt, dass sie die Bäume auf ihren Feldern fällen müssen, um mehr zu ernten. Und plötzlich kommt eine andere Weißnase und erzählt ihnen, dass sie die Bäume auf ihren Feldern stehen lassen sollen, um ihre Ernten zu steigern.« So waren es zunächst gerade einmal zehn Bauern, die sich auf die Vision des Missionars einlassen wollten. Da kann man es als »Glücksfall« deuten, dass in den folgenden Jahren erneut schwere Dürren das Land heimsuchten – denn nun waren es diese experimentierfreudigen Bauern, die auf ihren Äckern gute Ernten erzielten. Die sich entwickelnden Baumwurzeln hatten das letzte Quäntchen Feuchtigkeit in ihren Feldern gespeichert und die Erosion gestoppt, die Blätter hatten Schatten gespendet, die

Ziegen ernährt und den ausgemergelten Boden gedüngt. Sofern es sich um Akazien handelte (die zu den Leguminosen gehören), bewirkten deren Wurzeln außerdem eine Stickstoffansammlung im Boden, von der auch andere Pflanzen im Umfeld profitieren. Als die anderen Bauern das sahen, schlossen auch sie sich der Bewegung an. Mittlerweile betreiben alleine in Niger über eine Million Bauern auf rund fünf Millionen Hektar Landwirtschaft unter Bäumen.

Anders als das wenig erfolgversprechende Auspflanzen von Setzlingen zeigt Rinaudos neuartige Methode der »Farmer Managed Natural Regeneration« (FMNR) in der afrikanischen Landschaft enorme Auswirkungen. Bauern, die ihre Bäume wachsen lassen, ernten heute 49 bis 153 Prozent mehr Hirse und 36 bis 169 Prozent mehr Sorghum als zuvor; die jährliche Getreideproduktion in Niger wuchs dank der wiederentdeckten Agroforstwirtschaft (siehe auch Seite 46) um stolze 500 000 Tonnen.

Tatsächlich sind die Bäume auf den Feldern der Region nichts Neues: Während mindestens 2000 Jahren, bis ins 20. Jahrhundert hinein, war es im Sahel üblich, dass auf den Feldern Akazien wuchsen. Dann begannen die Bauern, die ausschlagenden Triebe regelmäßig abzuschneiden, denn erstens hatten sie gelernt, dass ein guter Bauer sein Feld »sauber« halte, und zweitens gehörten alle Bäume aufgrund eines Gesetzes, das auf die französische Kolonialherrschaft zurückging und eigentlich die Wälder schützen sollte, dem Staat. Die Bauern ließen freilich Bäume, die ihnen sowieso nicht gehören würden, gar nicht erst nachwachsen.

Als eine nicht unwichtige Nebenwirkung der neu aufgewachsenen Bäume erhalten die umstellenden Kleinbauern nun mittel- bis langfristig wieder Zugang zu Stroh und Feuerholz. Außerdem kamen zu den ursprünglich verwendeten Akazien bald noch andere Baumarten hinzu, darunter Jujube, Tamarinden, Baobab oder Moringa mit ihren essbaren, ölhaltigen Früchten. Die Landwirte begannen also, Bäume als eigenständige »Cash Crops« zu begreifen, als langlebige Kulturpflanzen, deren Pflege sich in barer Münze bezahlt macht. Zuvor hatten sie Bäume nur als Rohstoffquelle für Holzkohle betrachtet, die sich schnell herstellen und vermarkten lässt. Bis so ein Baum seine unterstützenden Wirkungen auf die landwirtschaftlichen Systeme entfaltet oder gar Früchte hervorbringt, dauert es hingegen mindestens zwei Jahre.

Die Taschenmesser-Methode ist ein heißes Eisen

Weil sich der Ansatz des FMNR aber nicht so gut verkaufen lässt wie das öffentlichkeitswirksame Pflanzen von Bäumen, haben Regierungen und Hilfsorganisationen den eigentlich viel effektiveren Ansatz von Tony Rinaudo lange Zeit ignoriert. Der Journalist Philipp Hedemann mutmaßt in einem Artikel über »Gottes Waldmacher«, dass die allgemeine Anerkennung der kostengünstigen Taschenmesser-Methode auch das Eingeständnis bedeuten würde, dass sehr, sehr viel Geld mit Setzlingsaufforstungen in den heißen Sand der Sahelzone gesetzt worden ist – Geld, an dem auch korrupte Regierungsbeamte teilhatten und gerne weiterhin teilhaben wollen. Erst die Entwicklungshilfeorganisation »World Vision« nahm Rinaudo schließlich ab 2008 als Berater für das Management natürlicher Ressourcen unter Vertrag – ein Vierteljahrhundert nach dessen Entdeckung des im Untergrund schlummernden Walds. Die Anstellung hat sich gelohnt, wenn Rinaudo mit folgender Einschätzung richtigliegen sollte: »Lebensmittelhilfslieferungen, Gesundheitsprogramme, Friedenssicherung – wir können uns viele teure Programme der internationalen Entwicklungszusammenarbeit sparen, wenn wir zusammen mit den lokal ansässigen Bauern mehr Bäume schützen.«

Nach Ansicht des bekannten Permakulturlehrers Geoff Lawton (siehe Seite 118) hat Tony Rinaudo, dessen Ansatz heute in mindestens 24 Ländern Anwendung findet, einen Nobelpreis verdient: »Wie oft sind es gerade die einfachen, unscheinbaren Ideen, die am besten funktionieren!«, sagt der aus England stammende Oasenerbauer aus eigener Erfahrung.

Das Nobelpreis-Komitee hat Lawtons Vorschlag noch nicht aufgegriffen – wohl aber die Jury des als Alternativem Nobelpreis bekannten Right Livelihood Awards. Tony Rinaudo zählt, neben Yacouba Sawadogo, zu den Preisträgerinnen und Preisträgern des Jahre 2018! In der Begründung für die Verleihung heißt es: »[...] dafür, dass er im großen Maßstab gezeigt hat, wie sich trockenes Land mit minimalem Kostenaufwand begrünen lässt – wobei er das Leben von Millionen Menschen verbessert hat!«

Literatur

Dieterich, Johannes (Hrsg.): Tony Rinaudo. Der Waldmacher, Rüffer & Rub, 2018.

Gapinski, Frank: How A $2 Pocket Knife Is Regreening Africa, Ecofilms, Blogbeitrag, 2012. www.ecofilms.com.au/how-a-2-pocket-knife-is-regreening-africa

Hedemann, Philipp: Gottes Waldmacher, Die Welt, 28. 6. 2015. www.welt.de/print/wams/wissen/article143176725/Gottes-Waldmacher.html

World Resources Institute (Hrsg.): Turning Back The Desert. How Farmers Have Transformed Niger's Landscapes And Livelihoods, in: World Resources Report 2008: Roots of Resilience, Seite 142–157. http://pdf.wri.org/world_resources_2008_roots_of_resilience.pdf

Film

»Grüne Wüsten? Ja, mit der FMNR-Methode«, World Vision, o. J. (deutsch, 4 Min.): www.youtube.com/watch?v=po7d7ERR6Ko

Yacouba Sawadogo | Burkina Faso

Der Mann, der die Wüste aufhielt

Ich tat nichts weiter, als Bäume zu pflanzen,
und fand mich plötzlich in einem Kampf um die Demokratie wieder.

Wangari Maathai

Yacouba Sawadogo ist jenseits der siebzig und lebt mit seiner großen Familie im Norden des westafrikanischen Lands Burkina Faso;[1] die Region mit sehr harten, trockenen Böden ist Teil der Sahelzone. Obwohl die Schule es nicht geschafft hatte, ihm das Lesen beizubringen, wurde ihm als jungem Mann von einem Korangelehrten prophezeit, dass einst die Menschen zu ihm kommen würden, um von ihm zu lernen. Nach der Schule verdingte er sich zunächst als Händler. Doch angesichts einer großen, dürrebedingten Hungersnot zu Beginn der 1980er Jahre wandte sich Yacouba der Landwirtschaft zu. Er griff die regional übliche Anbaumethode »Zaï« auf – bei der in wochenlanger Knochenarbeit Löcher für die Hirsekörner in die Erde geschlagen werden –, um nicht nur Getreide, sondern in jahrzehntelanger Anstrengung auch viele tausend Bäume zu pflanzen. Anfangs wurde er noch als Verrückter und Ketzer verunglimpft, weil er es wagte, die quasi sakrosankten agrarischen Traditionen zu verändern. Als der erste Wald auf über vier Hektar zu grünen begann, brannten Nachbarn diesen sogar nieder.[2] Doch der Mann gab nicht auf; er klagte niemanden an, sondern führte sein Werk stoisch fort. »Man kann nichts Gutes tun, ohne dadurch Widerstand zu provozieren«, weiß er.

Yacouba Sawadogos Methode: Er legt zunächst Steindämme um Parzellen herum an, um das kostbare Wasser zurückzuhalten, wenn es denn vom Himmel fällt. Dann hackt er seine Löcher und füllt diese mit einer Mischung aus Blättern, Asche, Viehdung, Getreidekörnern und Baumsamen. Der Clou dieser Kompost-Mixtur besteht darin, dass sie Termiten anzieht, die den Boden auflockern. Auf diese Weise hat er im Lauf der Zeit am Rand der Wüste eine 30 Hektar große Oase mit erstaunlicher Artenvielfalt geschaffen – mehr als sechzig verschiedene Busch- und Baumarten gedeihen dort zur Freude von Mensch und Tier. Ebenso speichert der Wald Feuchtigkeit im Boden, wovon natürlich auch die Feldfrüchte des experimentierfreudigen Bauern profitieren, der hier quasi seine eigene Version von Agroforstwirtschaft (siehe Seite 46) erfunden hat. Ermutigt durch Yacoubas Erfolg, sind schließlich auch diejenigen Dorfbewohner zurückgekehrt, die bei der letzten großen Hungersnot ihr Heil vergeblich in den Städten gesucht hatten.

Die Geschichte ist hier aber noch nicht zu Ende, denn einige Jahre nach Beginn des Experiments wurde der holländische Geologe Chris Reij, der zu neuen Wegen des Anbaus in Wüstenregionen forschte, auf Yacouba aufmerksam. Dank dieser Verbindung wurde es nun möglich, dass Kleinbauern von nah und fern die Methode bei dem Analphabeten aus dem Norden Burkina Fasos erlernten. Im Nachbarland Niger etwa wurden in zwanzig Jahren bereits 200 Millionen Bäume nach seinem Vorbild gesetzt – was, neben der FMNR-Methode (siehe Seite 55), dazu beitrug, die Getreideernte um jährlich 500 000 Tonnen zu steigern.

Auf diese Weise erfüllte sich die Weissagung des Leiters der Koranschule – ja, Bauer Yacouba steigt sogar hin und wieder in Flugzeuge, um auf internationalen Konferenzen sein Wissen weiterzugeben. Wissenschaftler sagen, der mittlerweile ergraute Farmer habe »für den Sahel mehr getan als alle internationalen Forschungsinstitute und Entwicklungsexperten zusammen«. Ein Kameramann der BBC hat das Leben des einfachen alten Mannes verfilmt, der so mit seinen holzigen Zöglingen verbunden ist, dass er in seinem Heimatdorf nebenbei auch als Medizinmann wirkt – kennt er doch die Heilkräfte, die in den Blättern, Rinden und Wurzeln seiner Bäume stecken. Das Dokudrama aus dem Jahr 2010 liegt als »Der Mann, der die Wüste aufhielt« auch in einer deutschen Sprachfassung vor. Doch Yacouba Sawadogos Erfolgsgeschichte geht noch weiter: Im September 2018 wurde ihm der Alternative Nobelpreis für »die Umwandlung von Ödland in Wald sowie für den Beweis, dass Bauern ihr Land mithilfe eines innovativen Gebrauchs von indigenem, lokalem Wissen regenerieren können«, zugesprochen.

—

Anmerkungen

1 In Europa weiß kaum noch jemand, dass Burkina Faso in den 1980er Jahren eine kurze, aber hochspannende sozialrevolutionäre Episode erlebte. Es begann 1983, als der junge Militär Thomas Sankara, ein panafrikanischer Sozialist, an die Macht kam und damit begann, eine radikale, wegweisende Agenda umzusetzen, die darin gipfelte, die afrikanischen Länder dazu aufzurufen, den Schuldendienst an die ehemaligen Kolonialmächte zu verweigern. Sankara mobilisierte das Volk dazu, den Kampf gegen die Armut aus eigener Kraft anzugehen. Er organisierte die administrative Verwaltung des Lands neu, verstaatlichte Grund und Boden und ließ Pläne zum Bau von Schulen, Brunnen und Stauseen sowie Massenimpfungen durchführen. Den Beamten wurden strikte Sparmaßnahmen auferlegt. Zu den zahlreichen transformativen Ideen des »afrikanischen Che Guevara« gehörte auch die Aufforstung der von ihm in Burkina Faso (»Land der Aufrechten«) umbenannten ehemaligen französischen Kolonie Obervolta. Ein diesbezügliches Programm hatte zum Ziel, die Ausbreitung der Sahara einzudämmen. Schon im ersten Jahr wurden 10 Millionen Bäume gepflanzt. Auf Youtube gibt es mehrere deutschsprachige Dokumentarfilme über das Wirken Sankaras, der schließlich 1987 von seinem Kompagnon Blaise Compaoré verraten und umgebracht wurde. Compaoré regierte das Land noch bis 2014. Eine seiner ersten Amtshandlungen bestand darin, den Schuldendienst wieder aufzunehmen. Es wird deshalb vermutet, dass die Niederschlagung von Sankaras revolutionärem Umbau unter anderem von der ehemaligen Kolonialmacht organisiert wurde.

2 Warum Yacoubas Dorfgemeinschaft derart feindselig auf seine unkonventionellen Versuche reagierte, wurde mir verständlicher, als ich das Buch des Entwicklungspsychologen Peter Gray »Befreit Lernen« (Drachen Verlag, 2015, Seite 48) las. Gray verweist auf verschiedene Forscher, die herausgefunden haben, dass bäuerliche Gesellschaften typischerweise sehr konservativ bzw. konformistisch sind: »Erfolgreiche Landwirtschaft besteht im Wesentlichen im Befolgen altbewährter Methoden. Kreativität ist sehr riskant, da ein Ernteausfall die Nahrungsversorgung eines ganzen Jahres gefährden kann. Da unter Bauern das Teilen von Nahrung, anders als bei Jägern und Sammlern, nicht auf der Tagesordnung steht, ist eine Familie, die ihre Ernte verliert, vom Hungertod bedroht. Darüber hinaus sind landwirtschaftlich geprägte Gesellschaften üblicherweise hierarchisch aufgebaut, so dass Gehorsam gegenüber Reicheren, Ranghöheren und Mächtigeren unerlässlich für den gesellschaftlichen und wirtschaftlichen Erfolg ist. Der idealtypische Bauer verhält sich somit folgsam, konservativ und regelkonform.«

Literatur

Grefe, Christiane: Bauer aus Burkina Faso erhält Alternativen Nobelpreis, Die Zeit, 24.9.2018. kurzlink.de/YacoubaZeit

Jeska, Andrea: Der Mann, der die Wüste aufhielt, Die Zeit, 29.11.2012. kurzlink.de/Jeska

— Der Mann, der die Wüste aufhielt, Adlerstein Verlag, 2013.

Filme

»Burkina Faso: Yacoubas Wunder«, Fernsehbeitrag von Thorsten Retzlaff, ARD, 2013 (7 Min.) kurzlink.de/YacoubaS

»Der Mann, der die Wüste aufhielt«, Filmportrait von Mark Dodd, 1080 Films, DVD, 2010 (50 Min.) www.die-neue-zeit.tv/dvd-bestellen

René Haller | Kenia

Von der Begrünung des Monds

Die Wiederaufforstung der Erde ist eine der letzten verbleibenden Möglichkeiten, unserer Menschlichkeit Ausdruck zu verleihen.

Bill Mollison, Mitbegründer der Permakultur

»Und wenn die Wiederbegrünung der Erde abgeschlossen ist, dann nehmen wir uns den Mond vor.« – Auf derart verwegene Gedanken könnte man angesichts der gelungenen Verwandlung einer lebensfeindlichen kenianischen Industriebrache in ein Naturparadies verfallen.

Weil der neu entstandene »Haller Park« nahe der kenianischen Küstenstadt Mombasa ein so wunderbares Beispiel für beharrliche und kreative Wiederherstellungspraxis an einem Platz mit besonders herausfordernden Ausgangsbedingungen ist, soll seine Entstehungsgeschichte im Folgenden gebührenden Platz erhalten. Diese Geschichte gewährt schöne und inspirierende Einblicke in die Vorgehensweise der Wiederbegrünerinnen und -begrüner. In ihrem Buch »Von der Steinwüste zum Paradies. Die faszinierende Geschichte eines einzigartig erfolgreichen Experiments in Kenya« berichten der Schweizer Agrarwissenschaftler René Haller und seine Kollegin, die Schweizer Biologin Sabine Baer, 1993 eindrucksvoll von ihrer Praxis.

Auf dem Gelände des heutigen Haller-Naturparks, das nahe des Indischen Ozeans liegt, wurde ab 1952 Kalk für die Zementproduktion abgebaut. Der Meeresspiegel hatte an der Stelle einstmals acht Meter höher gelegen, so dass dort ein großes Korallenriff entstanden war. Noch während dieser Kalkstein abgebaut wurde, fragte sich der Besitzer der Bamburi-Zementfirma, der Österreicher Felix Mandl, was getan werden könnte, um die hässliche Narbe in Form der riesigen Abbaugrube (engl. *quarry*) der Natur zurückzugeben. Diese Form der Wiedergutmachung war zu jener Zeit – zumal in Afrika – ganz und gar nicht üblich; es gab diesbezüglich auch keinerlei Regeln und Gesetze, die einen Betrieb gezwungen hätte, etwas Derartiges zu tun.

Andere Unternehmer hätten die Industriebrache wohl einfach sich selbst überlassen. Doch aus irgendeinem Grund fühlten sich die Betreiber der Zementgesellschaft aufgefordert, wenigstens den Versuch zu wagen, die stetig wachsende »Mondlandschaft« ihrer Kalksteinbrüche wiederzubeleben. Aber wie anfangen auf einem derart ungastlichen Abbauland, das keinerlei Humus bot, aber dafür salzhaltiges Grundwasser und das der erbarmungslosen afrikanischen Sonne schutzlos ausgeliefert war? Der Unternehmer Felix Mandl betraute den bereits seit 1959 in seiner Firma angestellten Agrarwissenschaftler René Haller mit der unmöglich scheinenden Aufgabe, den ausgebeuteten Steinbruch wiederzubegrünen. Bis dahin hatte Haller in einer der Fabrik angegliederten Farm Obst und Gemüse zur Versorgung der Arbeiter angebaut. Neben einer Vielzahl anderer Aufgaben war er auch für die Begrünung der Fabrikumgebung und der Arbeitersiedlung inklusive des Schulareals verantwortlich.

Zunächst wurde vereinbart, im Steinbruch zwei mehr oder weniger voneinander unabhängige Projekte ins Leben zu rufen: zum einen das Konzept eines langfristig angelegten Aufforstungsprogramms, welches ein dichtes und artenreiches Ökosystem zum Ziel hatte, das langfristig auch ökonomisch nutzbar sein sollte. Zum anderen hoffte man, mit einem weiteren Unternehmen – der Zucht von brackwassertoleranten Fischen in grundwassergespeisten Tümpeln – auf dem lokalen Markt einen rascheren Geldrücklauf erzielen zu können. Beides wurde ab 1971 in die Tat umgesetzt.

In seinem Buch erinnert sich René Haller an die entmutigende Ausgangssituation: »Die fürchterliche ›Mondlandschaft‹ dehnte sich jährlich um mehrere 10 000 Quadratmeter aus. Es war erschreckend zu sehen, dass in den ältesten Teilen des Steinbruchs kaum selbst angesiedelte Pflanzen, geschweige denn Bäume, wuchsen. Ich verbrachte viele Stunden schweißgebadet in der staubigen und steinigen Öde, fand ein paar Farne, ein halbes Dutzend Gräser und Büsche, die im Schutz zurückgebliebener Felsbrocken versuchten, Wurzeln zu schlagen, aber kaum etwas, das mich zum Pflanzen anregte. Eines Tages entdeckte ich in einem abgelegenen Winkel fünf kleine Kasuarinen-Bäumchen und zwei Dattelpalmen. Endlich gab es da etwas Lebendiges, das mich inspirierte, ein kleiner Lichtblick, der mir einen Weg zeigte, an den ich mich halten und den ich mit meinen Gedanken weiter verfolgen konnte!«

Erste Erfolge dank guter Naturbeobachtung

Auf der Suche nach geeigneten Pionierpflanzen für das Korallenkalk-Abbaugebiet »Bamburi Quarry« probierte René Haller es mit Setzlingen von 26 verschiedenen Arten, doch nur drei von ihnen überlebten: ein Dhamas *(Conocarpus lancifolius)* genannter Baum von der somalischen Küste, die Kokospalme *(Cocos nocifera)* sowie die aus Australien stammende Schachtelhalmblättrige Kasuarine *(Casuarina equisetifolia)*.

Die Kasuarine ist als Pionierpflanze ganz dafür gemacht, mit schwierigsten Bedingungen zurechtzukommen. Doch nach zehn Monaten stetigen Wachstums wurde die erste Anpflanzung mit Setzlingen dieser Art plötzlich gelb und drohte einzugehen. Nur dank einer aufmerksamen Naturbeobachtung kam Haller dann auf die rettende Erkenntnis, dass Kasuarinen in Symbiose mit einem auf Knötchen im Wurzelsystem sitzenden Mikroorganismus leben. Die sogenannten Mykorrhizapilze[1] liefern der Pflanze Nährsalze und Wasser und erhalten ihrerseits einen Teil der durch die Photosynthese der grünen Pflanzen erzeugten Assimilate. Nachdem Haller den öden Grund unter seinen darbenden Setzlingen mit einem Gemisch aus Boden und Wurzeln von gesunden Kasuarinen impfte, erholten sich die Bäumchen tatsächlich wieder und gediehen gut.

René Haller machte noch eine weitere wichtige Entdeckung: Es zeigte sich nämlich, dass die in großer Zahl von den Kasuarinen abgeworfenen Nadeln wegen ihres hohen Tannin-Gehalts nur sehr langsam von Bodenorganismen zu Humus abgebaut wurden – was den ganzen Prozess der Wiederbegrünung zu bremsen schien. Doch dann beobachtete er zufällig, dass die bis zu elf Zentimeter langen, rotfüßigen Tausendfüßler *(Epibolus pulchripes)*, die in der Region »Mombasa-Trains« (etwa: »Eisenbahnzüge nach Mombasa«) genannt werden, sich von den Nadeln ernähren. Der Kot der bald in großer Zahl in die Aufforstung verbrachten Tiere ließ sich mittels einer Gabe mit Kompostbakterien in Humus umwandeln – ein weiteres Teilchen in einem Öko-Puzzle war gefunden! Die importierten Tausendfüßler vermehrten sich ordentlich, was dazu führte, dass sich eine Humusschicht bildete, die irgendwann auch weniger genügsamen Pflanzen Halt bot.

Nach fünf Jahren waren immerhin 45 Hektar der Mondlandschaft bepflanzt. Zu diesem Zeitpunkt hatten die Kasuarinen bereits angefangen, sich selbst zu versamen und die Umgebung des Steinbruchs zu erobern. Nach zehn Jahren hatten einige der am schnellsten wachsenden Kasuarinen eine Höhe von 30 Metern erreicht. Nach zwanzig Jahren wiesen einige der Dhamas- bzw. Conocarpus-Bäume einen erstaunlichen Stammumfang von bis zu 2,4 Metern auf. Da war die Humusschicht schon etwa zehn Zentimeter stark, und die Pionierpflanzen hatten ihre Aufgabe erfüllt, aus der vormals pflanzenfeindlichen eine pflanzenfreundliche Umgebung zu machen. Dank des nun fruchtbaren Bodens und des ausgewogenen Mikroklimas begannen sich auch sensiblere Pflanzen anzusiedeln, einige sogar kraftvoller als die Pionierarten. Von den ältesten Kasuarinen stürzten nach 20 Jahren eine ganze Menge um, weil sie zu groß geworden waren und ihre Wurzeln sich wegen der harten Ausgangsbedingungen nie hatten optimal entwickeln können. Unter normalen Umständen bilden diese Bäume tiefe Pfahlwurzeln.

Ein Waldsystem entsteht

Mit dem allmählichen Vergehen der Pioniervegetation entstand Platz für eine zweite Generation von Forstpflanzen. Eine sich selbst überlassene Natur hätte laut Haller in dieser Situation zu einer Vorherrschaft von Neem-Bäumen sowie von einer Reihe von Feigenarten geführt; die Natur kenne ihre eigenen Renaturierungsmechanismen, die allerdings ohne den Eingriff des Menschen meist langsamer ablaufen. So etablierten sich über Samen, die vom Wind oder über Tiere eingebracht wurden, immer weitere

Pflanzenarten auf dem Gelände. Haller und sein Auftraggeber wollten den Steinbruch jedoch nicht bloß irgendwie wiederbegrünen, sondern vielmehr einen in ökologischer und ökonomischer Hinsicht sich selbst erhaltenden Organismus schaffen. Aus diesem Grund wurden die Baumarten der zweiten Generation wiederum sorgfältig ausgewählt. Das Ziel bestand darin, eine Vielzahl an in der Küstenregion heimischen Forstpflanzen, die auch von wirtschaftlicher Bedeutung sind, wiedereinzuführen.

Zu Beginn des Experiments fanden sich nur Pflanzen für den grundwassernahen Bereich am Boden der Abbaugrube. An den ebenso steilen wie trockenen Hängen wollte hingegen nichts gedeihen – bis ein Freund von Haller vorschlug, diese besonders lebensfeindlichen Bereiche mit dem Algaroba-Baum zu bepflanzen. Das ist eine äußerst trockenresistente Art aus Südamerika mit vielseitigen Einsatzmöglichkeiten (*Prosopis juliflora* und *Prosopis pallida*). Die aus Hawaii und Brasilien importierten Samen gediehen im kenianischen Boden ausgezeichnet; bereits nach zwei Jahren begannen die jungen Bäume zu blühen und mit ihren süß duftenden Blüten Bienen anzulocken. Die nährstoffreichen Samenstände entwickelten sich später zur Lieblingsspeise der örtlichen Antilopen und Affen. Fliegende Hunde, eine Art vegetarische Fledermäuse, sorgten für die Verbreitung der Samen des Neem-Baums oder der Würgefeige, die im feucht-warmen Klima rasch keimten. Von Menschenhand wurden außerdem mindestens 180 verschiedene, selten gewordene einheimische Pflanzen zwischen den alten Pionierbäumen wiederangesiedelt: Mangroven, Orchideen, Arzneipflanzen, Sträucher, Kletterpflanzen, Gräser. Als der entstehende Wald dicht und damit feucht genug war, tauchten von selbst verschiedene Pilzarten auf, 1991 zählte man 170 Arten. Im Jahr 1986 begann auf anderthalb Quadratkilometern frisch abgebautem Steinbruch eine weitere Pflanzkampagne, bei der eine Million Bäume gesetzt wurden.

Tiere als Helfer

Für René Haller stand von Beginn des Experiments an fest, dass Tiere eine Rolle im aufzubauenden Ökosystem Wald spielen würden, wusste er doch, dass die Fauna nicht weniger wichtig ist als die Flora. »Pflanzen und Tierwelt gehören entwicklungsgeschichtlich und ökologisch immer zusammen, weil sie symbiotisch-funktional eng aufeinander bezogen sind«, heißt es in dem reich bebilderten Buch über das Projekt. Neben den erwähnten schwarz-roten Tausendfüßlern trugen viele andere Tiere zum Renaturierungsprozess bei. »Die Tierarten sollen in ihrem Funktionszusammenhang mit Pflanzen und anderen Tieren näher betrachtet werden. Entweder verbreiten sie Pflanzensamen, oder sie fungieren als willkommenes Regulativ, wie etwa Kronenkraniche und Nilgänse, die als Insekten- bzw. Schädlingsvertilger eingesetzt wurden. Als gute Fischverwerter [es gab auf dem Gelände mittlerweile ausgedehnte Teiche] nahm man Pelikane, Marabus oder Afrikanische Nimmersatt-Störche.« Zahlreiche andere

Arten – Insekten, Wildkatzen, Wasservögel usw. – fanden das Nahrungsangebot im ehemaligen Steinbruch freilich von selbst.

Darunter waren auch unwillkommene Gäste, etwa eine Käferart, die Gänge in die Stämme der Kasuarinen fraß und die Bäume dazu brachte, ihre Nadeln abzuwerfen. Mit einem Mal schien der Erfolg des gesamten Projekts bedroht, aber für Haller kam es nicht infrage, ein Insektizid einzusetzen: Mit der chemischen Keule hätte er zusammen mit den Schädlingen »einen Teil des Traums selbst vernichtet. Die Idee war ja, ein sich selbst ausbalancierendes Ökosystem aufzubauen, und nicht eine Monokultur oder Baumplantage, die nur durch aufwendigen und teuren Technologieeinsatz erhalten werden konnte.« Was half, wurde abermals durch genaue Naturbeobachtung entdeckt: Man fand ein Eulengewölle (der Kot von Greifvögeln wird »Gewölle« genannt), in dem Körperteile der betreffenden Käferart auszumachen waren. Nach intensiver Suche konnte ein Fleckenuhu *(Bubo africanicus)* in den darbenden Kasuarinenwald eingesetzt werden. Dieser eine Vogel lockte mindestens vier Artgenossen an, mit denen zusammen er den Waldboden fleißig nach den Käfern absuchte. Langsam erholten sich die Bäume wieder, und nachdem die besonderen Leckerbissen ausgegangen waren, ließen sich die Eulen nur noch selten im Wald blicken.

Als er die Vegetation für fortgeschritten genug erachtete, siedelte René Haller zunächst kleinere Säugetiere, darunter Warzen-, Stachel- und Wildschweine, Wasser- und Buschböcke, Moschus-Böckchen oder Serval- und Ginsterkatzen, an. Später kamen Großsäuger wie Antilopen, Wasserbüffel, Zebras und Giraffen hinzu. Aus den Erzählungen »weiser, alter Afrikaner« wusste Haller zudem, dass Wasserlöcher austrocknen, wenn Flusspferde vertrieben werden. Der Grund hierfür ist, dass diese Tiere nachts an Land grasen und ihren Kot tagsüber, mit dem Schwanz-»Propeller« zerkleinert und verspritzt, ins Wasser abgeben, wo Fische sich über den Nährstoffeintrag hermachen. Außerdem wühlen die Flusspferde beständig den Grund ihrer Wohngewässer auf, so dass das Sediment belüftet wird. Dies verhindert die Bildung von giftigen Abbauprodukten unter sauerstofffreien Verhältnissen und damit letztlich die Gefahr einer Verlandung. Für René Haller bedeutete diese Information ein weiteres wertvolles Teilchen in seinem ökologischen Puzzle; für den großen Teich auf dem Gelände suchte er also eine Flusspferd-Population – und fand schließlich »Sally«, die von einem Ehepaar im Haus aufgezogen und nun zu groß geworden, sowie »Potty«, der einem deutschen Zirkus wegen nichtartgerechter Haltung weggenommen worden war. (Sollte es Ihnen gelingen, das Buch von Haller und Baer antiquarisch aufzutreiben, dürfen Sie sich auf die rührende Geschichte dieses Flusspferd-Paares und außerdem auf viele weitere interessante Details zur Vorgehensweise bei der Renaturierung freuen!) Die beiden erwiesen sich später als überaus wichtiges Glied im Aquakultur- bzw. Fischzucht-System.

Ein früher Permakultur-Praktiker

Generell spielte das kostbare Nass in den ökologischen und ökonomischen Überlegungen eine zentrale Rolle für das Gesamtgefüge. Das von Haller und seinen Helfern erdachte und umgesetzte Aquakultursystem stellt eine Vernetzung verschiedener Teilbereiche des Vorhabens dar – und hier offenbart das Projekt noch eine weitere faszinierende Dimension: Ist doch das Gesamtdesign nicht nur in ökologischer Hinsicht schier genial angelegt, sondern funktioniert auch auf der wirtschaftlichen Seite bewundernswert! In den neu geschaffenen Tümpeln und Wasserläufen wurde eine einträgliche Krokodil- und Fischzucht aufgebaut und zugleich mit Reis- und Gemüsepflanzungen verwoben. Was Haller hier mutig und vorausschauend begonnen hat, darf wohl getrost als meisterhafte Permakulturplanung bezeichnet werden – er schuf sein Design allerdings zu einer Zeit, als »die Permakultur« noch nicht erfunden worden war. (Dies sollte erst Mitte der 1970er Jahre durch die beiden Australier Bill Mollison und David Holmgren geschehen.)

Das Reisfeld dient in dem geschlossenen Wassersystem zusammen mit einem mit Nilsalat bewachsenen Tümpel als Pflanzenkläranlage. Weil viele Fische nicht die für die Vermarktung notwendige Größe erreichten, wurden ab 1975 Nilkrokodile, deren Fleisch und Haut sich gewinnbringend verkaufen lässt, als Fischverwerter eingesetzt. Die wechselwarmen, bis zu drei Meter langen Riesenechsen bekamen zudem Fleischabfälle aus einem weiteren Landwirtschaftsbereich der fabrikeigenen Farm zu fressen, der außerhalb des Steinbruchs etabliert wurde: eine Hühner-, Schaf- und Ziegenzucht sowie später eine Straußenaufzucht. Domestizierte Elen-Antilopen werden wohl – das Buch ist hier nicht ganz eindeutig – im wiederbegrünten Steinbruch selbst gehalten.

Unter optimalen Bedingungen wachsen Nilkrokodile bis zu 3 Millimeter pro Tag; hier – wo die Temperaturen nicht ganz optimal sind und die Tiere von menschlichen Besuchern des Parks gestört werden – erreichen sie ihre Schlachtgröße von 150 Zentimetern innerhalb von 2,5 bis 3,5 Jahren. Die Zucht von Krokodilen ist strengen Kontrollen unterworfen, trägt aber dazu bei, den Handel mit illegal gefangenen Wildtieren unrentabel zu machen und das Überleben der Art zu gewährleisten.

Die Fischzucht wurde parallel zu den Aufforstungsbemühungen ab 1971 in eigens dafür ausgehobenen Tümpeln im Steinbruch begonnen. Allerdings führten verschiedene Probleme dazu, dass dieses Unterfangen bald in Betonbecken weitergeführt wurde (die Zementfabrik war ja nicht fern). Der geniale Naturbeobachter René Haller veränderte die Form der wasserdurchspülten Becken im Lauf der Jahre mehrmals. Ursprünglich hatte man ihm gesagt, dass die Zucht von Afrika-Buntbarschen *(Tilapia)* ebenso unmöglich sei wie die Aufforstung des Kalksteinbruchs – doch hatte dies offenbar nur seinen Forschergeist angestachelt und ihn so lange beobachten und experimentieren lassen, bis beide Systeme perfekt funktionierten. Hunderte Fehlversuche haben den Mann in all den Jahren offenbar nie zum Aufgeben zwingen können.

Aus der Fischzucht fallen stickstoffreiche, aus der Krokodilzucht phosphatreiche Abwässer an. Diese Abwässer werden im Haller'schen Aquakultursystem zur Klärung langsam in Schlangenlinien durch Reisfelder geleitet, um möglichst viel Fläche zu nutzen und zu bewässern. Die Felder sind durch schmale Dämme begrenzt, auf denen Gemüse angebaut wird. Die Sedimente aus den Abwässern lagern sich auf dem Boden der Felder ab, wo sie einen exzellenten Dünger für Gemüse und den Reis abgeben, der sich in Kenia viermal pro Jahr ernten lässt. Die Tilapia-Barsche ziehen ihre Brut im seichten Wasser auf, und Welse belüften die Reiswurzeln, wenn sie den Boden mit ihren breiten Mäulern aufwühlen – wie gesagt: ein wunderbares Beispiel für ein gut durchdachtes Permakultursystem. Mit derartigen Denkweisen und Ansätzen sollte es möglich sein, die Welt in ein Paradies aus Gärten zu verwandeln! Im Buch heißt es etwas trockener: »Mit ›sanften‹, weil biologischen Mitteln wird nicht nur der integrierte Wasserkreislauf optimiert, sondern es wird auch der wirtschaftliche Erfolg gesteigert. Die Synergie von Ökologie und Ökonomie, sowie deren sich gegenseitig förderndes Zusammenwirken, erweist sich somit auch beim Klärsystem.«

Wenig beachtete Pioniertaten?

Die Autoren wenden sich im Folgeabsatz gegen die als unnötig erkannten Anwendungen von Monokulturen, Agrochemie und Gentechnik, mit denen nur eine kurzfristige Ertragsmaximierung möglich sei, bevor meist eine Zerstörung der eigenen Grundlagen eintrete – eine bemerkenswert aktuelle Einsicht, wenn man bedenkt, dass »Von der Steinwüste zum Paradies« schon fast ein Vierteljahrhundert alt ist.

Zum Zeitpunkt der Entstehung des Buchs im Jahr 1993 hatten sich die Anfangsinvestitionen der Zementfabrik schon seit vielen Jahren amortisiert, so dass der Haller Park wirtschaftlich auf eigenen Beinen stand. Einnahmen wurden bzw. werden mit dem Verkauf von Holz und Holzkohle, Zierpflanzen und Tierprodukten erzielt, außerdem war der Naturwanderweg »Bamburi Quarry Nature Trail« in der Zwischenzeit zum Besuchermagneten avanciert. Auf Youtube finden sich heute zahlreiche von Touristen angefertigte Kurzvideos aus dem Haller-Park.

Bei der kurzweiligen Lektüre des reich bebilderten Buchs fragte ich mich mehrfach, ob die Wiederbegrünungspraktiker und Autoren René Haller und Sabine Baer zu ihrer Zeit wohl eine angemessene Anerkennung für die faszinierenden Pioniertaten erfahren durften. Ein knappes Jahrzehnt nach dem Erscheinen des Buchs wurde im deutschsprachigen Bereich der Titel »Sepp Holzer – Der Agrar-Rebell« (2002) zu einem größeren Erfolg, wobei die Denk- und Herangehensweise des weithin bekannten Österreichers Holzer (»Holzer'sche Permakultur«) derjenigen des Schweizers Haller deutlich ähnelt. Vielleicht war das Publikum zu Beginn der 1990er Jahre noch nicht bereit, die Bedeutsamkeit von René Hallers Werk zu erkennen. Passagen wie die folgende könnten jedenfalls in einem aktuellen Permakulturbuch stehen:

»Die Bewirtschaftung eines Gebietes mit der Natur beinhaltet auch die sorgfältige Auswahl der zu haltenden Nutztiere und der zu kultivierenden Nutzpflanzen. Die Art- und Sortenauswahl erfolgt in erster Linie nach Kriterien der Standortangepasstheit und Schädlingsresistenz, und erst in zweiter Linie nach Ertragskriterien.

Die Bewirtschaftung eines diversifizierten Systems ist viel aufwendiger als diejenige einer Monokultur und erfordert mehr Wissen um Zusammenhänge, ein größeres Vorstellungsvermögen, eine differenzierte Beobachtungsgabe und ein höheres Maß an Voraussicht und Planung. Obwohl solch ein Projekt – ökonomisch kurzfristig gesehen – weniger ertragreich ist, so besteht auf längere Zeit eine geringere Abhängigkeit von außen (z.B. von importierten Futtermitteln) und damit wird auch die Krisenanfälligkeit reduziert.«

Der Blick in Wikipedia zeigt immerhin, dass René Hallers Lebenswerk keineswegs unbeachtet blieb. Bereits 1987 – im Buch schweigt er bescheiden dazu – wurde er für seine außergewöhnlichen Errungenschaften im Umweltschutz mit dem Preis der »Global 500 Roll of Honor« des UN-Umweltprogramms ausgezeichnet. 1991 verlieh man ihm den Ehrendoktortitel der Universität Basel und den Preis der Stiftung Dr. J.E. Brandenberger. Im April 2003 wurde Haller ins ständige Beratungs- und Führungsgremium des Kenya Wildlife Service berufen. Als er fünf Jahre zuvor in den Ruhestand getreten war, beschäftigte die Farm rund 460 kenianische Mitarbeiterinnen und Mitarbeiter – auch die soziale Dimension des beispielhaften Projekts bleibt im Buch weitgehend unerwähnt. 1991 hatte René Haller zusammen mit einem pensionierten Direktor der Bamburi Cement den »Baobab Trust« ins Leben gerufen, um nichtkommerzielle und karitative Aktivitäten der Farm zu ermöglichen sowie um Kleinbauern neue Möglichkeiten nahezubringen.

Der Haller-Park ist heute nicht nur eine Sehenswürdigkeit für den Küstentourismus, sein Besuch ist auch Bestandteil des Stoffplans der kenianischen Sekundarschule. Ausbildung und Vermittlung im weitesten Sinn waren René Haller immer ein großes Anliegen. So logierten Jahr für Jahr Dutzende von Studierenden und Dozenten aus vielen Hochschulen der Welt in einem speziell dafür eingerichteten Camp – um zu lernen, wie der Mond begrünt werden könnte.

Mit dem Erbe arbeiten

Von ihrem Besuch des Haller-Parks nachhaltig inspiriert wurde auch die Engländerin Louise Piper, die bis dahin fast zwanzig Jahre im Finanzsektor gearbeitet hatte. In der Transformation des Steinbruchgeländes erkannte sie ein riesiges Potenzial für das südlich der Sahara gelegene Afrika. Zusammen mit der Umweltschützerin Julia Hailes gründete sie 2004 die nach Dr. René Haller benannte Organisation »Haller«, die später auch dessen Baobab Trust übernahm. Die Organisation nutzt die in Bamburi gemachten Renaturierungserfahrungen, um armen Kleinbauern Möglichkeiten zur Existenzsicherung trotz ungünstiger Landverhältnisse zu zeigen. Sie richtet sich laut eigenen Auskünften nach den Grundbedürfnissen von kenianischen Dorfgemeinschaften und lehrt integrale Lösungsansätze, die zumeist mehrere Bereiche zugleich umfassen: Wasser, Landwirtschaft, Bildung, Gesundheit, regenerative Energien sowie Kleinstunternehmertum. Dabei gehe es nicht um »schnelle Reparaturen«, sondern darum, die Bäuerinnen und Bauern in langfristiger Begleitung zu befähigen, mit ihren Familien selbstversorgt und enkeltauglich zu leben.

—

Anmerkung

1 »Mykorrhiza« wird eine Symbiose zwischen Pilzen und Pflanzen genannt, bei der ein Pilz mit dem Feinwurzelsystem einer Pflanze in Kontakt ist. Die Mykorrhizapilze liefern der Pflanze Nährsalze und Wasser und erhalten ihrerseits einen Teil der durch die Photosynthese der (grünen) Pflanzen erzeugten Assimilate. Im Gegensatz zu anderen Bodenpilzen fehlen vielen Mykorrhizapilzen Enzyme, die nötig wären, um komplexe Kohlenhydrate abzubauen. Darum sind diese auf die Versorgung durch Pflanzen angewiesen. Die Mykorrhizapilze verfügen über ein im Vergleich zur Pflanze erheblich größeres Vermögen, Mineralstoffe und Wasser aus dem Boden zu lösen. Es gibt wirtsunspezifische Mykorrhiza-Arten, die sogar einjährige Pflanzen mit Bäumen verbinden können. Das Beimpfen eines aufzuforstenden Bodens mit mykorrhizamycelhaltiger Erde stellt eine wirksame Methode dar, jungen Bäumen gedeihliche Bedingungen zu verschaffen. Nicht wenige Pioniere auf dem Gebiet der Aufforstung experimentieren damit, wie im Verlauf des Buchs noch zu sehen sein wird. An Standorten ohne passende Mykorrhizen dauert es ungleich länger, bis der Baum die Bedingungen im Wurzelbereich so weit selbst hergestellt hat, dass es zu nennenswerten Wachstumsschüben kommen kann; das gilt umso mehr für Baumarten, die nicht zu den Pioniergehölzen zählen.

Website

www.haller.org.uk

Literatur

Haller, René und Sabine Baer: Von der Steinwüste zum Paradies. Die faszinierende Geschichte eines einzigartig erfolgreichen Experiments in Kenya, Koschany Verlag, 1993.

Meier, Lukas: Aus der Steinwüste wurde ein grünes Paradies, 16.12.2016. https://scitec-media.ch/2016/12/16/aus-der-steinwuste-wurde-ein-grunes-paradies/

Springer, Zvonko Z.: Bamburi Nature Trail. Haller Park. From Wasteland To Paradise, persönliche Website, 1999. www.cosy.sbg.ac.at/~zzspri/travels/BANweb/bantrail.html

Film

»Eco Talk: Bamburi Ecological Paradise«, NTV Uganda, 2013 (englisch, 5 Min.) www.youtube.com/watch?v=AquhisLEUd4

Wilhelm Ripl und Hermann Scheer

Lässt sich die Erdüberhitzung mittels Aufforstungen abwenden?

Wer Bäume pflanzt in dem Wissen, dass er nie in ihrem Schatten sitzen wird, hat zumindest angefangen, den Sinn des Lebens zu begreifen.

Rabindranath Tagore, indischer Literaturnobelpreisträger

Regelmäßig wurden in den letzten Jahren neue Temperaturrekorde gemessen, so war die Durchschnittstemperatur in Deutschland 2018 um mehr als zwei Grad gestiegen. Noch nie seit Beginn der flächendeckenden Wetteraufzeichnungen im Jahr 1881 war der Abstand zu den langjährig ermittelten Werten größer, und auch die globalen Werte geben bekanntlich Anlass zu großer Besorgnis. Obwohl die Klimaveränderung schon vielerorts dramatische Folgen zeitigt, scheint die Politik insgesamt in ihrer wichtigsten Aufgabe zu versagen, die Gesundheit und das Leben der Menschen zu schützen. Obwohl man sich nach zahlreichen mehr oder weniger ergebnislosen Weltkonferenzen mittlerweile auf das Ziel der Begrenzung der Erwärmung geeinigt hat, ist immer noch nicht klar, wie dies zu erreichen ist.

Eine gewisse hoffnungsspendende Perspektive liefert in dieser Situation ein 32-Seiten dünnes Strategiepapier eines Österreichers und eines Deutschen: Weltweit umzusetzende Aufforstungen könnten demnach maßgeblich dazu beitragen, den Prozess der Erdüberhitzung – die Linguistin Elisabeth Wehling schlägt diesen Begriff anstatt des beschönigend klingenden Worts »Klimaerwärmung« vor – zu stoppen und umzukehren. Diese Maßnahme kann die notwendige Veränderung der Wirtschaftsweise und des westlichen Lebensstils zwar nicht ersetzen, erscheint aber als eine lohnenswerte, umsetzbare Handlungsmöglichkeit.

Bereits im Jahr 2007 hatte der Landschaftsökologe und (inzwischen emeritierte) Professor für Süßwasserökologie Wilhelm Ripl gemeinsam mit dem (inzwischen verstorbenen) SPD-Politiker Hermann Scheer ein »Memorandum zum Klimawandel« geschrieben. Darin erinnerten sie an einige wichtige ökologische Zusammenhänge, die für den Umgang mit der globalen Klimaerwärmung möglicherweise von entscheidender Bedeutung sind. So legt ihre Perspektive wirksame Maßnahmen gegen die Überhitzung der Erde nahe, die insbesondere in einer naturnahen Flächenbewirtschaftung und der Aufforstung vegetationsloser Erdgegenden bestehen. Der zuletzt an der TU Berlin wirkende Wilhelm Ripl gilt als Experte für die Wasserkreisläufe der

Erde; Hermann Scheer erhielt als unermüdlicher Fürsprecher der Nutzung erneuerbarer Energiequellen 1999 den Right Livelihood Award.

In ihrem Memorandum vertreten die Autoren die These, dass die allgemein für den Klimawandel verantwortlich gemachten trockenen Klimagase (vor allem Kohlendioxid und Methan) nur zweitrangige Ursache seien. Viel wichtiger für ein ausgewogenes Erdklima sei das – heute an vielen Stellen stark gestörte – natürliche planetare Kühlungssystem. »Die Dynamik von Wasser und Wasserdampf in Rückkopplung mit den Kontinentalflächen und ihrer Vegetationsdecke sowie den Meeresflächen stellt die wichtigste Komponente der physikalischen Verteilung der Sonnenenergie dar«, sind sich Ripl und Scheer sicher.

Die naturwidrige Nutzung der Kontinentalflächen der Erde habe zu einem gefährlichen Rückgang der Vegetation sowie der Fruchtbarkeit und Wasserspeicherkapazität der Böden geführt, so dass vielerorts die lokalen Wasserkreisläufe (Verdunstung und Kondensation) und damit schließlich auch die großen Wasserkreisläufe (Wolken, Regen, Flüsse; Meer–Land–Meer) ins Stocken geraten seien. Sie schreiben:

»Wasser-, Mineral- und Nährstoffkreisläufe sowie die Temperatur dämpfende Vegetation sind über einen langen Zeitraum in einem lebensbedrohlichen Ausmaß durch wiederholtes Abholzen und wirtschaftliche Umgestaltung der Wälder, Trockenlegung der Landschaften, Eindeichung und Absenkung der Flüsse, Kultivierung von Mooren, zentralisierte Trinkwassergewinnung und Tagebaubetrieb und damit Auslaugung der Landschaft, gesteigerte Mineralisierung der organischen wasserhaltenden Böden sowie Ableitung der Nutzstoffe aus den Oberböden über zentrale Kläranlagen zum Meer zerstört worden, letztlich mit der Konsequenz der Degradierung der stofflichen, örtlichen Kreislaufführung insbesondere des Wassers.«

Vegetationsgetriebene Dampfmaschinen-Kühlung

Die Menschheit habe die Vegetation bereits so stark verändert beziehungsweise vernichtet, dass sie ihre natürliche Funktion, nämlich die Regelung des Klimas über die Steuerung von Verdunstung und Bodenwasserhaushalt, nicht mehr in nachhaltig wirkender Weise ausüben könne. »Die lebenserhaltende Energetik unseres Planeten ist nicht an die Atmosphäre, sondern vorrangig an seine kontinentale Oberfläche und die darauf sich ständig selbst erneuernden Vegetationsstrukturen gebunden«, erklären die Autoren. »Die Vegetation vergrößert mit jedem gewachsenen Blatt die Oberfläche der Kontinente und steuert damit nebst der Temperatur- und Druckverteilung in der Atmosphäre den Export und Import von Niederschlag: Mehr Vegetation überall und flächendeckend bedeutet Absenkung der Temperatur und einen gedämpften Verlauf des Klimas. Weniger Vegetation und weniger Wasserkreislauf bedeuten größere Temperaturdifferenzen an Land, eine überwärmte Meeresoberfläche, eine chaotische Atmosphären-Dynamik und ein Abschmelzen von Gletschern.«

Die Atmosphäre ist fürs Klima nur zweitrangig

So sei auch die beobachtbare Gletscherabschmelzung nicht in erster Linie auf erhöhte Temperaturen zurückzuführen. Da heute die Taubildung und der Wasserrückhalt in den Böden kaum mehr gegeben sind, und die effiziente Verdunstungskühlung über den Kontinenten nur mehr mangelhaft stattfinde, erhielten die Gletscher bei Schneebildung aus den wasserwirtschaftlich geschädigten, ausgetrockneten Talauen und Wirtschaftsforsten einfach nicht genug Wasserdampf, um natürliche Abschmelzprozesse auszugleichen. Auch das Phänomen der zunehmenden Starkwinde über küstennahen Gebieten wissen die Autoren auf ihre Weise zu erklären: Die ursprüngliche, mit Hilfe von Wasser und Vegetation erfolgende Temperaturregelung würde auf den Kontinenten neuerdings durch »Luftkühlung« ersetzt. »Erst über der Meeresoberfläche kann wieder so viel Verdunstung stattfinden, dass sich Wolken bilden. Diese lösen sich jedoch in vegetationsarmen kontinentalen Hochdruckzonen wieder auf und werden letztlich erst wieder in einer immer mehr nach Norden wandernden Tiefdruckzone zu Niederschlägen führen. Ehemals feuchte, vegetationsreiche Landschaften ›vertrocknen‹. Kleinstlebewesen, die vom täglichen Tautropfen leben, verschwinden und damit auch zunehmend Teile der höheren Fauna.«

Aufgrund der deutlich zurückgegangenen Speicherkapazitäten im Bodenbereich sei die mittlere Aufenthaltszeit des Wassers in der Atmosphäre in den letzten Jahren im weltweiten Mittel auf etwa neun bis elf Tage angestiegen, während sie in einigen intakten Waldgebieten unter einem Tag liegt.

Maßnahmen

Um den Teufelskreis zu durchbrechen, müsse es deshalb baldmöglichst zur Regeneration der erwähnten Kreisläufe über die Wiederherstellung der notwendigen Vegetationsflächen auf den dicht besiedelten und bewirtschafteten Festlandsgebieten kommen. Verwüstete Teile von Kontinenten sollten durch den Aufbau von Humus und stabiler Vegetationsdecken wieder bewohnbar gemacht werden. Eine solche Reparatur sei überall und richtungssicher in der Lage, das »Tragwerk Natur« zu stärken. Dort, wo durch eine Wiederherstellung von Wald und Vegetation auch die lokalen Wasser- und Stoffkreisläufe reanimiert wurden, habe die Wissenschaft bereits erstaunliche kleinräumige Klimaveränderungen beobachten können. Die systematische Vermehrung solcher temperaturdämpfender Bereiche zu größeren Flächen würde auch eine großräumige positive Klimaänderung zur Folge haben, geben sich die beiden Autoren des Klima-Memorandums zuversichtlich.

Chance für eine dezentrale Commons-Kultur

Interessant ist nun, wie Wilhelm Ripl und Hermann Scheer sich den großen Wandel hin zu einer neuen integrierten Ressourcenwirtschaft auf den Bodenflächen vorstellen. Sie bleiben nicht bei der Forderung nach Wiederherstellung einer bodenbedeckenden Vegetation stehen, sondern legen letztlich nahe, dass die Durchführung und Aufrechterhaltung solch einer gigantischen Maßnahme optimalerweise von einer dezentral in autonomen Regional-Zellen organisierten Gesellschaft zu leisten wäre. Grundbedingung sei allerdings das allgemeine Bewusstsein von der intakten Natur als dem Quell aller täglich vom Menschen benötigten Leistungen. Wirtschaftsautonome Regionen bzw. klimaautonome Landschaften könnten am besten dezentral mit integrierten Bewirtschaftungsmethoden für sämtliche Ressourcen von den Bürgerinnen und Bürgern vor Ort aufgebaut werden. Die Wiederherstellung einer tragfähigen Natur müsse zunächst von einzelnen regionalen Zellen ausgehen, deren Vermehrung das Gebot der Stunde sei.

Die anstehende neue Ressourcenwirtschaft umfasst den Autoren des Klima-Memorandums zufolge die Sektoren Landwirtschaft, Forstwirtschaft, Wasserwirtschaft, Stoffwirtschaft, Energiewirtschaft sowie einen funktionalen Naturschutz. Über den Klimaschutz hinaus habe die Beschaffenheit der Flächen grundlegende Bedeutung für das gesamte Gesellschaftssystem in zweifacher Hinsicht. Erstens: Unter welchen Voraussetzungen können die notwendigen Lebensprozesse auf den Kontinenten aufrechterhalten werden? Und zweitens: Wie lässt sich unsere Lebens(er)haltung unabhängig und nachhaltig gestalten?

Etwa so: »Nahrung und Energie werden auf den kommunalen Flächen produziert und verbraucht, Abwasser und Abfälle, besonders Fäkalien, werden als Ressourcen in der Fläche gehalten. Dazu gehört vor allem, dass die Fläche der Kommunen durch geeignete Vegetationsstrukturen und -pflege ihre funktionalen Aufgaben wahrnehmen kann, vorrangig die kommunale Aufrechterhaltung der Wasserkreisläufe, die Klimaverbesserung und die Erhaltung der Bodenfruchtbarkeit.« Über die Gewährleistung dieser Grundfunktionen hinaus könne die kommunale Autonomie sich auch auf andere Dienste und Produkte ausdehnen. Das Ausmaß und die Art der Autonomie über die reine Subsistenz hinaus liegt in der Entscheidung der Bürgerinnen und Bürger, die ihre integrierte Ressourcenwirtschaft selbst aufbauen und betreiben.

Erinnert das nicht an Strukturen, die für Gesellschaften mit traditionellen Commoning-Systemen typisch sind? (Als Commons, Gemeingüter oder Allmenden werden materielle oder geistige Ressourcen bezeichnet, die weder in privatem noch in staatlichem Besitz, sondern in den Händen einer Gemeinschaft liegen, die sie nach jeweils klar definierten Regeln nachhaltig pflegt und nutzt. Elinor Ostrom erhielt 2009 für ihre Forschung zu den Commons den Nobelpreis für Wirtschaftswissenschaften.)

In 20 Jahren könnte es vollbracht sein

Der Wissenschaftler Ripl und der Politiker Scheer fordern in ihrem Memorandum die Schaffung politischer Steuerungsinstrumente zur Verwirklichung der überlebenswichtigen Umstrukturierungen. So müssten die Gelder aus Verschmutzungsrechten und Umweltabgaben als leistungsbezogene Transferzahlungen in eine klimastabilisierende Flächenbewirtschaftung gelenkt werden. Derart finanziert, könne eine nachhaltige Reparatur des Wasserhaushalts sowie der Vegetationsverteilung rasch erfolgen.

Bereits bei einem Niederschlag von einem Millimeter pro Tag ist eine Vegetation bei entsprechender Bewirtschaftung in der Lage, eine Baumvegetation auszubilden, die besser kühlt als eine Wasseroberfläche. Eine kühlere Landschaft wirkt als Attraktor für Niederschlag und stärkt somit den Wasserhaushalt. Die Restaurierung einer durchgehenden Vegetationsdecke – auch unter anfänglicher Zugabe von gereinigtem Abwasser, organischen Abfällen bzw. Klärschlämmen – könnte nach Einschätzung der Autoren das Klima innerhalb eines Zeitraums von ein bis zwei Jahrzehnten nachhaltig wiederherstellen (!) und gleichzeitig die regional benötigte Energie in Form von Biomasse dezentral bereitstellen.

»Wärmestau« durch dunkle Wälder?

Sehr skeptisch geben sich hingegen zwei kanadische Forscher, die per Computersimulation das Klimaschutzpotenzial weltweiter Aufforstung einzuschätzen versuchten. Vivek Arora und Alvaro Montenegro von der Universität Victoria berechneten, wie sich die Temperatur zwischen 2081 und 2100 entwickelt, wenn in den nächsten Jahrzehnten landwirtschaftliche Flächen in Wald umgewandelt würden. Das Ergebnis veröffentlichten die beiden im Jahr 2011: Demnach könnte der Temperaturanstieg im weltweiten Durchschnitt lediglich um 0,25 Grad Celsius gebremst werden, wenn die Hälfte aller Äcker und Wiesen mit Bäumen bepflanzt würde. Selbst in dem sehr unwahrscheinlichen Fall, dass sämtliche Flächen zu Wald würden, fiele die Erwärmung um nur 0,45 Grad geringer aus, als wenn die Wirtschaft im Wesentlichen so weiterwüchse wie bisher – einschließlich der damit verbundenen Klimagasemissionen – und nur wenige Klimaschutzmaßnahmen greifen.

Verantwortlich für die nur marginal positive Wirkung auch von massiven Aufforstungen auf das Klima sei die »Albedo«. Mit diesem Ausdruck bezeichnen Wissenschaftler das Reflexionsvermögen der Erdoberfläche. Helle Flächen etwa aus Wüstensand, Schnee und Eis oder Getreidehalmen werfen das Sonnenlicht effektiv zurück Richtung Weltraum. Dunkelgrüne Wälder hingegen nehmen viel Sonnenstrahlung auf und erwärmen sich; ihr Reflexionsvermögen ist sogar geringer als das von frisch gepflügten Äckern oder Rasenflächen.

Aus einem Artikel der »Zeit« geht hervor, dass Vivek Arora und Alvaro Montenegro neben der Albedo offenbar die Aufnahmekapazität der fiktiven Wälder für CO_2 in ihre Berechnungen haben einfließen lassen. Von der kühlenden Verdunstungsleistung der Vegetation – wie bei Ripl und Scheer – ist dort nicht die Rede (wie auch die gesamte

Klimawissenschaft die Hydrologie völlig außer Acht zu lassen scheint), und so fällt es mir als wissenschaftlichem Laien schwer einzuschätzen, wie realistisch die jeweils zugrundeliegenden Modelle sind. Ganz sicher scheinen sich die kanadischen Forscher selbst nicht zu sein, erfährt man gegen Ende des Artikels: »Sie weisen allerdings darauf hin, dass ihre Resultate teilweise mit großen Unsicherheiten behaftet seien. So wurde die Albedo von Wäldern und Äckern von verschiedenen Forschergruppen recht unterschiedlich eingestuft. Ebenfalls unklar sei, wie der positive Einfluss eines erhöhten CO_2-Gehalts auf das Pflanzenwachstum genau zu beziffern ist.« Immerhin hebt der Zeit-Artikel ganz am Schluss diverse weitere ökologische und soziale Vorzüge von Aufforstungsmaßnahmen hervor – Bäume zu pflanzen sei weiterhin wichtig.

Gibt es einen besseren Plan, als möglichst rasch überall dort aufzuforsten, wo immer es sich anbietet? Immerhin mag es sinnvoll sein, bei der Umsetzung dieser Option den Rat der belgischen Forscherin Kim Naudts und ihren Kollegen vom Max-Planck-Institut für Meteorologie in Hamburg zu beherzigen. In einer Untersuchung haben die Wissenschaftler nämlich festgestellt, dass der vermehrte Anbau von Nadelgehölzen als Antwort auf die große europäische Holzkrise um das Jahr 1750 mit 0,1 Grad Celsius zum globalen Temperaturanstieg beitrug. Als Grund geben sie ebenfalls die Albedo an: »Nadelbäume sind dunkler und absorbieren daher mehr Sonnenlicht und damit Wärme als die helleren Laubbäume.« Außerdem kühlten Nadelbäume das Klima weniger stark als Laubbäume, weil sie über ihre Blattöffnungen weniger Wasserdampf an ihre Umgebung abgeben. Diese beiden Effekte hätten die vermehrte Kohlenstoffbindung durch Aufforstung wieder aufgehoben. Fazit: Fichten, Tannen und Co. besser nur dort anpflanzen, wo sich ihre eigentlichen Öko-Nischen befinden.

Die Natur des Planeten ist komplexer

Die Albedo-Berechnungen hinsichtlich des Weltklimas scheinen geeignet, allem Aufforstungsenthusiasmus einen gehörigen Dämpfer zu verpassen. Doch gibt es auch Anlass, diesen Ansatz zu kritisieren. Wie die oben zitierten Forscher selbst eingestehen, sind die Ergebnisse ihrer Computersimulationen keineswegs sicher. Das Weltklima ist eine höchst komplexe Angelegenheit, zu der es noch immer viel Forschungsbedarf gibt. Ich frage mich, ob für eine einigermaßen realistische Einschätzung nicht noch weit mehr Faktoren in die Rechnung eingehen müssten als nur die Albedo- und CO_2-Werte. Und wenn etwa Arora und Montenegro für ihre Albedo-/Aufforstungs-Simulationen von solch radikalen Szenarien ausgehen wie der Baum-Bepflanzung der Hälfte der Äcker der Welt, so sollte es für einen Gegenentwurf ebenfalls legitim sein, von idealen Voraussetzungen auszugehen: Für mein Klimaszenario möchte ich also annehmen, dass die ohne Verlust für Nahrungsanbau und Artenvielfalt (!) aufforstbaren Regionen der Erde so naturnah wie möglich (!) wiederhergestellt werden. Bei diesen Ökosystemen müsste dann neben Albedo und CO_2-Einlagerungspotenzial die enorme hydrologische Kühlleistung in die Gesamtrechnung einbezogen werden. (Und die Kühlung durch Schattenbildung: In der chinesischen Wüste Taklamakan hat man Oberflächentemperaturen von 70 Grad Celsius auf dem Sandboden gemessen, während es zeitgleich unter neu angesiedelter Vegetation nur 25 Grad Celsius waren. Und in der Innenstadt von Wien werden an heißen Tagen auf mit Kies bestreuten Flachdächern bis zu 80 Grad und mehr gemessen, während die Temperatur benachbarter Dachgärten unter schützendem Pflanzendach und Gräsern bei höchstens 35 Grad Celsius liegt.) Ebenso zu beachten wäre, dass sich über vegetationsreichen Gegenden Wolken bilden, die einen hohen Rückstrahlungswert aufweisen. Es dürften zudem natürlich keine Graslandschaften für Aufforstungen zweckentfremdet werden (siehe das Kapitel über Allan Savory ab Seite 144). Vielmehr müsste in die ideale Global-Rechnung die CO_2-Speicherfähigkeit optimal gepflegnutzter Graslandschaften und mittels Klimafarming-Methoden bearbeiteter Ackerflächen ebenso einbezogen werden wie das Potenzial der globalen Ackerflächen für Agroforstwirtschaft (siehe die Kapitel zu Agroforstwirtschaft und Terra Preta ab Seite 46 bzw. 232). Zu diesem »Heilungsrezept« käme noch ein überall praktiziertes Wassermanagement, wie Michal Kravcík es vorschlägt (siehe weiter unten in diesem Kapitel). Wenn die Menschheit sich auf die konsequente Anwendung dieser Maßnahmen einigen und zugleich zu einer weniger ressourcenintensiven Lebensweise zurückfinden könnte – dann wäre ich recht zuversichtlich, dass die Klimakrise einen glimpflichen Verlauf nehmen würde.

Mehreren Aspekten dieser Einschätzung scheint auch eine im Januar 2018 vorgestellte Untersuchung des Potsdam-Instituts für Klimafolgenforschung (PIK) recht zu geben. Die Studie stellte erstmals einen Zusammenhang her zwischen ambitionierten internationalen Klimazielen und dem umfassenderen Konzept der planetaren Grenzen. Im großen Stil Bäume oder Gräser in Plantagen anzupflanzen, um der Atmosphäre gezielt CO_2 zu entziehen, könnte demnach zwar langfristig einen Beitrag zum Klimaschutz leisten, es würde den Planeten jedoch in anderen Bereichen über ökologische Belastungsgrenzen treiben. »Wenn Biomasse-Plantagen, in denen Pflanzen beim Wachstum Kohlendioxid binden, massiv ausgeweitet werden, würde das für ohnehin belastete Bereiche wie Biodiversität, Nährstoffkreisläufe, Wasserhaushalte und Landnutzung enorme Risiken bedeuten«, so das PIK. Biomasse als CO_2-Speicher könne daher der Studie zufolge nur in begrenztem Umfang einen Beitrag leisten. Um das Klima zu stabilisieren, sei die rasche Senkung von Treibhausgas-Emissionen aus der Verbrennung von Kohle, Öl und Gas »das alles Entscheidende«.

Je artenreicher, desto besser fürs Klima

Forscher der Universität Zürich veröffentlichten im August 2018 Ergebnisse, die diejenigen des PKI ergänzen. Das Team hatte untersucht, ob und wie sich die CO_2-Aufnahmekapazität von Forst-Monokulturen gegenüber artenreichen Baumbeständen unterscheiden. Die Experten trugen hierfür über sechs Jahre einen umfassenden Datensatz aus 27 Waldparzellen in der Provinz Zhejiang im subtropischen Südosten Chinas zusammen. Wälder nehmen bekanntlich als Teil des globalen Kohlenstoffkreislaufs etwa 45 Prozent des Kohlenstoffs aus der Atmosphäre auf und binden es über lange Zeit in Form von Biomasse und im Boden. Gleichzeitig können Bäume aber auch kurzfristig Kohlenstoff aufnehmen oder freisetzen. Die Forscher analysierten die Menge des langfristig eingelagerten Kohlenstoffs (C-Stock) ebenso wie den kurzfristigen Kohlenstoffaustausch (C-Flux). Die Waldparzellen unterschieden sich in der jeweiligen Anzahl von drei bis 20 Baumarten pro Parzelle sowie im Alter der Bäume (22 bis 116 Jahre). Im Ergebnis zeigte sich, dass die bisherigen Aufforstungen in China durchaus einen wichtigen Beitrag zur Reduktion des Anstiegs von Kohlendioxid in der Atmosphäre geleistet haben. Allerdings hatte sich China in seinem Programm auf Monokulturen beschränkt. Jüngere Untersuchungen deuteten jedoch bereits darauf hin, dass bei zunehmender Artenvielfalt mehr Kohlenstoff ober- und unterirdisch in Stämmen, Wurzeln, Totholz, Moder und Boden gespeichert wird. Die Studie der Zürcher Forscher lieferte nun konkrete Zahlen: Demnach könne mit jeder zusätzlichen Baumart (!) auf einer Parzelle 6,4 Prozent mehr Kohlenstoff kompensiert werden. Ältere Bäume akkumulierten zudem mehr Kohlenstoff als jüngere. Der Wissenschaftler Bernhard Schmid verdeutlichte bei der Präsentation der Studie: »Hochgerechnet auf ganz China, hätten mit artenreichen Aufforstungen von zehn verschiedenen Baumarten anstelle der bisherigen Monokulturen in der Zeitspanne von 1977 bis 2008 zusätzlicher Kohlenstoff im Wert von 300 Mio. Dollar pro Jahr aus der Atmosphäre gebunden werden können.« Die Frage, wie sinnvoll es ist, Kohlenstoffemissionen monetär zu beziffern, sei dahingestellt, sie ändert jedoch nichts an der Kernaussage der Studie.

Das Potenzial des vegetabilen Geoengineerings genügt!

Zwei Monate nach den Zürchern veröffentlichte im Oktober 2018 das CLARA-Netzwerk eine weitere hochinteressante Studie, die meine oben formulierte These unterstützt, wonach die Klimaschutz-Potenziale einer globalen Landschaftswiederherstellung ausreichend sind. Das Netzwerk mit dem vollen Namen »Climate Land Ambition & Rights Alliance« ist ein internationales Bündnis aus Umweltorganisationen und Basisbewegungen, religiösen Organisationen sowie unabhängigen Wissenschaftlerinnen, das nach eigenen Angaben »auf landrechtsbasierte und ökosystembasierte Maßnahmen im Landsektor setzt, um Emissionreduktionen und Anpassung an Klimawandelfolgen zu erreichen«. Konkret geht es in der von CLARA vorgenommenen Untersuchung darum, wie das in der UN-Klimarahmenkonvention festgelegte Ziel, die globale Erwärmung auf maximal 1,5 Grad Celsius zu beschränken, auf eine sozial gerechte und ökologische Weise erreicht werden kann. Im Landsektor beruhten nämlich laut CLARA viele der vom Weltklimarat vorgeschlagenen Pfade zur Erreichung des 1,5-Grad-Ziels auf unbewiesenen und risikoreichen Geoengineering-Ansätzen wie Bioenergie in Kombination mit CO_2-Abscheidung und -Speicherung. CLARA meint hingegen, dass es möglich sei, die Erwärmung zu begrenzen, während gleichzeitig die Nachhaltigen Entwicklungsziele (Sustainable Development Goals) erreicht werden können und die globale Armut reduziert werden könne.

Die Alternativ-Strategie stützt sich folglich auf Klimaschutzpfade, die auf sicheren, risikoarmen Ansätzen im Landsektor basieren – Ansätze, die die natürlichen Ökosysteme schützen, wiederherstellen und enkeltauglich bewirtschaften sowie gleichzeitig Menschenrechte respektieren. Die propagierten Maßnahmen könnten gemäß den Autoren des Berichts sowohl Ernährungssicherheit und Ernährungssouveränität als auch den Schutz von Landrechten und Biodiversität gewährleisten.

Als die wichtigsten Aussagen des CLARA-Berichts werden die folgenden Ergebnisse genannt: »Landrechte für lokale und indigene Gemeinschaften spielen eine zentrale Rolle beim Schutz von Ökosystemen; die Entwaldung muss weltweit beendet werden, und zwar nicht nur auf ›Nettobasis‹, sondern komplett; Renaturierung, natürliche Regeneration, Wiederbewaldung und veränderte Bewirtschaftung von Wäldern sind zentrale Möglichkeiten zur Minderung von Emissionen; eine erweiterte, integrierte Perspektive, die auch Biodiversität und Landrechte in den Blick nimmt, ermöglicht ein größeres Potenzial für Emissionsminderungen als ein enger Fokus auf CO_2. Anpassungsstrategien in der Landwirtschaft und den Ernährungsgewohnheiten erlauben zusätzliche Vermeidung von Klimagasen; so muss die globale Nahrungsmittelproduktion entlang agrarökologischer Prinzipien restrukturiert und umgebaut werden; eine gerecht verteilte Reduktion im Konsum, insbesondere von Tierprodukten, ist die effektivste Einzelmaßnahme im Landsektor; klimakompatible Ernährungssysteme erhöhen die Resilienz und verringern gleichzeitig Hunger und Mangelernährung und Krankheiten in reichen Ländern, die aus ungesunden Ernährungsweisen resultieren.«

All das klingt gut – von der notwendigen Reparatur der Wasserkreisläufe für die Kühlung des Klimas ist allerdings auch in dieser wegweisenden Publikation nicht die Rede. Dabei sind Wilhelm Ripl und Hermann Scheer gar nicht die Einzigen, die vehement auf Abhilfe des Wasser-Problems drängen.

Das »perfekte Air-Condition-System der Erde« wiederherstellen

Der slowakischer Hydrologe Michal Kravcík formulierte mit einem Autorenteam 2007 ein »neues Wasser-Paradigma«. Die zentrale These des Papiers, welches das oben erläuterte Klima-Memorandum in hervorragender Weise ergänzt, lautet: Anders als vom UN-Klimarat IPCC behauptet, werden Wetterextreme nicht so sehr durch die globale Erderwärmung infolge des CO_2-Anstiegs verursacht, sondern vor allem durch die Störung der großen und kleinen Wasserkreisläufe. Durch gutes Wassermanagement und Erosionsschutz könnten diese aber wiederhergestellt werden.

Kravcík zufolge würden die Kontinente auf Dauer regelrecht austrocknen. Durch Entwaldung, Monokulturanbau, Bodenversiegelung, denaturierte Feuchtgebiete, Stauungen und Begradigung von Flüssen sowie durch urbane Kanalisationssysteme würden die Wasserkreisläufe gestört und stattdessen eine Art Teufelskreis der Austrocknung in Gang gesetzt. Trockene Böden können Wasser viel schlechter aufnehmen als feuchte Böden, weshalb wiederum in den Regionen nicht mehr genug Wasser verdunstet, um bald wieder abzuregnen. Der verringerte lokale Niederschlag fließt schließlich über die Kanalisation und begradigte Flüsse in die Ozeane ab. Europa habe dadurch in den vergangenen fünf Jahrzehnten ungefähr eine Billiarde Kubikmeter Wasser verloren, das früher Böden und Grundwasser speiste. Die Grundwasserspiegel sind im Allgemeinen dramatisch gefallen. In ähnlicher Weise schätzt die Wasserexpertin und Trägerin des Alternativen Nobelpreises Maude Barlow, dass die globale Vergeudung von Grundwasser für ein Viertel des bisherigen Anstiegs des Meeresspiegels verantwortlich ist. Michal Kravcík zufolge ist der Anstieg weniger auf das Abschmelzen der Gletscher als auf die schleichende Entwässerung der Landmassen zurückzuführen; in hundert Jahren seien es vermutlich etwa 10 Zentimeter. Das in die Ozeane fließende Wasser fehle zunehmend in den »kleinen Wasserkreisläufen« über den Kontinenten. Aufgrund des entstandenen Ungleichgewichts komme es dann zu Dürren oder Überflutungen.

Die globalen Wassersysteme bezeichnet Kravcík bildhaft als »Blutbahnen des Lebens«, weil das Wohlergehen aller Lebewesen von ihnen abhänge. Wasser würde zu sehr auf Gewässer reduziert, obwohl es doch überall sei: in Böden, Pflanzen, Tieren, in der Luft. Wie Ripls und Scheers Klima-Memorandum kommt auch Kravcík auf die wichtige Funktion der Vegetation zu sprechen: Da Pflanzen über ihre kleinen Blattöffnungen Wasser »ausatmen«, haben sie einen enormen Kühlungseffekt auf ihre Umgebung. Auf einem Dach in einer slowakischen Stadt wurden zum Beispiel an einem Sonnentag 30 Grad Celsius gemessen, an den Spitzen von Parkbäumen hingegen nur 17 Grad. In gemäßigten Zonen schwitzt ein Quadratmeter Boden täglich durchschnittlich 3 Liter Wasser aus, in Feuchtgebieten sind es bis zu 20 Liter. Und ein Baum in einem wassergesättigten Boden verdunstet bis zu 400 Liter, was einer Kühlungsenergie von 20 bis 30 Kilowatt entspricht. Kravcík bezeichnet Pflanzen – und insbesondere Bäume – deshalb als das »perfekte Air-Condition-System der Erde«.

Das neue Wasser-Paradigma spricht davon, dass sich über Städten regelrechte Hitzeglocken bilden, wenn die Vegetation entfernt und die Böden versiegelt werden. Das dort verdunstende Wasser regnet dann in kühleren und höheren Zonen ab, manchmal sintflutartig. Während des 20. Jahrhunderts sei die Niederschlagsmenge in Nordeuropa um 10 bis 40 Prozent gestiegen, in Südeuropa hingegen um 20 Prozent gesunken. Dabei genüge bereits ein Niederschlagsrückgang von einem Millimeter pro Tag, um dramatische Effekte zu erzeugen. Wasserdampf könne lokal einen größeren Effekt als CO_2 haben. Dabei umfasst das Verhalten von Wasserdampf und Wolkenbildung ungeheuer komplexe geophysikalische Phänomene, die wissenschaftlich noch nicht ausreichend verstanden werden, wie auch der UN-Klimarat zugibt.

Der Meteorologe Millán Millán kann als emeritierter Direktor des Zentrums für Umweltstudien am Mittelmeer (CEAM) auf eine empirische Datenfülle zurückgreifen. Er sagt: Wenn durch Agroindustrie, Entwaldung und Tourismus die kleinen Wasserkreisläufe an der Mittelmeerküste zerstört werden, gehen auch die Niederschläge auf den Landmassen zurück, weil die Wolken zurück aufs Meer getrieben werden. Quellen und Flüsse trocknen aus, Regenmuster in ganz Europa verändern sich: Südeuropa droht auszutrocknen, der Norden des Kontinents wird tendenziell überflutet.

Michal Kravcík erkennt aus seiner Forschung einige hoffnungsvolle Ansatzpunkte: »Mit dem lokalen Management von Wasser und Vegetation können wir auf lokaler Ebene den Klimawechsel dämpfen. Wenn wir in gleicher Weise auf größerer Ebene agieren, können wir vielleicht den globalen Klimawandel beeinflussen.« Das neue Wasser-Paradigma biete »die Förderung einer Kultur der Landnutzung, die durch die Sättigung des Bodens mit Regenwasser permanent Wasser im Wasserkreislauf erneuert«. Wirksame Maßnahmen seien hierbei Begrünungen, Bodenentsiegelungen, der Schutz von Wäldern, Gewässern und Feuchtgebieten, Regenwasserableitungen in den Boden statt in die Kanalisation, Terrassierungen und andere Formen des Erosionsschutzes. Gesellschaften, die auf diese Weise gezielt Niederschlag sammeln und steuern, könnten ihr regionales Klima stabilisieren. Selbst wüstenartige Gebiete ließen sich so ganz allmählich wiederbeleben. Die wichtigsten Prinzipien lauten: Das Wasser muss bereits in privaten Haushalten zurückgehalten, gesammelt, solidarisch geteilt und mehrfach genutzt werden; und ihm muss erlaubt werden, in der Erde zu versickern, anstatt ins Meer zu münden. Für ein Programm von 10 bis 15 Jahren Dauer lägen die Kosten Kravcíks Angaben zufolge im Schnitt bei nur 0,1 Prozent des Bruttoinlandsprodukts, was den Ausgaben für Anti-Flut- und Anti-Erosionsprogramme entspräche.

Bitte sofort ausprobieren, hier kann mensch nur gewinnen!

Es herrscht bekanntlich in Politik und Wissenschaft nicht überall Einigkeit darüber, was die Gründe für die zu beobachtende Erderhitzung sind und auf welchen Wegen diesem besorgniserregenden Trend zu begegnen ist. Doch selbst, wenn sich nach zwanzig Jahren erweisen sollte, dass die in diesem Kapitel von Wilhelm Ripl, Hermann Scheer oder dem Team um Michal Kravcík empfohlenen Maßnahmen nicht ganz die prognostizierten Kühlungseffekte nach sich ziehen – sollten diese sich anbietenden grünen Pfade nicht unbedingt und unverzüglich ausprobiert werden? Es gibt hier kein Risiko; die vereinten Anstrengungen, die zur Umsetzung dieser Pläne nötig sind, dürften sich auf jeden Fall in mannigfaltiger Weise auszahlen, denn sie zielen alle darauf, unsere Heimatplanetin grün, wasserreich und lebenswert zu erhalten.

—

Literatur

Barlow, Maude: Die Wasser-Allmende. Eine gute Zukunft braucht gutes Wasser für alle, thinkOya, 2008. (Siehe insbesondere die Seiten 43–49 zu Wassereinzugsgebieten)

CLARA (Climate Land Ambition and Rights Alliance): Executive Summary. Fehlende Pfade zum 1,5 °C-Ziel. Die Bedeutung des Landsektors für ambitionierte Klimapolitik, Oktober 2018. kurzlink.de/ZusammenfassungCLARA

Kravčík, Michal u.a.: Water for the Recovery of the Climate. A New Water Paradigm, Eigenverlag, 2008. www.waterparadigm.org/download/Water_for_the_Recovery_of_the_Climate_A_New_Water_Paradigm.pdf

Nestler, Ralf: Neue Bäume bringen wenig fürs Klima, Die Zeit, 19. 6. 2011. www.zeit.de/wissen/umwelt/2011-06/aufforsten-klima/komplettansicht (zur Albedo-Forschung)

Potsdam Institute for Climate Impact Research (PIK) e.V.: Biomasse-Plantagen nicht vereinbar mit Planetaren Belastungsgrenzen, www.pik-potsdam.de, 22. 1. 2018. https://www.pik-potsdam.de/aktuelles/nachrichten/biomasse-plantagen-nicht-vereinbar-mit-planetaren-belastungsgrenzen

Ripl, Wilhelm und Hermann Scheer: Memorandum zum Klimawandel, 2007. kurzlink.de/Klimamemorandum

Schilk, Jochen: Mehr Wachstum! (Folge 3). Lässt sich das Klima mittels Aufforstungen reparieren?, in: Oya 31/2015. www.oya-online.de/article/read/1811-mehr_wachstum_folge_3.html

Schmid, Bernhard: Artenreiche Wälder kompensieren die Klimabelastungen besser. Medienmitteilung des Geographischen Instituts der Universität Zürich, 22. 8. 2018. https://www.media.uzh.ch/de/medienmitteilungen/2018/Artenreiche-Wälder

Seynsche, Monika: Mit jedem Grad mehr sterben weitere Arten, Deutschlandfunk, 4. 5. 2015. https://www.deutschlandfunk.de/klimawandel-verringert-biodiversitaet-mit-jedem-grad-mehr.676.de.html?dram:article_id=318907 (Dieser Sendung sind die Passage zu Millán Millán entnommen.)

Titz, Sven: Wärmende Nadelbäume, Neue Zürcher Zeitung, 5. 2. 2016. www.nzz.ch/wissenschaft/klima/waermende-nadelbaeume-1.18689611 (zur Albedo-Forschung)

Heck, Vera u.a.: Biomass-based negative emissions difficult to reconcile with planetary boundaries, Nature Climate Change, 8/2018, Seite 151–155. https://www.nature.com/articles/s41558-017-0064-y

Film

»Begegnung mit Wilhelm Ripl: Wasser, Weltklima und Globale Dörfer«, Gespräch zwischen Franz Nahrada und Wilhelm Ripl am 19. 11. 2016 in der niederösterreichischen Stadt Haag (26 Min.) kurzlink.de/WilhelmRipl

Crowther Lab an der ETH Zürich

Was tun gegen Erdüberhitzung? – Bäume pflanzen!

Wir gehen bei unmittelbarer Gefahr von einem menschlichen Zeitrahmen aus. Wir müssen dabei aber an die Zeitspanne von Bäumen denken.

Richard Powers, Romanautor

Nachdem ich über fünf Jahre lang das Material für dieses Buch zusammengetragen hatte und schon darauf hinfieberte, dass es endlich das Licht der Welt erblicken möge, erhielt ich in letzter Minute ein unerwartetes »Geschenk«: Im Juli 2019 wurde, kurz vor der Fertigstellung meiner letzten Manuskriptfassung, die durch das Crowther Lab an der ETH Zürich durchgeführte Studie »The global tree restoration potential« (Das weltweite Aufforstungspotenzial) in der Fachzeitschrift »Science« veröffentlicht. Diese Studie eines achtköpfigen Teams internationaler Forscherinnen und Forscher[1] belegt mit harten Fakten, was ich anhand der Beispiele in diesem Buch und der mir zur Verfügung stehenden Fakten bereits vermutet hatte.

Im Telegrammstil lassen sich die Erkenntnisse der Studie folgendermaßen zusammenfassen: Seit Beginn der industriellen Revolution hat menschliches Handeln einen CO_2-Eintrag in der Atmosphäre von 300 Gigatonnen (das sind 300 Milliarden, also 300 000 000 000 Tonnen) verursacht. Wie lässt sich dieser Eintrag an Kohlendioxid signifikant reduzieren, so dass die Erhitzung des Weltklimas auf unter 2 Grad Celsius begrenzt werden kann? Indem weltweit so viele Bäume wie möglich gepflanzt werden – die Wiederbegrünung der Welt ist die wirkungsvollste Maßnahme gegen die Erdüberhitzung!

Es handelt sich um die erste Studie, die beziffert, wie viele Bäume weltweit an welchen Orten gepflanzt werden sollten und wie viel Kohlendioxid diese binden könnten. Demnach gibt es ein reales Potenzial, die Waldflächen der Welt um ein Drittel anwachsen zu lassen, ohne dadurch existierende Städte oder Ackerflächen zu beeinträchtigen. Gegenwärtig sind weltweit 5,5 Milliarden Hektar mit Bäumen bestanden, rund die Hälfte dieser Fläche (2,8 Milliarden Hektar) ist von Wald mit geschlossenem Baumkronendach bedeckt. Die Studie identifizierte weltweit 1,7 bis 1,8 Milliarden Hektar zur Baumpflanzung geeigneter Flächen, davon könnten 0,9 Milliarden Hektar mit dichtem Wald bepflanzt werden – das entspricht beinahe der Fläche der USA. Dabei handelt es sich weder um Grasland- oder Feuchtgebiete noch um aktuell als Städte oder Ackerland genutzte Flächen, sondern um einstige (inzwischen entwaldete) Waldflächen.

Wenn die auf dieser Fläche pflanzbaren 500 Milliarden Bäume einmal zu erwachsenen Wäldern herangereift sind, könnten diese 205 Gigatonnen CO_2 – also gut zwei Drittel der gegenwärtigen menschengemachten Kohlendioxid-Belastung – aufnehmen. Durch zusätzliche Baumpflanzungen in Stadtgebieten (Parks, Alleen etc.) und auf Ackerflächen (Waldgärten) ließe sich dieses Potenzial um weitere 0,7 Milliarden Hektar Waldland steigern. »Unsere Studie zeigt eindeutig, dass die Aufforstung die beste uns heute zur Verfügung stehende Antwort auf den Klimawandel ist – und sie belegt eindeutig, dass Investitionen in Wiederbegrünung wirksam sind«, kommentiert der 35-jährige Ökosystemökologe Thomas Crowther, Professor an der ETH Zürich und einer der Hauptautoren der Studie. Allerdings bestehe dringender Handlungsbedarf, denn die Auswirkungen der Erdüberhitzung (Dürren, Überschwemmungen, Wüstenbildung, Humuserosion etc.) reduzieren die potenziellen Aufforstungsflächen der Welt zusehends.

Weltweiter Aktionsplan

»Unsere Studie bietet Leitlinien für einen globalen Aktionsplan, indem sie sichtbar macht, wo überall auf der Welt Aufforstung möglich ist«, betont der federführende Autor, Jean-François Bastin. Neben dem Schutz bestehender Wälder und der Ergreifung anderer klimasenkender Maßnahmen sei die weltweite Aufforstung ein essenzielles Element zur Eindämmung der Erdüberhitzung. Mehr als die Hälfte der zur Wiederbewaldung geeigneten Flächen befinden sich übrigens auf den Territorien von nur sechs Staaten: Russland (151 Millionen Hektar), USA (103 Millionen), Kanada (78 Millionen), Australien (58 Millionen), Brasilien (50 Millionen) und China (40 Millionen). »Zwar ist es unerlässlich, dass Regierungen Massnahmen ergreifen«, merkt Thomas Crowther an, »doch ist dies eine Lösung, an der wir uns alle beteiligen und einen sichtbaren Beitrag zur Senkung des Weltklimas leisten können. Jeder Mensch kann selbst Bäume pflanzen, Geld an Organisationen, die Wiederaufforstung betreiben, spenden oder Geld verantwortungsvoll in Aufforstungsunternehmen investieren.« Crowther selbst arbeitet seit Jahren mit Felix Finkbeiners Organisation »Plant-for-the-Planet« (siehe Seite 224) zusammen.

Durch die Benennung des (quantitativen wie qualitativen) Potenzials weltweiter Wiederaufforstung für die Senkung des Weltklimas rückt eine Begrenzung der Erdüberhitzung auf durchschnittlich 1,5 Grad gegenüber dem vorindustriellen Niveau – und somit die Wahrung der im Übereinkommen von Paris und den Klimarahmenkonvention der UNO festgelegten 2-Grad-Grenze – in denk- und erreichbare Nähe. Könnten die Erkenntnisse der Studie nicht zu einer globalen Renaissance der Bewaldung und zu einem dem Weltklima förderlichen globalen Aufforstungswettbewerb führen? Ähnlich wie bei dem vor einem halben Jahrhundert stattgefunden »Wettlauf zum Mond« könnten die Staaten der Erde miteinander in den kreativen Wettstreit treten, wer die größten Flächen mit den nachhaltigsten Methoden wiederbewaldet. Anstatt Wohlstand und Prestige in überholten Kategorien wie stetigem Wirtschaftswachstum, technischem Fortschritt und militärischer Aufrüstung zu messen, könnte sich der Reichtum eines Lands künftig wieder an seinem grünen Wachstum, an der Quantität und Qualität seiner Wälder bemessen, wie dies der australische Mitbegründer der Permakultur, David Holmgren, ausdrückte.

Kritik an der Studie

Die Studie erhielt nach ihrem Erscheinen ungewöhnlich viel Aufmerksamkeit. Es gab jedoch auch Kritik von einigen Wissenschaftlern, etwa von Pep Canadell vom »Global Carbon Project«. Die Behauptung, zwei Drittel der bisherigen CO_2-Last ließen sich per Bebaumung zurückholen, lässt sich in seinen Augen kaum halten. Denn wenn eine Tonne Kohlenstoff in Form von CO_2 emittiert wird, verbleibt nur rund die Hälfte davon in der Atmosphäre; der Rest wird in einem sich stetig neu justierenden Gleichgewicht von der Erde eingelagert, vor allem in den Ozeanen. Canadell schrieb in einer Reaktion auf die Studie auf Twitter: »Das Gleiche gilt, wenn man der Atmosphäre eine Tonne Kohlenstoff entzieht; die natürlichen CO_2-Senken geben eine halbe Tonne wieder ab.« Der Prozess läuft sozusagen rückwärts ab – um eine Tonne Kohlenstoff aus der Atmosphäre zu holen, müsste man daher zwei Tonnen einlagern, weil zuvor auch rund zwei Tonnen emittiert wurden. Das von Thomas Crowther und Kollegen behauptete Rückholpotenzial verringert sich schon dadurch um die Hälfte, also auf höchstens 100 Gigatonnen. Ähnliche Kritik äußerte Stefan Rahmstorf vom Potsdam-Institut für Klimafolgenforschung. (Bei dieser Expertendiskussion muss die Rückfrage eines Laien erlaubt sein, was denn grundsätzlich dagegenspricht, die klimasenkenden, CO_2-bindenden sowie die vielen weiteren lebensfördernden Potenziale, die sich aus zusätzlichen Baumpflanzungen ergeben, zu nutzen – ganz gleich, ob man nun dem einen oder dem anderen Rechenmodell anhängt.)

Myles Allen ist Geowissenschaftler an der University of Oxford; er weist darauf hin, dass auch im Fall einer geglückten globalen Aufforstung die 200 Gigatonnen Kohlenstoff, welche die Studie nennt, weniger als 20 Jahren heutiger Emissionen entsprechen. Allen schrieb in Reaktion auf die Studie: »Ja, heroische Aufforstung kann helfen, aber es ist an der Zeit, damit aufzuhören, so zu tun, als gäbe es eine ›natürliche Lösung‹ für die weitere Nutzung fossiler Brennstoffe. Die gibt es nicht. Tut mir leid.« Damit hat er sicherlich recht – alle Anstrengungen, die atmosphärischen Klimagase wieder in den Boden zu bekommen (von wo sie durch schlechte Landnutzung und durch Ausbeutung fossiler Brennstoffe entwichen), werden nur dann zu einer Eindämmung der Erdüberhitzung führen, wenn der reiche Teil der Menschheit zugleich von seinem klimaintensiven, verschwenderischen Lebensstil ablässt. Ein Weiter-so wird es für uns auf keinen Fall geben; wir können uns lediglich aussuchen, ob wir uns von einer riesigen Katastrophe stoppen lassen oder ob wir rechtzeitig die not-wendigen Schritte unternehmen und uns planmäßig und engagiert in eine enkeltaugliche Zukunft aufmachen (»Change by design or by disaster« lautet hier ein griffiger Slogan). Myles Allen liegt also richtig mit seinem Hinweis – aber tatsächlich haben die Autorinnen und Autoren der Zürcher Studie nie etwas anderes behauptet. In ihrer Presseerklärung sagen sie etwa: »Neue Wälder benötigen Jahrzehnte, um heranzuwachsen und ihr ganzes Potenzial auszuschöpfen. Es ist daher von lebensentscheidender Bedeutung, dass wir parallel zur Aufforstung die verbliebenen Wälder schützen, weitere Klima-Lösungen verfolgen und von der Nutzung weiterer fossiler Brennstoffe absehen, um der Gefahr des unkontrollierbaren Klimawandels zu entgehen.«

Thomas Crowthers Kollege Felix Finkbeiner (siehe Seite 224) hat dafür eine, wie ich finde, gute Formulierung gefunden. In seinem Buch »Wunderpflanze gegen die Klimakrise entdeckt: Der Baum!« spricht er davon, dass die schöne Aufforstungs-Option lediglich einen »Joker« darstelle. Dieser Joker könne ausgespielt werden, um die Zeit zu überbrücken, bis eine klimaneutrale Lebensweise etabliert sein wird.

Anmerkung

1 Die Autorinnen und Autoren der Studie sind: Jean-François Bastin, Yelena Finegold, Claude Garcia, Danilo Mollicone, Marcelo Rezende, Devin Routh, Constantin M. Zohner, Thomas W. Crowther.

Website

www.crowtherlab.com

Literatur

Bastin, Jean-François u.a.: The global tree restoration potential, in: Science, 5.7.2019, Vol. 365, Ausg. 6448, Seiten 76–79. https://science.sciencemag.org/content/365/6448/76

Crowther Lab: The global tree restoration potential. Landmark study finds potential to regrow trees on area the size of the United States, Pressemitteilung, 4.7.2019. kurzlink.de/Crowther

Rahmstorf, Stefan: Können Bäume das Klima retten? Spektrum.de, 16.7.2019. kurzlink.de/Rahmstorf

Weiß, Marlene: Zu schön, um wahr zu sein, Süddeutsche Zeitung, 10.7.2019. kurzlink.de/MarleneWeiss

Film

»The Global Tree Restoration Potential«, Film mit Thomas Crowther, 2019 (englisch, 3 Min.) www.eurekalert.org/multimedia/pub/204919.php?from=434211

Wangari Maathais Grüngürtel-Bewegung | Kenia

Die Mütter der Bäume

Die bisherigen Geschichten über Do-it-yourself-Aufforster mögen auf eine männerdominierte Domäne hindeuten, doch dieser Eindruck trügt. Die kenianische Biologin Wangari Maathai (1940–2011) hat mit ihrer Baumpflanzbewegung Tausende afrikanische Frauen zu ebensolchen Taten ermutigt. Ihr Beispiel dürfte sogar das bekannteste und höchstdekorierte in diesem Buch sein. Des Weiteren inspirierte die Grüngürtel-Bewegung etwa die internationale, von Kindern und Jugendlichen getragene Baumpflanzbewegung »Plant-for-the-Planet« (siehe Seite 224).

Auch diese bereits oft erzählte Geschichte beginnt mit Zerstörung. In Kenia wurde spätestens mit Beginn der 1970er Jahre offenkundig, dass eine falsche Entwicklungspolitik und Landbearbeitung vielerorts aus ursprünglich biologisch reichem Farmland tote Erde werden ließ. Große Monokulturen für den Kaffee- und Teeanbau hatten die Böden ausgelaugt, alter Baumbestand und windbrechende Büsche waren gerodet worden, um immer weitere Anbauflächen für den Export zu gewinnen. Der Wurzeln der Gehölze beraubt, wurde die dünne Humusschicht der Böden vom Wind abgetragen. Den Armen fehlte es irgendwann an Feuerholz zum Kochen, obwohl regionale Hauptnahrungsmittel wie Maniok, Yams und Süßkartoffeln nicht roh gegessen werden können; die Folge war eine grassierende Mangelernährung. Versteppung und Desertifikation (Ausdehnung von Wüsten) nahmen zu, die Niederschlagsmengen verringerten sich, der Grundwasserspiegel sank immer tiefer.

Für ein Land wie Kenia, in dem 90 Prozent der Bevölkerung auf und unmittelbar von dem Land lebten und in dem Holz 75 Prozent des Energiebedarfs deckte, war dies eine katastrophale Entwicklung. Die Menschen flohen vom unfruchtbar gewordenen Land in die Slums. Der Journalist Geseko von Lüpke schreibt in seinem Buch »Die Alternative« zur Reaktion der Politik auf diese Misere: »Die Krise wurde genau mit den Methoden bekämpft, die sie hervorgebracht hatte: Mehr Monokulturen sollten mehr Devisen ins Land bringen, mit denen mehr Dünger, Pestizide und Chemikalien gekauft werden sollten, um mehr zu produzieren. Ein Wachstum in den Untergang.«

Eine Idee setzt sich durch

Die junge kenianische Biologin Wangari Maathai hatte 1971 nach Studien in Pittsburgh (USA), Gießen und München im Alter von 31 Jahren als erste Frau einen Doktortitel an der Universität von Nairobi erhalten. Noch im selben Jahr wurde sie die erste Professorin für Veterinäre Anatomie und später Dekanin ihres Fachbereichs an der Universität von Nairobi. Für die Naturwissenschaftlerin war Mitte der 1970er Jahre klar: »Die Slums in den Städten sind nur ein Symptom der Umweltzerstörung. Die heutigen Probleme hängen direkt mit den Fehlern von gestern zusammen.« Um das Problem grundlegend anzupacken, schlug sie vor, das ganze Land buchstäblich neu zu verwurzeln. Es konnte nicht darum gehen, auf jedes Problem isoliert und ohne Verständnis für die systemischen Zusammenhänge zu reagieren. Vielmehr war eine Lösung gefragt, die jede Kenianerin und jeder Kenianer verstehen und umsetzen konnte: mehr Bäume! Die Wiederaufforstung des Lands würde alle Aspekte der Abwärtsspirale in Armut und Abhängigkeit berühren. Denn Bäume könnten nicht nur Schatten spenden und Feuerholz liefern, sondern auch düngendes Laub, Tierfutter, Früchte, Honig, Heilkräuter und Baustoffe für Zäune und Behausungen. Das massenhafte Anpflanzen von Bäumen würde die Schönheit der Landschaft wiederbeleben und mit ihr die Liebe zum Land, sie würden Lebensqualität, Wasser und Schatten liefern – Nahrung für Leib und Seele.

Als Wangari Maathai mit ihrer Idee, in Kenia 15 Millionen Bäume zu pflanzen, im staatlichen Forstamt vorstellig wurde, erlebte sie das, was fast allen in diesem Buch versammelten Selbermach-Aufforsterinnen und -Aufforstern widerfuhr: Sie wurde ausgelacht – wobei in diesem Fall vermutlich noch eine sexistisch motivierte Geringschätzung hinzukam. Zugleich versprachen die Beamten jedoch großspurig und voreilig, für die für das Vorhaben nötigen Samen schon zu sorgen (eine Zusage, die später nicht eingehalten wurde).

Den Staatsförstern sollte die Häme jedoch bald vergehen. 1977 rief Wangari Maathai in Kooperation mit dem kenianischen Frauenrat das »Green Belt Movement« ins Leben, eine Bewegung, die sich vornahm, das Land mit einem wiederbegrünten Gürtel zu versehen. Ein Jahr zuvor war Maathai dem Rat beigetreten und hatte dort ihre Idee einer nachbarschaftsbasierten Baumpflanz-Kampagne vorgestellt. Mit den gut organisierten Frauen des Verbands gewann sie eine Menge Verbündete; diese konnten die Zusammenhänge zwischen mangelnder Gleichberechtigung, sozialer Not, Fehlentwicklung und Umweltzerstörung ohne Umschweife nachvollziehen, denn schließlich erlebten sie das ständig im eigenen Leben.

Maathais Idee besaß einen – allerdings männlichen – nationalen Vorgänger: In den 1920er Jahren hatte der britische Forstwissenschaftler Richard St. Barbe Baker mit Unterstützung des afrikanischen Chiefs Josiah Njonjo in Zentralkenia die »Men of the Trees« (»Menschen/Männer der Bäume«) gegründet, eine später international tätige

Gesellschaft zur Wiederaufforstung des Lands. Nach dem Tod Njonjos war die Bewegung jedoch in Kenia in Vergessenheit geraten.

Tatsächlich eröffnete Wangari Maathai bereits im Jahr 1974, drei Jahre vor der Gründung des Green Belt Movement, eine erste, kleine Baumschule, die damals jedoch vor allem dazu diente, die im Wahlkampf ihres Mannes, des Parlamentsabgeordneten Mwangi Maathai, versprochenen Arbeitsplätze im Wahlkreis Lang'ata zu schaffen. Die Maathais hatten eine Firma gegründet, deren Tätigkeitsschwerpunkte die Säuberung und Entrümpelung von Lang'ata und das Pflanzen von Bäumen waren. Dem Unternehmen, dessen Sitz im Wohnhaus des Ehepaars lag, war jedoch kein Erfolg beschieden: 1976 starben bei einer Dürre, während der die Stadt Nairobi die Bewässerung von Blumen und Bäumen verboten hatte, sämtliche Setzlinge in der Baumschule ab.

Nachdem die Idee im nationalen Frauenrat zögerlich, aber doch angenommen wurde, reagierten immer mehr Kenianerinnen begeistert auf den Vorschlag, Baumschulen zu gründen und mit Hilfe der Schwächsten – Kinder und Behinderte – das Land aufzuforsten, den fruchtbaren Boden zu sichern und sich dabei ein nachhaltiges Einkommen durch den Verkauf von Samen und Setzlingen zu schaffen.

Die erste Pflanzzeremonie fand im Juni 1977, am Weltumwelttag, in Nairobi statt. Die Teilnehmerinnen liefen zu einem außerhalb der Stadt gelegenen Park und pflanzten dort Bäume. Im September folgte anlässlich einer Wüstenkonferenz der Vereinten Nationen, unter Mitwirkung des »Men of the Trees«-Begründers Richard St. Barbe Baker, eine nächste Baumpflanzaktion. Die Kampagne erregte großes Medieninteresse und wurde rasch ausgeweitet, so dass die Initiatorinnen die Nachfrage nach Baumsetzlingen bald nicht mehr befriedigen konnten. Ziel war es, 15 Millionen Bäume zu pflanzen, was der damaligen Bevölkerungszahl Kenias entsprach; das Motto lautete dementsprechend »Ein Baum pro Person«. Als es für den Frauenrat immer schwieriger wurde, die Setzlinge in der nachgefragten Anzahl selbst zu ziehen, und weil die Beschaffung über staatliche Baumschulen kompliziert und teuer war, begann man, Frauengruppen zur Gründung eigener Baumschulen zu motivieren. Die Kampagne hielt Seminare mit Forstwissenschaftlern ab, um den interessierten Frauen die Grundlagen nahezubringen. Bald wurde jedoch auf die Mitwirkung der Fachleute verzichtet, indem die Aktivistinnen einfach Methoden des Gemüse- und Getreideanbaus auf die Baumzucht übertrugen. Die interessierten Frauen zeigten viel derartige Initiative und Ideenreichtum. Die Bewegung, die inzwischen als »Green Belt Movement« bezeichnet wurde, wuchs noch immer, und auch viele ländliche Gemeindeverwaltungen zeigten großes Interesse an den Pflanzaktionen. Örtliche Baumpflanzstrategien wurden entwickelt und auf öffentlichem Grund wurden grüne Gürtel von mehr als eintausend Bäumen angelegt. Zum Erfolg bei den Gemeindeverwaltungen trug bei, dass die Setzlinge weiterhin kostenlos ausgegeben wurden, so dass die leeren Kassen der Gemeinden nicht belastet wurden.

Mehr Wachstum

Die Bewegung nahm also an Fahrt auf und feierte im Land immer größere Erfolge. Kenia wurde allmählich tatsächlich von einem Netz grüner Gürtel überzogen, Menschen fanden ein Einkommen und die Landbevölkerung ihr Selbstbewusstsein wieder. Analphabetische Frauen wurden zu Kleinunternehmerinnen, die Integration von Behinderten ließ die dörflichen Gemeinschaften solidarischer werden und gab den Rechtlosen neuen Mut. Dort, wo sie wieder Habitate fanden, kehrten Wildtiere zurück. Die Grüngürtel-Bewegung wurde von Schulen übernommen, Kleinbauern erkannten die Chance und ergriffen sie.

Im dreizehnten Jahr seines Bestehens, 1990, zählte das Green Belt Movement bereits mehr als 39 000 Mitglieder und mehr als sieben Millionen gepflanzte Bäume. 2002 war die Mitgliederzahl auf mehr als eine Million gewachsen; acht Jahre später, 2010, vermeldete der Jahresbericht der Bewegung, in Kenia seien seit 1977 knapp 47 Millionen Bäume gepflanzt worden.

Bereits 1986 war der Funke der Begeisterung auf andere Länder übergesprungen, und das »Pan African Green Belt Movement« wurde gegründet. Heute ist die Grüngürtel-Bewegung in 13 afrikanischen Ländern aktiv, unter anderem in Tansania, Uganda, Malawi, Lesotho, Äthiopien und Simbabwe. Bis 2003 wurden über die Organisation 30 000 Frauen in Forstwirtschaft, Imkerei, Nahrungsmittelverarbeitung und anderen Möglichkeiten der Einkommenssicherung ausgebildet (aktuelle Zahlen liegen mir nicht vor). Maathai etablierte in der Bewegung auch den Einsatz für die Stärkung der Frauen in der Gesellschaft, Ökotourismus und wirtschaftliche Entwicklung. Aufgrund dieser Pionierrolle erhielt sie den Beinamen »Mama Miti«, was auf Kisuaheli »Mutter der Bäume« bedeutet.

Bemerkenswerterweise arbeitet die nationale Grüngürtel-Bewegung seit dem Jahr 2004 auch mit den kenianischen Streitkräften zusammen, die sich an Baumpflanzaktionen beteiligen. Im Jahr 2006 übernahm Wangari Maathai gemeinsam mit Albert von Monaco die Schirmherrschaft über die »One Billion Trees Campaign« des UN-Umweltprogramms. Die Kampagne gilt als großer Erfolg; bis Ende 2009 wurden in 170 Ländern insgesamt mehr als 7,4 Milliarden Bäume gepflanzt; im April 2012 vermeldete die UNEP 12,5 Milliarden Baumpflanzungen weltweit (siehe auch Seite 226).

Im Jahresbericht 2011 meldete die Grüngürtel-Bewegung 4034 lokale Baumschulen und 3,9 Millionen gepflanzte Bäume bei insgesamt mehr als 51 Millionen Pflanzungen seit ihrer Gründung.

Preise (und Prügel) für die Mutter der Bäume

Der Erfolg der Bewegung äußerte sich auch in diversen Auszeichnungen für ihre Begründerin. Sieben Jahre nach Beginn der Bewegung wurde Wangari Maathai 1984 mit dem auch als Alternativer Nobelpreis bekannten Right Livelihood Award ausgezeichnet. Spätestens ab diesem Zeitpunkt stand Maathai wegen ihres Einsatzes für Demokratie, Menschenrechte und den Schutz der Umwelt international in hohem Ansehen. Die Frau, die im Lauf ihrer Karriere verschiedenen Organisationen vorstand, muss eine fast unbeugsame Kraft gehabt haben. Ihr Mann, der Politiker Mwangi Maathai, mit dem sie drei Kinder hatte, ließ sich 1980 von der Aktivistin und Wissenschaftlerin scheiden – mit der Begründung, sie sei »zu gebildet, zu stark, zu erfolgreich, zu eigensinnig und zu schwer zu kontrollieren«. Während der 1990er Jahre wurde Wangari Maathai, deren Engagement für Umweltschutz und Frauenrechte sie immer wieder in Opposition zum damaligen Staatschef Daniel arap Moi brachte, mehrfach inhaftiert und misshandelt. Amnesty International setzte sich wiederholt für die Preisträgerin ein, so dass sie sich bedankte: »Ich kann die vielen Male nicht mehr zählen, die ihr mir das Leben gerettet und unsere Arbeit möglich gemacht habt.« Nach der Amtszeit von Daniel arap Moi wurde Maathai für die Zeit von 2003 bis Ende 2005 zur Vize-Umweltministerin des Lands gewählt.

Während sie dieses Amt bekleidete, erhielt Wangari Maathai schließlich 2004 den (echten) Friedensnobelpreis für ihren Einsatz für »nachhaltige Entwicklung, Frieden und Demokratie«, wie es in der Erklärung des Komitees in Oslo heißt, und weiter: »Sie hat einen ganzheitlichen Zugang zur nachhaltigen Entwicklung gewählt, der Demokratie, Menschenrechte und insbesondere Frauenrechte umfasst.« Mit dem Preis wurde sie nach der Begründung des Nobelpreiskomitees für ihren couragierten Widerstand gegen das frühere kenianische Regime und als Gründerin des Green Belt Movement geehrt. Bis dahin hatte kein Umweltschützer und keine afrikanische Frau den Friedensnobelpreis zugesprochen bekommen. Im Verlauf ihres Lebens wurde die »Mutter der Bäume« mit fast zwanzig internationalen Auszeichnungen bedacht.

Als sie im September 2011 nach einem langen Krebsleiden verstarb, nahmen unzählige Menschen in aller Welt die Todesnachricht mit Bedauern auf.

Ein Bewusstwerdungsprozess

Wangari Maathai, die auch vier Bücher veröffentlichte, sagte zu den Auswirkungen der massenhaften Wiederbegrünung: »Das Wundervollste an den Bäumen war ihre Lebendigkeit. Je mehr sie wuchsen, desto tiefer traten die Menschen mit ihnen in Beziehung, freuten sich an ihnen, pflegten sie.« Aus einer Aktion gegen die pure Not war »eine Sache des Herzens« geworden, wie Geseko von Lüpke es ausdrückte. Mit jedem neuen Baum wurde zeremoniell an die Rechte künftiger Generationen erinnert: »Wir wissen, dass Kenia von der Austrocknung bedroht ist und das Wachstum der Wüsten die Folge einer falschen Landwirtschaft ist, die durch Rodungen die Erosion der Böden fördert und zu Dürren, Nahrungsmangel, Hungersnöten und Tod führt. Wir erklären hiermit, unser Land durch Pflanzungen, überall wo es möglich ist, retten zu wollen. Indem wir dies erklären, verpflichtet sich jeder von uns persönlich dazu, unser

Land vor Handlungen und Einflüssen zu bewahren, die für heutige und künftige Generationen die Fülle der Natur zerstören, die unser Eigentum und Lebensrecht ist.«
In dieser rituell wiederholten Erklärung, so Geseko von Lüpke in »Die Alternative«, lag nicht nur eine klare politische Ausrichtung, sondern auch eine psychologisch tiefgehende Rückbindung an die afrikanische Vergangenheit. »Wir alle bringen etwas Entscheidendes aus der Vergangenheit mit«, hatte Wangari Maathai verdeutlicht. »Darin liegen unsere Identität und Sicherheit, die wir brauchen, um unseren Platz in der Menschheit einzunehmen. Um uns zu vertrauen, müssen wir wissen, wer wir sind, und uns selbst wertschätzen. Und wenn wir uns selbst wertschätzen, geben wir auch der Natur und künftigen Generationen einen Wert.«

Die langjährige Kampagne bewirkte auch viel politische Bewusstwerdung. Als die Bewegung explosionsartig wuchs, begannen die Teilnehmerinnen ganz von selbst, sich grundlegenderen Fragestellungen zuzuwenden. Geseko von Lüpke formulierte diese folgendermaßen: »Wieso war öffentliches Land privatisiert und bis zur Zerstörung ausgebeutet worden? Wer hatte Interesse an solch einer Landwirtschaftspolitik, welche Politiker profitierten als Großgrundbesitzer? Welche internationalen Zwänge lagen auf dem Land, durch schnell wachsende Monokulturen Schuldendienste ableisten zu müssen? Wie hatte Kenia die Kontrolle über das eigene Land und die eigene Zukunft verloren? Wieso war es den ausländischen Unternehmen gestattet worden, die gefährdete Umwelt weiter zu belasten?«

Seine Analyse geht weiter: »Es schien, als würden die gesunden Bäume der Grüngürtel-Bewegung die Wurzeln der Fehlentwicklung immer mehr bloßlegen: Das Green Belt Movement und seine Aktivistinnen wurden politisch, sie begannen Forderungen zu stellen, sich zu organisieren, die Mechanismen der Globalisierung zu erkennen und zu einem kritischen und nicht immer beliebten Faktor der Politik zu werden. Es war deutlich geworden, dass menschliche Entwicklung, Gleichberechtigung, wirtschaftliche Stabilität und sozialer Friede nur in einer gesunden Umwelt wachsen konnten. Das ging nicht ohne grundlegende politische, rechtliche und wirtschaftliche Reformen. Und je mehr die herrschenden Strukturen von der Bewegung und ihren selbstbewusst gewordenen Aktivisten infrage gestellt wurden, desto schwieriger wurde die Zusammenarbeit mit der Regierung.«

Ab den späten 1980er Jahren begannen die Mitglieder der Grüngürtel-Bewegung aktiv gegen die Verstöße gegen Umwelt- und Menschenrechte vorzugehen. 1989 gelang es Wangari Maathai und ihren Mitstreiterinnen, die Errichtung eines 62-stöckigen Gebäudes im Uhuru-Park in Nairobi zu verhindern. 1992 unterstützte man die Mütter politischer Gefangener bei Demonstrationen für die Freilassung ihrer Kinder. Im Rahmen der »Erlassjahr.de«-Kampagne für die Entschuldung der südlichen Länder gab die Grüngürtel-Bewegung Seminare zu diesem Thema. Im Kampf gegen die Korruption ging es ihr immer besonders um öffentliche Grundstücke und Freiflächen, die von der Regierung illegalerweise an private Unternehmen verkauft worden waren. Die Rettung des Kararu-Walds, des Kafiru-ini-Walds und der Wälder am Mount Kenya konnte die Bewegung als große Erfolge verbuchen. An dieser Stelle wird deutlich, warum Wangari Maathai in den 1990er Jahren mehrfach verhaftet wurde, um sie und ihre Bewegung mundtot zu machen: Die Baumpflanzerinnen und -pflanzer waren für die korrupte Politik zu einer echten Gefahr geworden.

Die Welt zum Paradiesgarten machen!

Die Green Belt Movement wird heute von Wangaris Tochter Wanjira weitergeführt. Zukünftig wird die Bewegung ihre Erfahrungen in die afrikanische Aufforstungsinitiative AFR100 einbringen und das ambitionierte Unterfangen mit technischer Beratung unterstützen (siehe Seite 218).

Das Kapitel soll mit einem Zitat der »Mutter der Bäume« schließen, dessen Botschaft im Kern mit dem Anliegen dieses Buchs identisch ist:

»Ich glaube immer noch an die biblische Vision vom Garten Eden. Ich vergleiche diesen Garten immer wieder mit unserem Planeten. Und ich sehe, wie wunderschön dieser Planet ist. Im Garten Eden wurden wir zu den Treuhändern ernannt; unsere Aufgabe war es, diesen Garten zu pflegen, damit er uns vollständig mit Freude fülle und Erfüllung gebe auf dem Weg durch die Erfahrungen des Lebens. Ich halte es für absolut möglich, dass wir diesen Garten Eden überall dort erschaffen können, wo wir sind.«

Website

www.greenbeltmovement.org

Literatur

Ehlert, Stefan: Wangari Maathai. Mutter der Bäume. Die erste afrikanische Friedensnobelpreisträgerin, Herder Spektrum, 2004.

Lüpke, Geseko von: Die Alternative. Wege und Weltbild des Alternativen Nobelpreises. Pragmatiker, Pfadfinder, Visionäre. Riemann Verlag, 2003.

— Grüne Gürtel für Mutter Erde. Erinnerung an Wangari Maathai, die als Baumpflanzerin unsterblich geworden ist, in: Oya 60/2020, Seite 13.

Maathai, Wangari: Die Wunden der Schöpfung heilen. Wie wir zu uns selbst finden, wenn wir unsere Erde erneuern, Herder, 2012.

Nivola, Claire A.: Bäume für Kenia. Die Geschichte der Wangari Maathai, Verlag Freies Geistesleben, 2015. (Bilderbuch, empfohlen ab 6 Jahren)

Äthiopien
Von der Hungerkrise zur grünen Revolution

»Wird ein Kind geboren, fallen hundert Bäume«, besagt ein äthiopisches Sprichwort. Die jungen Familien des ostafrikanischen Lands bauen einfache Häuser aus Baumstämmen und brauchen Brennholz für ihre offenen Kochfeuer. Aus purer Not wurden so die letzten Bäume abgeholzt, 97 Prozent der ursprünglichen Bewaldung gingen verloren. Die ökologischen Folgen sind wie überall dramatisch: Wolkenbrüche spülen den Mutterboden ab, Windböen wehen ihn weg. Die Landschaft verödet, die Felder werden unfruchtbar. Weil der Grundwasserspiegel sinkt, vertrocknen Quellen und Brunnen.

Wenn das Wort »Äthiopien« fällt, kommen bei vielen westlichen Menschen noch immer die Bilder aus den 1980er Jahren hoch: verhungernde Menschen in einem von Trockenheit, Krieg und Mangel verwüsteten Land. Im Verlauf der großen Hungersnot 1984/85 sind fast eine Million Menschen umgekommen.

Wenig bekannt ist hingegen, dass sich die Situation des Lands in den vergangenen zwei Jahrzehnten deutlich zum Besseren gewendet hat: Sehr viel degradiertes Land konnte wieder fruchtbar gemacht werden, und es gab große Anstrengungen zur Erlangung von Wasser- und Ernährungssicherheit. Belgischen und äthiopischen Wissenschaftlern zufolge war der Norden Äthiopiens in den vergangenen 145 Jahren nicht so grün wie heute; menschliche Anstrengungen hätten die bereits einsetzenden negativen Einflüsse des Klimawandels mehr als aufgehoben. Wie war das möglich?

Der vom englischen Filmemacher Mark Dodd gedrehte Dokumentarfilm »Ethiopia Rising – Red Terror to Green Revolution« (etwa: »Die Renaissance Äthiopiens – Vom roten Terror zur grünen Revolution«; siehe auch das folgende Kapitel) erzählt, wie die äthiopische Bevölkerung weite Gebiete verödeten Lands wieder fruchtbar machte. Diese Geschichte scheint sehr geeignet, um Ländern, die ebenfalls mit degradierten Böden, Hungersnot und den Folgen der Erdüberhitzung konfrontiert sind, Hoffnung und Inspiration zu schenken.

Bereits kurz nach dem Sturz des marxistisch-leninistischen Junta-Regimes im Jahr 1991 verabschiedete die Regierung der im Norden Äthiopiens gelegenen Region Tigray ein ehrgeiziges Programm zur Landschaftswiederherstellung, das mit Unterstützung von Dorfgemeinschaften und dank Geldgebern wie der Weltbank, USAID, der deutschen Entwicklungshilfe und dem Welt-Ernährungsprogramm der UNO zur Umsetzung kam. Durch staatliche Unterstützung konnten Bauern darauf verzichten, bereits stark zerstörtes Land durch Beweidung und das Schlagen von Feuerholz weiter zu schädigen. Büsche und Bäume durften nun natürlich nachwachsen – aber es wurde auch nach Kräften aufgeforstet. Ein kurzer Dokumentarfilm der Weltbank zeigt den großen Erfolg des Programms. Es ist berührend zu sehen, wie ganze Dorfgemeinschaften – Alte und Junge, Männer, Frauen und Kinder gemeinsam – an steilen Hanglagen steinerne Wälle und Terrassen anlegen. Die Bevölkerung erkannte, so heißt es, dass die Maßnahmen ihr künftiges Überleben sichern halfen; bis zu 40 Tage pro Jahr leisteten die Menschen Dienst an diesem kollektiven, vor Ort von Dorfräten koordinierten Unterfangen. Der Umbau der Landschaft zielte darauf, dass bei stärkeren Niederschlägen das Wasser nun ins Erdreich eindringt, statt die obere Bodenschicht auszuwaschen und in den Tälern Fluten hervorzurufen. Der Grundwasserspiegel stieg, und wo keine Fließgewässer zu neuem Leben kamen, gelang es den Leuten immerhin, niedrige Brunnen zu graben, um in der Trockenzeit Felder und Obstgärten zu bewässern.

Das Land per Muskelkraft umgestalten

Auf diese Weise konnten im Osten und im Zentrum der Region Tigray unfruchtbar gewordene Ackerflächen in einer Größenordnung von mehr als einer Million Hektar wiederhergestellt werden. Das ist umso bemerkenswerter, als diese Maßnahmen unter erschwerten Bedingungen – wie etwa in bergiger Landschaft und auf flachen, das heißt: wenig tiefen Böden – geschahen. Schätzungen besagen, dass die Bevölkerung von Tigray bei der Umwandlung ihrer Heimat mindestens 90 Millionen Tonnen Erdreich und Fels mit den Händen bewegt hat! Die Bilder von den manuell arbeitenden Menschen erinnern an jene aus Südkorea oder auf dem chinesischen Lössplateau.

Zu den Unterstützerorganisationen in Äthiopien zählt auch Karlheinz Böhms Äthiopienhilfe. Mit gesammelten Spenden betreibt deren Stiftung »Menschen für Menschen« an mehreren Stellen im Land Baumschulen. 137 Millionen Baumsetzlinge hat sie bereits günstig an Kleinbauern abgegeben. Wer Hanglagen als Maßnahme gegen die Erosion terrassiert, bekommt die Setzlinge sogar geschenkt. Terrassen und Steinwälle von einer Gesamtlänge von mehr als 50 000 Kilometern sind nach Angaben der Stiftung auf diese Weise bislang entstanden. Im Mai 1981 hatte der damalige Schauspieler Karlheinz Böhm mit einer Wette in der Sendung »Wetten, dass …?« den Grundstein für seine Äthiopienhilfe gelegt. Noch im November des Jahres gründete er »Menschen für Menschen«. Ein Besuch der Stiftungswebsite lohnt sich.

Die Anstrengungen machten sich verschiedentlich bezahlt. Während es in Tigray noch Mitte der 1990er Jahre nur etwa 40 Hektar bewässerbare Flächen gab, sind es heute fast 40 000 Hektar. 2007 konnte sich die Region selbst ernähren, was wesentlich auf die im großen Stil betriebene Wiederbegrünung zurückzuführen sein dürfte. Noch im Jahr 2000 war Tigray der ärmste Landesteil gewesen, mit einem unter der nationalen Armutsgrenze lebenden Bevölkerungsanteil von 61,4 Prozent. Gemäß einer von der Weltbank durchgeführten Studie sank dieser Anteil bis 2011 fast auf den nationalen Durchschnittswert von etwa 31 Prozent.

Wie ebenfalls aus Zahlen der Weltbank hervorgeht, konnten im ganzen Land in weniger als zehn Jahren zehn Millionen Hektar Weideland schon dadurch verbessert werden, dass Zäune gezogen wurden, mit denen das Vieh davon abgehalten wird, frei herumzustreunen. Weitere 15 Millionen Hektar wurden in ganz Äthiopien mit den oben beschriebenen Ansätzen wieder fruchtbar gemacht. So haben insgesamt rund 30 Millionen Menschen von den Programmen profitiert.

Die Landesregierung von Äthiopien denkt indes nicht daran, die Bemühungen an diesem Punkt einzustellen. Sie hat zugesagt, bis zum Jahr 2025 weitere 15 Millionen Hektar degradierten Lands wiederherstellen zu lassen – das beträfe insgesamt ein weiteres Sechstel der Landesfläche. Dies ist Teil der beharrlich verfolgten Strategie einer klimaresilienten grünen Ökonomie und auch Bestandteil der internationalen »Bonn Challenge«-Vereinbarung (siehe Seite 207). Mit dem ambitionierten Versprechen ist Äthiopien zu einer führenden Nation in der weltweiten Regenerationsbewegung geworden. Außerdem befindet sich das Land unter den zehn afrikanischen Staaten, die bei der Pariser Klimakonferenz im Dezember 2015 gemeinsam verkündeten, bis zum Jahr 2030 insgesamt mindestens 100 Millionen Hektar Wälder und baumreiche Landschaften wiederherzustellen (siehe Seite 219).

In John D. Lius großartigem Dokumentarfilm »Green Gold – Hope in a changing climate« betont Professor Legesse Negash von der Universität Addis Abeba, dass er die Landschaftswiederherstellung für das derzeit wichtigste Thema in Afrika hält – diese Herausforderung sei für den Kontinent wichtiger als alles andere im 21. Jahrhundert. Der Professor hat gemeinsam mit Dorfbewohnern in nur sechs Jahren einem völlig zerstörten, von Abflussrinnen durchzogenen Landstrich durch das Setzen heimischer Pflanzen zu einer grünen Renaissance verholfen.

Am 29. Juli 2019 hat Äthiopien einen neuen Baumpflanzrekord aufgestellt: 350 Millionen Setzlinge wurden an mehr als tausend Orten im Land von Initiativen, Privatpersonen und Regierungsvertretern gepflanzt. Insgesamt seien an der Aktion rund 23 Millionen Menschen beteiligt gewesen, wie das Landwirtschaftsministerium mitteilte (2017 schätzte man die Bevölkerung des Lands auf rund 105 Millionen). Staatliche Behörden und Schulen wurden während der Aktion geschlossen. Auch Premierminister Abiy Ahmed Ali, dem im Oktober 2019 der Friedensnobelpreis verliehen wurde – wenn auch nicht in Sachen Wiederbegrünung, sondern in Zusammenhang mit der Befriedung des langjährigen Grenzkonflikts mit dem Nachbarland Eritrea –

pflanzte an diesem Tag Bäume. Die Tagesaktion war nur der Auftakt eines weit größeren Unterfangens: Bis zum Oktober des Jahres wollte Äthiopien insgesamt vier Milliarden Bäume setzen. Das Land hat sich im Rahmen der internationalen Aufforstungsprogramme »Bonn Challenge« bzw. »AFR100« verpflichtet, bis 2020 15 Millionen Hektar Land wiederherzustellen (siehe Kapitel ab Seite 207). Der bis dahin gültige Weltrekord für das Bäumepflanzen an einem Tag lag bei 66 Millionen Setzlingen – gehalten vom indischen Bundesstaat Madhya Pradesh, wo anderthalb Millionen Freiwillige im Juli 2017 mittels einer Aufforstungsaktion entlang des Narmada-Flusses dem Klimawandel begegneten (siehe Seite 38).

Literatur

Gemeinsam für Afrika: Aufforstung für Afrika: Milliarden für neue Wälder, 11.12.2015. www.gemeinsam-fuer-afrika.de/2015/12/aufforstung-fuer-afrika-milliarden-fuer-neue-waelder (Artikel zur Initiative »AFR100«)

Lenz, Dennis: Neue Waldregionen. Afrika plant gigantische Aufforstung, Forschung und Wissen, 28.3.2016. www.forschung-und-wissen.de/nachrichten/umwelt/afrika-plant-gigantische-aufforstung-13372287 (Artikel zur Initiative »AFR100«)

Menschen für Menschen: Neues Leben am Berg Kundudo. www.menschenfuermenschen.de/neues-leben-am-berg-kundudo (Artikel über Pflanzprojekt von Karlheinz Böhms Äthiopienhilfe)

Merlot, Julia: Äthiopien bricht Weltrekord im Bäumepflanzen, Der Spiegel, 30.7.2019. kurzlink.de/Pflanzrekord

Minnick, Aaron u. a.: Ethiopia Commits to Restore One-Sixth of its Land, World Resources Institute, 21.10.2014. www.wri.org/blog/2014/10/ethiopia-commits-restore-one-sixth-its-land

Reij, Chris: How Ethiopia Went from Famine Crisis to Green Revolution, World Resources Institute, 28.7.2015. www.wri.org/blog/2015/07/how-ethiopia-went-famine-crisis-green-revolution

Filme

»Regreening Ethiopia's Highlands: A New Hope for Africa«, Imagefilm der Weltbank, 2014 (13 Min.) kurzlink.de/EthiopiaGreen

»Tigray then and now«, Film von Chip Duncan, 2011 (10 Min.) www.youtube.com/watch?v=Iri9Y4A5YfI

»Agroecology in Ethiopia. Converting Desert into Hyper-Productive Land« von John D. Liu (6 Min.) www.youtube.com/watch?v=mbEM6DCTK3Y

»Ethiopia Rising. Red Terror to Green Revolution«, Dokumentation mit Dokudramaelementen von Mark Dodd, 1080 Films, DVD, 2015 (englisch, 60 Min.), zu bestellen unter: http://ethiopiarising.com

Ato Gebremichael alias Aba Hawi | Äthiopien

Grüner Bürgermeister, Baumschützer und Anführer einer Regenerationsbewegung

Der Film »Ethiopia Rising« erzählt von der wundersamen Auferstehung äthiopischer Land- und Gemeinschaften anhand der Lebensgeschichte eines Mannes, der von den Leuten respektvoll Aba Hawi (gesprochen: Abaháui) genannt wird – der ehrenvolle Spitzname bedeutet »Mann mit hell brennender Vision« bzw. »Mann, der mit lodernder Leidenschaft zu überzeugen weiß«. Aba Hawis Geschichte ist tatsächlich filmreif und einzigartig. Sie fängt damit an, dass seine Eltern ihn Godify (»wertlos«) nannten. Sie hatten schon mehrere männliche Kinder verloren, und diese Bezeichnung sollte die Geister davon abhalten, auch noch diesen kleinen Jungen zu holen. Als die Eltern starben, zog der 13-jährige Godify mit seiner Schwester ins Nachbardorf Abreha Atsbeha (auch: Abrha Weatsbha), als dessen Bürgermeister er später zu internationaler Bekanntheit gelangen sollte. Doch daran war freilich zunächst nicht zu denken.

Der Mahner wird für verrückt erklärt

Tatsächlich machte der junge Mann sich unter den Dorfbewohnern anfangs lange Zeit äußerst unbeliebt und verdächtig. Er beobachtete, dass Land und Leute immer mehr herunterkamen – die Menschen hatten offensichtlich begonnen zu hungern, sie kleideten sich in Fetzen, hausten in heruntergekommenen Hütten, viele litten an Malaria. Als Einziger jedoch erkannte er den Zusammenhang mit dem allgemeinen ökologischen Niedergang. Acht Jahre lang verfolgte er darauf mit Nachdruck seine selbstgefundene Mission, welche darin bestand, die letzten Wälder auf den Hügeln der Gegend zu bewahren. Er patrouillierte und saß Wache. Kamen Leute in der Absicht, Brennholz zu schlagen oder Ziegenfutter zu schneiden, so schickte er sie wieder weg. Obwohl Godify, der sich mittlerweile Gebremichael nannte, zu erklären versuchte, dass die Rodung das Land in Wüste verwandeln würde, verstand man ihn nicht. Er bat seine Leute inständig, sie sollten sich doch ansehen, wie fruchtbar und wasserreich die verbliebenen Waldgebiete im Vergleich mit dem übrigen, darbenden Land waren – doch viele hielten ihn für verrückt. »Wenn ich den Alten sagte, dass Bäumefällen falsch sei, behandelten sie mich wie ein kleines Mädchen«, berichtet er. »Ich glaube nicht, dass man im Dorf auch nur den kleinsten Funken Verständnis für meine Ideen aufbrachte.«

Zu der sich abzeichnenden Hungersnot kam ab 1973 eine weitere schwere Prüfung über das Land. Ein sich kommunistisch gebendes Militärregime, die »Derg«, verbreitete Angst und Schrecken unter der äthiopischen Bevölkerung, während es danach trachtete, potenzielle Gegner samt und sonders umzubringen. In den nördlichen Landesteilen formierte sich ab 1975 eine Widerstandsorganisation, die nach dem Bürgerkrieg tragende Kraft der Wiederbegrünungsbewegung wurde. Dazwischen lagen allerdings noch schwere anderthalb Jahrzehnte, inklusive der verheerenden Hungerkatastrophe von 1984/85, welche vom Militärregime genutzt wurde, um aufmüpfige Menschen loszuwerden und ganze Bevölkerungsteile umzusiedeln. Im abgelegenen Dorf Abreha Atsbeha nutzten einige Leute die Gunst der Stunde, um sich eines lästigen Außenseiters zu entledigen: Gebremichael, den arroganten, selbsternannten Baumschützer. Die Behauptung, er sei ein Spion der Volksbefreiungsbewegung, brachte ihm 24 Tage Arrest in einer Zelle, in der nicht genug Platz zum Hinlegen war und die durch die Sonnenstrahlung tagsüber in einen Backofen verwandelt wurde. Die Haftbedingungen waren mörderisch, doch zum Glück gelang es seiner Schwester, ihn freizubekommen. Später wurde das Dorf Abreha Atsbeha von einem Säuberungskommando der Derg heimgesucht, und dieses Mal konnte Gebremichael sich durch eine nächtliche Flucht selbst retten.

Vom seltsamen Außenseiter zum grünen Bürgermeister

Mark Dodds Film, auf den ich mich hier größtenteils stütze, lässt offen, wie genau es in den Folgejahren dazu kam, dass die Dorfbewohner Gebremichaels Lehren doch noch akzeptierten und den noch immer recht jungen Mann 1988 zu ihrem Bürgermeister wählten. Man darf vermuten, dass die allgemein unruhigen Verhältnisse ihren Anteil an dieser erstaunlichen Entwicklung hatten. Zu dieser Zeit waren die Derg in der Hauptstadt Addis Abeba noch an der Macht, hatten sich jedoch aus der Region, in der das Dorf liegt, zurückgezogen. Das dörfliche Votum erwies sich jedenfalls spätestens 1991 als goldrichtig, als die Derg und der Krieg am Ende waren und in Äthiopien stattdessen Wiederaufbau und -begrünung auf der Tagesordnung standen.

Bereits Mitte der 1980er Jahre, als der Krieg noch in vollem Gange war, hatte die Tigray-Volksbefreiungsbewegung die Bewohner der von ihr kontrollierten Gebiete zu weitreichenden Arbeitseinsätzen verpflichtet, mit dem Ziel, das Land wieder fruchtbar zu machen. Im Film erzählt ein Veteran, wie sie mittels Bildungsarbeit die Menschen zu ökobewussten Bürgern machten und aus Europa Hunderttausende Schaufeln und Hacken nach Tigray importierten. Noch heute verpflichtet die Regionalregierung alle Erwachsenen zu jährlich 20 bis 40 Diensttagen in der »freiwilligen« Wiederherstellung der Umwelt und Erhaltungsarbeit für den Boden – mit beeindruckenden Ergebnissen, wie im vorangehenden Kapitel bereits beschrieben wurde.

Gebremichaels ökologische Ideen, die sich ja schon in der Dürrekatastrophe bewahrheitet hatten, kamen nun also zum Zug, und der führungsbegabte Dorfvorsteher wusste die Menschen mit seiner Visionskraft anzustecken: Aufforstung, Maßnahmen zur Nutzbarmachung der seltenen Niederschläge (*water harvesting*, »Wasserernte«), Terrassierungen. Solche Dinge wurden in Gemeinschaftsarbeit umgesetzt und brachten – zunächst – etwas Besserung. Dennoch lebten die fünftausend Bewohnerinnen und Bewohner von Abreha Atsbeha in den Nachkriegsjahren in chronischer Abhängigkeit von Lebensmittellieferungen des Welternährungsprogramms. Für den Bürgermeister ein Zustand der Schande: »Wer mag schon auf Dauer als Bettler leben?«

Als die Region 1998 erneut von Dürre heimgesucht wurde, sah die Regierung kaum eine andere Möglichkeit, als das unwirtliche, trockene Tal dauerhaft zu evakuieren. Dennoch stellte sie den Bewohnern eine Alternative zur Emigration: Wenn diese die Landnutzung in Eigenarbeit konsequent neu strukturieren würden, wollte das Landwirtschaftsministerium das Vorhaben mit Hilfe internationaler Geber umfassend unterstützen. »Wir entschlossen uns fast alle fürs Bleiben – und dafür, die von der Regierung vorgeschlagenen Techniken der nachhaltigen Landbewirtschaftung intensiv, ja aggressiv anzuwenden«, schildert Gebremichael den Beginn der Veränderungen.

Graben, um zu überleben

Alle Dorfbewohner mussten mithelfen: Oben in den Berghängen wurden Terrassen angelegt und Versickerungsgräben ausgehoben, um die massive Erosion zu stoppen und das Grundwasser aufzufüllen. Neugepflanzte Bäume und Gräser halfen, den Boden zu stabilisieren; außerdem grub man Brunnen und vereinbarte neue Beweidungsregeln. Letzteres geschah im Rahmen der von Tony Rinaudo erfundenen FMNR-Methode, welche den »im Untergrund wartenden« Bäumen die Chance zum Aufwachsen gibt (siehe Seite 55); dank des ebenso simplen wie genialen Ansatzes gewann das Land um Abreha Atsbeha in nur vier Jahren 935 000 neue Bäume hinzu. Um das Wasser aufzufangen, das in der kurzen Regenzeit im Juni und Juli von den Hügeln hinabflutet, baute Dorfchef Gebremichael zusammen mit den Bewohnern bereits mehr als 50 bis zu 70 Meter breite Dämme. Nahezu alle Erwachsenen halfen bei diesen Vorhaben mit; sie schleppten Steine, bogen Maschendraht zu großen Käfigen, die mit Steinen verfüllt zu »Gabionen« genannten Bauelementen der Dämme wurden. Frauen und Männer waren dabei, jüngere und ältere – nur Kinder waren nicht zu sehen, denn die, das ist dem Aba Hawi wichtig, gingen ausnahmslos in die Schule.

Seitdem der Ort mit vereinter Kraft und etwas importierter Unterstützung in Form von Knowhow und Finanzierung gegen Dürre und Erosion angeht, hat sich vieles zum Besseren gewandelt. Der Grundwasserspiegel ist von fünfzehn Metern auf drei Meter

Tiefe in der Trockenzeit gestiegen. Jeder Bauer hat inzwischen seinen eigenen Bewässerungsbrunnen. Gebremichael hat seinen Leuten klargemacht, dass Grundwasser so etwas wie ein Konto ist, auf das man einzahlen muss, um später abheben zu können.

Der Geschichtenerzähler, Fotograf und Filmemacher Fabian Schwan-Brandt beschreibt auf der Website abahaui.tumblr.com seine Eindrücke aus dem grüngewandelten Dorf: »Wo während der trockensten Zeit des Jahres früher Staubfahnen und Geröll das Landschaftsbild prägten, zieht sich heute ein grünes Band von bewässerten Pflanzungen durch das Tal: Mais, Kohl, Tomaten, Mangos und andere Sorten bauen die Dorfbewohner jetzt an – oft in solchen Mengen, dass sie die Überschüsse auf dem Markt verkaufen können. Bis zu dreimal im Jahr kann geerntet werden. Der Hunger: Er gehört in Abreha Atsbeha der Vergangenheit an, dessen ist sich Gebremichael sicher: ›Inzwischen geht es nicht mehr um das nackte Überleben, es geht um etwas Wohlstand: Eine eigene Wasserleitung, Strom im Haus – das ist es, wonach die Leute inzwischen fragen, daran merkt man die Veränderung.‹ Die Umsiedlung? ›Ist gar kein Thema mehr.‹«

Im Jahr 2012 wurde der visionäre Bürgermeister Gebremichael gemeinsam mit der ganzen Dorfgemeinschaft für ihr Engagement mit der Equator-Auszeichnung des Umweltprogramms der Vereinten Nationen bedacht. Stolz zeigt er den ersten Preis des Wettbewerbs. Abreha Atsbeha hatte sogar die Leistungen anderer Regionen, etwa in China oder Amerika, in den Schatten gestellt.

Noch zufriedener sieht der Aba Hawi nur in der berührenden Schlusseinstellung von Ethiopia Rising aus, wo er mit jenen beiden Männern, die ihn einst unschuldig an die Derg verrieten, friedlich bei Bier und Cola sitzt. »Niemals«, sagt der eine mit dankbarer Miene, »hätte ich mir vorstellen können, dass es einmal so schön werden könnte.« Der andere spricht von einem großen Fehler, den sie damals begangen hätten: »Heute kennt unser Glück keine Grenzen!«

—

Literatur

Schwan-Brandt, Fabian: Äthiopien. Der Norden wird grün. http://abahaui.tumblr.com/Deutsch

Filme

»Abaháui. The Father of Fire«, Film von Fabian Schwan-Brandt, 2013 (englisch, 16 Min.) www.youtube.com/watch?v=S67GaY-VwS4

»Ethiopia Rising«, Film von Mark Dodd, 1080 Films, DVD, 2015 (englisch, 60 Minuten) www.ethiopiarising.com

Ibrahim Abouleish | Ägypten
Sekem – von der Wüstenei zum Vorzeigeprojekt

Ein Baum spricht: Meine Kraft ist das Vertrauen. Ich weiß nichts von den tausend Kindern, die in jedem Jahr aus mir entstehen. Ich lebe das Geheimnis meines Samens zu Ende, nichts anderes ist meine Sorge. Ich vertraue, dass meine Aufgabe heilig ist. Aus diesem Vertrauen lebe ich.

Hermann Hesse

Aus den vielen hier präsentierten Wiederbegrünungsinitiativen sticht diejenige des im Juni 2017 verstorbenen Ägypters Ibrahim Abouleish in mehrfacher Hinsicht hervor. So etwas wie sein ganzheitlich-ökosoziales Projekt »SEKEM« ist weltweit einmalig. Der studierte Pharmakologe und überzeugte, muslimisch geprägte Anthroposoph Ibrahim Abouleish startete das Projekt mit der Absicht, eine prinzipielle Machbarkeit der Wiederbelebung von fast totem Land zu beweisen. Bewiesen hat er in einer Mischung aus jahrzehntelanger Ausdauer und kluger Weitsichtigkeit mittlerweile viel mehr als das. Er zeigte die Machbarkeit einer ganzen Reihe von zunächst unwahrscheinlich klingenden Unterfangen. Aber schauen wir uns die Geschichte vom Anfang an.

Flucht ins Land Goethes

Der Vater des 1937 im ägyptischen Mashtul geborenen Ibrahim Abouleish war ein Seifenhersteller und Süßwarenfabrikant. Die Familie führte ein bürgerliches Leben nach europäischem Vorbild, ohne dabei die eigene Tradition zu verleugnen. Durch die Lektüre von Goethes »Die Leiden des jungen Werthers« begann der Schüler Ibrahim sich für Deutschland zu interessieren. Er träumte davon, dort zu studieren, auch wenn seine Eltern für ihn die Übernahme des Betriebs vorgesehen hatten. Heimlich reiste er 1956 nach dem Abitur Richtung Europa und landete schließlich im österreichischen Graz, wo bereits ein Freund von ihm lebte. Ohne rechten Plan entschied er sich dort kurzerhand für das Studium »Technische Chemie« – vielleicht würde das den Vater besänftigen, schien das Fach doch immerhin kompatibel mit dessen Fabrik. In Graz lernte Abouleish auch seine Frau Gudrun kennen, sie war eine der drei Töchter seines Deutschlehrers. Nach seiner Promotion ging Ibrahim als Forschungsleiter in die pharmazeutische Industrie und arbeitete für mehrere österreichische Unternehmen. 1972 kam er durch den Besuch eines Vortrags in Kontakt mit der Anthroposophie; eine ältere Dame machte ihn daraufhin in intensiven Schulungen weiter mit den Gedanken Rudolf Steiners vertraut.

Drei Jahre später lud diese Lehrerin Ibrahim Abouleish ein, sie auf eine Ägyptenreise zu begleiten. Hier konnte er sein Heimatland nun mit neuem Blick sehen. Er erkannte, dass das Land in den vergangenen zwei Jahrzehnten in vielfacher Hinsicht in einen deutlichen Niedergang geraten war: wirtschaftlich, moralisch, politisch, ökologisch, bildungs- und bevölkerungspolitisch. Die Erlebnisse dieser Reise lösten in ihm eine tiefe Nachdenklichkeit aus. Er begann über die Probleme Ägyptens zu forschen und nach Lösungsansätzen zu suchen. In seiner Biographie schreibt Dr. Abouleish: »Währenddessen beschäftigte ich mich weiter mit der anthroposophischen Geisteswissenschaft und lernte auch ihre praktische Anwendbarkeit auf viele Lebensgebiete näher kennen. Und je mehr ich mich in sie vertiefte, desto mehr ergaben sich mir aus dieser Richtung Antworten auf die bohrenden Fragen und die innere Unruhe, die in mir entstanden waren. Immer wieder blitzten im Nachsinnen über das Gelesene Lösungsansätze auf, durch die etwas verändert werden könnte. Insbesondere faszinierte mich die biologisch-dynamische Landwirtschaft, die aus der Anthroposophie entwickelt worden war und mit der man in Europa schon seit Beginn des 20. Jahrhunderts erfolgreich arbeitete. Durch sie, so war ich sicher, würde die landwirtschaftliche Situation in Ägypten entscheidend verbessert werden können.« Ibrahim Abouleish bildete sich also auf dem Gebiet der Landwirtschaft weiter, weil sich in ihm die Vermutung verdichtete, in diesem Bereich seiner Heimat am besten helfen zu können. Er würde den Aufbau in der Wüste wagen! Weil er für das utopische Unterfangen allerdings zunächst keine Mitstreiter gewinnen konnte, machte er sich alleine auf den Weg. 21 Jahre, nachdem er Ägypten verlassen und in Europa Frau, Familie und geistige Heimat gefunden sowie eine erfolgversprechende Karriere begonnen hatte, zog er 40-jährig zurück in die nordafrikanische Heimat.

Mission Impossible?

Vielleicht kennen Sie, liebe Leserinnen und Leser, den Spielfilm »Fitzcarraldo« von 1982, der vom verrückten Unterfangen des von Klaus Kinski gespielten titelgebenden Mannes handelt, einen Raddampfer von einem Amazonasfluss über einen Berg hinweg in einen anderen Fluss zu überführen. Noch beeindruckender als der Spielfilm selbst ist das Making-of: Regisseur Werner Herzog zeigt darin die gigantischen Schwierigkeiten, den realen Dampfer für die 1977 begonnenen Dreharbeiten abseits der Zivilisation über den sehr realen Berg zu schleppen (und nebenbei noch mit den Himalaya-großen Macken des Hauptdarstellers sowie mit den ungewohnten Gepflogenheiten der indianischen Komparsen zurechtzukommen).

Woher nur nehmen manche Leute die Visions- und Schaffenskraft, um ihre Pläne gegen alle Widerstände und Wahrscheinlichkeiten zu einem glücklichen Ende zu führen? Diese Frage habe ich mir beim Lesen von Ibrahim Abouleishs Buch »Die SEKEM-Symphonie« immer wieder voller Bewunderung gestellt. Darin beschreibt er die riesigen Herausforderungen der Pionierphase des Wüstenprojekts ab 1977, das auf Zeitgenossen nicht weniger verrückt gewirkt haben dürfte wie die Geschichte des zeitgleich gedrehten »Fitzcarraldo«-Films. Abouleish sagt, Selbstvertrauen und die Kraft des Glaubens hätten ihm geholfen, das lebensfeindliche Gelände nach und nach in eine Oase zu verwandeln, um dort zunächst Heilpflanzen und biodynamisches Gemüse anzubauen.

An Ackerbau war jedoch auf dem 700 mal 1000 Meter (70 Hektar) großen, »öden und steinigen« Grundstück, welches das Schicksal ihm schließlich zuwies, zunächst kaum zu denken. Abouleish beschreibt seinen ersten Blick darauf folgendermaßen: »Das Land, das sich fahlgelb und leer vor meinem Blick ausdehnte, erschien ganz sanft hügelig. [...] Nach einigen weiteren Schritten in der flirrenden Sonnenhitze bemerkte ich, wie in meinem Inneren die Vision auftauchte: der Brunnen, Bäume, Pflanzengrün und Blütenduft, Tiere, Komposthaufen, Häuser und arbeitende Menschen. Wie viel Kraft würde aufgebracht werden müssen, um eine solch unwegsame, schwierige Umgebung zu verändern und diese Öde in einen Garten zu verwandeln! Aber wie viele Arbeitsplätze würden dabei geschaffen werden können, verbunden mit der Möglichkeit, dass Menschen gebildet und Heilsames für die Landschaft erreicht werden könnten! – Ich fühlte mich von diesem Land berührt, als hätte mich etwas angesprochen.« Und er fügt hinzu: »Wenn ich heute zurückdenke, muss ich natürlich meine gewaltige Naivität eingestehen, denn ich wusste überhaupt nicht, was es bedeutete, Land in der Wüste anzulegen und zu bewässern.« Die Berater, die er hinsichtlich der Kaufentscheidung heranzog, rieten ab, nachdem sie das Land nur kurz in Augenschein genommen hatten: Der Boden sei viel zu schlecht und die Wasserversorgung obendrein schwierig. Dennoch beschloss Ibrahim Abouleish, das Land, das zu ihm gesprochen hatte, für seine Ziele zu erwerben. Ob ihm der folgende Gedanken wohl tatsächlich schon an jenem Tag gekommen war? – »Wenn in dieser Einöde und unter diesen extrem widrigen Umständen die biologisch-dynamische Landwirtschaft und alles, was ich mir nach meinem inneren Bild wünschte, gelingen würde, dann wäre dieses Modell auch auf einfachere Verhältnisse übertragbar und uns würden durch die Überwindung von Schwierigkeiten große Kräfte zuwachsen!«

Bäume für die innere Aufrichtung

Der Visionär machte sich zunächst ganz allein daran, das Gelände zu vermessen, es in mehrere rund drei Hektar große Parzellen für Felder zu gliedern, den Verlauf zukünftiger Straßen und Wege zu markieren und im Geiste mit Bäumen zu bepflanzen. Dass er für sein seltsames Tun von Fremden und Verwandten für verrückt gehalten wurde, versteht sich fast von selbst – es ist eine Art Running Gag in so gut wie allen Aufforstungs-Geschichten. Ibrahim Abouleish bestimmte einen Ort, wo ein Wald wachsen würde. Er ließ zwei erste Brunnen graben und plante Bauplätze für eine Schule, eine

Krankenstation, Wohnhäuser sowie ein Zentrum für Kunst, Kultur und die anthroposophische Bewegungskunst »Eurythmie«. (Seine Vision war nicht nur eine ökologische, sondern eine ganzheitliche – soziale, erzieherische und ästhetische Gedanken spielten darin eine große Rolle.) Ibrahim Abouleish schaffte einen Traktor und später auch einen Dieselgenerator an und knüpfte Bekanntschaft mit einigen Nomaden, die gelegentlich durch das Land zogen. Als die nach altrömischer Art gefertigten Brunnen Wasser gaben, legte er ein Bewässerungssystem aus Kanälen und Terrassen an. Dann ließ er 120 000 Setzlinge von Kasuarinen- und Eukalyptusbäumen sowie von persischem Flieder kommen. Auf aktuellen Bildern sind auch zahlreiche Palmen zu erkennen. Die anspruchslosen Pflanzen gediehen sehr gut, wie er schreibt. Zunächst musste er allerdings einen Weg finden, die Beduinen davon abzuhalten, ihre Ziegen mit den Jungbäumchen zu füttern. Dies gelang, indem er die Wüstenbewohner in das Projekt integrierte.

Die wunderbaren hohen Bäume der mitteleuropäischen Wälder, »an denen die Menschen sich innerlich aufrichten können«, seien seinen Landsleuten unbekannt, gibt der ägyptische Anthroposoph zu Papier. Wer in der Weite der Wüste kaum einmal die Qualität des Vertikalen erfahren könne, dessen Seele verströme »sich allzu leicht in der Unendlichkeit des Horizonts«.

Seinem Bericht zufolge hatte Abouleish im Verlauf der Aufbaujahre wiederholt Gelegenheit, an der eigenen inneren Aufrichtung zu arbeiten, wenn Schicksals- und Rückschläge ihn niederzudrücken drohten. Denn Widrigkeiten (Technikpannen, Sandstürme und einmal auch schwere Krankheit) und Widerstände (etwa durch Beduinen, ignorante Behörden, religiöse Eiferer usw.) traten oft in existenzbedrohender Weise auf.

Einmal verbot das ägyptische Landwirtschaftsministerium alle Aktivitäten auf Abouleishs Farm, weil es vernommen hatte, dass dort mit Kompost gearbeitet wurde. Durch diese Praxis, so die behördliche Argumentation, würde das Land durch sich vermehrende Bakterien verseucht – höchst unverantwortlich! Die auf das Verbot folgenden Verhandlungen mit dem Ministerium zogen sich fast ein Jahr hin, bis endlich eine Wende eintrat: Die Behörde schickte zur Entnahme von Bodenproben einige Wissenschaftler, die von da an zehn Jahre lang immer wiederkehrten. »Und das erwies sich schließlich als das Beste, was uns passieren konnte«, so Abouleishs Fazit, »weil dadurch das Ministerium die bodenverbessernden Maßnahmen und die Fortschritte, die wir erzielten, Schritt für Schritt mitverfolgte. Ich gewann viele Freunde auf staatlicher Seite und wurde nicht müde, von meinen Ideen und meiner Vision für das Land zu erzählen.«

Ein andermal, als Ibrahim Abouleish eines Morgens von einem Besuch im knapp 60 Kilometer südwestlich gelegenen Kairo heimkehrte, musste er feststellen, dass Bulldozer damit beschäftigt waren, Tausende der inzwischen dreijährigen Bäume – die endlich den gefräßigen Ziegen entwachsen waren – zusammenzuschieben. Soldaten mit Maschinengewehren empfingen ihn, denn ein General hatte beschlossen, aus seinem Land ein Militärgebiet zu machen. Ibrahim Abouleish meisterte auch diese Episode mit großem diplomatischem Geschick. Ebenso wie jenen religiös gefärbten Zwist, der für seine Sache vermutlich nicht minder gefährlich war: Ein Zeitungsartikel hatte die Behauptung aufgestellt, dass auf der SEKEM-Farm (die altägyptische Hieroglyphe SEKEM bedeutet: »sonnenhafte Lebenskraft«) nicht Allah, sondern die Sonne angebetet werde. Im islamischen Kulturkreis wiegt dieser Vorwurf etwa gleich schwer wie im christlichen der des Satanismus. So war es kein Wunder, dass sich umgehend die religiösen Würdenträger der Region auf das Projekt stürzten. An ein Wunder grenzt es allerdings, wie der Initiator die aufgebrachte Riege der Patriarchen mit Sanftmut, Mozartmusik und seinen umfangreichen Korankenntnissen zu besänftigen wusste, ja, wie es ihm zuletzt gar gelang, die feindlich gesinnten Männer zu Freunden zu machen! Die Einzelheiten des Disputs können in Abouleishs Buch nachgelesen werden.

Polit-Thriller

Ich komme bald zu den positiven Entwicklungen des Projekts. Zuvor möchte ich die eindrucksvolle Liste der übelsten Widrigkeiten, mit denen SEKEM zu kämpfen hatte, noch um ein äußerst respekteinflößendes Beispiel ergänzen. Denn der diffamierende Zeitungsartikel könnte, so argwöhnt Abouleish, bewusst von der chemischen Industrie lanciert worden sein, die Interesse an der Schließung seines Biobetriebs hatte. Für diese Geschichte muss etwas weiter ausgeholt werden:

Anfang der 1990er Jahre war die Farm weit gediehen und bereits viel mehr als »nur« eine florierende biologisch-dynamische Farm mit Viehhaltung, Nahrungsmittelanbau, Bio-Baumwoll- sowie Heilkräuterproduktion. Die Erzeugnisse verkauften sich nicht nur bei bewussten Kunden in den reichen Industrienationen, sondern auch auf dem selbst aufgebauten inländischen Markt. Einrichtungen wie die Schule, Werkstätten und die Krankenstation waren zu diesem Zeitpunkt bereits verwirklicht, viele Menschen durch das Projekt in Lohn und Brot gekommen. Für die Verarbeitung der angebauten Heilkräuter hatte der gelernte Pharmakologe Abouleish eigens ein Forschungslabor und eine Medikamenten-Fertigungsstrecke eingerichtet, deren Produkte guten Absatz fanden. Allerdings stellte man nun fest, dass im Umfeld der Biofarm – wie überall im Land – Flugzeuge jährlich bis zu zwanzig Mal Pestizide über den Baumwollplantagen ausbrachten. Als Abouleish sich wegen der Abdrift der Insektizide auf seine mit Herzblut gehegten Bio-Heilpflanzenfelder beim Agrarminister beschwerte, wurde klar, dass man dort schlicht keine andere Methode kannte, um mit den diversen Baumwoll-Schädlingen umzugehen. Ibrahim Abouleish und sein Sohn Helmy, der mittlerweile eine wichtige Rolle im Unternehmen eingenommen hatte, fühlten sich nun aufgerufen, auf die biologischen Möglichkeiten der Insektenbekämpfung hinzuweisen und diese auch selber auszutesten. Ein Versuchsfeld wurde im Nildelta angelegt, um den Ansatz eines Kairoer Insektenkundlers auszuprobieren: Mittels Pheromonfallen wurde der gefürchtete Spodoptera-Falter rechtzeitig eingefangen, bevor er die Pflanzen massenhaft in Raupenform befallen konnte. Dann kam ein weiterer Duftstoff zum Einsatz, der den berüchtigten Kapselbohrer so verwirrte, dass er die Baumwoll-Kapseln nicht fand. Es war nur eine einzige Verbesserung dieser biologischen Methode aus dem Repertoire des erwähnten Insektenkundlers nötig, und schon lag der Schaden durch Insekten in dem Versuchsfeld unter der Rate, die mit Chemiespritzungen im konventionellen Anbau zu erreichen war. Als die erste Ernte gewogen wurde, ergaben sich sogar zehn Prozent Mehrertrag an Rohbaumwolle als durchschnittlich in der Region erzielt wurde – welch ein Ergebnis!

Es sollte dann noch drei Jahre dauern, bis sich diese neue Methode auf Testfeldern im ganzen Land als erfolgreich erwies. 1993 lud SEKEM schließlich zum ersten internationalen Kongress für organischen Baumwollanbau ein. Das Fernsehen berichtete sehr positiv, und der Agrarminister kündigte an, Pestizid-Ausbringungen aus dem Flugzeug verbieten und landesweit die SEKEM-Methode übernehmen zu wollen.

Die agrochemische Industrie verlor auf diese Weise einen Absatzmarkt für jährlich 35 000 Tonnen Pestizide. Bei SEKEM hingegen machte man sich an die Aufgabe, eine Baumwollverarbeitung zu entwickeln, die ihrerseits den Einsatz der üblichen Gifte überflüssig werden lassen würde. Zu den Betrieben, die heute auf dem SEKEM-Gelände mehr als 2000 Menschen Arbeit geben, gehört deshalb auch eine Näherei für giftstofffreie Baby- und Kinderkollektionen, die auf der ganzen Welt Absatz finden. Landesweit sind es noch einmal rund 30 000 Menschen, die mit SEKEM kooperieren.

Eine ganzheitliche Realutopie

Zutiefst ermutigend ist es, zu lesen, welch schöne Utopie der Öko-Visionär Abouleish mit dem SEKEM-Organismus verwirklicht hat. Nicht nur um Wüstenbegrünung ging es ihm, um Bioanbau oder den Beweis, dass Wirtschaft im Einvernehmen zwischen Produzentinnen, Händlern und Konsumentinnen fruchtbarer ist als der auf Eigennutz ausgerichtete Kapitalismus. Am Herzen lagen ihm insbesondere die Menschen. Wo einst Wüste, soziale Degeneration und Perspektivlosigkeit herrschten, dort leben, lernen und arbeiten heute Tausende. Das Wirtschaftsleben in SEKEM ist in Balance mit Bildung und Kultur. Die Arbeitsplätze dort sind begehrt, weil sie den Eintritt in ein besseres Leben mit sicherem Einkommen, Altersvorsorge, medizinischer Betreuung, Bildungschancen und Teilnahme am Kulturleben bedeuten. In den pädagogischen Einrichtungen lernen Kindergartenkinder, Schülerinnen und Erwachsene Verantwortung zu übernehmen. Körper, Geist und Seele werden dabei gleichermaßen angesprochen. Die Krankenstation hat sich zu einer Polyklinik gemausert, in der täglich bis zu 180 Personen aus der Region medizinische Hilfe erhalten. Auf dem Gelände gibt es ein

Amphitheater sowie seit einigen Jahren auch eine Universität, die gesammelte Erfahrungen des Projekts an kommende Generationen vermittelt.

Eindrucksvolle Fotos von den geschaffenen Wundern und Abouleishs visionäre Ideen zum Umgang mit Menschen finden sich in seinem Buch »Die SEKEM-Symphonie«, auf das hier nochmals verwiesen sei.

Im Jahr 2003 erhielt Ibrahim Abouleish für die Entwicklung eines »Geschäftsmodells für das 21. Jahrhundert, in dem wirtschaftlicher Erfolg in die soziale und kulturelle Entwicklung der Gesellschaft integriert ist und dies durch die ›Wirtschaft der Liebe‹ fördert,« den Right Livelihood Award – auch diese Wendung ist typisch für die Geschichten der Wiederbegrünungspersönlichkeiten. Abouleishs ursprüngliche Leistung, die Wüste zum Leben erweckt zu haben, wurde in der Preisbegründung gar nicht mehr gewürdigt, weil sie offenbar fast verschwindet unter all den wegweisenden Taten, die »der Doktor«, wie er in SEKEM genannt wird, auf die Begrünung der Ödnis folgen ließ.

Auch hier steht Naturbeobachtung am Anfang des Erfolgs

Wie aber konnte es im Staub und Stein der Wüste gelingen, etwas derart Lebendiges, Fruchtbares zu erschaffen? Ibrahim Abouleish zufolge lag die Herausforderung zu Beginn darin, die mikrobischen Bodenorganismen, die man auch im Wüstenboden findet, zu aktivieren und zur Vervielfältigung anzuregen. »Das biologisch-dynamische Prinzip«, so beginnt er eine Erklärung, »baut auf die Symbiose sämtlicher Lebewesen, die es in und über der Erde gibt, auch als Pflanze, Insekten oder Vögel, und es geht hoch bis zu den Sternenkonstellationen.« Die Bodenorganismen werden durch den Kompost genährt – und dieser ist das »Wundermittel«, mit dem Ibrahim Abouleish die Wüste allmählich immer lebendiger werden ließ. Alles bereits Lebendige nutzte er von Anfang an auf eine Weise, die das weitere Wachstum fördert. So fasste der Filmemacher Bertram Verhaag die Vorgehensweise des muslimischen Anthroposophen in seiner Filmdokumentation »SEKEM – Aus der Kraft der Sonne« (Denkmal-Film, 2008) zusammen. Die Rinder und insbesondere deren Dung seien dabei das eigentliche Geheimrezept von SEKEM. Nachdem er eine 40-köpfige Allgäuer Kuhherde in die ägyptische Wüste importiert hatte, holte Ibrahim Abouleish sich die Hilfe der deutschen Sennerin Angela Hofmann, die auch noch fast 40 Jahre später für die Nachkommen jener ersten Tiere sorgt. Heute gibt es in SEKEM außerdem schwarzweiße Friesische Kühe sowie Mischlinge. Und es versteht sich von selbst, dass die Kompostbereitung nach wie vor in großem Maßstab und mit großer Akribie betrieben wird.

Die in der Pionierphase gepflanzten Bäume hatten und haben die Aufgabe, den Wind zu brechen, Schatten für Menschen, Tiere und Kulturpflanzen zu spenden und mit ihren Wurzeln das Bodenleben zu bereichern. Eine Zählung ergab, dass die Hecken und Haine auf der ursprünglichen SEKEM-Farm rund 40 Arten von Vögeln und anderen Tieren Schutz bieten. Hinzu kommen in der menschengemachten Oase viele Insektenarten.

Mit dem erfolgreichen Gedeihen der Farm wurden die Maßnahmen zur Wüstenbegrünung jedoch keinesfalls eingestellt. Insgesamt hat SEKEM rund 3600 Hektar für den biologischen Landbau in Ägypten erschlossen (Stand 2013). Auf der großflächigen Wahat Farm in der westlichen Wüste[1] wurden etwa binnen drei Jahren 50 000 Bäume gesetzt. Ohne Aufforstung sei in den sensiblen Ökosystemen des ariden Ägypten keine Landwirtschaft möglich, betont die Sennerin Angela Hofmann. »Aufgrund der guten Erfolge haben wir begonnen, Methoden des Agroforsts systematisch zur Wüstenrückgewinnung einzusetzen«, erklärt sie. »Man sieht an ihnen, wie wichtig das langfristige Engagement des Aufbaus und der Pflege neuen Lebens in eigentlich lebensfeindlichen Räumen ist.« Angela Hoffman glaubt, dass hier eine Methode gefunden wurde, die auch von anderen Pionieren umgesetzt werden kann: »Gezielte Aufforstungen in Verbindung mit anderen ökologisch förderlichen Maßnahmen, wie dem Humusaufbau durch biologisch-dynamischen Kompost, der den Wasserverbrauch senkt und das Leben der Mikroorganismen im Boden aufbaut, sind das ideale Werkzeug, langsam, aber stetig der Wüste verlorenes Land wieder abzuringen. Der Weg, den SEKEM in Ägypten beschreitet, könnte und sollte in mehr Ländern in größerem Stil angewandt werden!«

Anmerkung

1 Die Forstwissenschaftler der Technischen Universität München lassen in der ägyptischen Wüste Forste wachsen, die mit Abwässern bewässert werden. Durch das viele Licht und die Nährstoffe sprießen Bäume dort sogar ungewöhnlich schnell:
www.tum.de/nc/die-tum/aktuelles/pressemitteilungen/details/31894

Website

www.sekem.com

Literatur

Abouleish, Ibrahim: Die SEKEM-Symphonie. Nachhaltige Entwicklung für Ägypten in weltweiter Vernetzung, 6. stark überarbeitete Auflage, Info3-Verlag, 2015. (Erstmals 2004 erschienen)

Lüpke, Geseko von: Die Alternative. Wege und Weltbild des Alternativen Nobelpreises. Pragmatiker, Pfadfinder, Visionäre, Riemann Verlag, 2003.

Film

»SEKEM. Aus der Kraft der Sonne«, Film von Bertram Verhaag, DVD, Denkmal Film, 2007 (45 Min.)
www.denkmalfilm.tv/index.php?page=sekem-3&l=de

Israel
Experten für Wiederbegrünung und Wasser-Management aus Tradition und Not

»Wenn du einen Setzling in der Hand hältst, und man sagt dir ›Der Messias ist da!‹, dann pflanze zuerst den Baum, und dann begrüße den Messias.« Dieser Talmud-Spruch des Rabbi Jochanan ben Sakkai aus dem ersten nachchristlichen Jahrhundert dürfte mit dafür verantwortlich sein, dass das Bäumepflanzen in der jüdischen Tradition von alters her eine wichtige Stellung innehat – ja, im Judentum ist dem Pflanzen sogar ein Feiertag gewidmet (dazu unten mehr). Der Staat Israel zählt heute zu den wenigen Ländern, die wirklich intensive Anstrengungen bei der Begrünung des eigenen Gebiets unternehmen – wobei es freilich starke Meinungsverschiedenheiten darüber gibt, welche Landesteile illegal okkupiert wurden und welche zum legitimen Staatsgebiet zählen; im Eintrag »Afforestation#Israel« der englischsprachigen Wikipedia werden z.B. zwei offenbar jüdische Stimmen zitiert, welche die Aufforstungspraxis des »Jewish National Fund« (JNF) in ehemaligen palästinensischen Siedlungs- bzw. Wirtschaftsgebieten kritisieren. Dieses Buch interessiert sich zwar mehr für die schiere Existenz von Möglichkeiten zur Wiederbelebung von totem Land als für die politischen Umstände von Wiederherstellungsmaßnahmen. Es sei jedoch betont, dass die Aufforstung von geraubtem Land aus politischen und/oder ökonomischen Gründen (wie sie etwa auch im Rahmen des REDD+ -Programms vorkommt; siehe den Abschnitt ab Seite 211) nicht akzeptabel erscheint.

Mehr als die Hälfte des kleinen Israel ist Wüste

Ein wesentlicher Akteur bei der Begrünung Israels ist der bereits erwähnte JNF. Die ihm zugrundeliegende Keren-Kayemet-Stiftung wurde bereits 1901 in Basel von zionistischen Juden gegründet, um in Palästina Grund für Landwirtschaftssiedlungen zu erwerben und Erschließungs-, Urbarmachungs- und Aufforstungsprojekte durchzuführen. Bis zur Errichtung des Staats Israel konnte der JNF mit Geldern, die von Juden aus aller Welt bereitgestellt wurden, bereits 96 000 Hektar Land erstehen. Heute fördert der Fonds Umweltprojekte und ist landesweit in der Forstwirtschaft tätig.

Israel ist ein vergleichsweise kleines Land, das überdies zu etwa 60 Prozent von der Negev-Wüste eingenommen wird. Dort herrschen immense Temperaturunterschiede zwischen Tag und Nacht, pro Jahr fallen maximal 200 bis 350 Millimeter Regen. Unter diesen Bedingungen liegt der Gedanke an Landschaftsbelebung vermutlich näher als anderswo. »Es gibt keine Alternative«, meint der israelische Forscher Nir Atzmon. »Unser Land ist nicht groß. Wir müssen sorgsam mit dem vorhandenen Boden umgehen, denn wir haben sonst nichts.«

Aus diesem Grund sind die Israelis zu weltweit gefragten Experten etwa auf dem Gebiet der Bewässerungstechnik, der Ödlandbegrünung und des Wassersparens geworden. Das Prinzip der Tröpfchenbewässerung wurde vor 50 Jahren in einigen Kibbuz-Siedlergemeinschaften aus der Not heraus entwickelt; heute ist es an vielen Orten der Welt zur sparsamen, punktgenauen und bedarfsgerechten Bewässerung von Obst- und Gemüsekulturen üblich. Und während anderswo Abwässer ins Meer geleitet werden, pumpt man diese in Israel nach einer Aufbereitung zu Aufforstungen und agrarisch genutzten Flächen in der Wüste. Landesweit werden mehr als drei Viertel aller Abwässer gesäubert und als sogenanntes Grauwasser in der Landwirtschaft zur Bewässerung der Plantagen und Felder verwendet, in Tel Aviv sind es sogar 100 Prozent. Kein anderes Land auf der Welt nutzt seine Abwässer derart intensiv; auf Platz zwei liegt Spanien mit einer Quote von gerade einmal 17 Prozent. Rund um die Wüstenstadt Beersheba wird seit 1995 unter Nutzung von Abwasser ein Grüngürtel angelegt. (Mit der gleichen Technik haben Wissenschaftler der Technischen Universität München übrigens einen Versuchswald in der ägyptischen Wüste aufgezogen; siehe Fußnote 1 des vorherigen Kapitels.)

Die Trinkwasser-Rohrsysteme sind in israelischen Städten so dicht wie nirgendwo sonst auf der Welt. Seitdem mittels akustischer Detektoren kleinste Lecks aufgespürt werden, versickert etwa in Jerusalem nur noch rund zehn Prozent des Wassers im Boden. Zum Vergleich: in London ist es ein Viertel, im dürregeplagten Kalifornien mitunter fast ein Drittel. Ein sparsamer Umgang mit Wasser ist in Israel ohnehin selbstverständlich, der jährliche Pro-Kopf-Verbrauch liegt bei 180 Kubikmetern – in den USA ist er beinahe zehnmal so hoch. Das Trinkwasser des Lands stammt zu 70 Prozent aus dem Mittelmeer. Fünf der zwölf weltgrößten Entsalzungsanlagen stehen in Israel, und bis 2020 soll der gesamte Wasserbedarf des Lands über die komplizierten, nach dem Prinzip der Umkehrosmose arbeitenden Industrieanlagen gedeckt werden. Ob dieses Verfahren allerdings enkeltauglich ist, darf bezweifelt werden: Zu groß scheint der Energieeinsatz sowie die Abhängigkeit vom Funktionieren anderer Industrien.

Doch zurück zur Landbepflanzung, die mir langfristig die sicherere, schönere, saubere Art zu sein scheint, um die Verfügbarkeit der Mittel für ein gutes Leben in Bescheidenheit zu garantieren. Ein beeindruckendes Beispiel ist hier der Yatir-Wald, der vor einem halben Jahrhundert mitten in der Negev-Wüste angelegt wurde.

Ein Wald, den es nicht geben dürfte

David Ben Gurion, der Gründervater des Staats Israel, wollte aus der Negev blühende Landschaften machen. Dass diese Vision heute stellenweise Wirklichkeit ist, ist nicht zuletzt der Erfindung der Tröpfchenbewässerung zu verdanken. Doch in der Wüste gedeihen heute nicht nur Avocadoplantagen und andere Agrarkulturen, an die Gurion gedacht haben mag.

Im Jahr 1964 stand der damalige JNF-Direktor Joseph Weitz mit einigen anderen Leuten in der Hitze am Nordrand der Wüste. Als er in die umgebende Landschaft blickte, sah er in einer Art Vision einen lebendigen Wald vor sich. Weitz sprach aus, was das innere Auge ihm vorgespiegelt hatte – und die bei ihm stehenden Kollegen dachten, er habe einen Sonnenstich: »Wie um alles in der Welt willst du hier einen Wald anlegen?«, fragten sie ihn. Heute trägt Joseph Weitz' Vision den Namen »Yatir« – es handelt sich dabei um Israels ausgedehnteste Waldfläche.

Die Entstehungsgeschichte des Yatir entwickelte sich wie folgt weiter: Nachdem er das klare Bild gesehen hatte, setzte Weitz durch, dass an jenem Ort in der Negev-Wüste Tausende Bäumchen gepflanzt und auch die ersten Jahre hindurch bewässert wurden. Zum allgemeinen Erstaunen konnten die Bäume jedoch bald schon ohne die künstliche Bewässerung leben, denn ihre Wurzeln hatten eine bis dahin unentdeckte wasserführende Schicht erreicht. Zudem gab der Wald neue Rätsel auf: Er wuchs und wuchs – und das viel schneller, als es Wälder in einem derart trockenen Klima normalerweise tun. Mit 50 Jahren und einer Fläche von 3000 Hektar ist er heute der größte von Menschen angelegte Wald Israels. Seit 1964 wurden im Yatir-Wald über vier Millionen Bäume gepflanzt, überwiegend Nadelbäume wie die Aleppo-Kiefer und die Mittelmeer-Zypresse, aber auch Laubbäume wie Terebinth, Tamariske, Chinesische Jujube, Johannisbrotbaum, Olivenbaum, Feige, Eukalyptus und Akazie.

Die von der Wachstumsrate verblüfften Forscher stellten dann fest, dass der neue Wald weitaus mehr Kohlenstoff aufnimmt, als es die Bedingungen eines Trockengebiets normalerweise zulassen. Sie vermuteten deshalb einen Zusammenhang zwischen der erhöhten Kohlendioxidaufnahmefähigkeit und dem erhöhten Wachstum. Kohlendioxid (CO_2) könne Wüsten begrünen, lautet ihre griffige These, weil der Anteil dieses Gases in der Luft heute bekanntlich höher liegt als vor der Industrialisierung: »Für Pflanzen ist CO_2 ein überlebenswichtiger Stoff, den sie zum Wachsen brauchen. Normalerweise haben die Pflanzen in trockenen Gegenden aber ein Problem: Um CO_2 aufnehmen zu können, müssen sie ihre Poren öffnen. Wenn sie das tun, verlieren sie jedes Mal Wasser. Mit dem kostbaren Nass muss die Wüstenpflanze aber unbedingt gut haushalten: Also nimmt sie nur wenig Kohlendioxid auf und wächst deshalb sehr langsam. Heute aber ist der CO_2-Gehalt in der Luft durch den Verbrauch fossiler Brennstoffe höher als früher. Für die Pflanzen reicht es jetzt, die Poren weniger weit aufzumachen – trotzdem kriegen sie genug Kohlendioxid«, begründete der Wissenschaftler Dan Yakir vom Weizman Institute of Science im Jahr 2005 seine Theorie. Zwei Jahre später betonte er anlässlich einer internationalen Expertentagung, dass Yatir der trockenste Wald der Welt sei; nirgendwo sonst seien die Umstände so ungünstig: »Das hier ist eine Aufforstung, keine Wiederaufforstung!« Und Uriel Safriel, Professor für Ökologie an der Hebrew University of Jerusalem, ergänzte für die im Yatir-Wald versammelten Tagungsteilnehmer: »Hier hat es zuvor nie einen Wald oder ein Ökosystem mit Gehölzen gegeben.«

Das Phänomen verbesserten Baumwachstums wurde mittlerweile übrigens auch für Europa bestätigt. Eine wissenschaftliche Studie der TU München zeigte 2014, dass insbesondere einzeln stehende Bäume heute infolge der Klimaerwärmung, der längeren Vegetationszeit sowie der Zunahme von Kohlendioxid und Stickstoff in Luft und Boden sehr viel schneller wachsen. Bei Baumgruppen sei das Phänomen nicht ganz so eklatant. Den Ergebnissen der von dem Wachstumskundler Hans Pretzsch geleiteten Studie zufolge entwickelten sich einzelne Buchen um 77 Prozent schneller als noch 1960, Fichten um 32 Prozent. Ganze Buchenbestände wüchsen um 30 Prozent, Fichtenbestände um 10 Prozent schneller.[1] Man könnte meinen, dass dies eine gute Nachricht sei, aber leider scheint die Sache nicht so einfach zu sein: Der Biologin Miriam Pampus zufolge kann eine erhöhte CO_2-Konzentration in der Atmosphäre nämlich zu einer Verringerung des Zellulosegehalts in Baumstämmen führen. Die Holzstruktur wird anfälliger für Schädlinge oder Windbruch.[2]

Wissenschaft der Wüsteneindämmung

Wüstenbildung geschieht durch natürliche Klimaschwankungen, wird aber derzeit vor allem durch menschliche Aktivitäten verursacht: durch starken Bevölkerungsdruck, Entwaldung und unsachgemäße Bodenbearbeitung. Desertifikation, so der Fachausdruck, führt zu einem Verlust an Artenvielfalt und zu beträchtlichen ökologischen Schäden. Heute nehmen Wüsten auf der Landoberfläche der Erde etwa 36 Millionen Quadratkilometer ein. Dies bedroht die Existenz und die Entwicklungsmöglichkeiten von etwa 1,2 Milliarden Menschen in über 100 Regionen. Nach Angaben der UN wachsen die Wüsten der Welt in jeder Minute um 23 Hektar, das entspricht 30 Fußballfeldern. Die OECD geht davon aus, dass im Jahr 2025 rund 1,8 Milliarden Menschen in Regionen mit Wasserstress leben werden, die aufgrund von Klimawandel, Bevölkerungswachstum, einer ineffizienten Nutzung der verfügbaren Ressourcen oder mangelnden Investitionen und Missmanagement von großer Wasserknappheit betroffen sind. Der israelische Forscher Dr. Nir Atzmon sagt: »Wir müssen Wege finden, wie Menschen einerseits in Wüstengebieten leben können und wie wir sie, andererseits, davon abhalten können, das Land in schädlicher Weise zu nutzen.«

Mit dem Problem der Desertifikation sind in Israel gleich mehrere wissenschaftliche Institute befasst. Im Kapitel zu den Hightech-Methoden auf dem Feld der Wiederbegrünung (ab Seite 175) findet sich auch ein Absatz zu den fragwürdigen Ansätzen von Professor Shimon Gepstein, der in der Negev-Wüste Genmanipulationen an Kulturpflanzen vornimmt, um sie widerstandsfähig gegen die lebensfeindlichen Bedingungen der Trockengebiete zu machen. Ich glaube nicht, dass man zu solchen Schritten greifen muss – es gibt einfachere, »natürlichere« Möglichkeiten, die Wüste zum Blühen zu bringen.

Wie auch immer: Die Welt kann definitiv von der großen Expertise der Israelis lernen, wenn es darum geht, aride (trockene) Gebiete zu kultivieren und planvoll mit dem vorhandenen Wasser umzugehen. Shimon Perez, Staatspräsident von 2007 bis 2014, äußerte anlässlich einer Feierstunde für den JNF, der im Land mehr als 260 Millionen Bäume gepflanzt hat, den denkwürdigen Satz: »Israel existiert gegen die Gesetze der Natur, indem es aus einem Tropfen Wasser fünf Tropfen macht. Keine diplomatischen Anstrengungen haben unser Ansehen in der Welt so anheben können wie die Tatsache, dass Israel weiß, wie der Trockenheit der Wüste, dem Bodenverlust, der Wasserknappheit und dem Hunger begegnet werden kann.«

Ein Feiertag für die Bäume

Der oben erwähnte Jewish National Fund, der an mehreren Stellen in Israel Flächen aufforstet, spielt heute auch eine nicht unwesentliche Rolle bei einer faszinierenden religiösen Tradition:

Jedes Jahr im Frühling, am 15. des jüdischen Kalendermonats Schewat (Ende Januar/Anfang Februar), wenn die Obstbäume knospen und die Mandelbäume zu blühen beginnen, feiert man in den jüdischen Gemeinden der Welt »Tu biSchevat«, das Neujahrsfest der Bäume. Dieser Termin markiert das Ende der winterlichen Regenzeit und damit den Beginn der idealen Pflanzperiode in Israel. Das Datum ist wichtig für die Vorschriften der »Orla«, das heißt die Altersbestimmung der Bäume. Das Fest gründet auf dem Verbot, Früchte von neu gepflanzten Bäumen unter drei Jahren zu genießen, sowie auf dem Gebot, sie im vierten Jahr im Tempel darzubieten und erst ab dem fünften Jahr zu essen. Es ist Brauch, an diesem Feiertag eine Frucht zu essen, die man in diesem Jahr bisher noch nicht verzehrt hat, und manche Juden essen an Tu biSchevat bis zu fünfzig verschiedene Arten von Früchten.

Seit dem Bestehen des Staats Israel hat das traditionelle Neujahrsfest der Bäume eine besondere Bedeutung erhalten, die von orthodoxen und reformierten Juden im Rahmen eines offiziellen staatlichen Feiertags begangen wird. Die Menschen – und hier vor allem die Kinder – pflanzen zur Verschönerung und Belebung der Straßen und Plätze ihres Lebensumfelds möglichst viele Bäume. Im heutigen Israel wird das Pflanzen mit mehr oder weniger traditionellen Feierlichkeiten verbunden. Man tanzt und singt und veranstaltet Festessen, zu Hause und in der Öffentlichkeit. Im modernen Tel Aviv findet an Tu biSchevat alljährlich ein Fest statt, das in der ganzen jüdischen

Welt bekannt ist. Vom frühen Morgen an ist überall Trompetengeschmetter zu hören – ein Zeichen für die Kinder, sich dort zu versammeln, wo die Bäume gepflanzt werden sollen. Den Jugendlichen fällt die Aufgabe zu, in festlichen Ansprachen die Bedeutung dieses Feiertags zu erklären, wobei die Redner in symbolische Priestergewänder gekleidet sind. Darauf folgt ein buntes Programm, es wird gesungen und rezitiert. Die Feier erreicht ihren Höhepunkt, wenn je drei oder vier Kinder aus jeder Gruppe ein Bäumchen zum Pflanzen erhalten. Die Pflanzlöcher werden an den dazu bestimmten Stellen ausgehoben, die Kinder setzen und gießen sie sorgfältig.

Der Jüdische Nationalfonds stellt für neue Anpflanzungen an Tu biSchevat Land und Setzlinge zur Verfügung, außerdem kümmert er sich in vielen Fällen um die weitere Pflege der Aufforstungsmaßnahmen.

Das Neujahrsfest der Bäume erscheint als eine schöne Vereinigung von religiösem Brauchtum – mit ausgesprochen gemeinschaftsstärkenden sowie erdverbundenen Zügen – und ökologischer Praxis. Gesellschaften, die derartige lebendige Traditionen kennen, dürfen sich glücklich schätzen! Sie haben es vermutlich leichter als andere, eine Verbundenheit zur mehr-als-menschlichen Welt zu spüren und zu pflegen. Und sie haben mehr segensreiche Bäume um sich herum. Anders als der staatlich verordnete Baumpflanztag in China scheint die Tradition des jüdischen Neujahrsfests der Bäume die Menschen ohne Zwang zum sinnvollen Tun zu veranlassen.

Eine Tradition begründen

Was aber hält uns davon ab, heute überall derartige Traditionen zu beginnen?[3] Der westafrikanische Sozialrevolutionär Thomas Sankara regte während seiner Präsidentschaft in Burkina Faso (1983–1987; siehe auch die Anmerkung auf Seite 61) neben vielen sinnvollen Reformen ein großes Aufforstungsprogramm an, welche das Ziel hatte, die Ausbreitung der Sahara einzudämmen. Schon im ersten Jahr wurden 10 Millionen Bäume gepflanzt – und wenn die Notiz auf der Website eines der heute noch zahlreichen Sankara-Verehrer den Tatsachen entspricht, so hat die damals im Land begonnene Tradition, anlässlich von Geburtstagen, Hochzeiten und Auszeichnungen Bäume zu pflanzen, den von Putschisten ermordeten Thomas Sankara bis zum heutigen Tag überlebt.[4]

Auch der indische Do-it-yourself-Aufforster Visheshwar Dutt Saklani (siehe Seite 204) bat seine Landsleute genau hierum: das Bäumepflanzen zu einer Tradition werden zu lassen, welche der Natur – und, so fügte er hinzu: der Nation – zu großem Vorteil gereichen würde: »Pflanzt anlässlich jeder Geburt, jeder Hochzeit und jedes Todesfalls mindestens einen Baum!« Man stelle sich vor, was wäre, wenn viele Menschen auf der ganzen Welt solche Praxis bei Familienfeiern einführten! Was, wenn auf diese Weise bekannt würde, wie viel Freude es macht, Bäume zu pflanzen und ihnen beim Wachsen zuzusehen? Die Welt würde schöner, reicher, gesünder!

Wie Sie in Ihrer eigenen Umgebung beobachten können, ist Platz genug vorhanden. Wenn die Privatgärten zu eng werden, könnten z.B. Kommunen, Straßenmeistereien oder Umweltorganisationen Land für Pflanzungen zur Verfügung stellen.

Bei meinem Besuch beim vorpommerschen Waldgartenpflanzer Stephan Seidemann (siehe Seite 248) zeigte mir dieser einen noch nicht aufgeforsteten Bereich seines Hofs und erzählt von einem speziellen Vorhaben: »Hier möchte ich gerne den ›Wald der Kinderseelen‹ anlegen, ein Ort, wo Eltern und andere Angehörige für gestorbene, totgeborene oder auch für abgetriebene Kinder einen Erinnerungsbaum pflanzen und pflegen dürfen. So eine Baumsetzung kann ein wertvoller Bestandteil der Trauerarbeit sein. Einige Leute wollen auf diese Weise vielleicht auch Abschied nehmen von einem unerfüllt gebliebenen Kinderwunsch. Für Berliner ist es nicht schwer, mit der Bahn herzukommen, der Bahnhof liegt nicht weit ...«[5] Tolle Idee, Stephan, ich wünsche dir bei der Umsetzung viel Erfolg! In Deutschland gibt es ja immer mehr sogenannte Friedwälder für Urnenbestattungen; da scheint es möglich, dass diese Idee funktionieren und später auch Nachahmer finden wird.

Die gute Nachricht: Gemäß dem auf Gartengehölze spezialisierten Baumschulbetreiber Stephan Schmidt (siehe Seite 130) befinden sich die Deutschen tatsächlich bereits auf einem Weg in die richtige Richtung: »Ein Drittel unserer Obstbäume verkaufen wir an Leute, die zur Geburt ihrer Kinder einen Baum pflanzen wollen«, sagt er und fügt hinzu: »Oder zur Hochzeit.« Wünschen Sie sich zum nächsten Geburtstag oder zu Weihnachten doch einfach einen Baum. Und wünschen Sie sich dazu, dass möglichst viele ihrer Liebsten der feierlichen Pflanzung beiwohnen. Schenken Sie Bäume statt Krawatten oder Pralinenschachteln. Bäume sind unglaublich faszinierende »Produzenten« von Sauerstoff, Biomasse, Früchten und Schönheit. Verschenken sie selbstgezogene Setzlinge statt Rotweinflaschen. Wenn Sie Unternehmerin sind, so überlegen Sie sich doch, ob Sie als Teil Ihrer CSR-Strategie (»Corporate Social Responsibility«; frei übersetzt: sozialökologische Verantwortungsübernahme durch Konzerne) nicht ein Stück Land ökologisch sanieren lassen wollen. Sie könnten sich dabei an der Optiker-Kette »Fielmann« orientieren, die für jeden Mitarbeiter und jede Mitarbeiterin pro Jahr einen Baum pflanzen lässt. In einer Schonung in Büdelsdorf bei Rendsburg wurde so im Jahr 2009 der einmillionste Baum gesetzt. Der Outdoor-Bekleidungsausstatter »Timberland« gab 2015 bekannt, dass er in der Horqin-Wüste in der Inneren Mongolei (einer autonomen Region der Volksrepublik China) auf einer Fläche von 700 Hektar bislang zwei Millionen Bäume gepflanzt hat.[6] Oder machen Sie es wie der taiwanesische Geschäftsmann Lai Pei-yuan, der bereits mehrere Millionen US-Dollar für die Aufforstung seiner Heimatinsel ausgab und beim Pflanzen auch gerne selber zum Spaten greift (siehe Seite 122). Der Fantasie sind keine Grenzen gesetzt, wenn es um die schöne Herausforderung geht, eine Tradition in Gang zu setzen, von der noch die siebte Generation nach uns wissen und profitieren wird.

Anmerkungen

1 Pretzsch, Hans u.a.: Forest stand growth dynamics in Central Europe have accelerated since 1870, in: Nature Communications, 5/2014, Artikelnummer: 4967. www.nature.com/articles/ncomms5967

2 Pampus, Miriam: Einschätzungen zu möglichen und bereits nachweisbaren Auswirkungen des globalen Klimawandels auf die Biodiversität in Hessen. www.hlnug.de/fileadmin/dokumente/klima/inklim/endberichte/naturschutz.pdf

3 Siehe beispielsweise: Butler, Daniel: Einen Baum pflanzen. Dem Fest des Lebens Wurzeln geben. Bäume für alle Lebenslagen, Aurum Verlag, 2012.

4 Robb, James: Thomas Sankara and the Black Spring in Burkina Faso. http://www.thomassankara.net/thomas-sankara-and-the-black-spring-in-burkina-faso/?lang=en; sowie: Becky Branfords Rundfunkbeitrag »Thomas Sankara. Interviewing an African legend aged 11, BBC News, 15.10.2017. www.bbc.com/news/world-africa-41580874

5 www.seidewald.de/garten-wald/startseite

6 Siehe: Ryan, Thomas J. : Giving Back. Timberland Plants Two Million Trees, SGB Media, 28.9.2015. https://sgbonline.com/giving-back-timberland-plants-two-million-trees/; sowie folgenden 4-minütigen Imagefilm der Firma Timberland: www.youtube.com/watch?v=jVW5rFl27os

Literatur

Brand, David u.a.: Afforestation in Israel. Reclaiming ecosystems and combating desertification, AgroIsrael, Forestry for People, 2011, Seite 273–280. kurzlink.de/DavidBrand

Hein, Avi: International scientists learn how Israel combats desertification with forestry, 29.4.2007. kurzlink.de/AviHein

Kaplan, Moti: National Outline Plan for Forests and Afforestation. NOP 22. Policy Document, Jewish National Fund, 2011. www.kkl-jnf.org/files/forests/tma/TAMA22_eng.pdf

Obert, Michael und Moises Saman: Baum der Vertreibung. Umsiedelung arabischer Beduinen, 23.3.2017. kurzlink.de/BaumVertreibung

Petrick-Löhr, Christina: Wie Israel zum Land des Wasserwunders wurde, Die Welt, 23.8.2015. kurzlink.de/Wasserwunder

Film

»Growing forests in the desert«, Jewish National Fund, 2013 (englisch, 7 Min.)
www.youtube.com/watch?v=eKonEV5dWBA

Geoff Lawton | Jordanien

Von der Extremwüste zur Öko-Oase in nur vier Jahren

Wenn wir etwas gegen den Klimawandel tun wollen, so führt schlichtweg kein Weg daran vorbei, den weltweit beobachtbaren Prozess der Wüstenbildung umzukehren.

Allan Savory

Ausgerechnet im jordanischen Wadi Rum, einem der trockensten Wüstengebiete des Nahen Ostens, wollte der englische Permakulturdesigner Geoff Lawton demonstrieren, dass sich auch an lebensfeindlichen Orten ökologische Agroforstsysteme etablieren lassen, mit denen der globalen Wasser- und Nahrungsmittelknappheit begegnet werden kann.

Er war als Berater zu einem Projekt gerufen worden, wo man eine Weile erfolglos versucht hatte, unter Extrembedingungen auf vier Hektar Wüstensand eine ökologische Farm zu etablieren. An dem 400 Meter unter dem Meeresspiegel gelegenen Ort – zum Toten Meer sind es nur zwei Kilometer – mit Höchsttemperaturen um die 50 Grad Celsius begann Lawton zunächst damit, »Swales« anzulegen; das sind etwa zwei Meter breite, 50 Zentimeter tiefe, den Höhenlinien der Landschaft folgende Bewässerungsgräben, die sich jeweils mit aus dem Aushub angelegten Hügelbeeten abwechseln. Die Sandhügel bedeckte Geoff Lawton mit so viel organischem Mulchmaterial, wie er auftreiben konnte. Nach der Flutung der Gräben mit Abwässern von einem benachbarten agrarindustriellen Betrieb entstand in der befeuchteten Mulchschicht ein erstes Mikroklima und damit ein Bodenleben. In dieses pflanzte er nun zunächst dem Klima besonders gut angepasste Bäume wie Dattelpalmen und – als diese ab einer gewissen Höhe für Schatten, Windschutz und weitere Bodenverbesserung sorgten – dazwischen auch Reihen von Obstbäumen und Büschen sowie zuletzt Feldfrüchte.

Lawton hatte schon zuvor diverse Erfahrungen mit der Kultivierung ausgelaugter, verwüsteter Landschaften gesammelt. Er erklärt: »In Regionen mit wenig Niederschlag haben Bäume eine sehr wichtige Funktion, weil sie mit ihrem Blattwerk den Tau aus der Luft fangen, der dann auf den Boden tropft. Die auf diese Weise in den Boden gelangende Wassermenge kann bis zu 80 Prozent der durchschnittlichen Regenmenge in der jeweiligen Region entsprechen.« Es gelte also »um jeden Preis« den Boden mit angepassten, widerstandsfähigen Baumarten zu bedecken, »ganz egal welche das sein mögen«. Neben ihrer Eigenschaft als Taufänger geben Bäume außerdem noch Schatten, sie bremsen den Wind (beides verringert die Verdunstung) und sie liefern über abfallende Pflanzenteile wertvollen Dünger. »Über alle weiteren Gestaltungsfeinheiten kann man später nachdenken«, rät der Permakulturlehrer, der mit seinen Videoanleitungen Menschen in vielen Winkeln der Welt zu inspirieren versteht.

Selbstverständlich ist das Design im Wadi Rum ebenfalls so angelegt, dass jeder Tropfen Wasser, der als Regen oder Tau vom Himmel fällt, optimal genutzt wird. Die frisch gesetzten Dattelbäume fühlten sich in dieser Umgebung gleich wohl und trugen bereits nach wenigen Monaten Früchte – was nach normalem Ermessen einem mittleren Wunder gleichkommt. Nur vier Jahre nach Beginn des Oasenaufbaus hat der Schöpfer dieses grünen Wunders einige eindrucksvolle Videos produziert, um der Welt die Erschließbarkeit neuer landwirtschaftlicher Flächen in bislang ungeeignet erscheinenden Gebieten vor Augen zu führen. Denn Geoff Lawton ist sich sicher, dass man mit dieser Methode jede Wüste in einen fruchtbaren Ort verwandeln kann – ja: verwandeln muss, wenn die Erde nicht zum Wüstenplaneten werden soll. Er weiß: »Durch kein anderes Ereignis wird so viel Schaden und Hunger hervorgerufen wie durch Wüstenausbreitung.« Es sei zwingend notwendig, diese Dynamik aufzuhalten und umzukehren. »Glücklicherweise«, so das Credo des Mannes, »lassen sich die Probleme der Welt in Gärten lösen.«

—

Website

www.geofflawtononline.com

Literatur

Schilk, Jochen: Mehr Wachstum! (Folge 2), in: Oya 29/2014. www.oya-online.de/article/read/1567-mehr_wachstum_folge_2.html#

Film

»From Desert to Oasis in 4 Years«, Geoff Lawton über sein Projekt in Jordanien, 2014 (12 Min.)
permaculturenews.org/2014/02/01/desert-oasis-4-years-jordan

Lawrence und Horace Kadoorie | Hongkong
Wiederbegrünungswunder

Geoff Lawton hat noch weitere spannende Permakultur- und Aufforstungsvideos auf Lager – und er produziert beständig mehr. In einem im Frühjahr 2015 veröffentlichten 16-minütigen Filmchen führt der in Australien lebende Engländer durch die Artenvielfalt und beispielhafte permakulturelle Anlage der Kadoorie Farm bei Hongkong, die sich nicht zu Unrecht auch als botanischer Garten bezeichnet.

Als die Farm 1956 in einem ländlichen Randgebiet der damaligen britischen Enklave Hongkong an der chinesischen Pazifikküste von den Unternehmerbrüdern Lord Lawrence Kadoorie und Sir Horace Kadoorie begründet wurde, um arme Bauern zu unterstützen, bestand das Gelände aus nichts als einem sehr steilen, steinigen und völlig vegetationslosen Hang. Das im Lauf des Films wiederholt eingeblendete Vergleichsfoto aus dieser Anfangszeit macht verständlich, warum der Permakulturlehrer Lawton bei seinem Rundgang einen bewundernden Ausruf an den nächsten reiht. Denn 60 Jahre später präsentiert sich die zu einer Umweltbildungseinrichtung gewandelte Kadoorie Farm als ein unglaublich umsichtig angelegter Paradiesgarten voller Leben, Schönheit, Ruhe und Fruchtbarkeit. Es ist freilich zu erkennen, dass diese 148 Hektar große Oase dem einstigen Ödland mit sehr viel Ausdauer, Mühe und materiellem Einsatz abgerungen worden sein muss. Lawton bezeichnet die Farm als einen ökologischen Schatz sowie als weltweit »ältestes Permakultur-Demonstrationsobjekt« – das schon lange, bevor der Begriff »Permakultur« in den 1970er Jahren geprägt wurde, begrünt worden war. Ja, es sei tatsächlich »eines der wichtigsten Vorzeigeprojekte für nachhaltige Landnutzung« überhaupt. Das Gelände lockt jährlich mehr als 200 000 Besucher an.[1]

In dem Video sieht man Geoff Lawton, wie er den Garten vom höchstgelegenen Punkt (550 Meter über dem Meer) entlang eines schattigen Bachs hinabsteigt, der in Kaskaden von Becken zu Becken fällt. Er deutet auf klug gewählte Pflanzengemeinschaften, zeigt die Obst- und Gemüsegärten und erklärt das Bewässerungs-Konzept sowie das Pflanzenklärbeet-Abwassersystem.

Nachdem er kurz die Kompostierungsanlage und einen Edelstahlmeiler zur Herstellung von Pflanzenkohle (für Terra-Preta-Schwarzerde) und Holzessig (ein natürliches Pestizid) bestaunt hat, führt Lawton in eine der letzten Stationen seines – wie er bedauernd mitteilt – allzu kurzen Rundgangs: eine Baumschule für einheimische Arten der subtropischen Region. Hier demonstriert er noch ein äußerst innovatives Pflanzgefäß, das für viele Aufforstungsprojekte sinnvoll erscheint: Der »Superroot Air-Pot« ist mit seiner löchrigen Noppenwand so konstruiert, dass die feinen, von der vertikalen Hauptwurzel ausgehenden Horizontal-Wurzeln nicht wie bei herkömmlichen Töpfen in wirren Spiralen an der Gefäßwand entlangwuchern, sondern eben horizontal bleiben. In derartigen Töpfen aufgezogene Setzlinge können nach der Auspflanzung sehr viel schneller ihr typisches Wurzelbild ausbilden bzw. ausdehnen; sie wachsen schneller an und setzen sich in dieser kritischen Phase besser gegen pflanzliche Konkurrenten durch. Air-Pots sind zwar aus Kunststoff, aber sie lassen sich für das Auspflanzen leicht auseinandernehmen und beliebig oft wiederverwenden.

Anmerkung

1 Weitere Details über die Kadoorie Farm und die bewegte Geschichte der Familie Kadoorie finden sich in der englisch- sowie der deutschsprachigen Wikipedia:
http://en.wikipedia.org/wiki/Kadoorie_Farm_and_Botanic_Garden
https://de.wikipedia.org/wiki/Lawrence_Kadoorie,_Baron_Kadoorie

Website

www.kfbg.org/eng

Literatur

Allsop, Amelia: The Lost Records Revealed. Hong Kong Heritage Project's Jewish collection. Asian Jewish Life, Winter 2010/2011. http://asianjewishlife.org/pages/articles/winter2010-11/AJL_Feature_TheLostRecords.html (biografischer Artikel über die Familie Kadoori)

Ball, Stefanie: Paradise Created. A Visit to Kadoorie Farm and Botanic Garden, Zolima Citymag, 24.5.2016. https://zolimacitymag.com/paradise-created-visit-to-kadoorie-farm

Film

»Re-Greening a Mountain«, Film über Geoff Lawtons Bergbegrünung in Hongkong, 2015 (16 Min.)
permaculturenews.org/2015/01/30/re-greening-a-mountain

Lai Pei-Yuan | Taiwan
Geschäftsmann mit grüner Leidenschaft

Der US-amerikanische Unternehmer Douglas Tompkin ist berühmt dafür geworden, dass er all sein Vermögen, welches er mit den Bekleidungsfirmen »The North Face« und »Esprit« gemacht hatte, in einen riesigen privaten Nationalpark in Patagonien steckte. An diesen gewandelten Öko-Paulus musste ich denken, als ich auf einen Zeitungsartikel über den taiwanesischen Geschäftsmann Lai Pei-yuan stieß.

In dem Beitrag vom Februar 2013 heißt es, dass der 57-Jährige mit einem Transportunternehmen und durch Immobilienhandel reich geworden sei. Die eigentliche Mission seines Lebens bestehe jedoch darin, wenigstens einen Teil jener Wälder wiederzuerrichten, die früher einmal den Großteil der dem chinesischen Festland vorgelagerten Insel bedeckten. »Es ist nur so eine Idee« von ihm gewesen, wird Lai zitiert, der in der Stadt Taichung im Herzen der Insel Taiwan aufwuchs. Er habe sich gedacht: »Wenn ich Taiwan etwas Gutes tun wollte, würde ich Bäume pflanzen müssen.«

In den vergangenen drei Jahrzehnten hat Herr Lai also jedes Jahr Tausende Bäume gekauft und – oft eigenhändig – gepflanzt. Man kann seine Anstrengungen heute in Gestalt von 130 Hektar bewaldeten Berghängen nahe seiner Heimatstadt bewundern. 270 000 tiefwurzelnde Bäume gründen dort nun wieder, darunter einheimische Arten wie die taiwanesische Variante der Weihrauchzeder oder Cinnamomum micranthum, eine Art aus den Zimtgewächsen.

Der Präsident der Republik China (Taiwan), Ma Ying-jeou, nannte den baumpflanzenden Unternehmer Lai eine »legendäre Person«, denn kein Landsmann habe sich so um Aufforstung verdient gemacht wie dieser.

Sein Hobby hat Herrn Lai bereits mehrere Millionen US-Dollar gekostet, ihm auf der Insel aber auch den anerkennenden Titel »König der Bäume« eingebracht. Sein Damaskuserlebnis hatte der Geschäftsmann, als er erkannte, wie unbarmherzig die Industrialisierung die Insel in der ökonomischen Wachstumsperiode nach dem Krieg zerstörte: »Damals wurde in den Bergen unglaublich viel Holz geschlagen und exportiert«, erzählt Lai.

Begonnen hatte die Ausbeutung unter der japanischen Kolonialbesatzung zwischen 1895 und 1945, als die uralten Bäume im Namen des Fortschritts weichen mussten; danach hielt sie noch bis ins ausgehende 20. Jahrhundert an. Erst 1989 untersagte die taiwanesische Regierung den weiteren Einschlag in den Urwäldern. Im Verlauf des 20. Jahrhunderts war die Bewaldungsrate von 90 auf 55 Prozent zurückgegangen. Lai Pei-yuan erkannte in dem Problem eine Möglichkeit, etwas aufzubauen, mit dem er der Nachwelt ein Erbe hinterlassen würde. »Ich hatte gesehen, wie Firmen wuchsen und wieder eingingen. Doch ich wollte etwas erreichen, das noch Generationen bestehen würde.« Er war etwa 30 Jahre alt, als er seinen Einsatz für die Bäume begann. Jeden Morgen machte er sich fortan daran, auf eigenen Grundstücken Schösslinge zu setzen. Seine Familie sah ihn von da ab nur noch nach Sonnenuntergang. Seine Kinder waren beunruhigt. Lais ältester Sohn Lai Chien-chung erzählt: »Als mein Bruder und ich jung waren, hatten wir keine Ahnung davon, was unser Vater eigentlich machte. Wir hörten nur, dass er sich ständig in den Bergen herumtrieb.«

Lai Chien-chung verkauft heute Kaffeebohnen, die in seines Vaters Wald wachsen. Der Name seiner Firma lautet »Coffee & Tree«. Etwa 95 Prozent der Gewinne aus dem Kaffeegeschäft würden für die Erhaltung der Wälder und die weitere Aufforstung verwendet, so der Sohn.

Um die nachhaltige Nutzung seiner Wälder zu gewährleisten, verspricht der Vater, niemals Kahlschlagpraxis oder sonstige profitorientierte Methoden anzuwenden. Er will diese Wälder auch nicht in der Familie vererben, sondern einer Non-Profit-Stiftung übereignen, die er zum Zeitpunkt des Zeitungsberichts aufbaute.

In dem Bericht heißt es abschließend, dass Lai sich mittlerweile auch an der Tatsache erfreuen dürfe, dass andere seinem Beispiel folgen: Gemäß dem staatlichen Forstbüro haben taiwanesische Privatleute, Unternehmen sowie die Regierung seit 2008 zusammen mehr als 23 000 Hektar Wald aufgeforstet.

Literatur

Agence France Press: King of the Trees safeguarding Taiwan's forests, ABC news, 10. 2. 2013. www.abc.net.au/news/2013-02-10/an-taiwan27s-tree-king/4510836

Ondernemers Zonder Grenzen | Burkina Faso

Belgische Unternehmer helfen bei der Wiederbegrünung der Sahelzone

Ich glaube, es ist Zeit für eine »Politik der Bäume«,
wenn auch das Wort Politik nicht passend zu sein scheint.

Jean Giono

Die internationale Entwicklungszusammenarbeit wird von verschiedenen Seiten kritisch beäugt. Vor allem Ethnologen, Angehörige indigener Völker und Aktivistinnen aus südlichen Ländern (wie z.B. die Inderin Vandana Shiva) weisen darauf hin, dass die Annahmen und Ziele der Entwicklungszusammenarbeit einer eurozentrischen und rein marktwirtschaftlich orientierten Perspektive entspringen. Die allgemein übliche Geringschätzung subsistenzorientierter traditioneller Wirtschaftssysteme, die offen oder subtil als »unterentwickelt« betrachtet werden, verkennt deren enorme Bedeutung zur Sicherung weitgehend unabhängiger, sozial und ökologisch nachhaltiger Existenzweisen. Anstatt anzuerkennen, dass selbsthergestellte Güter und traditionelles Wissen den Menschen jahrtausendelang eine weitgehende Bedürfnisbefriedigung und sogar mehr Freizeit als unter modernen Bedingungen ermöglicht hat, werden die westlichen Vorstellungen von Armut, Reichtum und Fortschritt ideologisch zur einzigen Wahrheit erhoben. Insofern bemängeln solche Kritiker, dass Profit, Konsum und Wachstum – die in erster Linie der Weltwirtschaft nutzen und nicht den betroffenen Menschen – die Entwicklungszusammenarbeit maßgeblich bestimmen würden. Im Extremfall sehen sie darin die Entwicklung von einer bescheidenen, aber unabhängigen und selbstbestimmten zu einer konsumorientierten, aber abhängigen und fremdbestimmten Lebensweise. Viele kritische Stimmen aus linken Kreisen bemängeln, dass westliche Entwicklungshilfe sich an kapitalistisch-industrieller Produktionsweise und städtischer Lebensweise orientiere und die Souveränität der Empfängerländer durch politische Vorgaben der Geberländer und internationaler Organisationen untergraben werde. Viele südliche Länder seien zudem von korrupten Eliten geprägt, die nicht im Interesse ihrer Bevölkerungen handelten.

Eine Handvoll Unternehmer aus der belgischen Gemeinde Edegem macht es anders und engagiert sich seit einigen Jahren erfolgreich für die Wiederbegrünung der Sahelzone. Sie hatten nach der Tsunamikatastrophe im Indischen Ozean gehört, dass laut einer UN-Studie 95 Prozent der in die Region geschickten Unterstützungsgelder nicht bei den Bedürftigen ankamen, sondern in den Taschen von Politikern und Hotelbesitzern versickerten. Im Jahr 2006 sagten sie sich: »Wenn man die Hilfsarbeit selbst organisiert, kann man es sicherlich besser machen. Und wenn das möglich ist, dann sollte man es auch tun.« Gesagt, getan – die Herausforderung der globalen Klimakrise brachte die Unternehmer schließlich in den Ort Lilengo im westafrikanischen Burkina Faso. Das Thema Wiederbegrünung begegnete ihnen dort in Gestalt von einigen Menschen, die vom Norden in den Süden des Lands hatten umsiedeln müssen, weil die Sahara ihre landwirtschaftlichen Flächen eingenommen hatte. Zufällig machten die Belgier auch gleich die Bekanntschaft des örtlichen Bürgermeisters. Und der wusste auf ihre Frage, ob ihm Flächen bekannt seien, die man mit Bäumen bepflanzen könnte, sofort mehrere Stellen zu nennen, wo Aufforstungen der Bevölkerung von Nutzen sein würden.

In den Dürrezeiten der 1970er Jahre waren in der Sahelzone nicht nur Tausende Menschen gestorben und Millionen Tiere verendet – auch die eigentlich recht trockenheitsresistenten Akazienwälder waren irgendwann eingegangen. Seither ist der Boden von einer harten Kruste bedeckt, in dem Samen kaum wurzeln können. Auch die in den Regenzeiten fallenden Niederschläge können nicht eindringen und fließen zu mindestens 90 Prozent über Wadis ab. Kinder haben die Aufgabe, das Vieh zu den Stellen zu bringen, wo noch etwas karges Gras oder Gebüsch wächst, und sie dort zu hüten.[1]

Die belgischen »Ondernemers Zonder Grenzen« (Unternehmer ohne Grenzen, OZG) ließen sich von einem Experten für Landwirtschaft in den Tropen beraten und verfolgten schließlich folgende Methode: Mittels Traktoren wurde der verkrustete Boden streifenweise aufgebrochen, um dort Gras-, Busch- und Baumsamen einzusäen. Für das Sammeln des Saatguts stellten sie die Frauen des Dorfs an, die seither endlich über eine bescheidene Einkommensquelle verfügen. Dieses Vorgehen erwies sich nicht nur als wirksam, es hatte auch den Effekt, dass sich in den gesäten Vegetationsstreifen zahlreiche einheimische Arten wiederansiedelten. Seit der Austrocknung des Lands waren nur zwei oder drei Gras- bzw. Krautarten gediehen. Regen kann seitdem wieder in die Erde eindringen, und durch Sandstürme ausgelöste Winderosion bleibt aus, seit der Boden von Vegetation bedeckt ist.

Gut für Frieden und Vielfalt

In einem schönen Video auf der Website der »Unternehmer ohne Grenzen« heißt es, dass sich innerhalb von nur drei Jahren auch die ganze Tierwelt wieder einstellte, von Insekten über Vögel bis hin zu kleineren und größeren Säugetieren. Das sind aber noch nicht alle zu nennenden positiven Entwicklungen. Der Soziologe Saydou Kalaga stammt aus der Region und gehört zum OZG-Team; in dem Videoclip erzählt er, dass die äußerst knappe Ressourcensituation seit vielen Jahren Konflikte zwischen Hirten und Ackerbauern hervorgerufen hatte. Er ist sich sicher: »Wenn die Belgier hier nur Bäume angebaut hätten, wäre die Sache gescheitert, denn das Vieh hätte die Bäumchen gefressen. Doch OZG säte eben nicht nur Bäume, sondern auch Gräser und Kräuter. Ohne diese wiederum würden die Tiere auf den Mais oder die Hirse der Bauern zurückgreifen, was die alten Konflikte befeuern würde.« Weil die Kinder des Dorfs bislang als Hirten benötigt wurden, blieb keine Zeit für Bildung. Seitdem das Gras in Fülle zurückgekehrt ist, entfällt die Aufgabe, das Vieh zu führen, und so können heute zehnmal mehr Mädchen und Jungen zur Schule gehen als zuvor. Die allgemeine Ernährungslage hat sich deutlich verbessert, und niemand sieht sich mehr gezwungen, die Region für Lohnarbeit zu verlassen. Wohlgenährte Rinder erzielen gute Marktpreise, und so wird auch das Schulgeld erschwinglich.

»Die verschiedenen Win-win-Situationen haben dazu geführt, dass sich das Durchschnittseinkommen der ganz normalen Leute sich verdoppelt hat«, erklärt Werner Sees, der Präsident der engagierten Unternehmergruppe. Er weist außerdem darauf hin, dass neben der lokalen Bevölkerung und der Natur auch das globale Klima von der Wiederansiedlung der Vegetation profitiert. Da die Maßnahmen durch Kleindarlehen von Menschen in Europa realisiert wurden, ging es den Projektinitiatoren auch darum, diese Gelder zurückzahlen zu können. »Die Frage, wie der Geber von, sagen wir, hundert Euro sein Darlehen zurückbekommt, zählte zu den herausforderndsten im ganzen Unterfangen«, sagt Werner Sees. »Aus diesem Grund fingen wir schließlich an, das vom Kiyoto-Protokoll vorgeschlagene System zu nutzen.« Hierbei geht es um den Handel mit Emissionsrechten: Wer auf seinem Grasland oder in seinem Wald eine bestimmte Menge CO_2 bindet, kann dafür grüne Zertifikate an Unternehmen verkaufen, die Klimagase emittieren wollen – ein oft kritisiertes Konzept, das in Lilengo letztlich Gutes bewirkt hat. Werner Sees sagt: »Wir von OZG finden, dass dieser Kompensations-Handel kein Ersatz dafür sein darf, dass die Verschmutzer zunächst einmal hart daran arbeiten, ihre Emissionen so weit, wie es nur geht, zu drosseln.«

Die Gras-und Baumsaat-Aktionen begannen ab 2009. Das war ein guter Zeitpunkt, denn als OZG erfolgreich erste Flächen in Burkina Faso und Mali wiederbegrünt hatte, initiierte die Weltbank ihr Great-Green-Wall-Projekt (der Name ist angelehnt an die 1978 begonnene chinesische Große Grüne Mauer; siehe Seite 35) in den Sahara-Anrainerstaaten. In einem 7700 Kilometer langen und 15 Kilometer breiten Vegetationsband, das von der afrikanischen West- bis zur Ostküste gepflanzt wird, soll die Bevölkerung von Agroforstwirtschaft profitieren. Die vier Pflanzgebiete in Lilengo dienten nun als Vorzeigemodell dafür, was mit dem bereits 2005 von der Afrikanischen Union beschlossenen Großprojekt erreicht werden kann (siehe auch Seite 219).

Die belgischen Unternehmer messen nach eigenen Aussagen bei ihrer Form der Entwicklungszusammenarbeit dem Respekt vor der lokalen Identität und Kultur einen hohen Wert bei. Dem scheint zu widersprechen, was der oben bereits zitierte Projektmitarbeiter Saydou Kalaga sagt: »Ich gebe zu, dass die Vision von OZG sich radikal von dem unterscheidet, woran wir hier in Burkina Faso gewöhnt sind: etwa die Art, ein Konzept zu erarbeiten, oder wie mit Männern, mit Frauen und mit Autoritäten umgegangen wird ...« Gleichzeitig betont er, dass man »zugleich glücklich und überrascht« sei, dass sich »in der Sahelzone praktisch aus dem Nichts heraus Wälder anlegen« lassen. Auch die mittlerweile zahlreich eingetroffenen Flüchtlinge aus Mali hätten sich nie vorstellen können, dass so etwas möglich sei, bis sie es mit eigenen Augen sahen.

Werner Sees hofft, dass die Unterstützung seiner Organisation vor Ort bald nicht mehr nötig sein wird. »Wir haben nicht vor, uns hier unentbehrlich zu machen. Damit die Idee der Wiederbegrünung sich verbreitet, fangen wir lieber in einem anderen Land neu an. Sicherlich gibt es noch für sehr lange Zeit etwas für uns zu tun.«

Der Plan, die Wiederherstellungsmaßnahmen durch den Verkauf von Emissions-Kompensations-Zertifikaten zu finanzieren, ging leider nicht auf, denn das Angebot an diesen Zertifikaten war viel größer als die Nachfrage. Nachdem die OZG daraufhin in Burkina Faso zunächst eine Weile mit der in Berlin sitzenden Organisation Ecosia zusammengearbeitet haben, übernahm die in Burkina Faso ansässige Organisation »Hommes et Terre« später die Fortführung des Projekts. Die Kooperation mit Ecosia besteht fort; wer die gleichnamige Internet-Suchmaschine nutzt, trägt dazu bei, dass unter anderem in der Sahelzone Wiederbegrünungsmaßnahmen stattfinden können (siehe Seite 267).

Anmerkung

1 Siehe z. B.: de.wikipedia.org/wiki/Entwicklungszusammenarbeit#Kritik_an_der_Entwicklungszusammenarbeit

Websites

www.ozg.be/en
www.hommesetterre.com/kopie-van-home
www.ecosia.org

Literatur

Dworschak, Manfred: Helfer im Härtetest. Der Spiegel, 17. 10. 2011. www.spiegel.de/spiegel/print/d-81015451.html

Film

»The forests of Lilengo«, Film über OZG von Daan Degrote, 2016 (englische Untertitel, 17 Min.)
www.youtube.com/watch?v=silWoLG5Duo

David Bamberger | USA

Fastfood-Imperium gegen Wiederbegrünungsaufgabe eingetauscht

Ich dachte mir, jemand sollte was gegen den Mangel an Bäumen tun – und mir dämmerte, dass dieser jemand ich sein könnte.

Alan Watson Featherstone

Kennen Sie die Geschichte von Karl Ludwig Schweisfurth, dem einstigen Besitzer von Europas größter Fleischfabrik in Herten (»Herta Wurst«)? Der hatte vor 30 Jahren »die Schnauze voll« vom Geschäft mit der dreckigen industriellen Massentierhaltung; er verkaufte seinen Laden und wurde im Münchener Umland zum hochengagierten Biobauer.

An diese Biografie musste ich denken, als ich das 8-Minuten-Video »Selah – Water from Stone« über die wunderbaren Wiederbegrünungsbemühungen von David Bamberger sah, einem Mitbegründer der Imbisskette »Church's Fried Chicken« mit 1600 Filialen. Wie der Deutsche Schweisfurth ist auch der US-Amerikaner Bamberger heute ein alter Mann und wie jener hat auch er sein Fleisch-Imperium verkauft, um sich fortan der Natur zu widmen.

»Mit dem Erlös konnte ich das Gelände der heutigen Selah-Ranch erstehen und mit meiner Arbeit beginnen«, erzählt Bamberger, der armen Verhältnissen im ländlichen Ohio entstammt. Ende der 1960er Jahre verfolgte der erfolgreiche Unternehmer eine ungewöhnliche Vision: »Ich suchte mir das übelste Stück Land, das ich im bergigen Texas finden konnte, um einen Wiederherstellungsprozess mit dem Ziel der funktionellen Gesundung in Gang zu setzten. Das Land sollte zum besten im Umkreis werden. Und zwar mit Mutter Natur, anstatt gegen sie – darum geht es mir!«

Ungewöhnlich war sein Ansinnen auch deshalb, weil es um das allgemeine ökologische Bewusstsein zu jener Zeit noch nicht besonders gut bestellt war. Als Ausgangspunkt der US-amerikanischen Umweltbewegung gilt zwar allgemein das Erscheinen von Rachel Carsons Buch »Silent Spring/Der stumme Frühling« aus dem Jahr 1962 (über das durch Pestizidgebrauch ausgelöste Insektensterben). Richtig groß wurde das Thema aber erst zehn Jahre später mit dem Bericht an den Club of Rome »Die Grenzen des Wachstums« (1972).

Als David Bamberger 1969 mit einem Team die Umsetzung seiner Idee begann, konnte man durch das Ödland kaum laufen. Es gab sehr viel Dornengestrüpp, und auch an den Hängen standen Bäume. Dennoch floss keinerlei Wasser, die gesamte Gegend war staubtrocken.

»Ich ließ sieben Brunnen graben, 500 Fuß tief, doch kein einziger erbrachte einen Tropfen.« Der Grund dafür lag offenbar darin, dass die örtlichen Hügel aus einer dicken Schicht von löchrig-porösem Kalkstein bestehen. Statt einzusickern, liefen die Niederschläge bis zu Bambergers Intervention einfach ab. »Zweieinhalb Jahre nachdem wir angefangen hatten, begann die erste Quelle zu sprudeln. Als wir weitermachten, erwachte eine zweite zum Leben«, berichtet er in dem besagten Video, während die Kamera Bäume im Herbstlaub zeigt, die um eine glitzernde Wasserfläche stehen.

Wie hatten sie diese Veränderung erreicht? Tatsächlich klingt David Bambergers Erklärung nicht wenig verstörend, wenn man an die übrigen Renaturierungsbeispiele in diesem Buch denkt: Die Hänge der Kalkhügel waren ursprünglich dicht mit einer trockenheitsresistenten Zypressenart *(Juniperus ashei)* bestanden, doch führte dieser Bewuchs offenbar nicht dazu, dass Wasser im Boden gehalten wurde. Also begann man damit, etliche dieser Bäume zu entnehmen. Auf dem Boden, den nun wieder das Sonnenlicht erreichte, säte Bambergers Team Gras aus. Die langen, feinen Wurzeln der Gräser eroberten die Hohlräume im Kalkstein und leiteten die Niederschläge in die Erde, wo sich alte Grundwasserspeicher wieder füllen konnten.

Mit dem zurückgekehrten Wasser explodierte die Flora und Fauna auf der 2200 Hektar großen Selah-Ranch. Das Video bezeugt eine üppige, belebte Landschaft – Ex-Hähnchenbrater Bamberger hat für sein ökologisches Wirken über die Jahrzehnte nicht ohne Grund zahlreiche Auszeichnungen erhalten.

Am Ende des Films hält der Mann ein Grasbüschel mit langen Wurzeln in Händen, während er in die Kamera fragt, warum eigentlich überall auf der Welt Regierungen Unsummen für Dämme, Stauseen und Pipelines ausgeben, wenn doch jeder Mensch mit so einfachen Mitteln wie Grassamen für sauberes Wasser sorgen kann.

Da spricht David Bamberger eine Wahrheit an – obschon bezweifelt werden mag, dass seine ungewöhnliche Methode auch unter anderen biologischen, geografischen und klimatischen Gegebenheiten den gewünschten Effekt erzeugen würde.

Website

www.bambergerranch.org

Film

»Selah. Water from Stone«, Film von Ben Masters (8 Min.)
https://vimeo.com/158492815

Stephan Schmidt | Hessen

Ein Aufforstungspraktiker mit weltweiter Erfahrung erzählt

Die beste Zeit, einen Baum zu pflanzen, war vor 20 Jahren.
Die nächstbeste Zeit ist jetzt.

Chinesisches Sprichwort

Der inzwischen verstorbene Stephan Schmidt betrieb mit seiner Frau zwischen Rotenburg und Bebra in Hessen die auf Gartenkundschaft ausgerichtete Baumschule »Pflanzenhof Dickenrück«. Im Herbst 2015 stattete ich dem damals 66-jährigen Mann mit hünenhafter Statur einen Besuch ab, weil ich von den Erfahrungen hören wollte, die er ab 1984 bei der Betreuung internationaler Aufforstungsprojekte zunächst in Kanada, den USA, Südamerika sowie der Schweiz gesammelt hatte und später, ab 1998, in China, Tibet und Ägypten. Dort führte er neben einer internationalen Schulungs- und Seminartätigkeit auch Aufforstungsprojekte durch.

Bereits Stephan Schmidts Großvater Martin und auch sein Vater Georg Wilhelm hatten sich als Pflanzenzüchter nach biologisch-dynamischen Grundsätzen einen Namen gemacht. Bei der von Rudolf Steiner begründeten anthroposophischen Landbaumethode werden – neben einigen anderen Besonderheiten – die Aussaat- und Erntezeitpunkte von verschiedenen einjährigen Kulturpflanzen nach dem Mondkalender vorgenommen. 1986 übernahm Stephan Schmidt die Leitung der Forstbaumschule Schloss Rittershain, unweit der heutigen Baumschule gelegen. Die von Privatspendern getragene Einrichtung diente bis zum Umzug der Familie Schmidt nach Dickenrück als eine Art ganzheitlich-naturnahe Forstversuchsanstalt, insbesondere aber der Erforschung von Planetenkräften auf das Wachstum unterschiedlicher Forstbaumarten.

Da Bäume als mehrjährige Pflanzen sehr viel langsameren Rhythmen unterworfen sind als die einjährigen Agrarkulturen, hat Stephan Schmidt – aufbauend auf Versuche seines Vaters – in Rittershain damit begonnen, die Aussaattermine für Bäume nicht (nur) nach dem Mondkalender, sondern vielmehr nach den Haupteinflusszeiten der Planeten unseres Sonnensystems zu wählen, da diese im Vergleich zum Mond sehr viel langsamere Zyklen durchlaufen und deshalb für das Baumwachstum von größerer Bedeutung sind. Die Wechselwirkung eines Planeten mit der Erde ist dann am stärksten, wenn er in Opposition zum Mond steht. Ein dann gesäter Baum weist laut Schmidt in seinem Wachstum bestimmte Merkmale auf, die als Wechselwirkung zwischen individueller Qualität der Pflanze und ihrer Art sowie der betreffenden Planetenqualität gedeutet werden können. Eine Eiche, die unter dem Einfluss des Jupiters gepflanzt wird, entwickele einen anderen Charakter als eine Merkur-Eiche. In der heutigen Welt der Monokulturen und des standardisierten Saatguts könnten Entwicklungen zu mehr Individualität und damit zu größerer Widerstandsfähigkeit von hohem Wert sein.

Auch wenn die Arbeit in der Forstbaumschule Schloss Rittershain eingestellt wurden, wachsen dort die etwa 300 000 auf 40 Hektar gepflanzten Bäume aus 24 Arten munter weiter. Die Aufgaben der Anlage erstreckten sich von der Erforschung biologisch-organischer Züchtungsmethoden an Nahrungspflanzen-, Wild- und Forstgehölzen bis hin zur Erforschung naturnaher und langlebiger Waldbausysteme.

Die Forschungs- und Entwicklungsarbeit in Rittershain bildete die Grundlage für Stephan Schmidts erfolgreiche Aufforstungsprojekte in aller Welt, denen das Bestreben zugrunde liegt, Hilfe zur Selbsthilfe zu leisten. Der gelernte Baumschulgärtner Schmidt bzw. seine Einrichtung begleiteten die Projekte von der Idee über die Beratung und Durchführung bis hin zur anschließenden Betreuung in der Anwuchsphase.

Am Jangtse in China

Jochen Schilk: Stephan, wie bist du dazu gekommen, bei Aufforstungsprojekten in aller Welt mitzumachen, etwa in China?

Stephan Schmidt: Das ging über einen Bekannten von mir, Forstdirektor Dr. Horst Weisgerber. Bis zu seiner Pensionierung war er langjähriger Leiter der Abteilung für Forstliche Genressourcen der Hessischen Forstlichen Versuchsanstalt in Hannoversch Münden. Weisgerber fungierte als Leiter einer Gruppe deutscher Wissenschaftler, die im Rahmen einer bereits 1984 angelaufenen deutsch-chinesischen technischen Zusammenarbeit die Aufforstungsbemühungen der Volksrepublik China unterstützte. Er hat mich vermittelt; und ich wurde dann von der Deutschen Gesellschaft für Internationale Zusammenarbeit (GIZ) beauftragt, in einem gemeinsamen Schulungsprojekt in China Bauern und Forsttechniker sowie die Dozenten der Forstschulen darin auszubilden, wie man biologisch-nachhaltig Forstpflanzen aufzieht.

Damals wurde gerade die Drei-Schluchten-Staumauer gebaut, die das Wasser des Jangtse würde steigen lassen. Hänge mussten deshalb stabilisiert werden. Diese Aufforstung war extrem schwierig, weil es den ganzen Fluss entlang keine Straßen gibt, sondern nur vereinzelte Bauernhäuser. Da ist es organisatorisch gar nicht möglich gewesen, große, zentrale Baumschulen anzulegen, schon gar nicht mit den heutigen, modernen Mitteln oder Methoden: mit Mineraldünger und Spritzmitteln usw., weil man das Zeug, das es in China ja durchaus gibt, gar nicht dorthin bringen kann. Also habe ich Bauern geschult, dezentrale Baumschulen anzulegen mit den vor Ort vorhandenen Mitteln, sprich: mit Naturkompost, lokalem Saatgut usw. Das war eine sehr dankbare und intensive Arbeit; zum einen, weil ich in Bevölkerungsschichten reinkam, mit denen sonst niemand Kontakt hatte. Wir sind etwa vier Stunden von einer Stadt aus mit dem Jeep gefahren und mussten dann noch vier Stunden wandern, bis wir in so ein kleines Dörfchen reinkamen. Die andere Aufgabe führte mich in verschiedene Forstschulen im Nordosten und im Süden, wo Dozenten aus der ganzen Gegend zusammengezogen wurden. Denen habe ich dann vierzehn Tage lang fortlaufend Seminare gegeben zum Thema biologische Aufzucht, Mischwald usw.

Standen denn bei dem Projekt entlang des Jangtse schon Bäume am Ufer?
Da war nichts, gar nichts.

Von welcher Fläche reden wir? Hat das funktioniert?
Ja, klar hat das funktioniert. Ich war in diesem gigantischen Projekt aber nur ein Mini-Puzzlestein, ein Fliegenschiss (lacht). Ja, man muss sich vorstellen, auf welcher Länge der Stausee aufgestaut wurde, ich glaube, etwa 200 Kilometer. (Tatsächlich sind es sogar 600 Kilometer! Anm. J. S.)

Wie haben denn die Bauern die Maßnahmen aufgenommen? Erkannten sie selber die Notwendigkeit der Aufforstung? Wurden sie gezwungen?
Die Leute haben die Notwendigkeit auch gesehen, wenn sie selbst Land verloren hatten durch den Stausee. Dass sie obendrein später bei der Waldnutzung beteiligt sein würden, war natürlich eine schöne Aussicht für sie. Die Energiefrage ist in solch abgelegenen Gebieten von großer Wichtigkeit.

Ich habe da zum Beispiel mal gefragt, ob sie Eichen haben. »Nein, haben wir nicht«, war die Antwort. Später fand ich aber doch Eichen. Die Leute sagten dann: »Na ja, aber die sind ja nicht groß!« Die Bauern lassen das ganze Holz nicht groß werden, weil sie es als Brennstoff brauchen. Alle zwei Jahre schlagen sie es ab, wenn die Stämme wenige Zentimeter dick sind. In ihren Augen sind das keine Bäume, sondern Sträucher. In dem Programm haben sie gelernt, dass sie das nur wachsen lassen müssen. Die Staatsregierung hat sich da ein ganz kluges System ausgedacht, bei dem die Bauern einen Ersatz für verlorene Flächen erhalten und ein jährliches Controlling stattfindet, wo sie obendrein etwas Geld dafür kriegen, wenn sie die Bäume stehen lassen. Und damit können sie dann woandersher Energie beziehen. Wenn das einmal 20, 30 Jahre gewachsen ist und man holt dann die Zwischennutzung im Wald, wie es bei uns auch üblich ist, dann ernten die Menschen dort freilich viel mehr Holz, als wenn sie immer die kleinen Sträucher abschneiden. Die Bauern wurden also selbstverantwortlich in das Projekt einbezogen und wurden von uns auch geschult, was die Pflege der Bäume betrifft. Für ihre eigene landwirtschaftliche Anzucht hatten sie ja ohnehin schon die biologische Methode, weil sie nie an Kunstdünger oder Spritzmittel rangekommen sind.

Auf dem Lössplateau in China

Meine Frage, ob die Leute von der Partei bzw. von der Zentralregierung gezwungen wurden, hatte ich gestellt wegen eines sehenswerten Dokumentarfilms des chinesischstämmigen Amerikaners John D. Liu über die umfangreiche Landschaftswiederherstellung des chinesischen Lössplateaus. In einer Einstellung des Films regt sich ein einfacher Bauer darüber auf, dass ausgerechnet auf dem besten verbliebenen Land nun Bäume gesetzt werden.

Ich kann mir schon vorstellen, dass die Menschen zunächst einmal Landverluste hinnehmen mussten. Aber das kennen wir ja in Deutschland auch: dass neue, notwendige Sachen zunächst abgelehnt werden und erst mal ein Bewusstseinsprozess stattfinden muss.

Beim Lössplateau gab zwar die Zentralregierung die Änderung vor – aber wenn dann später das Ergebnis da war und die Leute die Verbesserungen sahen, haben sie sicher verstanden, dass das Richtige getan wurde. Davon bin ich überzeugt.

Was natürlich brutal ist und was ich auch selbst gesehen habe, das sind die alten Ortschaften mit ihren Tempeln und Gräbern der Ahnen, die in dem Staudamm verschwanden. Ich bin am Ufer des Jangtse in einer wunderschönen, exotischen, uralten Stadt gewesen mit einem pulsierenden Leben darin. Oben am Hang hat man Hochhäuser gebaut, um die Leute umzusiedeln, wenn das Wasser durch die Stauung ansteigt. Was das für eine Veränderung für die Leute sein muss, was für eine Entwurzelung! Aber dafür ist China natürlich auch bekannt, dass die Leute immer wieder mit der Entwurzelung und der Neurichtung zurechtkommen müssen. Letztlich werden wir mit so etwas auch konfrontiert, wenn der Klimawandel Folgen zeigt.

Beim Lössplateau habe ich übrigens ebenfalls eine Aufforstung gemacht. Ich kam da hin und hatte plötzlich 500 Pflanzer um mich herum, die ich anleiten sollte. Wir haben riesige Lkw mit Pflanzen gekriegt, und dann galt es, die Pflanzung auf einer ungeheuren Fläche zu organisieren. Zunächst versuchte ich herauszufinden, welche von den Leuten als Führungskräfte in Frage kamen. Denen zeigte ich dann unter anderem, dass die Wurzeln wichtiger sind als das, was oben am Baum ist. Das hatten die gar nicht im Bewusstsein; was unter der Erde sein würde, nahmen sie gar nicht wahr – Hauptsache, darüber sah es gut aus. Sie drückten die Wurzelballen ins Pflanzloch und schütteten es zu. Da sind die Wurzeln dann nach oben gegangen, wo sie austrockneten. Ich erklärte also, warum die Wurzeln nach unten zeigen müssen. Solche Sachen waren wichtig zu vermitteln. Jeder von den Geschulten hat dann wieder 20 Leute gehabt, die er weiter anleitete. Es war ein ganz tolles Projekt!

Die haben dort ja auch alles terrassiert. Dann betrieben sie aber die Landwirtschaft auf diesen Flächen bis zum äußersten Ende der Terrassen – was dazu führte, dass die Kanten bei Starkregen immer erodierten. In diesem Bereich haben wir Pflanzungen gemacht, um dem Abbröckeln zuvorzukommen.

Chinas Baumpflanztag und die Große Grüne Mauer

Als stark zentralistisch organisiertes Land kann Chinas Regierung relativ einfach 500 oder sogar 50 000 Leuten befehlen, sie sollen jetzt mal Bäume pflanzen. Man hat dort ja sogar einen Baumpflanz-Feiertag eingeführt.

Ja, an dem Tag muss jeder Chinese pflanzen. Allerdings stehen unseren Forstwissenschaftlern da die Haare zu Berge, weil das natürlich fast nie fachgerecht durchgeführt wird. Was für ein dilettantisches, naives Vorgehen! Ich habe diesen Tag selber miterlebt und gesehen: Dort, wo die Leute manchmal hinpflanzen – das wird nix. Aber wenn x Millionen Menschen pflanzen und immerhin die Hälfte der Setzlinge überlebt, dann ist das natürlich besser, als wenn sie nichts machen würden.

Wie geht man denn auf ausgelaugten Böden vor?

Wenn man auf kahlem Boden anfängt, ist es gut, auf bewährte Waldbaumethoden zurückgreifen zu können. Erlen zum Beispiel wachsen x-mal schneller als etwa Eichen, damit kann man viel rascher ein Kleinklima schaffen. In diesem Klima können die Edelhölzer später nachwachsen. Außerdem sind Erlen und Akazien Stickstoffsammler, sie können also als Gründüngung fungieren. Bei der Grünen Mauer haben die Chinesen erst einmal nur mit Pappeln gearbeitet. Nach 10 oder 20 Jahren war der Boden dann durch Laubfall usw. so vorbereitet und das Kleinklima so gut, dass sie das Aufforsten mit Edelhölzern fortsetzen konnten.

Hast du die Grüne Mauer einmal besucht?

Nein, ich war nie da. Wenn ich in China war, machte ich immer ganz gezielte Projekte, und nach zwei oder drei Wochen Arbeit im Land war ich jeweils so voller Eindrücke, dass ich nie die Kapazitäten fühlte, mir auch noch die Sehenswürdigkeiten anzusehen. Ich fahre auch nicht mehr weg, weil ich für mein Leben gesättigt bin. Da geht nichts mehr rein.

In Tibet

China scheint in Aufforstungsfragen sehr ambivalent zu agieren: Einerseits haben die Chinesen, wie man weiß, Tibet radikal abgeholzt, andererseits machen sie im Stammland unfassbar große Wiederherstellungsprojekte …

Ja, sie haben das genauso gemacht wie wir früher, als in Europa Ressourcen bedenkenlos dem industriellen Fortschritt geopfert wurden. Genau genommen verfahren wir aber auch heute noch in derselben Weise mit den Ressourcen fremder Länder. Das ist ebenso Kolonialismus wie das, was in Tibet geschieht. Die Abholzung hat in Tibet jetzt aber ein Ende. Sie war einer historischen Situation geschuldet, dem Aufbau der nationalen Industrie während der Kulturrevolution. Für Maos Anspruch, die führende Industrienation zu werden, mussten die Leute überall auch noch das letzte Gramm

Metall, was sie finden konnten, einschmelzen. Da gab es in jedem Dorf kleine selbstgebaute Schmelzöfen, und um die zu betreiben, haben sie alles abgeholzt. Das war natürlich hochgradig ineffektiv. Und irgendwann merkten sie, hoppla, wir haben jetzt soundsoviel Eisen gewonnen, aber darüber vergessen, unsere Felder zu bewirtschaften – da sind Millionen Chinesen verhungert. Sie haben damals Arbeitsgeräte eingeschmolzen, ihre Kochtöpfe, alles!

Ich möchte aber keinesfalls mitmachen bei der heute allgemein üblichen Pauschalkritik an der chinesischen Politik. Auch die westliche Wissenschaft nimmt oft eine sehr arrogante Haltung ein, obwohl sie keine Ahnung hat von der Situation dort. Die Forstministerin des Lands hat mir mal gesagt, dass sie es leid sei, dass das ganze Land über einen Kamm geschoren werde. Das, was in China Zentralregierung genannt wird, sei in Wirklichkeit nicht weniger facettenreich als westliche Demokratien, es gäbe da so viele unterschiedliche Strömungen. Schließlich gab sie mir die Erlaubnis, in Tibet Aufforstungsarbeit zu betreiben – unter der Bedingung, dass ich insbesondere die tibetischen Frauen schulte!

Die Leute sagen immer, wie schrecklich es sei mit der Umweltzerstörung in China und anderen Teilen der Welt. Dabei vergessen sie gerne, dass es noch vor 20, 30 Jahren bei uns auch ganz anders ausgesehen hat. Die Gesellschaften machen zu verschiedenen Zeiten unterschiedliche Bewusstseinsprozesse durch; einige Gesellschaften befinden sich halt momentan noch quasi in der Pubertät, was bestimmte Aspekte angeht. Unsere Eltern hatten diesen Spruch: »Durch Schaden wird man klug.« Vielleicht müssen erst all diese Zerstörungen geschehen, bevor einzelne Gesellschaften – und letztlich die ganze Menschheit – klug werden.

Wie war es, mit den Leuten zu arbeiten, mit den Funktionären und den einfachen Menschen?

Das Wichtigste ist die Wahrnehmung und die Akzeptanz der Menschen untereinander! Das steht immer am Anfang, und damit hatte ich auch immer Erfolg, egal ob das in Tibet war, in meinem Verhältnis zur Zentralregierung oder in Kolumbien, wo ich im Urwald arbeitete und Berührung mit den Rebellen hatte. Wenn die gegenseitige Akzeptanz gegeben ist, dann treffen sich verbindend die größten Gegensätze. Als ich zum Beispiel in Tibet hoch oben in einem Kloster mit chinesischen Forstleuten, Mönchen und Lamas Aufforstung machte, gab es ein lebendiges Miteinander dieser Parteien. Obwohl die chinesische Forstverwaltung die Haltung hatte: »Die Tibeter stinken, sie sind faul und haben keine Ahnung; die wollen wir nicht dabeihaben.« Als wir anfingen, auf 4700 Meter Höhe zu pflanzen, hab ich die Forsttechniker arbeiten lassen und dem Lama gesagt, er soll die ganzen Mönche holen. Da sind also plötzlich 120 Mönche angekommen und ich konfrontierte die Förster mit ihren Aussagen. Ich sagte: Ihr seid jetzt jeder verantwortlich für zehn Mönche, dass die das Pflanzen lernen.

Innerhalb von zwei Stunden war dann ein Lachen und ein vorbehaltloses Miteinander, dass ich staunte. Ich habe dann sogar den mitgekommenen Spitzeln, die am Rand zuguckten, gesagt: »Hier, lass mal die Zigarette und nimm die Schaufel, mach mit.« Ich kannte ja das ganze System und hatte keine Angst, weil ich um meinen Rückhalt in der Zentralregierung wusste.

Es ist das Wichtigste, dass man die Menschen dort abholt, wo sie sind; nicht aus sozialen Schichten, sondern wo sie wirklich stehen. Ich kann nicht erwarten, dass sie die Fähigkeit besitzen, bewusstseinsmäßig Zusammenhänge zu erkennen, wenn davor keine persönlichen Erlebnisse stehen. Da kommt es dann gar nicht darauf an, dass sie etwa schnell eine nachhaltige Situation schaffen, sondern darauf, dass sie anfangen, erste Schritte auf dem Weg zu gehen. Ich kann sie ja nicht über 30 oder 40 Jahre lang begleiten. Wenn ich es schaffe, dass sie auf den ersten Schritten so viel Spaß haben, dass sie von sich aus weitermachen, ist viel gewonnen.

Ich habe erlebt, dass ein Dozent in einer Forstschule Feuer gefangen hat an dem, was ich darstellte. Ich sprach die Anzucht in natürlichen Waldverhältnissen an, die viel besser ist als diese »Holzacker«-Aufforstung, wie sie in Europa erfunden wurde. Diese wurde vor langer Zeit abgeschaut von der Landwirtschaft, weil die Förster damals keine Ahnung hatten von den Waldgesetzmäßigkeiten, von dem, was ein Baum braucht, wenn er aufgezogen wird. Daher entstanden auch die Monokulturen. Wenn man sich die Baumschulen in Westdeutschland und die um Dimensionen größeren Baumschulen in China ansieht, dann sind das immer noch diese Holzäcker. Um das aufzubrechen, nahmen wir in dieser Forstschule also die Naturverjüngung des Walds durch, die im Schutz großer Bäume stattfindet. Ich sprach davon, eine Anzucht zu machen, wo die Pflanzen unter größeren Bäumen in einem passenden Mikroklima groß werden. Als ich dann das nächste Mal kam, hatte jener Forstdozent bereits angefangen, das in seiner Forstschule umzusetzen. Und weil wir im Herbst gekommen waren, konnte ich sehen, dass die Pflanzen, die da unter großen Bäumen heranwuchsen, wesentlich besser aussahen als die, die auf freiem Feld standen.

In Argentinien

Du hast auch auf anderen Kontinenten gearbeitet, in Südamerika etwa ...

Das waren dort alles Privataufträge, zum Beispiel auf einer argentinischen Schaffarm mit 32 000 Hektar. Dort ging es darum, gegen die permanent sehr stark von den Anden herunterwehenden Fallwinde Hecken anzulegen. Durch die Überweidung und diesen ständigen Sturm wird nämlich immer mehr Humus abgetragen. Tagelang ritten wir zunächst durch dieses Gelände, und dabei hab ich dann kleine Täler entdeckt, wo sich eine Vielfalt an Pflanzen, Sträuchern und Bäumen fand. Es war ein Wunder, dass dort die Schafe nicht alles wegfraßen! Irgendetwas hielt sie davon ab. Ich fand in diesen Einschnitten Saatgut von Leguminosen, die als Stickstoffsammler wichtig waren, und ich sammelte dort Samen von Sträuchern und Bäumen. Wir machten also erst eine Anzucht und pflanzten dann von diesen Tälern aus Hecken. Kilometerweit! Es war Wahnsinn! Wenn ich von solchen Projekten wiederkam, erschien mir ganz Deutschland jedes Mal wie ein niedlicher Kleinstadtvorgarten.

Es hat geklappt mit diesem Heckenbau?
Ja, ja, es hat geklappt, es wurde weitergemacht – aber so was ist halt ein Lebensprojekt, ja, sogar eine Generationenaufgabe.

Finden solche Projekte denn auch Nachahmer, etwa unter benachbarten Grundbesitzern?
Überall! Und im Fall dieser Schaffarm auch: Der Nachbar war ein Rechtsanwalt aus Buenos Aires. Er guckte sich unsere Arbeit an und sagte dann zu mir, er würde alles finanzieren, was ich wollte, wenn ich nur auch bei ihm anfinge. Wäre ich voll auf sein Angebot eingegangen, hätte ich wohl Millionär werden können. Glücklicherweise bin ich ohnehin wahnsinnig gut bezahlt worden bei den Aufforstungen im Ausland. Das Geld habe ich alles in die Forschung daheim gesteckt.
Ich schulte dann die Gauchos, die auf der Farm des Rechtsanwalts arbeiteten, und erklärte ihnen, was sie zu tun hatten. Doch als wir im folgenden Jahr zurückkehrten, war da nichts gewässert worden; die Pflanzen waren natürlich alle hin. Frage: »Warum hast du denn nicht gewässert?« Antwort: »Ja, du warst doch nicht da!« Es war ganz schwierig, den Gauchos zu verklickern, dass sie die Aufforstung nicht für mich machten, sondern für die Sache. Zu den Schafen hatten sie noch eine bessere Verbindung, da wussten sie, dass die anfangen zu blöken, wenn Wasser fehlt. Offenbar hatten sie die Sprache der Pflanzen noch nicht gelernt. Wenn ich hier durch meine Baumschule gehe, da höre ich es aus allen Ecken brüllen! Weil ich die Sprache der Bäume kenne.

In Tibet, wo ich mit einem jungen Mann zusammenarbeitete, fanden sich auch Nachahmer ein. Der Mann hat seine Erfahrungen aus unserer Zusammenarbeit dann zum Anlass genommen, bei sich im Dorf eine Baumschule aufzuziehen. Nach fünf Jahren lud er mich ein in dieses Bergdorf. Seine Großmutter zeigte mir, wo früher überall Wald gewesen war und erklärte mir, was das Fehlen der Vegetation alles für Folgen hatte. Dieser Mann schaffte es, junge Leute aus anderen Dörfern zu begeistern, und die haben das dann in der Region weitergeführt.

Planetenkräfte beeinflussen das Baumwachstum subtil
Sicher könntest du noch viele derartige Geschichten von deinen Regenerationsprojekten in aller Welt erzählen – und ich würde sie nur zu gerne alle hören! Lass uns trotzdem noch ein anderes Thema ansprechen. Mich interessiert, was deine jahrelangen Forschungen zum Einfluss der Planetenkräfte auf die Entwicklung von Bäumen ergeben haben. Wie lässt sich das Wissen anwenden beim Bäumepflanzen?

In 35 Jahren Beschäftigung damit bekam ich ganz allmählich eine Wahrnehmung für die Auswirkung von Planetenkräften auf das Wachstum von Bäumen. Nach all den Versuchspflanzungen in dieser Zeit habe ich aber auch verstanden, dass die Natur das bei der natürlichen Verjüngung im Wald viel besser macht, als es der Mensch je planen könnte. Diese Selektion ist viel effektiver als alles, was wir uns im Kopf ausdenken: Hier setzt sich der Same durch, der zum richtigen Zeitpunkt vom Baum gefallen ist.

Ich nenne die Faktoren, die nach meiner Erfahrung primär wirken: Das Wichtigste ist für den Baum die Wasserversorgung, wichtiger noch als das Nährstoffangebot; dann spielen natürlich die Jahreszeit und die makro- und mikroklimatischen Bedingungen eine Rolle, ebenso die genetischen Anlagen sowie die Lichtversorgung. Die Planetenwirkung ist dagegen so subtil, dass man sie getrost in den Bereich der Naturverjüngung geben darf. Man kann auch gar nicht verlangen, dass Menschen sich 30 Jahre damit beschäftigen, bis sie eine Ahnung erhalten, was hier gut ist. Man muss sich dafür ganz auf die Waldzusammenhänge einlassen und alles andere ausblenden.

Deine Erkenntnisse auf diesem Gebiet lassen sich nicht in einem Buch zusammenfassen?
Nein, denn da kommen eben zu viele Faktoren zusammen. Die Wissenschaft sammelt Fakten, um sie zu interpretieren. Diese Interpretation ist auf diesem Gebiet sehr schwierig: Haben wir es mit Planetenkräften zu tun, oder ist ein Merkmal etwa auf einen trockenen Sommer zurückzuführen? Letzteres wirkt natürlich primär und überdeckt alle anderen Faktoren. Das ist alles viel zu komplex. Man braucht dafür ein intuitives Gespür, und das erwächst nur aus viel Erfahrung. Es ist wie bei einem gerade fertig studierten Mediziner, der dann ohne echte Lebenserfahrung auf die Menschheit losgelassen wird: Wie soll der wissen, warum eine Arznei beim einen Patienten gar nicht wirkt, beim anderen schlägt sie sehr gut an und den dritten haut es davon um? Man braucht bei diesen Dingen ein ausgeprägtes Fingerspitzengefühl.

Außerdem ist diese Forschung sehr teuer, weil man alle anderen Faktoren auf irgendeine Weise ausblenden muss. Die Menschheitsprobleme haben sich aber mittlerweile in andere Richtungen zugespitzt – da wird man nicht irgendeinem Spinner, der Planetenwirkungen erforscht, Geld bereitstellen.

Ich weiß nicht, ob das ein gutes Schlusswort ist – aber wir nehmen es trotzdem.
Hab vielen Dank für das sehr interessante Gespräch, Stephan!

Website

www.pflanzenhof-dickenrueck.de

Joseph Beuys

»Stadtverwaldung statt Stadtverwaltung« – Aufforstung als Soziale Plastik

Nachdem ich in den bisherigen Kapiteln Do-it-yourself-Aufforsterinnen, Unternehmer, Klimaforscherinnen und Ökologen vorgestellt habe, richte ich nun mein Augenmerk für einen Moment auf Baumpflanzungen in einem ganz anderen gesellschaftlichen Bereich: der Kunstwelt.

1982 präsentierte der aus Krefeld stammende Künstler Joseph Beuys, der zuvor durch seine Installationen mit Fett und Filz, seinen erweiterten Kunstbegriff und insbesondere durch den Ausspruch »Jeder Mensch ein Künstler« zu internationaler Berühmtheit gelangt war, auf der Kunstausstellung documenta 7 sein wohl eindrucksvollstes und vielleicht wirkungsvollstes, auf jeden Fall aber für das Thema dieses Buchs relevantestes Projekt: das Landschaftskunstwerk »7000 Eichen – Stadtverwaldung statt Stadtverwaltung«. Die kühne Idee: Über die gesamte Fläche der documenta-Stadt Kassel verteilt, sollten 7000 Bäume – neben den titelgebenden Eichen auch Eschen, Linden, Platanen, Robinien, Kastanien, Ahorne sowie ein Gingko – und daneben je eine Basaltstele gesetzt werden.

Auf dem Friedrichsplatz vor dem Kasseler Museum und documenta-Hauptquartier Fridericianum ließ Beuys einen Berg aus 7000 Basaltstelen aufschütten, die je einem zu pflanzenden Baum beigestellt werden sollten. Durch eine Patenschaft von je 500 D-Mark konnten Bürgerinnen und Bürger Baumpflanzungen ermöglichen. Die benötigten Finanzmittel von insgesamt 4,3 Millionen Mark (rund 2,2 Millionen Euro) trieben Beuys und seine Mitarbeitenden übrigens aus eigenen Kräften auf.

Die Aktion sorgte für teils sehr emotional und kontrovers geführte Diskussionen innerhalb der Stadtverwaltung und der Einwohnerschaft: Die auf dem Friedrichsplatz zwischengelagerten Basaltstelen erinnerten manche Kasselanerinnen und Kasselaner an die Trümmerfelder der Nachkriegszeit, andere fanden, die Bäume würfen zu viel Laub ab, nähmen dringend für Parkplätze benötigten Raum weg oder verstießen gegen diese oder jene Stadtverordnung. Diese öffentliche Auseinandersetzung war und ist freilich Teil dieser als »Sozialer Plastik« konzipierten Baumpflanzaktion. Durch

Rückendeckung des damaligen Kasseler Oberbürgermeisters und späteren Bundesfinanzministers – nomen est omen! – Hans Eichel gelang es, die geplante Stadtverwaldung trotz erheblichen Gegenwinds zu verwirklichen.

Beuys selbst sollte die Fertigstellung jedoch nicht mehr erleben – er verstarb am 23. Januar 1986. Am 12. Juni 1987 pflanzte sein Sohn, Wenzel Beuys, anlässlich der documenta 8 den siebentausendsten und vorerst letzten Baum neben die im Jahr 1982 von seinem Vater eigenhändig gepflanzte erste Eiche.

Bäume pflanzen fürs Seelenheil

Was Beuys von vielen anderen Kunstschaffenden, die konzeptuell mit Bäumen arbeiten, unterscheidet, ist, dass er auch auf einer praktischen Ebene Bäumepflanzer durch und durch war. Im Gegensatz zu vielen Do-it-yourself-Aufforstern verstand er es, sich dabei gebührend in Szene zu setzen: Eine ikonische Fotoserie zeigt, wie der Künstler mit dem markanten Hut und Trenchcoat zum Auftakt der 7000-Eichen-Aktion am 16. März 1982 vor dem Fridericianum selbst den Spaten führte.

Obwohl Beuys als Mitbegründer der Partei »Die Grünen« für ökologische Belange sensibilisiert war, stand für ihn nicht der biosphärische oder ästhetische Mehrwert zusätzlicher Bäume im Vordergrund. Stattdessen ging es ihm vor allem darum, eine Kehrtwende im Verhältnis des Menschen mit der nicht-menschlichen Natur einzuleiten. So erklärte er mit der ihm eigenen Emphase im Gespräch mit dem Theologen Friedhelm Mennekes: »Ich bin ja kein Gärtner, der Bäume pflanzt, weil Bäume schön sind. Nein, ich sage, die Bäume sind ja heute viel intelligenter als die Menschen. [...] Die Bäume sind nicht wichtig, um dieses Leben auf der Erde aufrechtzuerhalten, nein, die Bäume sind wichtig, um die menschliche Seele zu retten. [...] Ich meine jetzt ›Seele‹ im umfassenden Sinn. Ich meine nicht nur das Gefühlsmäßige, sondern auch die Erkenntniskräfte, die Fähigkeit des Denkens, der Intuition, der Inspiration, das Ichbewusstsein, die Willenskraft. Das sind ja alles Dinge, die sehr stark geschädigt sind in unserer Zeit. Die müssen gerettet werden. Dann ist alles andere sowieso gerettet.«

Beuys' Ansatz ganzheitlicher Stadtverwaldung sollte Nachahmungsaktionen in aller Welt inspirieren. Die erste initiierte Beuys selbst: Im Rahmen des Projekts »Difesa della Natura« (Verteidigung der Natur) – entwickelt über viele Jahre in dem italienischen Abruzzen-Städtchen Bolognano, wo er seit 1973 immer wieder gastiert hatte – pflanzte er 1984 die ersten 400 von geplanten 7000 bedrohten heimischen Bäumen und Sträuchern auf einem Stück Land, das ihm die dort ansässige Baronin Lucrezia de Domizio Durini zur Verfügung gestellt hatte. Im selben Jahr wurde Beuys die Ehrenbürgerschaft von Bolognano verliehen, und gegenüber seinem Atelier pflanzte er seine erste italienische Eiche. Baronessa Durini, die eine langjährige Mäzenin und Vertraute von Beuys gewesen war, begleitet noch heute die Pflege des »Piantagione Paradise« (Paradies-Pflanzung) genannten Wäldchens.

In Kassel selbst hatte der teils desaströse Zustand der Beuys'schen Bäume und Basalte 2002 zur Gründung der »Stiftung 7000 Eichen« geführt, die sich seitdem durch Nachpflanzungen gegen »Baumschwund« und für den Erhalt des seit 2004 unter Denkmalschutz stehenden (nach)wachsenden Kunstwerks engagiert. Inzwischen gibt es weltweit zahlreiche Aufforstungsinitiativen, die sich ausdrücklich auf Joseph Beuys berufen, so etwa in New York (Dia Art Foundation), in Baltimore (Joseph Beuys Tree Partnership), auf dem Land einer Ojibwe-Gemeinschaft in Minnesota (Walker Art Center) sowie auf dem Hill of Uisneach, einem keltischen Heiligtum in Zentralirland (bürgerschaftliche Initiative).

Vermutlich gibt es noch viele weitere Nachfolgeprojekte und andere Aufforstungskunstwerke, die in diesem Zusammenhang Erwähnung verdienen würden. Ein Beispiel, das mir in den Sinn kommt, ist der österreichische Architektur- und Fluxus-Künstler Friedensreich Hundertwasser, von dem berichtet wird, dass er auf seinem Grundstück in Neuseeland – wenn auch weit weniger öffentlichkeitswirksam – 100 000 einheimische Bäume gepflanzt habe.

Website

www.7000eichen.de

Literatur

Beuys, Joseph, Bernhard Blume und Rainer Rappmann: Gespräche über Bäume, FIU-Verlag, 1987.

Durini, Lucrezia De Domizio: Who is Joseph Beuys? Venice International Performance Art Week, 2014. kurzlink.de/Durini

Eichel, Hans: Eine geniale Provokation, http://www.7000eichen.de/?id=23

Mennekes, Friedhelm: Joseph Beuys. Christus DENKEN – THINKING Christ, Katholisches Bibelwerk, 1996.

Obermayer, Marlene: Joseph Beuys. 7000 Eichen. Der Versuch einer sozialökologischen Gemeinschaftsarbeit, 6.10.2014. kurzlink.de/7000Eichen

Sünner, Rüdiger: Zeige deine Wunde. Kunst und Spiritualität bei Joseph Beuys, Europa Verlag, 2015.

Thönges-Stringaris, Rhea: Die 7000 Eichen. http://www.7000eichen.de/?id=32

Vinzens, Albert u. a.: Beuys Platanen und Basalte. 7000Eichen Projekt, AQUINarte 2013.

Film

»7000 Eichen« Film von Fabian Püschel, Stiftung 7000 Eichen, 2010 (23 Min.) www.vimeo.com/15749968

»Zeige deine Wunde«, Film-Essay von Rüdiger Sünner, DVD, 2015, (85 Min.) www.absolutmedien.de

Masanobu Fukuoka | Japan
Regenerationsbomben

If you want to do something with your life you could plant some trees!
(Du willst deinem Leben einen Sinn geben? Pflanz doch Bäume!)

Rooh Star, britische Liedermacherin

Eine faszinierende Methode zur Wiederbegrünung selbst weit entlegener Gebiete hat der japanische Permakulturpionier Masanobu Fukuoka (1913–2008) mit seinen Lehmpellets entwickelt, die unter Guerilla-Gärtnerinnen auch als »Samenbomben« Bekanntheit erlangten. Dabei wird eine möglichst große Bandbreite von Samen verschiedener heimischer und nichtheimischer Pflanzen in einen Teig aus Humus, Wasser und Lehm gerührt, dieser dann zu ein bis zwei Zentimeter großen Lehmbällchen geformt und in der Sonne getrocknet. Fukuoka empfahl, die Samen von mindestens einhundert verschiedenen Arten zu verwenden – darunter Gründüngungspflanzen, Blatt- und Wurzelgemüse, Blumen, kleine Mengen verschiedener Getreidearten sowie Busch- und Waldbaumsamen, Obstsamen und Kerne. Die derart hergestellten Lehmbällchen sind insbesondere für solche Flächen bestimmt, denen die fruchtbare Erdkrume durch Entwaldung und Erosion verlorengegangen ist. Der Lehm schützt die Samen so lange vor hungrigen Nagetieren, Vögeln und Insekten, vor starkem Wind, Krankheiten und vor dem Austrocknen in der Sonne, bis eine ausreichende Menge Regen fällt, um das Pellet aufzuweichen. Umhüllt von einem Mini-Lebensraum aus nährstoffunterstützenden Bodenmikroben können dann die Samen sprießen. Obwohl wegen der extremen Bedingungen nicht alle Samenarten eines Bällchens keimen, schaffen es doch diejenigen unter ihnen, welche die richtigen Voraussetzungen für die jeweiligen Verhältnisse der Mikro-Umgebung mitbringen. Die übrigen – zumeist nichtheimische Pflanzen, die für den Standort nicht geeignet sind und deshalb eingehen – liefern den überlebenden Pflanzen mit ihrer Biomasse weitere Nährstoffe.

Fukuoka und die Permakulturbewegung denken pragmatisch: Bei der Herstellung von Samenbällchen für größere Gebiete nutzen sie Betonmischmaschinen und bringen – etwa in Tansania, Indien und Griechenland – die Pellets auch schon mal mit Flugzeugen oder Helikoptern aus. Die Aufforstung per Flugzeug wurde erstmals 1930 in Hawaii erprobt (siehe auch das Kapitel über Hightech-Ansätze ab Seite 175). Im Frühjahr 1998 initiierten Masanobu Fukuoka und sein langjähriger Schüler Panaiotis

Manikis in Griechenland die Initiative »Grüner Gürtel für Südeuropa«. Um die Realisierbarkeit ihrer Vision zu beweisen, organisierten sie eine erste große Pellet-Aussaataktion am Vegoritida-See in Nordgriechenland. Freiwillige aus ganz Europa, darunter mehrere hundert Schüler, Studentinnen und Bauern, haben damals sieben Tonnen Samen mit 60 Tonnen Tonerde pelletiert und auf 2500 Hektar ausgebracht.

Weitere Aussaataktionen im Rahmen der Grüngürtel-Initiative fanden später unter anderem auf dem Gelände der südportugiesischen Gemeinschaft Tamera statt. Deren Mitglied Leila Dregger zog 16 Jahre nach der Aktion folgendes Fazit: Der Erfolg der Pellet-Methode sei zunächst nicht absehbar gewesen, so dass man bei der Aufforstung zu anderen Ansätzen überging. Dennoch sei auf den Testgebieten mittlerweile deutlich zu erkennen, dass »doch einiges an Bäumen groß geworden ist. Es sind vor allem trockenheitsresistente Pioniersorten, die aufgegangen sind, vor allem Akazien.«

Inzwischen wurde in Tamera eine »Wasserretentionslandschaft« geschaffen, die den Niederschlag in mehreren künstlichen Seen zurückhält. »Wir haben gelernt«, erläutert Dregger, »dass zumindest in mediterranen Gegenden und überall, wo schon vor längerer Zeit abgeholzt wurde, die Aufforstung eng mit einem natürlichen und ganzheitlichen Wassermanagement verbunden werden muss.« (Siehe etwa auch das Kapitel über das indische Wüstendorf Hiware Bazar ab Seite 202.) Seit Gründung der Gemeinschaft Tamera, die sich als ganzheitliches »Heilungsbiotop« versteht, wurden bereits mehr als zehntausend Bäume gepflanzt. Das derzeit von zwei Deutschen vorangetriebene Waldprojekt zielt darauf ab, die ursprüngliche Vielfalt wiederherzustellen und zusammen mit Kulturbäumen zu einem Mosaik der Fülle zu verweben. Aufforstungen in Mischkultur und Obstbaumpflanzungen sowie eine kleine Baumschule für Wald- und Fruchtgehölze sind entstanden.

Literatur

Delfau, Anthony: On Seedballs (Dokumentationen weltweiter Samenbomben-Restorationsprojekte). sites.google.com/site/onseedballs/worldwide-projects

Fukuoka, Masanobu: Der große Weg hat kein Tor. Nahrung – Anbau – Leben, Pala Verlag, 1984.

Holmgren, David: Permakultur. Gestaltungsprinzipien für zukunftsfähige Lebensweisen, Drachen Verlag, 2016.

Filme

»Tamera Community in Portugal«, Film von John D. Liu, 2013 (9 Min.)
www.youtube.com/watch?v=UmXK1dncXLA

»Das Fukuoka-Dokument«, DVD über das Green-Belt-Aufforstungsprojekt (30 Min.)
https://oekofilm.de/natuerliche-landwirtschaft/14/das-fukuoka-dokument

Allan Savory
Der Mann, der die Graslandschaften der Welt vor Verwüstung rettet

Der Dumme sucht auch dort nach Dung,
wo niemals Kühe gegrast haben.
Äthiopisches Sprichwort

Bisher war es mein Anliegen, das Potenzial von Wiederbewaldung sichtbar zu machen. In diesem Kapitel verändere ich meine Perspektive leicht und richte den Fokus auf die Bewahrung von Graslandschaften vor Verwüstung und – ja, sie lesen richtig – Verwaldung. Das ist kein Widerspruch, denn etwa 40 Prozent der Landfläche der Erde – und 70 Prozent der landwirtschaftlich nutzbaren Flächen – bestehen aus natürlicherweise baumarmem bzw. baumlosem Grasland. Viele dieser Savannen und Steppen sind heute – insbesondere dort, wo regelmäßige Trockenperioden auftreten – stark von Desertifikation (Wüstenbildung) betroffen. Darauf weist auch der Biologe Allan Savory in einem spektakulären TED-Vortrag hin, den schon Millionen Menschen im Internet angesehen haben. Bereits seit den 1950er Jahren forscht der in Simbabwe geborene Savory zunächst in Afrika und später in aller Welt an Ursachen und Lösungen für die beobachtete Wüstenausbreitung, etwa in einem ihm anvertrauten Schutzpark.

Anfangs glaubten er und andere Experten an eine Überweidung durch Wild- und Nutztiere. Doch selbst nach einer radikalen Dezimierung der Populationen wollte das Gras nicht wieder zu wachsen anfangen. Angesichts dieses Fehlschlags – bei dem 40 000 Elefanten sinnlos getötet wurden – begann sich Allan Savory zu fragen, wie Graslandschaften ursprünglich entstanden und wie sie seither natürlicherweise »gepflegt« worden waren. Er erkannte schließlich, dass nicht große Herden an sich das Problem waren, da diese in der Natur völlig normal sind. Probleme für den Boden ergeben sich erst dann, wenn (von Menschen gehaltene) Herden zu lange auf einem Fleck stehen müssen, dabei alle Vegetation zertrampeln und noch den letzten Bewuchs mitsamt Wurzel und Rinde fressen – Letzteres gilt vor allem für Ziegen. Solange die domestizierten oder wilden Herden frei umherwandern können bzw. in einem korrekten Weidemanagement durchs Land geführt werden, düngen sie den Boden im richtigen Maß und halten ihn zugleich von übermäßigem Bewuchs frei, so dass stets neues Gras nachsprießen kann. Eine Beseitigung des Aufwuchses durch natürliche oder künstlich gelegte Feuer (Brandwirtschaft) – wobei viel Kohlenstoff in die Atmosphäre entweicht und die Böden anschließend unbedeckt Sonne und Erosion preisgegeben sind – ist Savory zufolge mit dem richtigen Timing bei der Beweidung nicht nötig.

Ohne Grasfresser keine Savannen, Steppen, Pampas und Prärien

Wer diese Zusammenhänge nicht kennt, den muss es erstaunen, dass auch etwa in Schutzparks die Desertifikation voranschreitet, in denen die Populationen grasfressender Wildtiere entweder stark zurückgegangen sind oder aus denen Viehherden zur Vermeidung von Überweidung ganz ausgeschlossen wurden. Allan Savory hat anhand dieser Beobachtung – und dank der (bereits 1957 erschienen) Arbeit des französischen Agronomen André Voisin »Die Lebensgemeinschaft von Weidetier und Weidegras« – etwas herausgefunden, was sich als rettendes Prinzip für die im Niedergang begriffenen riesigen Graslandflächen der Erde erweisen könnte: Grasfresser sind für die Bodenpflege in den gleichzeitig mit ihnen entstandenen Savannen absolut notwendig, Tiere und Pflanzen bedingen sich gegenseitig!

Als Erklärung führt er drei Dinge an, die die umherwandernden Tiere tun: Mit ihren Hufen brechen sie hart gewordenen Boden auf; in ihrem Verdauungstrakt verwandeln sie mit Hilfe von Mikroorganismen große Massen an Pflanzenmaterie in eine geringere Menge verdauten Materials, welches als Dung/Dünger wieder weitflächig auf dem Boden landet; die Hufe komprimieren wiederum den Boden. Tatsächlich bedingt die optimale Keimung von Grassamen ein gewisses Maß an Bodenverdichtung (aus ebendiesem Grund wird nach der künstlichen Aussaat von Grassamen gewalzt). Fehlen die pro Fläche erforderlichen Tiere jedoch ganz oder teilweise, oxidiert das abgestorbene, nicht gefressene Gras. Der chemische, nichtbiologische Prozess der Oxidation führt, ebenso wie das Abbrennen von Gras, dazu, dass der Kohlenstoff aus den Pflanzen in die Atmosphäre ausgast statt wie von der Natur vorgesehen unter die Erde gelangt. Der so seiner Nährstoffe beraubte Boden wird dann hart, verliert seine Wasseraufnahmefähigkeit und bringt schließlich keine Pflanzen mehr hervor. Anders als seit Jahrzehnten gelehrt wird, hat die Wüstenbildung in Savannen also zumeist nicht ein Zuviel an Grasfressern, sondern im Gegenteil einen Mangel an Tieren zur Ursache! Noch einmal in Savorys Worten: »Die Mikroorganismen im Verdauungstrakt von grasfressenden Tieren spalten die organische Masse auf und bewirken, dass sich Land und Wasser regenerieren und dass der Kohlenstoff aus den Pflanzen sicher im Boden gespeichert wird.«

Seit dieser immens wichtigen Entdeckung durfte Allan Savory auf Farmen in aller Welt immer wieder feststellen, dass die pflanzliche Bodenbedeckung zurückkehrt, wenn genügend Tiere im jeweils angemessenen (!) Beweidungsrhythmus über die Flächen geschickt werden. Wie er erzählt, haben ihm deshalb etwa in Australien schon Hunderte Rancher mit Tränen in den Augen dafür gedankt, dass er ihre Familienhöfe vor dem Ruin rettete.

Es ist denkbar, dass die Sache zukünftig noch weitaus mehr als nur die Fortexistenz von ein paar Farmen hier und dort sichert. Das Potenzial der letztlich recht simplen Methode scheint enorm.

Die Bilder von halb oder ganz verwüstetem Land, denen Savory bei seinen Vorträgen Aufnahmen gegenüberstellt, die dasselbe Land nach der Pflege durch wandernde Rinderherden zeigen, sind wahrhaft erstaunlich: Wo zuvor fast nur blanker Boden und tote Stämme zu sehen waren, gedeihen nun abermals Gras, Büsche und Bäume; ehemals ausgetrocknete Bachläufe führen wieder Wasser, verschwundene Wildtiere kehren zurück. Allan Savory berichtet im Scherz davon, dass er bei einer Fläche, die oft als Anschauungsobjekt für Regenerationslehrgänge dient, vergessen hatte, wenigstens ein Stück kahlen Bodens zu erhalten. Nun sei es an dem Lernort kaum mehr möglich zu demonstrieren, wie frappierend unterschiedlich die Wasserrückhaltekapazität von bedeckten und unbedeckten Flächen ist. Denn ob ein Boden austrocknet und zur Wüste wird, hänge nicht so sehr von der durchschnittlichen Niederschlagsmenge ab, sondern von der Antwort auf die Frage, ob die Feuchtigkeit im Boden bleibt oder ob sie sofort wieder verdunstet bzw. abfließt.

»Nur Herden können uns retten«

Nach erfolgreichen Wiederbegrünungsmaßnahmen verschiedener Graslandschaften der Welt wagt sich der 80-jährige Savory mit der mutigen These vor, dass die Menschheit »nur von Herden« vor dem Verlust des Graslands und den damit einhergehenden weltklimatischen Folgen »gerettet« werden könne. (Grasland ist das größte Biom, d.h. Ökosystem, der Erde. Der Begriff bezeichnet all die Vegetationstypen, in denen Gräser vorherrschen und in denen Bäume fehlen oder eine untergeordnete Rolle spielen. Savannen, Steppen, Pampa und Prärie sind übrigens zum Großteil für den nachhaltigen Ackerbau ungeeignet; gerade einmal 18 Prozent der Landflächen der Erde bzw. 30 Prozent der globalen landwirtschaftlichen Flächen lassen sich für den Anbau von Feldfrüchten nutzen – die Anhänger der rein veganen Landwirtschaft werden das nicht gerne hören.) Egal, welche Wild- oder Haustierarten zum Einsatz kommen – es gebe zum wohl geplanten Einsatz von Herden einfach keine gangbare Alternative, so Savory weiter. Nach Jahrzehnten des Suchens und Experimentierens sei er zu der festen Überzeugung gelangt, dass keines der bekannten Werkzeuge zur Landbearbeitung – etwa Maschinen oder Chemikalien – auch nur ansatzweise in der Lage ist, den überall auf dem weiten Erdenrund voranschreitenden biologischen Niedergang umzukehren oder auch nur aufzuhalten. »Bitte lassen Sie umgehend jeden Gedanken an irgendeine technische Lösung für Artensterben, Desertifikation, Klimawandel etc. fallen«, ruft er eindringlich seinem Vortragspublikum zu. Angesichts der riesigen betroffenen Flächen sowie der Notwendigkeit, Maßnahmen alljährlich durchzuführen, seien solche Hoffnungen völlig unrealistisch.

Anders verhalte es sich hingegen mit der erprobten Wiederherstellung von Grasland durch ganzheitliches – das heißt ökologisch, ökonomisch und sozial verträgliches – Beweidungsmanagement. Dadurch lasse sich mit fortschreitender Wiederbegrünung das heute in der Atmosphäre überschüssige CO_2 wieder zurück in den Boden bringen. (Laut einer Studie des US-amerikanischen Instituts PlanetTech Associates liegt das Potenzial hier im Bereich von Gigatonnen; auf diese Weise lasse sich der atmosphärische CO_2-Gehalt um 41 bis 99 ppm [parts per million] senken.) Und während man mit Hilfe der Herden wirksam dem Klimawandel begegnete und das Land wieder produktiv und artenreich werden ließe, würden zugleich die Bedürfnisse der Menschen nach Nahrung und Arbeit gestillt.

Mit der gleichen Eindringlichkeit fordert Allan Savory die Wissenschaftsgemeinde auf, seine Vorschläge streng zu prüfen: »Ich habe mich früher schon mal furchtbar geirrt. Analysiert also alles bis ins kleinste Detail! *(Tear me apart!)*«

Nach seinen Angaben gab es mit dem neuentdeckten Ansatz bei zahlreichen Versuchen in aller Welt bislang keinen Fehlschlag. Während sich die Grundlagen für die angewandten Planungsprozesse überall auf der Welt glichen, seien die Details in der Ausführung von Fall zu Fall unterschiedlich.

Allerdings scheinen diese Details für den weitaus größten Teil einer erfolgreichen Umsetzung verantwortlich zu sein, wie mir die Weidemanagement-Expertin Anita Idel auf Nachfrage erklärte. Damit die gewünschten Effekte sich einstellen, müsse man jedem einzelnen Stück Land sehr, sehr viel Aufmerksamkeit widmen. Es bedürfe in der Regel monatelanger intensiver Beobachtung der jeweiligen Bedingungen. Manche Wissenschaftler werfen Savory vor, dass seine Methode nicht nachvollziehbar sei. Weil die Bedingungen jedoch von Ort zu Ort deutlich variieren, kann es kein einheitliches Patentrezept geben.

Geld, so Savory, braucht man bei dieser Form der Landheilung lediglich für die Schulung der Menschen. Denn das Land selbst sei das Kapital, das bei richtigem Umgang Wohlstand erzeuge.

Über- und Unterbeweidung bedrohen Graslandschaften

Wichtig scheint hier die Feststellung, dass Überweidung – oder vielleicht besser »Fehlbeweidung« – ein reales Problem ist. Gras muss sich nach der Beweidung regenerieren. Wenn die Halme kürzer als etwa fünf Zentimeter abgeweidet werden, verbleibt nicht mehr genug Energie (Adenosintriphosphat, kurz: ATP) im Blattgrün, um die Photosynthese wieder zu starten. Die einzelnen Graspflanzen zapfen dann ihre Wurzelmasse an und bilden mit deren Energie oberirdisch so lange Blattgrün, bis das ATP für den Start der Photosynthese wieder ausreicht. Wiederholte Beweidung ohne Regeneration der Wurzelmasse belässt den einzelnen Gräsern immer weniger Reserve. Letztlich führt Überweidung zum Absterben.

In ihrem Buch sowie in Vorträgen und Artikeln versucht die Grasland-Expertin Anita Idel, wichtiges biologisches Grundwissen zu vermitteln, das sogar vielen Landwirten nicht geläufig ist. So gehöre es zu den Besonderheiten des Graslands, dass es verschwindet, wenn es dauerhaft ungenutzt bleibt. Während sich andere Pflanzen gegen den sogenannten Verbiss durch pflanzenfressende Tiere wehren, indem sie Bitterstoffe, Toxine oder Stacheln bilden, benötigt Gras die Beweidung. Der Biss durch Tiere löst hier einen Wachstumsimpuls aus. (Dieser kann durch Mähen imitiert werden, nicht aber der Beitrag der Beweidung zur biologischen Vielfalt.) Ohne Beweidung komme es zur allmählichen Verwaldung, sofern es nicht zu kalt oder zu trocken ist.

Gräser leben immer in vielfältigen Gesellschaften und sie kommen in und zwischen vier Extremen vor – Hitze, Kälte, Trockenheit und Nässe. Anita Idel: »Gräser überstehen die extreme Kälte oberhalb der Baumgrenzen ebenso wie die extreme Hitze des Sahels. Gräser leben in feuchten Gebieten, wie den Auenlandschaften, ebenso wie in der meist trockenen Serengeti. Das Erfolgsprinzip der Graslandschaften liegt in ihrer Diversität: der regionenspezifischen Zusammensetzung aus mehr- und einjährigen Gräsern, mit der sie so flexibel reagieren können wie keine andere Pflanzengesellschaft. Das gilt auch für alle Übergangs- und Mischformen zwischen nass, kalt, trocken und heiß – in Kombination und sogar im Wechsel.«

Laut Anita Idel hat Grasland weltweit eine immense Bedeutung für die Bodenfruchtbarkeit sowie als Kohlenstoffsenke zur Abmilderung der Erdüberhitzung. Denn das Verhältnis von oberirdischer Pflanzenmasse zur Wurzelmasse fällt nirgendwo so stark zugunsten der Wurzelmasse aus wie bei Graspflanzen. Sie schreibt: »Wie der oberirdische Zuwachs stammt auch der unterirdische überwiegend aus dem CO_2 der Luft. Das gilt folglich auch für den Humus, der durch die Arbeit der Bodenorganismen vor allem aus den verrottenden Graswurzeln entsteht. Im Gegensatz dazu fallen Blätter und Streu von z.B. Gehölzpflanzen auf den Boden und verrotten dort, noch ehe sie in den Boden transportiert werden. Dabei erfolgt die Humusbildung quasi indirekt und ist deshalb mit gasförmigen Verlusten in die Atmosphäre verbunden. Laut der Welternährungsorganisation speichern die Böden unter dem Grasland fast 50 Prozent mehr Kohlenstoff als Waldböden. Bäume akkumulieren während ihrer Lebenszeit einen Großteil ihrer pflanzlichen Biomasse im Holz. Dieser Zeitraum – und nicht der Zustand eines bestimmten Moments – muss deshalb bei Vergleichen zugrunde gelegt werden.«

Nach Ansicht von Anita Idel betreiben weltweit nur sehr, sehr wenige Viehhalter ein Weidemanagement, das die Potenziale des Graslands für Bodenverbesserung und CO_2-Einlagerung wirklich optimal ausschöpft. Auch die Praxis von mitteleuropäischen Biobauern bedeute meistens bestenfalls eine Erhaltung der Bodenfruchtbarkeit. Politik und Wissenschaft müssten endlich erkennen, dass in den Graslandböden der Erde das größte Potenzial zur Kohlenstoffspeicherung liegt.

Literatur

Averett, Nancy: Healthy Ground, Healthy Atmosphere. Recarbonizing the Earth's Soils, in: Environmental Health Perspectives, 2/2016. www.ncbi.nlm.nih.gov/pmc/articles/PMC4749070 (Studie zum Potenzial der Kohlenstoff-Einlagerung in Graslandböden)

Idel, Anita: Die Kuh ist kein Klima-Killer! Wie die Agrarindustrie die Erde verwüstet und was wir dagegen tun können, Metropolis-Verlag, 6. Auflage, 2016. (Allan Savorys Ansatz wird ab Seite 48 beschrieben.)

— Die Grasfresser wieder zu Landschafts-Gärtnern machen, in: Oya 50/2018. www.oya-online.de/article/read/3031-.html

Scheub, Ute und Stefan Schwarzer: Die Humusrevolution – Wie wir den Boden heilen, das Klima retten und die Ernährungswende schaffen, Oekom, 2017. (Auch in diesem Buch wird Savorys Ansatz vorgestellt.)

Schilk, Jochen: Mehr Wachstum! (Folge 1). Menschen können Land verwüsten – sie können es aber auch weitflächig wiederbegrünen, in: Oya 28/2014. www.oya-online.de/article/read/1525-mehr_wachstum_folge_1.html

Filme

»How to fight desertification and reverse climate change«, TED-Vortrag, Allan Savory, 2013 (22 Min.) www.ted.com/talks/allan_savory_how_to_green_the_world_s_deserts_and_reverse_climate_change.html

»Reversing Global Warming while Meeting Human Needs«, Vortrag von Allan Savory, 2013 (77 Min.) www.youtube.com/watch?v=uEAFTsFH_x4

An den Vortrag anschließende Frage-und-Antwort-Runde (39 Min.)

www.youtube.com/watch?v=QxPNPXbVtfI

Las Gaviotas | Kolumbien

Das verwüstete Land ist ein natürlicher Regenwald in Wartehaltung

Wir haben heute Nachmittag im Wald Bäume gepflanzt.
Ich kann mir keine Arbeit vorstellen, die der Kontemplation zuträglicher wäre.

Thomas Merton, Trappistenmönch und Autor

Was Paolo Lugari und seine Mitstreiter in der Umgebung der 1971 gegründeten und bis heute bestehenden kolumbianischen Ökosiedlung Las Gaviotas geschaffen haben, ist geeignet, die Zukunft der Erde in einem helleren Licht erscheinen zu lassen. Auch diese Gruppe bewies eindrucksvoll, dass die Regeneration von wenig lebendigem Land sogar an unwirtlichen Orten möglich ist. Und auch bei diesem Beispiel spielten die finanziellen Mittel zunächst nur eine untergeordnete Rolle, es brauchte lediglich ausreichend Willen, Experimentierfreude und Beharrlichkeit, um mindestens 8000 Hektar ödes Grasland in den Regenwald zurückzuverwandeln, der ursprünglich jene östlich der Anden gelegene Region Kolumbiens bedeckt hatte.

Die dünn besiedelte kolumbianische Region Vichada hat keine Industrie und wird nur geringfügig landwirtschaftlich genutzt, da außer niedrigen, nährstoffarmen Gräsern kaum etwas wächst. 1971 hatte Paolo Lugari Ingenieure und Wissenschaftler dorthin gebracht, um zu erkunden, wie man in einem der unwirtlichsten Gebiete Südamerikas – einer riesigen, wasserreichen Savanne mit den erwähnten unfruchtbaren Böden, deren hoher Aluminiumgehalt an Giftigkeit grenzt – nachhaltig leben könnte. Biologen nehmen an, dass von den Anden kommende Winde vor vielen Jahrtausenden Waldbrände angefacht hatten, die den Dschungel schneller niederbrannten, als er sich regenerieren konnte.

Wie aber haben die »Gavioteros« die »Regeln der Forstwirtschaft neu geschrieben«, wie es der Unternehmer, Ökoaktivist und Autor Gunter Pauli enthusiastisch formulierte? Noch als die Siedler bereits hektarweise Karibische Kiefern *(Pinus caribaea)* gepflanzt hatten, »blieb die akademische Welt auf dem Standpunkt, es sei ein Ding der Unmöglichkeit, die Regenwaldvegetation auf einem derart armen und sauren Boden (pH-Wert von 4) wieder aufleben zu lassen – wenn die Wissenschaftler auch zugeben mussten, dass der neue Kiefernwald erstaunlich gut gewachsen war.« Anfangs hatte das Ökodorf die Anpflanzung von Hunderten verschiedener Nutzpflanzen ausprobiert, doch keine einzige wollte gedeihen. Dann folgten sie dem Tipp eines Agronomen aus Venezuela und versuchten es mit Setzlingen von Karibischen Kiefern. Die Aufforster von Gaviotas machten sich bei dem Experiment eine biologische Erkenntnis zunutze, die auch anderswo zu Erfolg geführt hatte: Den Bäumen wird ein optimales Bodenleben vorbereitet, indem man den Untergrund mit jenen Mykorrhiza-Pilzen impft, die mit den Wurzeln der jeweiligen Baumart in einer symbiotischen Beziehung leben. Die Pilze ermöglichten es den Setzlingen, die harten Bedingungen zu überstehen, wie Gunter Pauli berichtet: »Sobald die jungen Kiefern etwas Schatten spendeten und der Säuregrad des pH-Werts sank, entfaltete sich der Regenwald wieder in seiner ganzen Vielfalt.«

Der Journalist Alan Weisman schreibt in seinem Buch »Gaviotas – Ein Dorf erfindet die Welt neu« von einem besonderen Glücksfall: »Aus vielerlei Gründen – um keine Pflanzenschutzmittel zu verwenden, um Kosten und Arbeitsstunden zu sparen, aber auch aus Neugier – hatten die Gavioteros bei einem von ihren ersten experimentellen Kiefernbeständen das Unterholz nicht entfernt. Da sie die Beete nicht düngten, würde das umliegende Savannengras vielleicht den mageren, nur zwei Zentimeter dicken Böden ein paar Nährstoffe zuführen. Und da die Kiefern erstaunlich schnell wuchsen, schien es nicht nötig zu sein, nachfolgende Pflanzungen zu jäten, obwohl alle möglichen Arten von Kletterpflanzen, Büschen und Holzgewächsen im feuchten, kühlen Schatten der Kiefernzweige aufzutauchen begannen. Mehrere Jahre später sollten die Gavioteros erfahren, wie wichtig diese zufällige Entscheidung, der Natur ihren Lauf zu lassen, gewesen war.«

Aus dem Kiefernforst wuchs der neue Regenwald

Der junge Kiefernwald schaffte – unbeabsichtigt – die Voraussetzungen zur Regeneration des natürlichen tropischen Ökosystems, das früher bis zum Amazonas reichte. Nach der Pflanzung der Kiefern hielten bald über 250 tropische Pflanzenarten, die nur in Flussauen überdauert hatten, wieder Einzug im Land. Vögel transportieren die Samen in die Kiefernpflanzung. Mit den Wildpflanzen kamen außerdem verschiedene Tierarten zurück. Lugaris Hypothese war damit zur These geworden: Das verwüstete Land ist ein natürlicher Regenwald in Wartehaltung! Wunderbarerweise erwiesen sich die Kiefern, die fast ein Jahrzehnt schneller als anderswo auswuchsen, in der Vichada als unfruchtbar, das heißt, sie stellen keine Gefahr für die heimische Flora dar. Sie bereiten dieser lediglich den Boden und das für den Anfang nötige Mikroklima.

Das ökologische Wunderwerk ist jedoch nur eine der zahlreichen faszinierenden Facetten der visionären Siedlung. Eine weitere ist etwa die Tatsache, dass sie lange Jahre mitten im kolumbianischen Bürgerkriegsgebiet friedlich zwischen den verfeindeten Regierungstruppen, Paramilitärs, FARC-Rebellen und Drogenkartellen existierte. (Im Juni 2016 wurde der Abschluss eines endgültigen Waffenstillstands zwischen der FARC und den Vertretern der kolumbianischen Staatsgewalt bekanntgegeben.) Grund für den quasi neutralen Status des Dorfs war unter anderem ein – auch in architektonischer Hinsicht bemerkenswerter – Krankenhausbau, auf den alle Konfliktparteien gleichermaßen angewiesen waren. Mehr noch: Das Militär stellte sogar große Flächen für die weitere Aufforstung zur Verfügung, weil man von den ökosozialen Chancen für die Region überzeugt war.

Der neue Wald erwies sich nämlich auch in ökonomischer Hinsicht als Wunderding. So sprudelte mit seiner Auferstehung wieder bestes Grundwasser in hoher Qualität. Die Gavioteros füllen es in Flaschen, um es in den Städten zu vermarkten (die oft am schlechten Trinkwasser erkrankenden Indigenen der Umgebung erhalten es kostenlos). Zudem lassen sich die Starthelfer des Walds, die Kiefern, zu Geld machen: Wenn man 1100 Bäume pro Hektar pflanzt, muss man nach dem sechsten und vor dem zehnten Jahr 500 Bäume entfernen, damit die natürliche Vegetation Platz und Licht zum Wachsen und Gedeihen hat. »Hätten Sie gedacht«, fragt Gunter Pauli, »dass man Holzfasern als Rohstoff für Platten in der Möbel- und Bauindustrie gewinnen kann, während man zugleich Biodiversität regeneriert und bis zu 18 Tonnen Kohlendioxid pro Hektar bindet?« Das Pflanzen der Karibischen Kiefer bewirkt noch einen weiteren ökonomischen Impuls: die 7 bis 14 Gramm Harz, die ein Baum täglich produziert, werden zu Kolofonium, einem Rohstoff der Farb-, Papier- und Musikinstrumentenbauindustrie, verarbeitet. Das Anzapfen schadet den Kiefern nicht – und Kolumbien erspart sich den jährlichen Import von Harzen im Wert von mehreren Millionen US-Dollar.

Durch den wirtschaftlichen Aufschwung ist Las Gaviotas eine autarke, finanziell unabhängige Gemeinschaft mit 200 Vollzeitbeschäftigten geworden. Die Arbeit wird hier gut bezahlt. Gesundheitsversorgung, Wohnung, Strom und Wasser sind in diesem lebendigen Utopia kostenlos. So wundert es nicht, dass der Ort in den Jahrzehnten des Bürgerkriegs keine Schießereien und Entführungen erlebt hat und auch keinerlei Menschenrechtsverletzungen bekannt geworden sind, wie sie in manchen Regionen Kolumbiens noch bis kurz vor dem Ende der Auseinandersetzungen an der Tagesordnung waren.

Die Siedlung wird von den Vereinten Nationen als Modell für Entwicklungsländer betrachtet, weil sie für nachhaltige Entwicklung unter ungünstigen Rahmenbedingungen steht. Glaubt man dem Reporter Alan Weisman, ist der Erfolg Gaviotas nicht zuletzt auf das außergewöhnliche Zusammengehörigkeitsgefühl der Siedlerinnen und Siedler zurückzuführen sowie auf ihre Bereitschaft, in Notlagen fest zusammenzustehen. So schildert er in seinem Buch, wie sie alle anderen Arbeiten liegen ließen, um noch vor dem Einsetzen einer Trockenzeit 1500 Hektar mit einer Million Setzlingen aufzuforsten. Mehr als drei Wochen lang schufteten die Gavioteros in zwei Schichten rund um die Uhr im Dauerregen, um das Pensum zu schaffen. Das Dorf war auf die Auszahlung eines Förderprogramms der kolumbianischen Forstbehörde angewiesen, und bis das Geld eintreffen würde, arbeiteten die Menschen ohne Lohn.

Kann die Methode unter diesen Umständen als skalierbar betrachtet werden? Ist sie übertragbar auf andere Dörfer mit Menschen anderer Mentalität? Paolo Lugari, der Begründer von Gaviotas, äußerte sich gegenüber der Inter American Developement Bank optimistisch: Es gäbe keinen Grund, warum ihr produktiver Wald sich nicht über die gesamte ostkolumbianische Ebene und über Südamerikas weitere 250 Millionen Hektar ausbreiten sollte.

Literatur

Matussek, Matthias: Luftschiffe über der Savanne, in: Der Spiegel, 4.3.1996. www.spiegel.de/spiegel/print/d-8892129.html

Pauli, Gunter: Regenwald-Saga. Ein kolumbianisches Dorf schafft nachhaltigen Wohlstand für eine ganze Region, in: KursKontakte 153/2007, Seite 16–17. kurzlink.de/gaviotas

Weisman, Alan: Gaviotas – Ein Dorf erfindet die Welt neu, Piper 2012.

Sebastião Salgado | Brasilien
Heilung für Mensch und Land

Der brasilianische Fotograf Sebastião Salgado hat mit seinen kunstvollen und sozialkritischen Fotobänden, zuletzt »Genesis« (2013), für Aufsehen gesorgt. Nicht ganz so bekannt ist sein Engagement als Wiederbegrüner. In einem TED-Vortrag vom Februar 2013 ruft er leidenschaftlich zu globalen Aufforstungsbemühungen auf. Salgado spricht dabei als erfahrener Praktiker: In jahrzehntelanger Arbeit gelang es ihm und seiner Frau Lélia, die zwischenzeitlich völlig verödete Familienfarm in jenen subtropischen Regenwald zurückzuverwandeln, den er aus Kindheitstagen kennt.

Seinen Vortrag beginnt Salgado mit einer Schilderung seines Geburtsorts, der Fazenda »Bulcão«, deren Fläche damals mehr als zur Hälfte von Regenwald bedeckt war: »Ich wuchs mit fantastischen Vögeln und Tieren auf und schwamm zusammen mit Kaimanen in unseren kleinen Flüssen. Etwa 35 Familien lebten auf dem Hof, und alles, was wir benötigten, wurde hier selbst produziert. Nur wenige Produkte vermarkteten wir. Einmal jährlich verkauften wir unser Rindfleisch, doch die Reise zum Schlachthaus dauerte 45 Tage.« Mit 15 Jahren verließ Sebastião Salgado diesen Ort, um in einer städtischen Schule den zweiten Teil der Oberstufe zu absolvieren. Zu jener Zeit, als in Brasilien gerade die Urbanisierung und Industrialisierung einsetzte, lernte er die Politik kennen und wurde ein radikaler Gegner der Militärdiktatur. Er machte einen Masterabschluss in Wirtschaft und ging dann wegen der politischen Repression gemeinsam mit seiner Frau Lélia nach Frankreich, wo er seine Leidenschaft für die Fotografie entdeckte.

Mensch und Natur heilen sich gegenseitig

Salgado, der fast ausschließlich Schwarzweißbilder mit einer Leica-Kamera macht, fotografierte von 1994 bis 2000 zum Thema Migration und Vertreibung (der daraus hervorgegangene Bildband heißt »Exodus«). In seinem Vortrag erzählt er von der folgenreichen Arbeit in verschiedenen Krisengebieten der Erde: »Das gehörte zu den schwersten Phasen meines Lebens. In Ruanda sah ich schreckliche Gewalt, ich erlebte

Tag für Tag tausendfaches Sterben um mich herum.« Als er aus Ruanda wegging, glaubte er nicht mehr daran, dass die Menschheit gerettet werden könne. »Wir hatten es nicht verdient, zu überleben. Niemand!«, erzählt Sebastião in dem Dokumentarfilm »Das Salz der Erde«, den Wim Wenders 2014 über Salgados Leben und Werk gedreht hatte, von seiner tiefen Resignation. »Er hat ins Herz der Finsternis geblickt – was blieb ihm noch zu tun?«, kommentierte Wim Wenders diesen persönlichen Tiefpunkt. »Ich glaubte nicht, dass wir noch länger weiterleben könnten«, fuhr Salgado in seinem Vortrag fort, »und wurde krank.« In Paris habe er den Arzt eines Freundes aufgesucht und sagte ihm, dass er vermutlich dem Tod nahe sei. Nach einer umfassenden Untersuchung gab der Doktor ihm jedoch zu verstehen, dass er nicht krank sei, jedenfalls nicht körperlich. Die Konfrontation mit all dem Menschheitsleid habe ihm jedoch tiefe seelische Wunden zugefügt. Der Arzt legte ihm nahe, die Arbeit an seinem Fotoprojekt umgehend abzubrechen.

»Also fasste ich den Entschluss aufzuhören. Ich ärgerte mich über die Fotografie und über die ganze Welt und entschied mich, an den Ort meiner Kindheit zurückzukehren«, erzählt Sebastião in seinem TED-Vortrag. Auf der elterlichen Fazenda »war die Erde allerdings dem Tod so nah wie ich selbst«. Abholzung und Überweidung durch zu große Rinderherden hatten das Land zu einer ausgedörrten Ödnis verkommen lassen. Wie Wenders' Co-Regisseur und der Sohn von Sebastião und Lélia, Juliano Ribeiro Salgado, in dem Film erzählt, sei seine Mutter daraufhin auf die so naheliegende wie weitreichende Idee gekommen, den Wald neu zu pflanzen. »Du sagtest doch, du seist im Paradies geboren worden. Lass uns das Paradies wieder aufbauen«, zitiert Sebastião seine Frau in dem TED-Talk. So begannen die Salgados mit ihrem ambitionierten Vorhaben. Und während der Wald langsam zurückkehrte, besserte sich auch Sebastiãos Gesundheitszustand. Die Neue Zürcher Zeitung hat bei Wim Wenders nachgefragt, ob es wirklich die Natur gewesen sei, die die Verzweiflung seines Freundes Sebastião geheilt habe. Wenders antwortete, dass er dies genau so gemeint habe: »Die Seele dieses Mannes war zutiefst verwundet«, fährt er in dem Interview fort. »Er hat die Dinge zu sehr an sich herangelassen, wogegen man sich ja auch in anderen Berufen feien muss. [...] Und dann kam eine Heilung wie von selbst, aus einer sicherlich unerwarteten Ecke. Die Wiederaufforstungsidee seiner Frau war zu Beginn sicher ein, wie soll ich sagen, ›unschuldiger‹ Vorschlag, um die Familie und ihren Mann ›auf andere Ideen zu bringen‹. Dass daraus so etwas Großes würde und dass sie damit so viel in Bewegung bringen würden, das hatten die Salgados sicher nicht geahnt.«

Eine verrückte Saat geht auf

Sebastião besuchte auf den Vorschlag seiner Frau Lélia hin zunächst einmal einen guten Freund, der Wiederaufforstungsprojekte leitete. Dieser willigte tatsächlich ein, es auf der halbtoten Familienfarm nahe der Stadt Aimorés im Bundesstaat Minas

Gerais zu probieren. Im April 1998 gründete das Ehepaar das »Instituto Terra«, eine Umweltorganisation, die sich der Regenerierung des Doce-Flusstals verschrieb und international um Spendengelder warb. Im Dezember 1999 war es schließlich so weit, dass die ersten Bäume gepflanzt werden konnten. In seinem Internetvortrag erinnert sich der Fotograf: »Im ersten Jahr verloren wir viele Bäume. Im zweiten Jahr war der Verlust schon geringer, und langsam begann sich dieses tote Land zu erholen. Also bauten wir weiter an der Auferstehung des verschwundenen Ökosystems und pflanzten Tausende Bäume mehr – ausschließlich einheimische Arten. Und tatsächlich kam das Leben in ganz erstaunlichem Ausmaß zurück.«

Immerhin ist es bislang gelungen, knapp 300 der einst 400 dort heimischen Baumarten wieder anzusiedeln. Wie auf der Website des Instituto Terra zu lesen ist, begannen – ganz ähnlich wie auch bei vielen anderen Regenerierungsmaßnahmen – mit der Rückkehr der Vegetation die natürlichen Quellen wieder zu sprudeln und diverse vom bedrohte Tierarten fanden eine neue Heimat: Heute leben auf dem Gelände 172 Vogelspezies, davon sechs vom Aussterben Bedrohte, sowie 33 Säugetier-, 15 Amphibien- und 15 Reptilienarten, darunter Kaimane und Jaguare. Dieses ermutigende Beispiel findet inzwischen auch internationale Anerkennung: In der Begründung des Stiftungsrats, der Salgado im Oktober 2019 den renommierten »Friedenspreis des Deutschen Buchhandels« verlieh, hieß es, ein Bildkünstler werde ausgezeichnet, »der mit seinen Fotografien soziale Gerechtigkeit und Frieden fordert und der weltweit geführten Debatte um Natur- und Klimaschutz Dringlichkeit verleiht. Zugleich hat Sebastião Salgado mit seinem ›Instituto Terra‹ eine Einrichtung geschaffen, die einen direkten Beitrag zur Wiederbelebung von Biodiversität und Ökosystemen leistet«.

Stolze 6900 Hektar entwaldetes und stark erodiertes Land entlang des Flusses Doce wurden auf die Initiative der Salgados hin einer tiefgreifenden Transformation unterzogen und bilden heute ein privates Naturerbe-Reservat. Aus 4,5 Millionen Setzlingen von Baumarten, die in Brasiliens Atlantischem Regenwald seit Urzeiten heimisch sind und in den vergangenen zwanzig Jahren in der institutseigenen Baumschule großgezogen worden waren, wuchsen bislang 2,7 Millionen Bäume. Die Setzlinge dienen nicht nur der Aufforstung der Familienfarm, sondern gehen auch in ähnliche Wiederherstellungsprojekte in den umliegenden Gebieten. 608 Hektar der insgesamt 710 Hektar großen Farm sind Bestandteil des Naturreservats.

Inspiriert von diesem Pilotprojekt, das immerhin Teile des heute nur noch zu 7 Prozent bestehenden Atlantischen Regenwald wiederherstellt, ermutigt die Regierung des Bundesstaats heute private Landbesitzer, es den Salgados gleichzutun. Denn die aus der unkontrollierten Ausbeutung natürlicher Rohstoffe wie Holz und Roheisen resultierenden Dürren und Bodenerosionen haben nicht zuletzt auch die Lebensbedingungen der Landbevölkerung stark verschlechtert. Humus wird von den steilen Hängen des Küstengebirges bis hinab ins Meer gespült. Durch Erdrutsche und Überschwemmungen kommen jährlich viele Menschen ums Leben, da kein Wald mehr da ist, um Boden und Wasser zu halten.

Der Atlantische Regenwald

Wenn von den Wäldern Brasiliens die Rede ist, wird zunächst meist ans Amazonasgebiet gedacht (siehe das folgende Kapitel). In Europa weniger bekannt ist jedoch der Atlantische Regenwald, ein Gürtel verschiedener Waldtypen, der sich einst über 3000 Kilometer und mehr als eine Million Quadratkilometer entlang der Atlantikküste im Osten Brasiliens erstreckte. Von den Tropen bis in die Subtropen reichend und bis hinauf ins Küstengebirge steigend, vereinigte die »Mata Atlântica« so unterschiedliche Waldformationen wie Tieflandregenwälder in der schmalen Küstenebene, Trockenwälder im Landesinneren des Nordostens und Araukarienwälder im südlichen Bergland Brasiliens.

Heute sind von diesen Urwäldern nur noch klägliche Inselchen in einer vom Menschen geprägten Kulturlandschaft übrig. Dennoch beherbergen diese Reste nach wie vor einen ungeheuren Reichtum an Pflanzen- und Tierarten, der erst für Wirbeltiere und höhere Pflanzen ausreichend untersucht ist. So können auf einem Hektar bis zu 450 Baumarten vorkommen – mehr als in ganz Mitteleuropa, wo insgesamt 220 Arten heimisch sind. Viele der Arten sind endemisch, das heißt, sie kommen nur in kleinen Gebieten vor. Doch selbst in den verbliebenen Resten des Atlantischen Regenwalds hat sich ein Artenreichtum erhalten, der dem im ungleich größeren Amazonasgebiet nicht nachsteht. Von den 202 in der brasilianischen roten Liste aufgeführten gefährdeten Tierarten kommen allein 171 in der Mata Atlântica vor. Wissenschaftler vermuten, dass hier die Biodiversität wegen der vielfältigen Kleinklimate sogar größer ist als im Tiefland-Regenwald des Amazonas.

Auf den Bäumen, deren Kronen nicht höher werden als 20 bis 30 Meter, wächst eine Vielzahl unterschiedlicher Farne, Orchideen und Bromelien, die wiederum Baumfröschen als Lebensraum dienen. Und weil Bäume in den Bergen weniger hoch wachsen, können mehr Licht und Nährstoffe den Waldboden erreichen, wo sich deshalb – anders als im Tiefland – artenreiche Unterholz-Biotope mit unterschiedlichsten Pflanzen und Tieren entwickelt haben.

Mit der weitgehenden Vernichtung des Atlantischen Regenwalds verschwinden deshalb unzählige Arten – viele noch vor ihrer Entdeckung durch Menschen. Im Gebiet der Mata Atlântica liegen die größten Städte des Lands und leben zwei Drittel der Bevölkerung. Dadurch gehören diese Wälder zu den weltweit am stärksten bedrohten. Weil sie einen Hotspot der Artenvielfalt darstellen, wurden sie 1993 von der UNESCO zum Biosphärenreservat ernannt, mit dem Ziel, das Ökosystem in seiner Artenvielfalt und Funktion zu erhalten. Die Wälder sind jedoch tatsächlich nicht nur für Tiere und Pflanzen, sondern auch für die 120 Millionen in der Region lebenden Menschen von existenzieller Bedeutung. Sie spielen eine entscheidende Rolle im Trinkwasser- und Bodenschutz, weil sie als Wasserfilter und -speicher dienen, die Bodenfruchtbarkeit erhalten und ein einmaliges genetisches Reservoir darstellen. Riesenstädte wie São Paulo und Rio de Janeiro, denen der Wald weichen musste, stehen heute vor großen Problemen. So leidet São Paulo unter Trinkwassermangel, obwohl es in einem der regenreichsten Gebiete des amerikanischen Kontinents liegt.

»Das können wir überall auf der Welt so machen!«

Vor diesem Hintergrund erhält das Aufforstungsprojekt der Salgados umso mehr Relevanz. Aber wie geht es Sebastião persönlich? Er wirkt, als habe er einen Weg gefunden, seinen Frieden mit der Welt zu machen, gerade indem er sich für eine lebenswerte Welt einsetzt. Sein Ausgangspunkt ist dabei direkt vor seiner Haustür – der Wald seiner Kindheitstage: »Dieses Land ist von größter Bedeutung für uns«, erzählt Sebastião abschließend in »Das Salz der Erde«. »Wir schließen einen Kreis mit diesem Land, einen Zyklus, in dem wir unser Leben verbracht haben. [...] Dieses Land erzählt unsere Geschichte weiter. Und wenn ich sterbe, wird dieser Wald wieder so sein, wie er war, als ich geboren wurde.« Dieses berührende persönliche Zeugnis bedeutet jedoch keinen Rückzug ins Private – Sebastião Salgado behält weiterhin die größeren Zusammenhänge im Blick. Gegenwärtig arbeitet das Instituto Terra mit der deutschen KfW-Bank und dem World Wildlife Fund (WWF) zusammen, um Wege zu finden, die »Cerrados« genannten Savannenwälder entlang des Amazonas und den Atlantischen Regenwald an der südamerikanischen Küste wiederaufzuforsten. Darüber hinaus unterstützt Salgado eine Kampagne der Menschenrechtsorganisation Survival International zum Schutz der im Atlantischen Regenwald beheimateten und durch illegale Abholzung stark bedrohten Awá-Indianer.

In einem aktuellen Interview mit dem WWF antwortete Sebastião auf die Frage, was er sich von der sprichwörtlichen Fee wünschen würde: »Bäume pflanzen! Wir hinterlassen überall auf der Welt Wüsten. Ich bin vor kurzem in Indien von Bangalore nach Delhi geflogen: kein Baum, nirgends. Spanien war noch vor 500 Jahren ein gigantischer Wald. Er hat sich in eine gigantische Wüste verwandelt. Zwischen Washington und San Francisco: eine vom Menschen geschaffene Wüste. Wir haben die Ressourcen, das Geld und die technischen Möglichkeiten, diesen Trend umzukehren, Wir müssen aufforsten. Wir müssen Ökosysteme wiederbeleben. Nur so können wir das Leben auf der Erde so organisieren, dass wir überleben, andernfalls wird es sehr schwierig.«

Seinen TED-Vortrag schloss er mit einem ermutigenden Aufruf: »Freunde, es ist ganz einfach. Wir haben hier bewiesen, dass es möglich ist, ein Ökosystem wiederherzustellen! [...] Das Modell, das wir in Brasilien anwandten, kann man auch hier [der Vortrag wurde in Kalifornien gehalten] umsetzen. Das können wir überall auf der Welt so machen. Ich glaube, gemeinsam können wir es schaffen. Vielen Dank!«

Website

www.institutoterra.org/eng

Literatur

Becker, Jörg: Ein Erzähler großer Zusammenhänge. Neue Zürcher Zeitung, 12.11.2014. www.nzz.ch/feuilleton/kino/ein-erzaehler-grosser-zusammenhaenge-1.18423532

Crouzeilles, Renato u.a.: There is hope for achieving ambitious Atlantic Forest restoration commitments, Perspectives in Ecology and Conservation, 17(2)/2019, Seite 80–83. www.sciencedirect.com/science/article/pii/S2530064418301275?via%3Dihub (Fachartikel über den ehrgeizigen »Pacto pela Restauração da Mata Atlântica« zur Wiederherstellung des Atlantischen Regenwalds Brasiliens, demzufolge bis zum Jahr 2050 ganze 15 Millionen Hektar aufgeforstet werden sollen.)

Salgado, Sebastião: Ein Comeback der Natur ist möglich, Interview mit Christoph Heinrich und Roberto Maldonado, WWF, 9.7.2018. www.wwf.de/themen-projekte/projektregionen/amazonien/salgado-interview/

Film

»Das stille Drama der Fotografie«, TED-Talk, Sebastião Salgado, 2013 (deutsche Untertitel, 17 Min.) www.ted.com/talks/sebastiao_salgado_the_silent_drama_of_photography?language=de

»Brasilien: Projekt Wiederaufforstung«, Fernsehbeitrag über Sebastião Salgado, Arte, 2018 (3 Min.) www.arte.tv/de/videos/086602-000-A/brasilien-projekt-wiederaufforstung

»Das Salz der Erde«, Dokumentarfilm von Wim Wenders und Juliano Ribeiro Salgado, 2014 (110 Min.) www.dassalzdererde-derfilm.de

»Der Fotograf Sebastião Salgado«, Interview mit Thomas Schuch/KfW-Bank, 2019 (englisch, 10 Min.) www.kfw.de/stories/gesellschaft/menschen/fotograf-sebastiao-salgado/?undefined

Brasilien
Weltgrößtes Regenwald-Aufforstungsprogramm

Vor der Industrialisierung galten Wälder als Maßstab volkswirtschaftlichen Reichtums. Auch künftig wird sich der Reichtum eines Lands wieder an der Quantität und Qualität seiner Wälder bemessen.

David Holmgren, Mitbegründer der Permakultur

Dem Amazonas-Regenwald, der ja zu großen Teilen auf brasilianischem Staatsgebiet wächst, könnte es in absehbarer Zeit ebenso gehen wie der im vorherigen Kapitel beschriebenen – fast ausradierten – Mata Atlântica. In den vergangenen vierzig Jahren sind ungefähr 20 Prozent des Amazonas gerodet oder auf andere Weise zerstört worden. Wissenschaftler befürchten, dass in den kommenden Jahrzehnten weitere 20 Prozent der ursprünglichen Fläche verlorengehen. Selbstverständlich gilt es, dieses Szenario – das eine Katastrophe für die ganze Welt bedeuten würde – abzuwenden. Neben dem Stopp der weiteren Zerstörung könnte ein Ansatz auch im Wiederaufbau des bereits Verlorenen bestehen:

Im Herbst 2017 kündigte die Organisation zum Erhalt der Biodiversität »Conservation International« für Brasilien die Durchführung der weltgrößten Wiederaufforstungsmaßnahme eines tropischen Regenwalds an. Innerhalb von sechs Jahren sollen in Kooperation mit verschiedenen anderen Organisationen – aber an der Basis insbesondere mit Bauern und indigenen Gemeinschaften – zunächst 30 000 Hektar Regenwald wiederhergestellt werden. 73 Millionen neue Bäume werden dann zur Wiederbewaldung der als »Arc of deforestation« (Bogen der Entwaldung) zu trauriger Bekanntschaft gelangten Bundesstaaten Amazonas, Acre, Pará und Rondônia sowie des Einzugsgebiets des Rio Xingu beitragen. Zwei Aspekte sind dabei hervorzuheben.

Eng gedrängte Aussaat

Da ist zum einen die Pflanz- bzw. Aussaatmethode namens »Muvuca«. Die bisher angewandte Praxis des Pflanzens von Setzlingen ist ressourcen- und arbeitsintensiv und kann bei nicht zu den örtlichen Bedingungen passenden Baumarten zu hohen Ausfallraten führen. Der portugiesische Ausdruck »Muvuca« bedeutet »viele Leute, gedrängt in einen kleinen Raum«. Übertragen auf den Forstbereich bezeichnet er die Aussaat von Samen von mindestens 200 verschiedenen Arten einheimischer Gehölze pro Quadratmeter. Die Methode wurde erst vor wenigen Jahren entwickelt und verspricht die Entwicklung eines dichten und äußerst artenreichen Walds. Dabei überleben auch in einem nährstoffreichen Boden nur einige wenige dieser Samen, doch ist ebendiese natürliche Auslese der Schlüssel zum Erfolg der Muvuca-Methode. Die aufgekeimten Samen wetteifern untereinander um Nährstoffe und Sonnenlicht. Nur die stärksten, angepasstesten wachsen zu großen Bäumen heran. Gemäß einer Studie der UN-Ernährungs- und Landwirtschaftsorganisation keimen mehr als 90 Prozent der so gesäten einheimischen Bäume. Die überlebenden unter ihnen erweisen sich später als besonders widerstandsfähig; sie überstehen sogar Trockenperioden von bis zu sechs Monaten ohne Bewässerung. Rodrigo Medeiros ist Vizepräsident des brasilianischen Programms von Conservation International. Er äußert sich begeistert zu der neuen Technik: »Mit dem Pflanzen von Setzlingen lässt sich in der Regel eine Dichte von etwa 160 Pflanzen pro Hektar erreichen. Bei der Muvuca-Methode hat man anfänglich 2500 verschiedene Spezies pro Hektar. Zehn Jahre nach der Aussaat stehen dann auf einem guten Hektar bis zu 5000 Bäume! Das Ergebnis ist sehr viel artenreicher, sehr viel dichter – und zugleich günstiger zu haben als mit herkömmlichen Techniken.«

Indigene Selbstbestimmung oder Greenwashing?

Das für die Aufforstung des Atlantischen Regenwalds in Brasilien benötigte Saatgut stammt vom Xingu Seed Network, das seit 2007 schon über 30 Organisationen beliefert hat. Die Sammelarbeit wird von mehr als 400 Leuten geleistet, zumeist indigene Frauen und Jugendliche. Damit kommen wir zum zweiten hervorhebenswerten Aspekt des Projekts.

Neben Conservation International engagieren sich hier das brasilianische Umweltministerium, die Globale Umweltfazilität (GEF), die Weltbank, der brasilianische Biodiversity Fund (Funbio) sowie die aus einem Rockfestival hervorgegangene Umweltschutzorganisation »Amazonia Live«. Diese Koalition steht organisatorisch und nominell für das Unterfangen, doch es sind an der Basis tatsächlich die indigenen Gemeinschaften und die Kleinbauern vor Ort, die den direkten Nutzen aus ihm ziehen sollen. Bei der Wiederherstellung jedes einzelnen Hektars werden mindestens 2000 lokale Einwohnerinnen und Einwohner Hand in Hand arbeiten. Das betreffende Land gehört zumeist privaten Bauern, aber auch staatliche Schutzgebiete und indigene Territorien sollen profitieren. Alle Mitarbeiter erhalten eine einheitliche Vergütung, so dass Familien bis zu 700 Dollar pro aufgeforstetem Hektar verdienen können. Medeiros betont, dass dies eine Win-win-Situation für alle Beteiligten sei: Die Koalition erhalte Arbeit zu einem fairen Preis; indigene Gemeinschaften könnten ihre Lebensweise beibehalten und würden zudem als rechtmäßige Eigentümer des Regenwalds anerkannt. Bauern unterzeichneten einen Vertrag über die rasche Wiederherstellung ihres eigenen Lands, wobei sie viel logistische Unterstützung erführen. Bis zum Herbst 2017 seien bereits mehr als eine Million Bäume mit der Muvuca-Methode gepflanzt worden, berichtet Medeiros: »Quellen und Flüsse in der Region, die an einem Mangel an Wasser gelitten hatten, zeigen schon Anzeichen von Erholung.« Dies habe zu einer Erhöhung der Bodenfruchtbarkeit geführt und sich bereits in besseren Ernten der Farmer niedergeschlagen.

Leider finden sich in den Artikeln keine Angaben dazu, wie das Projekt den Widerspruch zwischen einem dichtem Regenwald und landwirtschaftlichen Nutzflächen löst – orientiert man sich hier vielleicht gar an Ernst Götschs Waldgartenansatz (siehe Seite 165)? Irritierend ist zudem die Tatsache, dass ausgerechnet dem Agrochemiekonzern Monsanto erlaubt wurde, sich als Partnerorganisation des Projekts einem »Greenwashing« zu unterziehen.

Leider wurden diesen Aufforstungsbemühungen jüngst harte Rückschläge durch Präsident Jair Bolsonaro (»Umweltpolitik erstickt die Wirtschaft!«) zugefügt. Seit Bolsonaros Amtsantritt Anfang 2019 stieg die Abholzung des Amazonas-Regenwalds sprunghaft an: Von Januar bis August 2019 wurden über 90 Prozent mehr brasilianischen Regenwalds (rund 800 Quadratkilometer monatlich) als im selben Zeitraum des Vorjahrs vernichtet – der höchste Wert seit 2010. Durch die Feuerkatastrophen des Sommers 2019, verursacht durch Brandrodung in der Trockenzeit, erfuhr der Amazonas-Regenwald weitere dramatische Verluste. Die Organisation Conservation International setzt ihre Hoffnungen nun auf junge Menschen wie die Aktivistin Greta Thunberg. Bleibt zu hoffen, dass die lauter werdenden Stimmen der (inter)nationalen Klimabewegung ausreichend Druck auf die Regierung ausüben können.

—

Literatur

Conservation International: World's Largest Tropical Reforestation Project to Take Place in the Amazon Rainforest, 15.9.2017. kurzlink.de/ConservationInt

Farmbauer, Martina: Dunkle Wolken über Brasilien, spektrum.de, 7.10.2019. kurzlink.de/Amazonasbrand

Monsanto Corporation: Seeding the Future of the Native Forest, 27.4.2017. kurzlink.de/AmazonasMonsanto

Townsend, John Converse: The Largest Ever Tropical Reforestation Is Planting 73 Million Trees, Fast Company, 31.10.2017. kurzlink.de/ArtikelFastcompany

Velde, Bruno Vander: Massive reforestation effort puts down roots in Brazilian Amazon, Conservation International, 15.9.2017. kurzlink.de/ConservationAmazonas

— Climate Week. Youth, morality and the fate of the Amazon, Conservation International, 24.9.2019. kurzlink.de/ConservationYouth

Film

»Forest Preservation in Brazil«, Imagefilm des Monsanto-Konzerns, 2014 (englische Untertitel, 4 Min.) www.youtube.com/watch?v=dswIduRiX_8

Antonio Vicente | Brasilien

Noch ein Rufer in der Wüste

Als Antonio Vicente 1973 im brasilianischen Bundesstaat São Paulo 31 Hektar Land kaufte, um darauf einen Wald zu pflanzen, da nannten ihn die Leute einen Verrückten. Zu jener Zeit wurden Wälder allgemein als Hinderungsgründe für Fortschritt und Profite betrachtet. Die Militärregierung ermunterte reiche Grundbesitzer zur Expansion, indem sie ihnen großzügig geförderte Kredite anbot. Sie sollten in moderne Landwirtschaftsmethoden investieren, denn davon versprachen sich die Generäle große nationale Ertragssteigerungen.

Antonio Vicente hatte beobachtet, wie für Rinderweiden, Industrialisierung und Urbanisierung immer weitere Waldflächen weichen mussten – und er hatte begonnen, sich Sorgen über eine drohende Wasserknappheit zu machen.

Aufgewachsen war Antonio als eines von 14 Kindern auf der Farm, auf der sein Vater Arbeit hatte. Die bestand unter anderem darin, auf Geheiß des Besitzers Bäume zu fällen, um Holzkohle zu produzieren und Weideland für weitere Rinder zu gewinnen. Damals waren irgendwann die Quellen versiegt und hatten nie wieder angefangen zu sprudeln. Antonio Vicente wusste also aus eigener Erfahrung, wie wichtig Bäume für den Wasserhaushalt einer Region sind. Er hatte gute Gründe, auf seinem eigenen Land – das der Vorbesitzer in Rinderweiden verwandelt hatte – mit Hilfe von Eseln und einigen wenigen Mitarbeitern an der Wiederbegrünung zu arbeiten. »Die Gegend war vollständig kahl, und die Reserven an Wasser waren fast aufgebraucht«, erinnert er sich an die Anfangszeit. Die Nachbarn, die auf ihren Flächen Milch und Fleisch produzieren, hatten ihn regelmäßig einen Narren genannt: »Wald zu pflanzen ist doch reine Landverschwendung! Mit all den Bäumen bleibt gar kein Platz für Kühe oder Ackerflächen. Wie willst du damit Geld verdienen?!«

Doch was damals nur eine Wochenendbeschäftigung war, entwickelte sich längst zu einer Art Lebensstil, der Antonio Vicentes ganze Zeit beansprucht. Der heute 86-Jährige schätzt, dass er auf seinen Ländereien in der Gebirgsregion von Serra da Mantiqueira in 40 Jahren etwa 50 000 Bäume wiederangesiedelt hat. Er sagt: »Auf die

Frage, was meine Familie ist, würde ich antworten: All diese Bäume hier, die ich aus Samen gezogen und eingepflanzt habe!«

Eine ganze Region trocknet aus

São Paulo, der Bundesstaat, in dem Vicente zuhause ist, gehört zu den am stärksten von Abholzung betroffenen Regionen Brasiliens. Als reichster Bundesstaat erwirtschaftet São Paulo ein Drittel des Bruttosozialprodukts – Industrie und Landwirtschaft leisten dazu signifikante Beiträge. Während die ökonomische Bedeutung über Jahrzehnte hinweg wuchs, schritt die Zerstörung der Umwelt jedoch immer weiter fort. Von ursprünglich 69 Prozent Bewuchs mit Atlantischem Regenwald sind heute nur noch 14 Prozent übrig; innerhalb von drei Jahrzehnten verschwanden 183 000 Hektar Wald. Das blieb nicht folgenlos: São Paulo litt von 2014 bis 2016 erstmals an ernsthafter Wasserknappheit, obwohl der Bundesstaat – wie bereits auf Seite 157 erwähnt – sehr viel Niederschlag aufweist. Heute erhalten Landwirte kleinere Förderungen von den Regionalbehörden, wenn sie mithelfen, die Wasserreserven durch Aufforstungs- und Walderhaltungsmaßnahmen zu schützen. São Paulo gelingt es zumindest in letzter Zeit, die Entwaldungsrate gegen null zu drücken.

Im Jahr 2015 verpflichtete sich Brasilien, im Rahmen der Bonn Challenge (siehe Seite 207) bis zum Jahr 2030 zwölf Millionen Hektar Waldfläche aufzuforsten. Wenn das Land dieses Ziel ernsthaft erreichen möchte, muss es die Besitzer der entwaldeten Flächen für dieses Anliegen gewinnen. Die wiederbegrünten Farmen von Antonio Vicente und Sebastião Salgado könnten dabei als attraktive Vorbilder dienen. Auf Antonios Land gibt es nun inmitten des wieder üppig gedeihenden Atlantischen Regenwalds nicht weniger als acht Wasserfälle zu bestaunen. Dem Journalisten Sam Cowie, der den Do-it-yourself-Aufforster 2016 aufsuchte, teilte dieser mit: »Ich habe das nicht des Geldes wegen gemacht. Ich wollte vielmehr der Allgemeinheit etwas Dauerhaftes hinterlassen.« Und er fügte hinzu: »Heute nennt mich niemand mehr verrückt.«

Literatur

Cowie, Sam: The man who planted a tree and grew a whole family of forests, The Guardian, 21.3.2017. kurzlink.de/AntonioVicente

Filme

»Restoring the Rainforest«, Film über Antonio Vicente, 2016 (englisch, 1 Min.) www.youtube.com/watch?v=ndWyBU9mWlM

»Homem consegue devolver vida a área desmatada por pastos«, TV-Clip, 2017 (portugiesisch, 7 Min.) www.youtube.com/watch?v=UfjoOCI9JWs

Ernst Götsch | Brasilien

Schnell artenreiche, essbare Wälder anlegen!

Was lässt sich entzückenderes denken, fühlen, empfinden, genießen, als ein Paradies auf Erden?

Heinrich Cotta in »Die Verbindung des Feldbaues mit dem Waldbau oder die Baumfeldwirthschaft«, womit er 1819 die Idee naturnaher Agroforstsysteme vorwegnahm.

Auch der Schweizer Ernst Götsch hat bewiesen, dass der Atlantische Regenwald Brasiliens auf einer völlig heruntergewirtschafteten Fläche wieder etabliert werden kann, er schaffte das sogar in Rekordzeit. Götsch hat eine nachvollziehbare Praxis für diese Form der Landschaftswiederherstellung entwickelt. Obendrein zeigte er, dass sich reichhaltige Lebensmittelproduktion und intakter Wald in den Tropen nicht ausschließen. Dies lässt für die vielen bedrohten oder bereits halb oder total zerstörten Wälder in dieser Region hoffen. Was der Mann geschaffen hat, könnte sich als eine der wichtigsten Entdeckungen in dieser kritischen Zeit herausstellen.

Der 1948 geborene Ernst Götsch wuchs mit der Landwirtschaft auf. In den 1970er Jahren forschte er als Wissenschaftler zu angepassten Saatgutzüchtungen. Es ging um Möglichkeiten, das Genom von Kulturpflanzen zu »verbessern« und sie widerstandsfähiger gegen Krankheiten und andere Umwelteinflüsse zu machen. Doch irgendwann kam Götsch der Gedanke, ob sich nicht eventuell bessere Ergebnisse erzielen ließen, wenn man Kultivierungsmethoden entwickelte, die den Pflanzen optimale Bedingungen für das Gedeihen bieten, anstatt, wie er sich ausdrückt, »Genotypen zu erfinden, die mit den widrigen Bedingungen zurechtkommen, denen wir sie aussetzen«. Für einen Pflanzenzüchter bedeutet diese Idee nichts weniger als einen Paradigmenwechsel.

Der Querdenker Ernst Götsch, der schon mit 14 Jahren von der Schule geflogen war, weil er »die Lehrinhalte übermäßig infrage« stellte, hat den Gedanken von einer gänzlich anderen Herangehensweise in den folgenden Jahren und Jahrzehnten immer weiter in die Tat umgesetzt. Zunächst führte er in der Schweiz und in Süddeutschland Versuche mit Mischkulturen durch, wobei er zum Beispiel die kleinbäuerliche Tradition, Mais und Bohnen gemeinsam anzubauen, wissenschaftlich untersuchte (in Südamerika ist diese Praxis als »Milpa« bekannt). Daneben experimentierte er auch mit neuen Kombinationen, etwa mit dem Paar »Weizen und Erbsen« oder mit der Triade »Himbeeren, Äpfel, Kirschen«. 1979 übersiedelte er nach Costa Rica, wo er an der Wiederherstellung degradierter Böden mittels Agroforstsystemen arbeitete. Drei Jahre später verschlug es Götsch nach Brasilien, wo er 1984 in Piraí do Norte im Bundesstaat Bahia 500 Hektar Ödland erstand. Die Farm im Bereich der Mata Atlântica war vom Vorbesitzer, einem Sägewerksbetreiber, weitestgehend entwaldet worden; zudem hatte dieser das Land durch pausenlosen Maniokanbau in Hanglagen und durch Praktiken wie Brandrodung verdorben.

Der Natur auf die Sprünge geholfen

Die anfänglichen Herausforderungen bei der Restaurierung der hügeligen Farm bestanden hauptsächlich im Wassermangel und in den starken Winden, die das Gebiet durchzogen. Zwar gab es durchaus Niederschläge, doch die ausgelaugte Erde konnte das Wasser nicht halten; an vielen Stellen hatte deshalb Bodenerosion eingesetzt. Ernst Götsch glaubte jedoch fest daran, den Boden verbessern und eines Tages sogar den vormals hier wuchernden Regenwald wieder ansiedeln zu können. Ja, eines Tages würde seine Familie davon leben können, Waldfrüchte wie Bananen, Kakaobohnen, Pfeffer und Ananas zu essen und zu verkaufen.

Der Landwirt und Wissenschaftler wusste, dass es zunächst vor allem darum gehen würde, den offen daliegenden Boden mit Vegetation zu bedecken. Also begann er, nach dem Vorbild des natürlichen Sukzessionsbewuchses zu pflanzen. (Als Sukzession wird der Prozess bezeichnet, bei dem in Regionen mit ausreichend Niederschlag eine kahle Fläche allmählich von Pflanzen erobert wird und sich schließlich in einen Wald verwandelt.) Die hierbei verwendeten Pflanzen würden mit wenigen Nährstoffen und Wasser sowie mit viel Sonne zurechtkommen müssen. Ernst Götsch untersuchte also gewissenhaft, welche Pflanzen in der Umgebung unter ähnlichen Bedingungen gediehen. Er fand unter anderem Maniok, Straucherbsen, Bananen sowie einheimische Gehölze wie Korallenbäume oder den Obstbaum Inga. Es war nicht so schwer, diese auch auf seinem Grundstück zu etablieren; wildwachsende Pflanzen gesellten sich bald hinzu und schufen zunächst eine gewisse bodendeckende Schicht; später wuchs die Vegetationsdecke mehr und mehr in die Höhe.

»Der große Wendepunkt kam allerdings erst einige Jahre später«, berichtet Ernst Götsch in einem Präsentationsvideo, das von seiner Organisation »Agenda Gotsch« (brasilianische Schreibweise) für die Pariser Klimakonferenz 2015 produziert wurde. »Die Bäume waren herangewachsen, und ich fing an, sie auszudünnen und die Verbleibenden zu beschneiden.« Die abgetrennten Äste und Zweige legte er auf den Boden, wo sie unter tropischen Bedingungen rasch von Würmern, Mikroben und anderen Bodenlebewesen zu Humus umgewandelt wurden. Mit dieser Form des Mulchens (Abdecken des Bodens mit Biomasse im Gartenbau) begann sich die Fruchtbarkeit des Lands deutlich zu erhöhen – und das quasi aus eigener Kraft; eine Düngerzugabe von außerhalb ist bei dieser Methode nicht notwendig. Dass sich diese

Maßnahme beschleunigend auf den Prozess der Wiederbegrünung auswirkte, liegt aber nicht zuletzt auch daran, dass das Beschneiden von Bäumen diese zum Wachsen anregt (mehr dazu weiter unten).

Ernst Götsch setzte nun weitere Baumsamen dicht an dicht direkt in die vor Austrocknung schützende Kompostschicht, und es dauert nur wenige Jahre, bis sich auf dem Grundstück wieder junger Atlantischer Regenwald entwickelt hatte – ein Wald, der zugleich ein potentes Agroforstsystem darstellt, weil sein Schöpfer überall planvoll fruchttragende Bäume und Stauden zwischen bzw. in mehreren Etagen unter die übrigen Gehölze gesetzt hat. Auf der Nachhaltigkeitsplattform treehugger.com ist eine Luftaufnahme von Götschs Aufforstung zu sehen: bewaldete Hügel bis zum Horizont. Die Überschrift des Bilds verspricht das »vermutlich coolste Foto einer Farm, das du jemals zu Gesicht bekommen wirst«.

Heute gehört diese Waldgarten-Farm zu den fruchtbarsten und artenreichsten Fragmenten des Atlantischen Regenwalds. Mit der Landschaftswiederherstellung sanken die Temperaturen vor Ort beträchtlich; in den letzten Jahren begann sich zudem die Dynamik des Walds über die Grenzen der Farm auszubreiten, so dass sich das regionale Mikroklima veränderte und die Niederschlagswerte anstiegen. Alle 17 Wasserläufe, die das Gebiet durchziehen, führen heute wieder ganzjährig Wasser. Doch nicht nur die Natur kommt hier endlich zu ihrem Recht – die ganzen 500 Hektar bewaldete Hügel stellen nun eine hochproduktive landwirtschaftliche Zone dar. Neben vielen anderen Früchten und Nüssen wird hier eine der weltweit besten und teuersten Kakaobohnen geerntet. Ernst Götsch hält außerdem Hühner und baut im Wald Gemüse an. Er ist sich sicher, dass jede Familie sich vollständig von zwei Hektar solchen Walds ernähren kann.

Wie funktioniert Syntropische Landwirtschaft?

Seitdem der Erfolg in Piraí do Norte absehbar wurde, hat Ernst Götsch daran gearbeitet, seinen Ansatz auf eine Weise zu systematisieren, so dass dessen Prinzipien an jedem Ort der Welt angewendet werden können. Doch auch wenn die Prinzipien universelle Gültigkeit besitzen, müssen sie selbstverständlich an örtliche Faktoren wie das Klima oder die Bodenbeschaffenheit angepasst werden. Es ist folglich das oberste Prinzip, die Struktur und Funktion der lokalen Ausprägung des jeweiligen Ökosystems nachzuahmen. Das neue System sollte zudem den benötigten Dünger selbst hervorbringen.

Seinen Agroforst- bzw. Waldgartenansatz – den er der indigenen Bevölkerung abgeschaut und mit viel Experimentierfreude weiterentwickelt hat – nennt Götsch »Syntropische Landwirtschaft«. Das hat mit den Tropen nichts zu tun, sondern beschreibt einen Gegensatz zur »Entropie«: Mit dieser wird die Tendenz von Systemen bezeichnet, allmählich in chaotische Zustände zu degenerieren: Autos gehen kaputt, Fels und

Boden erodieren in die Ozeane. Das Einzige, das sich diesem Chaos entgegenstemmt und aus sich selbst heraus neue Zusammenhänge hervorbringt, ist das Leben selbst. Pflanzen nutzen das Sonnenlicht für Photosynthese und wirken so der Entropie entgegen. Syntropie (von griechisch *syn*, »mit«, »gemeinsam« und *tropein*, »wenden«) kann somit als natürlicher Prozess zur Schaffung und Steuerung von Komplexität betrachtet werden. Ernst Götschs Beobachtungen zufolge strebt die Natur von sich aus zum Zustand der Fülle hin. Bei seiner Methode unterstützt der Mensch diesen Prozess planvoll, um Zeit zu sparen und die natürliche Fülle zu vergrößern.

Wer der Natur auf die Sprünge helfen möchte, muss zunächst begreifen, wie natürliche Wachstumsprozesse ablaufen, denn durch bestimmte Interventionen lassen diese sich hin zu noch mehr Lebendigkeit und Fülle beschleunigen. Wichtig ist insbesondere das Verständnis der (bereits oben angesprochenen) Sukzession. Ernst Götsch unterteilt den Sukzessionsprozess in das Besiedlungs-, das Anhäufungs- und das Füllestadium. Diese Einteilung entspricht den Wachstumsprozessen so gut wie aller Pflanzen: Nach dem Keimen beginnen sie, relativ langsam zu wachsen, bis sie ein förderliches Bodenleben rund um ihre Wurzeln etabliert haben, so dass sie genügend Nährstoffe und Wasser aufnehmen können. In der nun folgenden Jugendphase geht die Wachstumskurve steil nach oben. Haben die Pflanzen ihre jeweilige maximale Höhe erreicht und kommen in der Altersphase in den Frucht-Vollertrag, endet das Wachstum weitgehend.

In Mitteleuropa zählen etwa Weiden, Waldkiefern, Pappeln, Ebereschen, Lärchen, Robinien und Erlen zu den Pioniergehölzen. Bei der natürlichen Sukzession tun sich Pionierbaumarten hervor, weil sie sich nicht nur – wie die meisten anderen Bäume – mit Mykorrhiza-Arten, die in Wäldern vorkommen, verbinden können, sondern auch mit für Grasland typischen Pilzen Stoffe austauschen (Mykorrhizen sind Pilze, die in Symbiose mit Bäumen leben; siehe Anmerkung auf Seite 70). Erlen und Robinien zählen zudem zu den Pflanzen, die über Knöllchenbakterien an ihren Wurzeln atmosphärischen Stickstoff sammeln können. Bei sehr mageren Bodenverhältnissen können aber selbst Pioniergehölze keine Wurzeln fassen, dort muss mit Kräutern oder Gräsern begonnen werden, um den Humusanteil zu erhöhen.

Wenn auf einer ansonsten gehölzfreien Fläche zu Beginn ausschließlich Ertragsgehölze wie Walnuss- oder Apfelbäume gepflanzt werden, so brauchen diese – insbesondere, wenn sie in ausgezehrtem Boden wurzeln – sehr lange, um überhaupt in die jugendliche Wachstumsphase zu gelangen. Vor allem zu Beginn ihres Lebens benötigen diese Bäume die Gesellschaft anderer Bäume, die die Fähigkeit besitzen, das richtige Mikroklima und gute Bodenverhältnisse zu schaffen sowie das Wasser in der Erde zu halten.

Obwohl der Eukalyptus in Australien heimisch ist und deshalb nicht gut mit den brasilianischen Mykorrhiza-Arten kooperiert, nutzt Ernst Götsch diese Baumart, weil sie dennoch so viel Biomasse produziert wie keine andere Pflanze. Wenn sich die lokale Ausprägung des natürlichen Ökosystems vollends regeneriert hat, werden die Eukalyptusbäume von Götsch gefällt, zu Holzhäcksel-Mulch verarbeitet und an andere Bäume verfüttert.

Haben sich die Pioniergehölze im Agroforstsystem einmal etabliert, geht es bei der syntropischen Methode darum, insbesondere diese Bäume regelmäßig zu beschneiden, um mit dem Schnittgut – den belaubten Ästen und Zweigen – die Ertragspflanzen gezielt zu düngen. Ebendieses intensive Beschneiden veranlasst die Bäume immer wieder zu neuen Wachstumsschüben! Sie bleiben dadurch in der Jugendphase, der Zeit des maximalen Zuwachses auch im Wurzelraum, wodurch sie reichlich Humus aufbauen. Indem sie das Wachstumshormon Gibberellinsäure absondern, animieren sie obendrein ihre gesamte Umgebung zum Sprießen. Bei den Ertragspflanzen hat das Beschneiden außerdem zur Folge, dass sie eher – und mehr – Früchte tragen.

Ernst Götsch beschneidet einen Baum gerne, kurz bevor die fruchttragende Pflanze, die im Waldgarten unter ihm wächst, anfängt auszureifen. Der Agroforstexperte Paul Hofmann erklärte mir dazu: »Mit dem Schnitt fangen die Bäume wieder an zu wachsen und geben eine Menge Wurzelexsudate [Exsudat = Absonderung] ab; die ausreifende Kultur in der Etage darunter nimmt dann viel von diesen zuckrigen Nährstoffen auf. Außerdem kann durch den Rückschnitt mehr Licht einfallen, und die meisten Früchte brauchen für das Ausreifen viel davon. In der Phase davor – wenn sie Früchte ansetzen und entwickeln – benötigen die Pflanzen eher Feuchtigkeit als viel Licht; da ist der Halbschatten gar nicht schlecht.« Aus der Forschung zu Agroforstsystemen weiß man, dass das diffuse Licht das wichtigere ist. Direktes, zu starkes Licht kann Pflanzen verbrennen.

Paul Hofmann findet es besonders spannend, dass Ernst Götsch sein Agroforstsystem durch Beschneiden dynamisch hält: »Er vermeidet Pflanzen, die dazu tendieren, die Fläche zu dominieren und in den Schatten zu stellen. In dem Moment, wo ein Baum sich durchsetzt, führt das dazu, dass alle anderen Pflanzen vorzeitige Alterserscheinungen aufweisen und dann nicht ihr volles Potenzial ausnutzen.«

Zu Ernst Götschs Prinzipien zählt auch, dass Wasserrückhaltemethoden wie das Anlegen von Teichen und Gräben überflüssig seien. »Wasser wird gepflanzt!«, lautet sein Credo, die Pflanzen selbst brächten das Wasser ins System und hielten es dort. Tatsächlich scheinen die zurückgekehrten Wasserläufe auf seinem Versuchsgelände in den Tropen diese Überzeugung zu bestätigen.

Damit werden Schutzgebiete überflüssig

Ernst Götsch ruft in einem Video die Weltgemeinschaft dazu auf, ertragreiche, essbare Wälder zu pflanzen: »Lasst uns Gebiete schaffen, in denen die Anwesenheit des Menschen für die nicht-menschliche Welt ungefährlich ist! Der Schutz des Lands vor dem

Menschen kann doch keine Lösung sein!« Wir Menschen seien grundsätzlich in der Lage, Wege zu finden, um dem planetaren Ökosystem »nützlich und hochwillkommen« zu sein – bislang seien wir jedoch weitgehend blind für diese Möglichkeit gewesen. »Wir haben uns vom Leben auf der Erde getrennt, als wir dachten, dass wir die Intelligenten seien. Noch begreifen wir nicht, dass wir vielmehr Teil eines intelligenten Systems sind.«

Ist Ähnliches auch außerhalb der Tropen möglich?

Das klingt gut und schön – doch ist der syntropische Ansatz wirklich auf kühlere Weltgegenden übertragbar? Nach einigen weiterführenden Recherchen (unter anderem beim Götsch-Schüler Stephan Seidemann, siehe Seite 248) meine ich, dass es sich lohnt, Götschs Prinzipien zu verstehen und auch außerhalb der Tropen praktisch anzuwenden – wenngleich natürlich niemand erwarten darf, in der gemäßigten Klimazone Kopien eines tropischen Waldgartens mit auch nur annähernd gleicher Produktivität und Artenvielfalt erstellen zu können. Erfolgversprechend scheint mir für Europa eher das Prinzip von »Waldrandgärten« zu sein, wie sie etwa der Engländer Martin Crawford anlegt, denn für diese licht gepflanzten Systeme genügt die hiesige Sonnenintensität. Auch die Agroforst-Variante »Baumreihen auf dem Acker« kann auf europäische Lichtverhältnisse zugeschnitten werden. Und warum nicht gezielt ertragreiche Nussbaum-, Hasel- und Esskastanien-Sorten in unsere Wälder integrieren? Mit diesen Gehölzen lassen sich vergleichsweise mühelos über viele Jahre hinweg wertvolle Lebensmittel herstellen. Außerdem beschäftigt mich ein Gedanke: Auch in Europa war die Tradition der Hutewälder verbreitet, bei der zum Beispiel Schweine im Herbst Eicheln und Bucheckern futterten. Sicherlich gibt es hier noch ungeahnte Möglichkeiten, Wälder und Tierhaltung in einer Weise zu kombinieren, in der Erstere nicht übernutzt werden.

Zuletzt soll noch von einer weiteren Möglichkeit die Rede sein, die sich aus Ernst Götschs Beispiel ergibt. Ich meine das Potenzial der weltweiten Wälder, Kohlenstoff zu binden. Paul Hofmann, der bereits erwähnte Agroforstexperte, hatte mir zur Anhäufungsphase beim Aufwachsen von Bäumen erklärt: »Die Jugend-Phase hat immer eine gewisse natürliche Grenze – weswegen Klimaschützer ja auch sagen, dass Wälder nur beschränkt zur Kohlenstoffspeicherung beitragen, denn sie erreichen irgendwann einen stabilen Zustand. Tatsächlich lagern Bäume im Alterszustand kaum mehr neuen Kohlenstoff im Stamm und in den Wurzeln ein.« Der Clou sei nun aber, dass man die Biomasse-Produktion ausgewachsener Bäume durch fachgerechtes Beschneiden wieder anregen kann. Und, so möchte ich hinzufügen, wenn man das hierbei anfallende Holz mittels Verschwelung in Pflanzenkohle verwandelt, bleibt der Kohlenstoff für sehr, sehr lange Zeit gebunden. Mit der Kohle ließe sich der Humusanteil der globalen Ackerflächen erhöhen (siehe Kapitel zur Terra-Preta-Technik ab Seite 232).

Website

www.agendagotsch.com

Literatur

Fuchs, Benjamin: Wie werden wir alle satt? Dieser Mann hat eine Antwort, Perspective Daily, 20.12.2018. https://perspective-daily.de/article/680/nAaNy4bP#

Greene, Harry: Temperate Climate Syntropic Agriculture, Propagate, 30.5.2018. www.propagate.org/research/2018/5/29/syntropic-agriculture-in-temperate-climates (Sehr informativer Artikel, der nach der Übertragbarkeit der syntropischen Landwirtschaft auf gemäßigte Klimazonen fragt.)

Leuthold, Ruedi: Der Prediger mit der Kettensäge, Der Bund, 7.7.2016. www.derbund.ch/der-prediger-mit-der-kettensaege/story/14867876 (Lesenswerter deutschsprachiger Artikel über Götsch)

Pittet, Jennifer: A Farmer Turns Wasteland into Rainforest, Farm Radio International, 1.4.2000. scripts.farmradio.fm/radio-resource-packs/package-55-agroforestry-for-the-small-farmer/a-farmer-turns-wasteland-into-rainforest

Silva, Niva: Ernst Gotsch – Syntropic Agriculture/Agroforestry. A pioneer in agroforestry, Openideo, 4.12.2015. https://challenges.openideo.com/challenge/climate-stories/stories/ernst-gotsch-syntropic-agriculture-agroforestry

Film

»A forest garden with 500 edible plants could lead to a sustainable future«, Kurzfilm über den Waldgarten-Ansatz des Engländers Martin Crawford, National Geographic, 2019 (englisch, 3 Min.) kurzlink.de/MartinCrawford

»Life in Syntropy«, Film der Agenda Götsch, 2015 (englisch, 15 Min.) www.youtube.com/watch?v=gSPNRu4ZPvE

»Syntropic Agroforestry in Spain with Ernst Götsch«, Ernst Götsch in Spanien, 2016 (englisch, 16 Min.)
www.youtube.com/watch?v=zBoDE9wCWdI

Assisted Natural Regeneration
Hilfe zur Selbsthilfe für die Natur

Natürliche Regeneration ist kein Allheilmittel, sondern eine Ergänzung. Aber eine, die bislang oft übersehen oder vernachlässigt wurde.

Manuel Guariguata, Forstexperte beim Center for International Forestry Research (CIFOR)

An vielen Stellen der Welt – in der Regel dort, wo es genug regnet – ist die Methode des Anpflanzens oder Säens von Bäumen gar nicht unbedingt nötig, um Wälder entstehen zu lassen. Der natürliche Prozess der Sukzession (siehe dazu das vorangehende Kapitel) sorgt dafür, dass aus einer Wiese oder sogar aus einer vegetationslosen Fläche nach einiger Zeit ein Wald wird. Die Möglichkeiten, diesen meist sehr zeitintensiven Prozess zu beschleunigen, werden unter dem Fachbegriff Assisted Natural Regeneration (ANR) zusammengefasst. Meist geht es einfach darum, auf natürliche Weise ausgesamte Setzlinge und wieder austreibende Reste des Walds vor Beweidung oder Wildverbiss, Holzeinschlag, Grasüberwuchs oder Feuer zu bewahren. Im kleinen mittelamerikanischen Land Costa Rica haben Wissenschaftler in einem Naturschutzgebiet ein Experiment durchgeführt, bei dem die menschliche »Assistenz« der Natur darin bestand, die Fruchtbarkeit des Bodens zu erhöhen, um den von Tieren und Wind herangetragenen Baumsamen bessere Chancen zu verschaffen.

ANR in Costa Rica

Der tropische Trockenwald in Guanacaste im Nordwesten Costa Ricas hatte 200 Jahre lang immer weiteren Viehweiden weichen müssen. Doch nach dem Einbruch der Fleischpreise auf dem Weltmarkt Anfang der 1980er Jahre gaben viele Rinderhalter und Kleinbauernfamilien auf und verließen das mit aus Afrika eingeführten Gräsern überwucherte Land. Um die letzten Reste des Trockenwalds zu erhalten, wurde damals auf Betreiben US-amerikanischer Ökologen das 50 000 Hektar große Schutzgebiet von Guanacaste ausgerufen. In diesem Freiluftlabor für die natürliche Regeneration des Walds pflanzte man aber kaum Bäume, sondern konzentrierte sich auf den Schutz vor Bränden, die bis dahin regelmäßig gelegt wurden, sowie auf Umweltbildung und die Zusammenarbeit mit der lokalen Bevölkerung. Auf einem kleinen Teil der Schutzzone erprobte man zudem noch weitere Maßnahmen. So wurden im Jahr 1998 auf drei Hektar ehemaliger Viehweide von einem lokalen Saftproduzenten tausend Lkw-Ladungen mit Orangenschalen ausgekippt. Der Boden auf der Versuchsfläche war ebenso wie auf den Vergleichsflächen ringsum ausgelaugt, und man wollte sehen, ob sich die Natur mit der Biomasse-Gabe schneller erholt. (Wer in Europa eine Garten-Kompostwirtschaft betreibt, weiß aus Erfahrung, dass die Schalen von Zitrusfrüchten vergleichsweise langsam verrotten. Das liegt wohl an den vielen enthaltenen ätherischen Ölen. Ist es möglich, frage ich mich, dass die Bodenlebewesen in südlichen Gefilden besser auf die Umsetzung dieser Schalen eingestellt sind?)

16 Jahre später hat der Biologe Timothy Treuer von der Princeton University das Freilandexperiment ausgewertet. Er und seine Kollegen fanden auf der Orangenschalenfläche mit 24 Arten eine dreimal so hohe Artenvielfalt an Bäumen, eine annähernd doppelt so hohe Baumbiomasse und einen deutlich erhöhten Gehalt an Bodennährstoffen verglichen mit einer benachbarten Kontrollfläche. Für Timothy Treuer gibt das Ergebnis Anlass, die Methode breit anzuwenden. »Die Ausbringung von landwirtschaftlichen Abfällen auf gerodeten Waldflächen könnte das Aufwachsen artenreicher tropischer Sekundärwälder massiv beschleunigen«, ist er zuversichtlich.

Wind und Wildtiere haben aber auch auf den nicht gedüngten Flächen Samen von Gehölzen verteilt – und dank des Schutzes vor Feuer und Viehfraß ist heute nahezu die Hälfte des Naturparks von Guanacaste wieder bewaldet.

Costa Rica gehört übrigens zu den Ländern, die eine Vorreiterrolle auf dem Gebiet der Landschaftswiederherstellung einnehmen. Die kleine Nation mit 4,4 Millionen Einwohnerinnen und Einwohnern hat es durch wirksame politische Weichenstellungen geschafft, vom Abholzungs- zum Aufforstungsland zu werden. Vor allem in den 1950er bis 1970er Jahren wurde im Land sehr viel Wald für landwirtschaftliche Aktivitäten gerodet. 1983 war das 51100 Quadratkilometer große Staatsgebiet nur noch zu 21 Prozent von Wald bedeckt. Durch Aufforstungsmaßnahmen waren es 2012 bereits wieder 52 Prozent. Zu den Maßnahmen gehörte die Ausweisung von Schutzgebieten und die Abschaffung von Subventionen für die Umwandlung von Wald in Weideland; zudem erkannte man den Wert der Wiederbewaldung an und finanzierte entsprechende Forschungsprojekte. Seitdem sich viele Landschaften regenerieren konnten, wurde der Ökotourismus zu einem wichtigen nationalen Wirtschaftsfaktor. Naturschützer und Wissenschaftlerinnen verfolgen sogar den ehrgeizigen Plan, aus Costa Rica einen riesigen Naturpark zu machen. Sie sind sich sicher: Der Schutz der Artenvielfalt und die Wiederaufforstung von Wäldern wird nicht nur den lokalen Gemeinschaften wirtschaftlichen Aufschwung ermöglichen, sondern das Land auch seinem Ziel näherbringen, die erste klimaneutrale Volkswirtschaft der Welt zu werden. 2007 hatte sich Costa Rica, das wegen seiner geografischen Lage von der Erdüberhitzung besonders betroffen ist, entschlossen, zum Pionier in Sachen Klimaschutz zu werden. Bis zum Jahr 2021 – 200 Jahre nach der Unabhängigkeit – soll die im Land emittierte CO_2-Menge neutralisiert werden.

ANR in Schottland

Ein weiteres schönes Beispiel für natürliche Regeneration lieferte Alan Watson Featherstone. Der wollte sich nicht damit abfinden, dass die Landschaft seiner schottischen Heimat fast völlig entwaldet daliegt. Vor dreißig Jahren begann er sich dafür einzusetzen, dass der kaledonische Wald, der einst weite Teile von Schottland bedeckte und heute nur noch bruchstückhaft besteht, wieder wachsen darf. Denn eigentlich würde sich die Landschaft selbst wieder ein Baumkleid anziehen – wenn nicht die vielen Schafe und Hirsche die Sämlinge abfressen würden. Watson gründete 1986 die Organisation »Trees for Life« ohne viel Wissen, finanzielle Mittel oder Zugang zu Land. Ihm war aber bewusst, dass es, wenn die wenigen verbleibenden alten Kiefern einmal eines natürlichen Todes gestorben sein werden, nicht einmal mehr neue Sämlinge geben würde. »Ich dachte mir, jemand sollte etwas dagegen unternehmen. Und mir dämmerte, dass dieser jemand ich sein könnte.« Watsons Organisation setzte sich also mit langem Atem für umzäunte Schutzgebiete ein und erreichte so unter anderem die Einrichtung eines rund 50 mal 50 Kilometer großen Versuchsgeländes. Tatsächlich begann dort mit der Aussperrung von Schafen und Wild wieder die typische Vegetation der Highlands zu sprießen. Man setzt aber nicht nur auf natürliche Regeneration, die vielen Freiwilligen von Trees for Life pflanzen auch Bäume auf Hügel und in Täler. Seitdem an einigen Stellen die Kiefern herangewachsen und die Zäune überflüssig geworden sind, kehrten auch die Biber und Wildschweine zurück. Langfristig sollen zudem wieder Luchse und Wölfe angesiedelt werden, da diese Beutegreifer das Wild davon abhalten, lange an einem Ort zu äsen und sämtliche nachwachsenden Bäume zu vertilgen. In 250 Jahren, so erwarten die Aktivistinnen und Aktivisten um Alan Watson Featherstone, wird das Gebiet wieder vollständig mit Kiefern, Ebereschen, Zitterpappeln, Birken, Wacholder und Eiben bestanden sein – und so aussehen, wie die Highlands eigentlich aussehen sollten. Das große Ziel der Bewegung ist die Wiederbewaldung ganz Schottlands. Und das hat sich mittlerweile auch die Forstbehörde des Lands auf die Fahnen geschrieben.

Literatur

Paal, Gabor: Der Wald erinnerte mich an eine Geriatrie, Deutschlandfunk, 10. 8. 2016. kurzlink.de/Schottland

Willinger, Gunther: Die Wiederbewalder, Spektrum, 41/2017. kurzlink.de/CostaRica

Film

»Restoring the ancient Caledonian Forest«, Vortrag von Alan Watson
www.youtube.com/watch?v=nAGHUkby2ls

Hightech in der Planetenpflege
Manchmal sinnvoll, oft überflüssig

Es ist gut möglich, dass das Pflanzen von Bäumen die wichtigste und beste der verfügbaren Ökotechnologien darstellt, um den in Einzelteile zerschlagenen Planeten wieder zusammenzufügen.

Jim Robbins, Wissenschaftsautor

Obwohl bereits vielfach bewiesen wurde, dass sich riesige neue Wälder per Hand anpflanzen lassen, und obwohl angesichts der wachsenden Weltbevölkerung von einem Arbeitskräftemangel nicht die Rede sein kann, gibt es Leute, die sich Gedanken über technikintensive Aufforstungsansätze machen. Die Ingenieurin Susan Graham von der in England ansässigen Firma »BioCarbon Engineering« ist zum Beispiel der Auffassung, man könne der »in industriellen Maßstäben voranschreitenden Entwaldung nur mit industriellen Methoden« beikommen. Diese Ansicht steht der bekannten Aussage von Albert Einstein entgegen, wonach ein Problem niemals durch dieselbe Denkweise zu lösen ist, durch die es entstand. Man denke etwa daran, was uns der flächendeckende Einsatz von Ackergiften in der Landwirtschaft gebracht hat, der zunächst als eine bequeme, sinnvolle Methode erschien: Die Bodenfruchtbarkeit hat sich eklatant verschlechtert, Insekten, Amphibien und Vögel sterben aus und giftresistente »Super-Unkräuter« entwickeln sich – von den Pestizidrückständen in Lebensmitteln und anderen Nebenwirkungen ganz zu schweigen.

Ich möchte jedoch nicht pauschalisieren. So manche moderne Technik mag auch bei der Wiederherstellung von Landschaften durchaus ihre Berechtigung haben. Jedoch erscheint es höchst unwahrscheinlich, dass wir nachhaltige Lösungen zur Wiederbegrünung der Welt finden, solange wir nicht unser Denken verändern, das zu Weltvernutzung und Ausbeutung führte.

Abholzung, Humusverlust und Wüstenausbreitung sind bei genauerer Betrachtung auch keine Phänomene des Industriezeitalters oder des Anthropozäns (Erdzeitalter des Menschen): Schon Steinzeitgesellschaften haben es fertiggebracht, große Landstriche zu roden und zu verwüsten. Von Archäologen ist zu vernehmen, dass die Steinzeit genau genommen eine »Holzzeit« war, denn Holz war damals der bevorzugte Baustoff für Behausungen, Boote, Werkzeuge, Sakralstätten etc. Experimentelle Archäologen haben gezeigt, dass man keine Kettensäge für das Fällen großer Bäume benötigt; mit einer Steinaxt lässt sich eine mittelgroße Eiche in einer halben Stunde fällen. Auch

Brandrodung – wir kennen den Fachbegriff des »Schwendens« noch im Wort »verschwenden« – ging immer schon schnell und leicht von der Hand. Und wenn frühe Ackerbauern mit einfachen Holzpflügen auf gerodeten Hängen herumfuhrwerkten, endete dies oft in katastrophaler Humuserosion. Weitflächiger Vegetations- und Bodenverlust ist also alles andere als ein neues Problem. Und doch stimmt es freilich: Das heutige globale Ausmaß dieser Misere ist nie dagewesen und verlangt möglicherweise nach innovativen Lösungen auch auf technischem Gebiet. Ich bin kein genereller Technikfeind. Vielmehr glaube ich, dass die meisten Techniken ge- und missbraucht werden können – es gilt eben jeweils, ihren Einsatz gut abzuwägen und die Grenzen dessen auszuloten, was als »angemessener Gebrauch« gelten kann. (Für quasi irreversible Verfahren wie Nuklear-, Gen- oder Nanotechnik existiert aber vermutlich kein Zweck, der solch monströse Mittel heiligt.) Nicht zuletzt aufgrund dieser Überlegung scheinen mir einige Ansätze für Hightech-Lösungen bei der immensen Renaturierungsherausforderung nicht uninteressant.

Pflanzen und Säen aus der Luft

Da ist etwa die Idee, Samen – oder sogar Setzlinge – massenhaft per Flugzeug über großen Flächen auszubringen. Schon der japanische Permakulturpionier Masanobu Fukuoka experimentierte damit, die von Freiwilligen in großer Zahl hergestellten Seedballs bzw. »Samenbomben« (siehe Seite 142) vom Helikopter aus abzuwerfen – und Fukuoka dürfte kaum anfällig für industrielles Denken gewesen sein. Verschiedene Websites meldeten im Juli 2016, dass Thailand plane, per Flugzeug und mit Samenbomben Millionen Bäume in verödeten Landstrichen zu pflanzen; die Methode sei bereits 1930 auf Hawaii erstmals erfolgreich angewendet worden. In China hat man mindestens 1000 Quadratkilometer durch aus der Luft abgeworfene Samenbomben begrünt. Und bereits 1999 wurde gemeldet, dass der US-Flugzeug- und Waffenhersteller Lockhead Martin den Plan gefasst habe, mit C130-Transportmaschinen an einem einzigen Tag in Schottland 900 000 Bäume zu pflanzen bzw. auszusäen – für die Hälfte der Kosten von konventioneller Aufforstung und mit einer angeblichen Erfolgsquote von 70 Prozent.[1]

In entlegenen Gebieten könnte der Ansatz durchaus sinnvoll sein, denn die Menschheit konzentriert sich nun einmal auf bestimmte Weltgegenden und lässt dabei weite Areale – Inseln, Gebirge, Steppen und Wüsten – bestenfalls dünn besiedelt. Das in Sachen Waldstatistik hervorragend informierte World Resource Institute (WRI) schätzt, dass es zusätzlich zu den weltweit rund zwei Milliarden Hektar Ödland, die sich für die Renaturierung anbieten, »insbesondere in den weit nördlich gelegenen borealen Wäldern unbesiedelte Flächen mit einem Ausmaß von etwa 200 Millionen Hektar [gibt], die durch Feuer geschädigt wurden. Aufgrund ihrer Abgeschiedenheit sind diese Gegenden vermutlich nur sehr schwierig wiederherzustellen.«

Wälder abwerfen

Der US-amerikanische Umweltingenieur Mark Hodges bildete 2007 ein kleines Team von Wissenschaftlern, um herauszufinden, wie die Waldpflanzung aus der Luft zu bewerkstelligen sei. Ihm erschienen die bislang üblichen Aufforstungsmethoden von Hand zu arbeitsintensiv und – angesichts der Dringlichkeit einer weitflächigen globalen Aufforstung – auch zu langsam. Hodges fühlte sich unter anderem von einigen ehemals mit Mangroven bewachsenen Inselchen im Golf von Mexiko herausgefordert, die durch die Hurrikane Katrina und Rita 2005 vollständig entwaldet worden waren und so ihren natürlichen Schutz verloren hatten. Solche Inseln sind vermutlich von Menschenhand tatsächlich nur sehr schwer zu begrünen; hier wäre eine erprobte Alternativlösung aus der Luft sicher nicht falsch.

Zu Beginn einer 45-minütigen Dokumentation des Discovery Channel ist Mark Hodges' ursprüngliche Idee eines Abwurf-»Containers« in einer Computeranimation zu sehen: Die Pflanzbomben besitzen Metallspitzen und im hinteren Bereich Metallstabilisatoren, wie man sie von Raketen und militärischen Bomben kennt. Dazwischen befindet sich ein Glaszylinder, der zerbricht, wenn sich die Spitze beim Aufprall ein Stück weit ins Erdreich bohrt. Die Wurzeln des im Zylinder vorgekeimten Setzlings dringen in der Zeitraffer-Animation bald in den Boden außerhalb der Pflanzbombe vor – der Baum wächst, um das Schutzgestell irgendwann zu sprengen – bingo!

So viel zur Idealvorstellung. In der Realität, das zeigt die folgende Dokumentation, erweisen sich die meisten Facetten des gesamten Unterfangens als weitaus schwieriger. Das Team musste zum Beispiel eine ganze Versuchsreihe mit aus einem Transportflugzeug abgeworfenen Mehlsäcken durchführen, um herauszufinden, dass sich die besten Abwurfmuster (der ideale Baumabstand beträgt etwa 1,2 Meter) mit einer langsam in 150 bis 300 Meter Höhe fliegenden Maschine erzielen lassen. Doch Flugzeuge können in der Regel nicht angemessen langsam fliegen, ohne abzuschmieren. Alternativ bieten sich Hubschrauber an – die wiederum nur ein vergleichsweise kleines Transportvolumen besitzen.

Von der in der Animation gezeigten »Bomben«-Lösung rückte Umweltingenieur Hodges schließlich ab, als ihm klar wurde, dass sich nur ein Prototyp als erfolgversprechend erweisen würde, der sich überall auf der Welt leicht und kostengünstig herstellen ließe, am idealerweise mit lokal verfügbaren, biologisch abbaubaren Rohstoffen. Die besten Eigenschaften beim Aufprall zeigte in einer weiteren Versuchsreihe schließlich ein mit Humus gefülltes Textilsäckchen von der Größe eines Tennisballs. Gute Idee: Hodges tauchte diesen oben zugebundenen Sack noch in heißes Wachs, um ihn zusätzlich zu festigen. Diese Säcke platzten im simulierten Versuch beim Aufprall nicht und würden dem Samen also fürs Erste eine sichere, nährstoffreiche Umgebung garantieren. Aber beim Abwurf aus größerer Höhe zeigte sich dann ein sehr unstetes Flugverhalten – obwohl die Samenbomben doch auf ihrer Unterseite aufkommen müssen, damit der im oberen Teil verborgene Samen keinen Schaden nimmt. Hodges war um guten Rat nicht verlegen: Nach dem Vorbild von Federbällen befestigte er am oberen Verschlussknoten der Säcke etwa 30 Zentimeter lange Bänder, die ihnen beim Flug ausreichend Stabilität verleihen. Nachdem eine Gruppe Freiwilliger bei einer Wochenendaktion etwa 20 000 solcher Säcke mit Mangrovensamen hergestellt hatte, wurde ein erster Großversuch gestartet. Doch wie alle Aufforstungs-Pioniere benötigte auch Mark Hodges einen langen Atem, denn abermals tauchte bei seinem Unterfangen ein ungeahntes Problem auf: Hunderte der vorbereiteten Säcke wurden in jene Eimer gefüllt, mit denen Hubschrauber im Einsatz gegen Waldbrände Löschwasser aus Seen aufnehmen können. Die Böden dieser Eimer lassen sich mit einem Ruck ferngesteuert öffnen – aber in diesem Fall blockierten sich die zusammengequetschten Säcke gegenseitig; die eigentlich für Flüssigkeiten vorgesehenen, sich nach unten verjüngenden Eimer waren verstopft. Erst ein weiterer Anlauf am folgenden Tag brachte den gewünschten Erfolg: Die zu Tausenden aus einem Netz entlassenen Säcke ergaben auf dem Strand der schmalen Insel ein recht ansehnliches Pflanzmuster. Nun hieß es abwarten, denn erst nach etwa drei Monaten würde sich zeigen, ob die Samen auch keimten und genügend Wasser erhielten.

Auch an diesem Beispiel wird deutlich, dass bei allen Arten von Aufforstungsprojekten eine gehörige Portion Hartnäckigkeit und Erfindergeist gefragt ist. Ob nun Baumarten ausfallen oder die Technik versagt – meistens kommt es erst einmal anders, als man denkt, und dann gilt es immer wieder, kreative Alternativen aus dem Hemdsärmel zu schütteln. Das ganze Thema hat, so wie alle großen Unternehmungen auf unbekanntem Terrain, viel Potenzial für Abenteuer – inklusive Durststrecken und Enttäuschungen.

Als Mark Hodges' Team ein Vierteljahr später zur Insel flog, um den keimenden Mangrovenwald zu begutachten, gab es lange Gesichter: Die Samen waren nicht aufgegangen, obwohl der Inhalt der Säcke offenbar genug Feuchtigkeit bekommen hatte. Die Wissenschaftler erklärten sich das damit, dass der verwendete Humus möglicherweise zu sauer war. Ob sie vor lauter technischen Erwägungen vielleicht die Biologie vernachlässigt hatten?

Mit diesem Misserfolg endet die Geschichte, die als Sendung von ZDFneo unter dem Titel »Mangroven aus der Luft« auf Youtube nachzusehen ist. Leider ist es mir nicht gelungen, Mark Hodges zu kontaktieren, um ihn nach den weiteren Entwicklungen zu befragen. Hat er weiter geforscht? Gab es Fortschritte? Durchbrüche? Musste er aufgeben, etwa wegen Geldmangel oder technischer Hürden? Es ist erstaunlich, dass sich im Internet kein Hinweis darauf findet, wie die Sache weitergegangen ist, und so muss wohl davon ausgegangen werden, dass sie keine Fortführung gefunden hat.

Abschließend noch eine Meldung zur Frage des Mangrovenpflanzens: Die südkoreanische Forstbehörde hat ab 2006 über einen Zeitraum von drei Jahren einen 550

Hektar großen Mangrovenwald in Aceh (Sumatra/Indonesien) neu angelegt. Der Ort war bei der großen Tsunami-Katastrophe von 2004 massiv verwüstet worden. Aus der online gefundenen Meldung geht nicht hervor, auf welche Weise die Aufforstung vorgenommen wurde, doch man kann wohl davon ausgehen, dass es per Hand geschah – eine Ausbringung von Samen aus der Luft wäre sicherlich Teil der Nachricht gewesen.

Was fliegt und schießt denn da?

Einige Techniken entwickeln sich mitunter sehr schnell bis zu dem Punkt, an dem sie plötzlich weite Verbreitung finden. Als Mark Hodges 2007 seine Versuche mit Transportflugzeugen und Hubschraubern machte, waren Drohnen noch keine Hobby-Spielzeuge für Otto Normalverbraucher; vielleicht hat er deshalb diese Möglichkeit gar nicht in Betracht gezogen. Die zu Beginn des Kapitels erwähnte Oxforder Firma BioCarbon Engineering präsentierte Anfang 2015 eine Idee, wie sich Drohnen zur schnellen, günstigen und fast vollautomatischen Aufforstung nutzen lassen könnten. Die im Netz verfügbaren Informationen erwecken den Eindruck eines anwendungsreifen Verfahrens.

Geschwindigkeit ist nach Ansicht der Firma bei der globalen Aufforstung ein entscheidender Faktor. Der globale Temperaturanstieg verlange nach einem raschen Handeln – ganz abgesehen davon, dass die Entwaldungsrate noch immer größer sei als die Aufforstungsrate: 26 Milliarden Bäume würden jährlich den Kettensägen, Harvestern (mobile Holz-Erntemaschinen) und Feuern zum Opfer fallen, doch die Menschheit schafft es gegenwärtig nur, 15 Milliarden nachzupflanzen! Die Firma argumentiert hier ganz ähnlich wie Mark Hodges: Das sich ergebende Nettodefizit von jährlich etwa 11 Milliarden Bäumen entstehe nicht zuletzt deshalb, weil das Anpflanzen von Hand eine so anstrengende, teure, zeitaufwendige Sache sei. Ganze Truppen von Pflanzern müssten dabei in oftmals entlegene Gebiete aufbrechen, um Samen zu verstreuen oder Setzlinge einzugraben. Firmenchef Lauren Fletcher erkennt hier so etwas wie eine Waffenungleichheit: Die einen fällen mit hocheffizienten Industriemaschinen Bäume, die anderen pflanzen mit bloßen Händen und Spaten nach. Fletcher betont das, was seine Mitarbeiterin Susan Graham eingangs schon geäußert hat: Die Aufforstungsbemühungen müssten mit industriellen Mitteln intensiviert werden.

Ihren ferngesteuerten, vollautomatischen Samenbomber stellte die Firma BioCarbon Engineering im Rahmen des Wettbewerbs »Drones for good« (Drohnen für gute Zwecke) in den Vereinigten Arabischen Emiraten vor, den die Erfinder ebenso gewannen wie den Preis für Sozialunternehmen des Oxforder Skoll Centre for Social Entrepreneurship.

Das Konzept funktioniert folgendermaßen: Im ersten Arbeitsschritt überfliegt eine mit Sensoren bestückte Drohne ein definiertes Gebiet, um in nur 50 Minuten bis zu 140 Hektar zu scannen. Mit den hierbei gesammelten Daten wird eine detaillierte

3D-Karte erstellt, auf deren Grundlage dann ein zweites unbemanntes Luftfahrzeug das erkundete Areal überfliegt, um in einem vorberechneten Pflanzmuster aus ein bis zwei Metern Höhe automatisch winzige Seedball-Kapseln mit vorgekeimten Samen und Nährstoffen in den Boden abzufeuern. (Der mit einer Nährstoffhülle ummantelte Samen mag an Fukuokas Seedballs denken lassen. Mich erinnern die beschriebenen Kapseln allerdings eher an das vorbehandelte Saatgut in der Agrarindustrie; dieses hat allerdings keine Kapsel um die Nährstoffhülle und wird natürlich bislang noch mit dem Traktor ausgebracht.) Die Kapseln öffnen sich beim Aufprall auf dem Boden und legen nach dem hoffentlich erfolgenden Kontakt mit ausreichend Wasser die Grundlage für einen neuen Baum. Verglichen mit der Ausbringung von trockenen Samen erhöht der Einsatz von vorgekeimten Samen die Wahrscheinlichkeit, dass die Pflanze sich tatsächlich entwickelt. Bei den verwendeten Drohnen handelt es sich um solche mit vier Rotoren, nicht um jene in Flugzeugform. Von ihrer Kartierungsdrohne erwarten die Erfinder, dass sie sich zudem als hilfreich bei der Optimierung von Pflanzmustern und bei der Überplanung von Landschaften erweisen wird. Der Pflanzmechanismus der zweiten Drohne wird mit einer Druckkartusche angetrieben: Per Druckluft lassen sich hiermit computergesteuert einzelne Kapseln in die Erde schießen, so dass sie von Erdreich bedeckt sind. BioCarbon Engineering hat auf Nachfrage meinen Verdacht bestätigt, dass bei diesem Verfahren nur kleine Samen – bis zu 0,75 Zentimeter – verwendet werden können; Eicheln und Kastanien haben damit also keine Chance. Außerdem heißt es in dem Antwortschreiben der Firma: »Unser System unterscheidet sich von dem von Dr. Hodges insofern, als wir ein äußerst präzises Pflanzmuster haben, bei dem jede einzelne Samenkapsel an einem genau vorherbestimmten Platz in der notwendigen Tiefe eingegraben wird. Dies erhöht die Überlebensraten unserer Bäume enorm. Wir nennen unseren Ansatz deshalb ›Präzisionsaufforstung‹.«

BioCarbon Engineering verspricht, dass eines dieser von zwei Menschen bedienten Flugobjekte an einem Tag bis zu 36 000 Bäume pflanzen könne. Die Pflanzdrohne benötigt 18 Minuten für einen Hektar. So wurde Anfang 2018 damit begonnen, in einem 10 000 Hektar großen Küstengebiet in Myanmar Mangrovenwälder nachzupflanzen, die für das Ökosystem, das Fischereiwesen und nicht zuletzt für den Küstenschutz von größtem Wert sind. In einem weiteren Schritt sind dort 100 000 Hektar Aufforstung per Drohne geplant. Der Werbespruch des Unternehmens tönt schon einmal recht selbstbewusst »Changing the world, a billion trees at a time« (in Milliardenschritten die Welt verändern) – jährlich mindestens eine Milliarde Bäume will man mit der neuen Technik einsäen beziehungsweise: einschießen.

Eindämmung der Wüstenausbreitung durch Hightech?

Auf Youtube stieß ich auf eine Art Hochglanz-Video des von westlichen Wissenschaftlern geführten »Sahara Forest Project«. Der Name erregte meine Neugierde – aber in dem Filmchen ist kaum ein Baum zu sehen. Überhaupt wird dort der Kontrast zu jenen Do-it-yourself-Ökologinnen und -Forstwirten überdeutlich, die sich, konfrontiert mit einem Mangel an Bäumen, ungefragt an die Aufgabe machen, mit viel Beharrlichkeit, Einfallsreichtum und oft ohne nennenswertes Budget riesige Wälder zu pflanzen – wie etwa das einfache mongolische Ehepaar Yuzhen, das gemeinsam in jahrelanger Bemühung 1600 Hektar Wald in der Ordo-Wüste anlegte (siehe Seite 31).

Beim Sahara Forest Project geht es jedoch gar nicht, wie der Name suggeriert, um das Anlegen von Wäldern. Stattdessen zielt dieser sehr technische und materialintensive Ansatz darauf, großflächige Gewächshäuser für Wüstengebiete zu entwickeln, in denen die Verdunstung von Meerwasser für Kühlung sorgt und dieses zugleich entsalzt. Solarturmkraftwerke sollen die Energie für die Pumpen der Gewächshäuser liefern sowie mit ihrer Abwärme zusätzlich den Verdampfungsprozess des Meerwassers unterstützen (in diesen Kraftwerken werden mittels Spiegeln Sonnenstrahlen gebündelt und dadurch Wasser für den Betrieb einer Turbine verdampft). Eine solche Anlage soll laut Angaben der Entwickler deutlich mehr Strom und Trinkwasser erzeugen, als sie für den eigenen Betrieb benötigt. Einer der Entwickler des Konzepts schätzt die Kosten einer derartigen Anlage für einen 20 Hektar großen Gewächshauskomplex im Verbund mit einem 10-Megawatt-Solarkraftwerk auf 80 Millionen Euro.[2]

Ich gebe zu, dass das Konzept zunächst faszinierend klingt. Punktuell mögen solche Anlagen sinnvoll sein – aber nennen wir das Sahara Forest Project doch einmal beim Namen: Wenn man sich die in diesem Buch versammelten Positivbeispiele ansieht, erscheint die Wiederbegrünung der Sahara zwar als durchaus praktikabel; eine reine Fata Morgana scheint mir hingegen die Vision zu sein, eine Wüste wie die Sahara mit Gewächshäusern vollzupflastern – wo sollen all das Metall, das Glas und die sonstigen Baustoffe dafür herkommen? Trüge das gigantische Projekt irgendetwas zur Klimakühlung bei oder verschlimmerte es die Situation womöglich sogar?

Die Sahara hat eine Fläche von 900 Millionen Hektar, man bräuchte also 45 Millionen dieser 20-Hektar-Gewächshauskomplexe à 80 Millionen Euro, um ihr auf diese Weise Früchte und Strom abzutrotzen. Ich habe mir einen Spaß gemacht und beim Permakulturlehrer Geoff Lawton angefragt, wie viele Hektar Wüste er mit einem Betrag von 80 Millionen Euro nach dem Vorbild seiner Oase nahe dem Toten Meer (siehe Seite 118) in fruchtbaren Agroforst verwandeln könnte. Der Engländer schrieb zurück, dass es ihm schwerfalle, eine pauschale Antwort zu geben, weil die Kosten immer von der Ausgangssituation eines Areals abhingen: etwa ob es eine Wasserquelle gibt, wie erodiert der Boden und wie steil das Gebiet ist. Er könne mir aber verraten, dass er im flachen Gelände knapp 1300 US-Dollar pro Hektar ausgegeben hat. Wenn man diesen Betrag als eine ungefähre Grundlage nähme, könne man mit 80 Millionen Euro schon einige tausend Hektar Wüste begrünen. (Der Taschenrechner sagt, es sind 67 477 Hektar – neue fruchtbare, produktive, klimafreundliche Low-Tech-Oasen!)

Warum einfach, wenn es auch kompliziert geht?

Bei meinen Recherchen ist mir noch ein weiteres Negativbeispiel für Hightech-Ansätze untergekommen. Die Einbringung aller Arten von Technik und künstlichen Stoffen in natürliche Prozesse ist ja häufig recht problematisch. Wie oft haben unbedachte Menschen hierbei schon großen Schaden angerichtet!

Eine Kurzdokumentation des Fernsehsenders Arte zeigt den bereits erwähnten (Seite 114) Professor Shimon Gepstein am Jacob-Blaustein-Institut in der israelischen Negev-Wüste. Es ist des Forschers Vision, Pflanzen gentechnisch so zu verändern, dass sie den herausfordernden Bedingungen der Wüste standhalten: große Temperaturunterschiede von bis zu 50 Grad Hitze am Tag und Frost in der Nacht, Nährstoffmangel aufgrund schlechter Bodenverhältnisse, wenig oder salzhaltiges Wasser, viel UV-Strahlung. Sein Anliegen begründet Gepstein damit, dass die wachsende Menschheit mehr Lebensmittel produzieren müsse (wäre es nicht naheliegender, zunächst die obszöne Lebensmittelverschwendung zu beheben?!). Der Professor behauptet, dass die Hälfte der Böden der Welt nicht bebaut werden könnten, weil sie Wüste sind (was qualitativ und quantitativ übertrieben ist). Es gelte, die Landwirtschaft in diesen Zonen zu entwickeln – und zwar mit technischen Mitteln. Das Jacob-Blaustein-Institut gehört zu den wichtigsten Forschungseinrichtungen zur Agrar- und »Biotechnologie« in der Wüste. Hier lernen und forschen junge Wissenschaftler aus aller Welt, insbesondere aber aus Ländern, die von Wüstenausbreitung betroffen sind.

Das erste gezeigte Beispiel betrifft keine moderne, sondern eine altbekannte Technik: ein Weinstock wurde wüstenfit gemacht, indem ein Sauvignon-Pfropfreis auf eine anderssortige Unterlage gesteckt wurde. Der Sprecher fügt gleich hinzu, dass solche Maßnahmen leider nicht ausreichten, um die Wüste fruchtbar zu machen; der Klimastress sei für die meisten Kulturpflanzen zu groß. Professor Gepstein hält zwei Tabakpflänzchen in die Kamera. Eine hat er gentechnisch so modifiziert, dass sie mit Salzwasser zurechtkommt, während die zweite das Salzbad offenkundig nicht vertragen hat. Bei anderen Versuchen wurde der Gehalt an Wachstumshormonen erhöht, was die Langlebigkeit und Resilienz der Pflanzen beeinflusse. Weil sie Trockenperioden von bis zu einem Monat überstehen, ist sich Gepstein sicher, eine Lösung für die globale Ernährung gefunden zu haben. (Dabei vergisst er ein Detail zu erwähnen, dass ich erst im Internet fand: Diese Entdeckung ist der Schusseligkeit der Institutsmitarbeiter zu verdanken, die es versäumt hatten, die Versuchspflanzen zu wässern.)

Beim letzten im Film vorgestellten Experiment geht es um erdlose (!) Tomatenzucht in Treibhäusern. Die Pflanzen ragen aus abgedeckten Töpfen, die Deckel lassen sich leicht anheben, so dass der »Gärtner« aufs Wurzelwerk blicken kann, das automatisch alle drei Minuten mit ein wenig Wasser besprüht wird. Die nicht absorbierte Flüssigkeit wird in dem geschlossenen System recycelt. Dies ermögliche, ein Kilo Tomaten mit nur 20 Litern Wasser zu erzeugen, was normalerweise 100 Liter erfordere.

Natürlich ist dies eine beeindruckende Ersparnis. Dennoch: festgezurrte Pflanzen mit nackten Wurzeln ohne Kontakt zu lebendiger Erde und Wind – das hat nicht nur keine Schönheit, es fühlt sich einfach nur pervers an. Und da der Ruf des Gewächshaustomaten-Geschmacks bei den Konsumenten ohnehin nicht sonderlich gut ist, hege ich große Zweifel, ob sich dieser durch solche Technik bessern wird.

»Lieber Herr Gepstein!«, möchte ich am liebsten rufen, »machen Sie doch mal einen Ausflug ans Tote Meer und schauen Sie sich auf der jordanischen Seite Geoff Lawtons neu geschaffene Oase im Wadi Rum an (Seite 118). Wenn Sie Lösungen für Land mit salzigem Grundwasser suchen, lesen Sie das Buch über die Geschichte des Haller-Parks in Kenia (Seite 62). Widmen Sie sich doch lieber der intensiven Beobachtung der Natur statt deren Manipulation! Befassen Sie sich mit Bodenverbesserung und Permakultur! Hängen Sie sich das Einstein-Zitat über den Schreibtisch! Dann können Sie ihr ganzes Laboratorium einmotten und ein sinnvolles Landprojekt beginnen.« Man muss Pflanzen nicht an die Bedingungen der Wüste anpassen – umgekehrt wird ein Schuh daraus: Ein viel lohnenderes, ganzheitlicheres Ziel ist es, die Trockenzonen der Welt wieder in gutes, vegetationsfreundliches Land zu verwandeln.

Wer ein Beispiel wie das des Blaustein-Instituts isoliert und ohne Vergleichsmöglichkeit betrachtet, mag leicht zu dem Schluss gelangen, dass die Menschheit nur mit High- und Gen-Tech ernährt werden könne. Wer keinen Schimmer von Landwirtschaft hat und sich per Supermarkt fremdversorgen lässt, wird sich angesichts von Fernsehberichten wie diesem möglicherweise erleichtert zurücklehnen: »Die Wissenschaft wird das schon hinkriegen!« Glücklicherweise steht aber immer noch ein großer Teil der Bevölkerung der Agrogentechnik äußerst kritisch gegenüber.

»Die Wurzeln des Lebens«, der 2018 erschienene Baum-Roman des US-Schriftstellers Richard Powers, enthält folgende Passage zu Hightech-Geoengineering: »Es sind Leute, die von einer technischen Wende träumen. [...] [Die Botanikerin Patricia Westerford] könnte ihnen eine ganz einfache Maschine zeigen, die keinen Brennstoff und kaum Wartung braucht, eine, die rund um die Uhr Kohlenstoff bindet, den Boden verbessert, die Erdoberfläche kühlt, die Luft reinigt und die sich in ihrer Größe allen äußeren Bedingungen anpasst. Eine selbstreproduzierende Maschine, die auch noch kostenlos Nahrung abwirft. Eine Maschine so wunderschön, dass Dichter ihr Verse widmen.«

Deutliche Worte

Der Dokumentarfilmer und langjährige Experte für Landschaftswiederherstellung John D. Liu würde es vermutlich ganz ähnlich ausdrücken. Liu besuchte den Schauplatz der erfolgreichen Begrünung eines mehr als 400 Kilometer langen Streifens zu beiden Seiten einer Straße, die mitten durch die überaus lebensfeindliche Taklamakan-Wüste im Nordwesten Chinas führt. Hunderte Arbeiter hatten das grüne Band unter der Anleitung von Wissenschaftlern in nur drei Jahren angepflanzt, wobei drei Pflanzenarten Verwendung fanden, die sogar mit dem salzigen Grundwasser zurechtkommen, das aus im Abstand von vier Kilometern gebohrten Brunnen via Tröpfchenbewässerung zugeführt wurde: Tamarisken, Saxaule und Calligoni.

In seinem Reisebericht geht Liu auch auf die Frage des Technikeinsatzes bei der Eindämmung der Erdüberhitzung (Geoengineering) ein. Er schreibt: »Bei vielen kommerziellen Projekten, die den Herausforderungen des Klimawandels begegnen wollen, stehen technische Interventionen im Vordergrund. Diese sind oftmals so energieaufwendig, dass ihr Einsatz nur mittels immenser Geldsummen möglich wird, Gelder, die schließlich an die Hersteller dieser technischen Systeme sowie an die Betreiber des globalen Finanzsystems zurückfließen. Trotz all dieses Geldeinsatzes sind technikbasierte Klimaschutzprojekte jedoch nicht notwendigerweise besonders effektiv. Der Planet hat aber keine technischen Probleme, sondern er krankt an einem Niedergang praktisch aller seiner Ökosysteme. Dieses ernste Problem mit Geld und Technologie zuschütten zu wollen, ist vermutlich keine sonderlich angemessene Reaktion. Im Gegensatz dazu bilden die Wiederherstellung der Vegetation, die natürliche Regulation der hydrologischen Systeme sowie der Schutz der Artenvielfalt erprobte Ansätze, mit denen sich Ökosysteme wieder funktionsfähig machen lassen. Hierbei können sich auch die schwächsten und ärmsten Menschen engagieren. Solche direkt an der Wiederherstellung der Ökosysteme orientierten Maßnahmen kommen praktisch sofort der ganzen Menschheit zugute; zudem stellen sie sicher, dass zukünftige Generationen eine Welt mit intakten Ökosystemen erben. Hier müssen wir Geld investieren, denn auf diese Weise entstehen Arbeitsplätze für diejenigen, die von der Erdüberhitzung am unmittelbarsten betroffen sind. Sollten nicht eher diese Leute Geld erhalten als jene, die ursächlich für den Klimawandel verantwortlich sind?«

Der uighurische Name *Täklimakan Toghraqliri* bedeutet übrigens »Du gehst hinein, kommst aber nicht wieder heraus«, was sowohl auf die Ausdehnung als auch auf die Bedingungen dieser Wüste hindeutet. John D. Liu erwähnt in seinem Bericht auch, dass die beteiligten Wissenschaftler nach der Ansiedlung von Vegetation eine parasitäre Wurzelpflanze namens Cistanche fanden, die in der chinesischen Medizin sehr häufig verwendet wird. Durch die Vermarktung der Cistanche und womöglich einiger weiterer Pflanzen können nun voraussichtlich die meisten – wenn nicht sogar alle – Kosten des Aufforstungsprojekts wieder hereingeholt werden.

Anmerkungen

1 https://de.wikipedia.org/wiki/Chinas_Grüne_Mauer

2 http://de.wikipedia.org/wiki/Seawater_Greenhouse#Sahara_Forest_Project

Websites

www.biocarbonengineering.com
www.geofflawtononline.com

Literatur

Brown, Paul: Aerial bombardment to reforest the earth, The Guardian, 2.9.1999. www.theguardian.com/uk/1999/sep/02/paulbrown (Artikel zum Samenbomben-Experiment in Schottland)

Delfau, Anthony: On Seedballs, Dokumentationen weltweiter Samenbomben-Restorationsprojekte. sites.google.com/site/onseedballs/worldwide-projects

Liu, John D.: The Great Green, Permaculture Magazine, Nr. 86, Winter 2015. www.academia.edu/17521787/The_Great_Green_Wall_of_China

Kempkens, Wolfgang: Drohnen sollen pro Jahr eine Milliarde Bäume pflanzen, Ingenieur.de, 6.5.2015. kurzlink.de/BioCarbon (Artikel über die Aufforstungsdrohne aus Oxford)

Klein Leichman, Abigail: How serendipity in an Israeli lab led to drought-resistant plants, Israel21c. 19.9.2013. kurzlink.de/Blaustein (Artikel über Shimon Gepstein vom Jacob-Blaustein-Institut)

Matzig, Gerhard: Gärten, die die Welt retten könnten, Süddeutsche Zeitung, 2.12.2018. kurzlink.de/Hydro (Artikel über hier nicht beschriebene Pflanzcontainer: Weil Pflanzen ein Nährstoff-Überangebot erhalten, soll ihr Wasserbedarf stark sinken. Die Technik scheint eher zur Begrünung von versiegelten Flächen als Wüsten geeignet. Hersteller-Website: www.hydro-profi-line.com)

Schilk, Jochen: Mehr Wachstum! (Folge 4). Ein »Regenmacher« begrünt erfolgreich Algeriens Wüste, in: Oya 35/2015. www.oya-online.de/article/read/2247-mehr_wachstum_folge_4.html# (Die Seriosität und Wirksamkeit dieses hier nicht behandelten Ansatzes konnte ich auch nach Rückfragen an den Erfinder Madjid Abdellaziz nicht verifizieren.)

The Antimedia: Thailand Plants Millions of Trees by Dropping ›Seed Bombs‹, 28.5.2016. http://theantimedia.org/thailand-trees-seed-bombs

Filme

»Blühende Wüstenlandschaften«, Fernsehbeitrag, Arte, 2014 (11 Min.)
www.youtube.com/watch?v=uoRtZxUojRA

»Groasis anti desertification instruction film in Dubai to plant trees in Deserts«, Film über großformatigen Kunststoff-Container, in und mit dem Bäume in der Wüste gepflanzt werden können und ein Jahr lang nicht bewässert werden müssen; Werbefilm der Firma Groasis, 2012 (englisch, 11 Min.)
www.youtube.com/watch?v=nkYWmvUwiP4

»Mangroven aus der Luft«, Film von Mark Hodges, Discovery Channel, 2014 (deutsch, 45 Min.)
www.youtube.com/watch?v=fBTZclQ9j2M

»Reforestation with Aerial Darts«, Vorlesung von Jack Stewart/Universität Glasgow, 2016 (16 Min.)
www.youtube.com/watch?v=cBslqoJ2gvs

»Sahara Forest Project1«, Imagefilm von Sahara Forest Project, 2012 (englisch, 7 Min.)
www.youtube.com/watch?v=CcHsVrX-8ok

»Seed Bombing: How Thailand Plans To Restore Its Forests«, Futurism/News Direct, 2016 (1 Min.)
www.youtube.com/watch?v=pIfWt7Y4dLQ

Jadav Payeng | Indien

Der indische »Forest Man«

Die folgende Geschichte spielt im äußersten Nordosten Indiens, genauer gesagt, im Distrikt Jorhat des indischen Bundesstaats Assam. Die Enklave Assam liegt nordöstlich von Bangladesch und ist mit dem indischen Hauptland nur durch einen schmalen Korridor verbunden.

Seit 1979 hat dort der Inder Jadav »Molai« Payeng auf einer öden Sandbank-Insel im Fluss Brahmaputra mit nichts als der Kraft seiner Hände einen schönen Wald gepflanzt, der nun mit 550 (eine andere Quelle spricht von 1200) Hektar bereits größer ist als der New Yorker Central Park (341 Hektar). Der Brahmaputra zählt zu den größten Flüssen Indiens und mündet in Bangladesch ins Meer; Millionen Menschen leben an seinen Ufern. Alljährlich tritt der Strom während der Monsunzeit über seine Ufer und überflutet weite Ländereien, reißt Behausungen und ganze Bauernhöfe weg und erodiert Hunderte Quadratkilometer Boden.

Jadav Payengs Heimat, die vom Brahmaputra umspülte Insel Majuli, ist die weltgrößte Flussinsel überhaupt. Auf ihr leben etwa 150 000 Menschen. Seit 1917 hat das Majuli-Eiland jedoch über die Hälfte seiner Fläche durch Erosion eingebüßt, ein Phänomen, das in den vergangenen Jahrzehnten sogar noch an Dynamik zugenommen hat. Wissenschaftler sagen voraus, dass die von artenreicher Fauna und Flora geprägte Insel schon in 15 bis 20 Jahren völlig verschwunden sein könnte.

Im Sommer 1979, als er 17 Jahre alt war, fand Jadav Payeng Hunderte tote Schlangen am Ufer. »Ich habe dagesessen und diese toten Leiber beweint. Es war ein Massaker!«, erinnert er sich an das Erweckungserlebnis. Später fand er heraus, dass die Tiere in der Hitze gestorben waren, weil es keine Bäume mehr gab, die Schatten spendeten. In der folgenden Monsunzeit bemerkte der junge Mann erstmals die schlimmen Auswirkungen der Überflutungen: Unmengen an fruchtbarem Boden gingen verloren, Bäume wurden entwurzelt und Tiere wurden heimatlos und starben. »Mir wurde bewusst, dass die Natur und das Ökosystem allmählich zerstört wurden«, erzählt der Mann, den nicht wenige heute einen Helden nennen. Ihn beunruhigte auch, dass immer weniger

Zugvögel in den Wäldern und Feuchtgebieten seiner Heimat zu finden waren. Schließlich ging der Junge zu den Ältesten seines Dorfs und fragte, ob sie es für möglich hielten, dass die Menschen eines Tages wie die Schlangen sterben könnten. Sie verlachten ihn jedoch; so etwas würde nie geschehen. Doch sie erklärten ihm auch, dass das Verschwinden der Vögel mit dem Rückgang der Bewaldung zu tun habe. Zuletzt gaben sie ihm 20 Bambussamen; die Lösung läge in der Anlage neuer Wälder als Heimat für die Tiere.

Jadav Payeng vergrub die Samen im Sand, um einen grünen Zaun zu setzen. Diese Pflanzen großzuziehen bedeutete einigen Aufwand, doch Jadav war von nun an getrieben von der Vorstellung, wie schön es wäre, alles ringsum zu begrünen und damit Vögel anzulocken. Bald begann er, alle möglichen Baumarten anzupflanzen. In einigen Kilometern Entfernung hatte er eine inselartige Sandbank ausgemacht. Obwohl die Forstbehörden ihm mitteilten, dass dieses Land kaum für Aufforstung geeignet sei, suchte er es fortan viele Jahre lang Tag für Tag auf, um wenigstens einige Samen zu legen. Zunächst beschränkte er sich auf forstwirtschaftlich eher wertlose einheimische Baumarten; erst in den letzten 15 Jahren pflanzte er auch wertvollere Hölzer wie etwa Teak.

Die Frage der Bewässerung wurde für den Einzelkämpfer allerdings zu einem Problem, als die Fläche immer größer wurde. Schließlich kam er auf folgende Lösung: Über jeden Setzling baute er ein kleines Bambus-Podest, auf das er ein Tongefäß mit winzigen Löchern stellte. Das Wasser tropft hieraus über Tage ganz langsam auf die Pflanze – eine sehr einfache Form der Tröpfchenbewässerung. Außerdem setzte Payeng Termiten, Ameisen, andere Insekten und Würmer aus, damit diese den Untergrund locker und fruchtbar machen würden. »Termiten und Ameisen sind sehr gute Bodenverbesserer. Sie graben sich in die harte, steinartige Oberfläche und sorgen dafür, dass die Erde porös und leicht zu bearbeiten ist«, weiß er.

Der neue Wald zieht Großwild, Holzfäller und Wilderer an

Zu Beginn sei die Aufforstung schwer umzusetzen gewesen, doch seitdem er Samen von den neuen Bäumen gewinnen könne, ginge es leichter. Dann jedoch hätten die gewachsenen Bäume eine große Anziehung auf illegale Holzfäller ausgeübt, und auch Wilderer seien gekommen. Der dichte Wald wird mittlerweile von 115 wandernden Elefanten aufgesucht, und es finden sich dort unter anderem Nashörner, fünf bengalische Tiger, Rotwild und Geier.

Als die Elefanten den neuen Wald in ihre Wanderroute aufnahmen, zerstörten sie einmal die Reisfelder der Dorfbewohner – was diese veranlasste, den Waldpflanzer zu verprügeln und ihn aufzufordern, die Bäume umgehend wieder wegzunehmen. Jadav Payeng widersetzte sich dem Wunsch der Leute und pflanzte umso mehr Bäume: Bananenbäume, um die Dickhäuter mit ihren Lieblingsfrüchten im Wald zu halten.

Auch andere Tiere, etwa Rotwild, vermehrte sich nun prächtig in der Aufforstung, so dass Tiger keinen Grund mehr hatten, außerhalb herumzustreichen und Menschen zu erschrecken. Letztlich, so erzählt einer der Dorfbewohner, hätten sie dann doch alle die Aufforstung gutgeheißen.

»Meine Familie unterstützt mein Vorhaben bedingungslos, sie hilft mir auch, wenn eine größere Anpflanzung ansteht«, sagt der Milchbauer Jadav Payeng, dessen Großtat erst 2009 einer breiten Öffentlichkeit vorgestellt wurde, nachdem ein Naturfotograf auf ihn gestoßen war und einen Artikel in der Lokalzeitung geschrieben hatte. Es dauerte nicht lang, da war der einfache Mann im ganzen Land bekannt. Indiens erste Adresse in Bildungsangelegenheiten, die Jawaharlal Nehru University (JNU), ernannte ihn 2012 zum »Forest Man of India«.

Die Forstbehörde von Assam hatte auch erst 2008 von dem neuen Wald erfahren, als die Elefantenherde durch eine menschliche Siedlung gezogen war. Ein Beamter erzählt, wie überrascht sein Team war, einen derart dichten Wald auf der Sandbank vorzufinden: »Leute, deren Häuser niedergetrampelt worden waren, forderten, die Aufforstung wieder abzuholzen, doch Payeng wollte das nur über seine Leiche zulassen. Er behandelt die Pflanzen und Tiere wie eigene Kinder. Als wir das sahen, entschlossen wir uns einzugreifen. Was Jadav Payeng in 30 Jahren geschaffen hat, lässt einen staunen. In jedem anderen Land würde er als Held gefeiert.«

Tatsächlich hat Jadav Payeng für seinen Einsatz mittlerweile Dutzende Preise erhalten, und sein Wald wurde nach seinem Spitznamen »Molai« offiziell »Molai-Schutzgebiet« benannt. Solange sich diese Ehrungen und seine Bekanntheit aber nicht in konkreter, massiver Unterstützung für sein Anliegen – den Erhalt seiner Heimatinsel – niederschlagen, scheint ihn all dies eher zu frustrieren, als zu freuen. Er wird nicht müde, bei jeder Gelegenheit von seinen Ideen zum Erosionsschutz zu erzählen – doch bislang hat noch niemand sie aufgegriffen (heißt es in einem Film von 2012). Seiner Ansicht nach könnte man etwa mit dem Anbau von Kokosnüssen eine Menge erreichen, da diese schnell wachsen, sogar Erträge liefern und nicht zuletzt zum Klimaschutz beitragen. Das Landwirtschaftsministerium stehe hier in der Pflicht. Nach nur fünf Jahren würden sich die positiven Auswirkungen solcher Anpflanzungen auf Majuli bemerkbar machen, anderswo dauere es vielleicht zwei Jahre länger.

In einem anderen Film lässt der Forest Man aber doch durchblicken, dass ihn die Anerkennungen stolz machen. Seine Schulkameraden hätten früh Karrieren in der Stadt gemacht, während er es immer vorzog, im Dschungel zu bleiben. Bei ihm habe es halt etwas länger gedauert mit der allgemeinen Anerkennung, doch nun sei er der glücklichste Mensch auf Erden. Nachdem er morgens eilig seine tägliche Routinearbeit verrichtet und Milch in die umliegenden Dörfer ausgefahren hat, fährt der Bauer Payeng fort, seinen Traum zu verfolgen, »immer mehr Wälder« auf den Brahmaputra-Inseln anzulegen.

»Wie alle anderen sorge auch ich mich um die Zukunft der Erde«, sagt er. »Ich sehe, dass üble Dinge auf meiner Insel geschehen, und ich tue, was mir möglich ist. Ich bin nur ein einfacher Mann. Mein Traum ist es, Majuli und den Distrikt Jorhat wieder zu bewalden. Bis zum letzten Atemzug werde ich pflanzen! Ich kann nur hoffen, dass die Inder und die Menschen anderswo alles dafür tun, den Planeten grüner zu machen. Sicherlich ist es noch viel schöner, in so einer Welt zu leben!«

—

Literatur

Borah, Amarjyoti: India's Forest Man, Al Jazeera, 23. 1. 2014. www.aljazeera.com/indepth/features/2014/01/indias-forest-man-20141176284895 8203.html

Sharma, Manimugdha S.: The man who made a forest, The Times of India, 1. 4. 2012. articles.timesofindia.indiatimes.com/2012-04-01/special-report/31269649_1_forest-wild-elephants-red-ants

Singh, Timon: Indian Man Single-Handedly Plants 1,360 Acre Forest. Inhabitat, 4. 6. 2012. inhabitat.com/indian-man-single-handedly-plants-1360-acre-forest/indian-rainforest

Travelbook: Mann pflanzte 40 Jahre lang täglich einen Baum – das kam dabei heraus! Travelbook, 16. 8. 2018. www.travelbook.de/natur/forest-man?ref=1

Filme

»Forest Man«, Film von William D. McMaster, 2013 (englisch, 16 Min.) www.youtube.com/watch?v=HkZDSqyE1do

»Der Herr der Bäume«, Film von Ankor Didwania (mit deutschen Untertiteln, 8 Min.) www.youtube.com/watch?v=7h_MrCh5Aw8#t=12

Zukunftsstadt Auroville | Indien
Grün wuchernde Siedlung auf roter Erde

Wenn wir anfangen, die Wälder als unser Privateigentum anstatt als Commons zu betrachten, dann erodiert der soziale Zusammenhalt. Wir werden dann in den Wäldern nur mehr Bäume und Holz sehen und bald wird alles zu Ackerland werden.

Sharmi Bai, Adivasi-Älteste aus dem nordindischen Dorf Nichlagarah

Der indische Subkontinent war vor der englischen Kolonisierung zu weiten Teilen bewaldet, heute beträgt die Landesquote gerade einmal 23 Prozent (69 Millionen Hektar Wald im Jahr 2006). Immerhin ist diese Zahl ein Ausdruck intensiver Aufforstungsbemühungen, denn es stand nach der Kolonialzeit noch schlechter um den indischen Wald: So waren es 1950 nur 40,5 Millionen Hektar.

Der immergrüne tropische Trockenwald (»Tropical Dry Evergreen Forest«) dehnte sich einstmals auf einem etwa 500 Kilometer langen, nur maximal 50 Kilometer ins Inland reichenden Streifen an der südöstlichen Küste aus. Leider wurde er – wie fast alle Wälder des Subkontinents – bereits vor Jahrzehnten weitgehend abgeholzt. Da seine kläglichen Überreste heute in einem stark besiedelten Gebiet liegen, gilt er als gefährdetstes Wald-Ökosystem Indiens. Der Waldtyp ist von extrem hohem Artenreichtum; mehr als tausend verschiedene Baum-, Busch- und Lianenarten wachsen im Tropical Dry Evergreen Forest, den es ansonsten nur im benachbarten Sri Lanka gibt. Lediglich etwa 4 bis 5 Prozent seines ursprünglichen Bestands in Indien sind heute noch vorhanden, und man kann davon ausgehen, dass von diesen wenigen Resten nur mehr etwa 5 Prozent dem ursprünglichen Primärwald ähneln. Die Kronen der Bäume in diesem Urwald sind selten höher als acht Meter, zwischen den Stämmen ranken Lianen. Auf dem Waldboden liegt eine dicke Schicht von Blättern, die von einem engen Geflecht aus Wurzeln an der Bodenoberfläche recycelt wird. Da der Nährstoffreichtum des Walds in den Baumkronen gehalten wird, ziehen Fällungen eine rasche Nährstoffauswaschung der Erde durch die heftigen Monsunregen nach sich.

Stadt der Morgenröte

In einem winzigen Teil des ursprünglichen Gebiets des Trockenwalds an der Ostküste existiert seit den späten 1960er Jahren ein eindrucksvolles Gesellschaftsprojekt. Ausgehend von der Philosophie des indischen Freiheitskämpfers Sri Aurobindo (1872–1950) und seiner Partnerin, der Philosophin Mira Alfassa (1878–1973), war bereits in den 1930er Jahren die Vision entstanden, eine Stadt für 50 000 Menschen aus vielen Nationen aufzubauen, in der das Leben ethisch-spirituellen Werten folgt, ohne die materielle Ebene zu vernachlässigen. Im Februar 1968 wurde mit Unterstützung der UNESCO und der indischen Regierung, die im Bundesstaat Tamil Nadu Land für das Experiment zur Verfügung stellte, der Grundstein für eine modellhafte Stadt der Zukunft gelegt. Auroville liegt 130 km südlich von Chennai (früher Madras) in der Nähe von Puducherry (Pondicherry) im Südosten Indiens an der Koromandelküste. Der Name Auroville bedeutet »Stadt der Morgenröte«, aber der Name Sri Aurobindos ist wohl auch in die Idee der Namensgebung eingeflossen.

Renate Börger schrieb in ihrem 2004 erschienenen Buch »35 Jahre Auroville. Eine Vision in Arbeit« über die 1968 am Ort der geplanten Stadt vorgefundenen ökologischen Bedingungen: »In diesem subtropischen Küstengebiet am Golf von Bengalen tummelten sich noch vor 200 Jahren wilde Elefanten im Dschungel. Jetzt liegt es im Sterben, zerstört durch jahrelange Holzausbeutung und Überweidung. Die Aurovillianer finden eine rote, ausgedörrte Erde vor, von der Sonne hart gebacken und von Canyons zerklüftet. Den Segen des Monsunregens kann kein Wurzel- oder Blattwerk mehr bewahren, er flutet über die Erde hinweg, nimmt die obere Schicht mit sich, hinterlässt Gräben wie Schnittwunden. Nur noch vereinzelte Palmen und Dornbüsche halten sich, die Einheimischen in der Umgebung können nur noch kläglich von Nusssträuchern leben; wer kann, verdingt sich in Pondicherry als Tagelöhner. Und hier soll eine Zukunftsstadt aus dem Boden gestampft werden!«

Die Siedler trafen auf halbtoten Boden

Tatsächlich begannen bereits die ersten Siedler, die ab Ende der 1960er Jahre aus aller Welt nach Südindien kamen, parallel zum Hüttenbau in der glühenden Sonne mit den ersten Aufforstungsmaßnahmen. Es gab kaum Schatten und Wasser, und so legten sie mehrere Baumschulen für einheimische und nichteinheimische Arten an. Ein als Experte geladener deutscher Professor für Wasserbau erklärte das Vorhaben der Pioniere allerdings schlichtweg für verrückt: »Die Erde hier ist so gut wie tot, die Canyons dürfen auf keinen Fall tiefer werden!« Auf seinen Rat hin versuchten die Menschen, mittels Erdwällen das Wasser des Monsuns zu halten, denn es schien klar, dass man »erst einmal die Erde retten muss, bevor irgend etwas anderes geschieht«.

Die Idee der »Bunds« genannten Dämme sollte sich letztlich als erfolgreich erweisen. Zunächst jedoch, so ist auf der Website von Auroville zu lesen, wurde in den ersten Jahren noch eine Menge Lehrgeld bezahlt: Heftige Regengüsse rissen wiederholt selbst massive Erddämme ein, weil anfangs die Abflussrichtungen nicht bedacht worden waren. Auch 1978 noch passierte solch ein Malheur, wobei zahllose junge Bäume weggerissen wurden. Die Vorfälle führten dazu, dass die Dämme systematischer und flächendeckender angelegt wurden.

Bei den Pflanzen zeigte sich zunächst, dass die nichteinheimischen Arten weitaus erfolgreicher bei der Pionier-Besiedelung waren. (Eine aus Australien importierte Akazienart begann sogar invasiv zu wuchern und andere Arten zu verdrängen.) In den 1980er Jahren wurde auf dem Gebiet der entstehenden Stadt deutlich, dass die Wiederbegrünungsbemühungen von Erfolg gekrönt sein würden. Die Pioniergehölze hatten Blätterschirme gebildet, deren Schatten eine notwendige Voraussetzung für die Wiederansiedlung vieler einheimischer Pflanzenarten war (dies erinnert an die Erfolge von Las Gaviotas; siehe Seite 150). Das indische Umweltministerium zeigte sich 1982 so beeindruckt vom Erfolg der Aufforstungsbemühungen, dass es Auroville über die nächsten fünf Jahre umgerechnet 100 000 Dollar für weitere Maßnahmen sowie für ein wissenschaftliches Monitoring der Ergebnisse zur Verfügung stellte. Die Behörde war deshalb interessiert an den geeignetsten Pflanzen und Wiederherstellungstechniken, weil die Ausgangsbedingungen vor Ort denen vieler weiterer indischer Regionen glichen.

Von diesem Zeitpunkt an nahm die nächste Stufe der Wiederherstellungsarbeit Gestalt an. Eine Gruppe aus den Reihen der Stadtbewohner erforschte die Überreste der einheimischen Flora, die sie vornehmlich in Reservaten und in den heiligen Tempelhainen fanden. Sie identifizierten Pflanzen, sammelten Saatgut, forschten an Keimungstechniken und schufen auf diese Weise eine Datenbank für etwa 300 einheimische Gehölzarten. Ein Herbarium beherbergte diese Dokumente und Proben der Flora, und in Baumschulen wurden Zehntausende Bäume, Büsche und Lianen aufgezogen, um sie in jährlichem Rhythmus im neuen Wald auszupflanzen. Nicht wenige dieser autochthonen Arten konnten sich bis heute auf dem Gebiet von Auroville gut etablieren, darunter auch einige sehr seltene.

Drei Jahrzehnte nach der Stadtgründung wurde die Anzahl der Bäume, die die Bewohner zum Teil mit Permakulturmethoden auf über 800 Hektar gepflanzt und über die Anwuchsphase am Leben erhalten haben, auf drei Millionen geschätzt. Ein von einer Indienreise zurückgekehrter Freund berichtete mir um die Jahrtausendwende, dass die Bäume den Menschen dort nicht nur wortwörtlich, sondern auch im übertragenen Sinn »über den Kopf gewachsen« seien, denn vielerorts sei die Vielzahl der wuchernden Pflanzen kaum mehr zu kontrollieren, und der Dschungel nehme den Siedlungen zunehmend das Tageslicht – welch ein Kontrast zu dem oben beschriebenen Bild der Anfangsjahre!

Heute gibt es rund 2500 registrierte Aurovillianer, dazu kommen Tausende von indischen Angestellten, die in den zahlreich gegründeten Betrieben arbeiten, sowie Hunderte von Freiwilligen aus aller Welt. Auf einem weitläufigen Areal mit verschlungenen, größtenteils ungeteerten Wegen ist eine kleine Stadt von rund 10 000 Menschen entstanden – vom Ziel der 50 000 Bewohnerinnen und Bewohnern ist man derzeit also noch weit entfernt.

Zwei grüne »Kinder« von Auroville

1. Eine Reportage vom Aufforstungsprojekt in Aranya

Viele der Menschen, die in Auroville Erfahrungen mit Wiederbegrünung gesammelt hatten, gingen in andere Landesteile, um ihre erworbenen Fähigkeiten zu teilen und Aufforstungsprojekte zu initiieren, darunter ein Projekt mit tibetischen Flüchtlingen im nordindischen Karnataka. Das Bäumepflanzen ist jedoch auch in und um Auroville noch Thema. So gibt es im Umfeld der Stadt mehrere Aufforstungsprojekte zur Rettung des immergrünen tropischen Trockenwalds. Eine dieser Stellen betrifft ein 13 Kilometer entferntes Stück Ödland, auf dem bis auf einen winzigen heiligen (Trockenwald-)Hain zu Ehren der Gottheiten Muneeswaran und Veerappan lange Zeit nichts Grünes zu finden war. 1964 war dieses Land als Standort für die Zukunftsstadt im Gespräch gewesen, bevor man sich für den jetzigen Platz entschied.

1988 forsteten einige Jugendliche aus Auroville etwa 4000 Quadratmeter dieses Aranya genannten Gebiets auf, doch dann sollte es noch einmal sechs Jahre dauern, bis ein Plan zur Wiederherstellung des gesamten immergrünen tropischen Trockenwalds in der küstennahen Biosphärenregion von Auroville gefasst wurde. Das Aranya-Gelände wählte man zum Zentrum eines Aufforstungsprojekts, bei dem abermals mittels Rückhaltung der Monsun-Niederschläge durch Dämme und Gruben einheimische Bäume wiederangesiedelt werden sollten. Mit finanzieller Unterstützung des kanadischen International Development Research Centre (IDRC) wurden auf etwa 40 Hektar mehr als 36 000 einheimische Gehölze gepflanzt. Im Fokus der Bemühungen stand auch die Anhebung des Grundwasserpegels, die Verhinderung weiterer Bodenerosion sowie die Einbeziehung der lokalen Bevölkerung.

Der Hauptakteur bei diesem immensen Vorhaben heißt Saravanan. Geboren im Dorf Valayampatti bei Thiruvannamalai, begann sich dieser Mann schon in frühen Jahren für Aufforstung und Wiederbegrünung zu interessieren. Als Vorbild stand sein Onkel, der die Organisation »Save the Eastern Ghats« (Rettet die östlichen Wälder) begründet hatte. »Die Wälder in der Umgebung meines Dorfs kannte ich in- und auswendig«, erzählt Saravanan in einer Reportage über Aranya. »1987 nahm ich an einem Demonstrationsmarsch von Umweltaktivisten durch die Western Ghats teil, der über die Hügel von Kanyakumari bis Goa führte. Ich war der einzige Jugendliche, der die ganze Strecke zurücklegte. Danach habe ich an Seminaren und Trainingscamps zur Aufforstung teilgenommen.« Später initiierte er eine Bewusstseinsbildungskampagne zur Rettung des Dschungelunterholzes, wobei er 300 Kilometer von Pondicherry nach Salem radelte und auf seinem Weg auch durch Auroville kam. 1989 zog Saravanan in die Zukunftsstadt, und als 1995 ein Platzhüter für Aranya gesucht wurde, meldete er sich. Das an die Stadt Puducherry grenzende Gebiet von Aranya war damals jedoch ein zwielichtiger Ort, in dem sich gewalttätige Kriminelle herumtrieben. Obwohl Anwohner meinten, er begehe einen großen Fehler, begann Saravanan mit dem Bäumepflanzen. »Ich pflanzte nur für die Vögel und anderen Tiere – keine Obstbäume für Menschen.« Seine Frau Vatchala zog 2003 zu ihm, um das Leben fernab von Auroville, weit weg von der nächsten menschlichen Behausung, mit ihm zu teilen.

Auch für dieses Wiederherstellungsprojekt wurden Samen aus heiligen Hainen und nahen Waldstücken gesammelt. Saravanan arbeitete eng mit den Bewohnern umliegender Dörfer zusammen und führte Workshops zur ökologischen Sensibilisierung der Ältesten sowie der Dorfjugend durch. Diese Arbeit habe schließlich dazu beigetragen, das Land zu schützen, indem es gelang, Passanten und Weidevieh fernzuhalten. »Früher war dies ein Zufluchtsort für Wilderer und Leute gewesen, die ihr Vieh frei grasen ließen«, erklärt Saravanan. »Aber nun hat beides aufgehört.«

Mit Hilfe von Dämmen wurden Rückhaltebecken für Regenwasser angelegt, so dass der Grundwasserpegel in bemerkenswerter Weise anstieg. Der Bodenerosion begegnete man, indem man die Niederschläge in Teiche und Reservoirs auf dem Aranya-Gelände leitete. Darüber hinaus zog Saravanan 100 000 Setzlinge von Trockenwald-Spezies auf und stellte sie der regionalen Forstbehörde zur Verfügung.

Als Aranyas Trockenwald-Ökosystem 2008 ein Jahrzehnt alt war, erschien Saravanan diese Zeitspanne zu kurz, um von einem gesicherten Erfolg zu sprechen. »Die Zeichen geben Anlass zum Optimismus«, meinte er immerhin. »Das Plateau erhält eine Vegetationsschicht, sehr viele einheimische Pflanzen kehren zurück, was vermutlich auch mit der Rückkehr der Vögel zu tun hat, und es gibt Hinweise, dass viele weitere Tiere sich ansiedeln. Ich habe kürzlich Stachelschwein-Stacheln gefunden, und das ist erst der Anfang …«

Gefragt, ob er Aufzeichnungen über seine Arbeit anfertigt, lächelt Saravanan. »Das Anlegen von Aufzeichnungen gehört zu den Schwächen unserer Wiederbegrünungsarbeit. Es gibt in Auroville fast 45 Wald-Gruppen, die wirklich gute Arbeit leisten – doch weniger als eine Handvoll dieser Gruppen führt Buch darüber. Dabei muss man dafür kein Wissenschaftler sein; nach einer Einführung kann das jeder selbst.« Saravanan weiß, warum er seine Arbeit in Aranya akribisch dokumentiert: »Wenn Offizielle auftauchen, fragen sie immer gleich nach den Aufzeichnungen und nach den Veröffentlichungen. Da ist es sehr hilfreich, diese Dinge vorzeigen zu können.«

Seitdem das Sammeln von Saatgut 2002 zum Gegenstand des indischen Biodiversitätsgesetz wurde, ist das Dokumentieren besonders wichtig geworden. Das Gesetz will die Ausbeutung der genetischen Ressourcen Indiens verhindern. Es erklärt die lokalen Gemeinden zu Treuhändern des Artenreichtums ihrer Gegend, und so benötigt man nun deren Genehmigung, will man Samen oder Pflanzen sammeln. Saravanan hat deshalb aber keine Probleme, die Behörden heißen seine Arbeit gut.

Zu den wichtigen Aufgaben auf Araya gehört die Umweltbildung der Kinder. »Jedes Jahr führen wir zwei oder drei Camps mit jeweils 40 bis 50 Kindern durch«, sagt Saravanan. »Sie kommen aus staatlichen Schulen in den umgebenden Dörfern, aus Pondicherry und sogar aus Chennai. Die Kinder können hier viel machen: das Land erkunden, mir beim Bäumepflanzen oder bei der Beseitigung der invasiven australischen Akazie helfen, die den Tieren dieser Umgebung viel Schaden zufügt. Sie können Deiche bauen, vor dem Sommer Feuerschneisen schlagen und sogar bei der Umweltbildung der Öffentlichkeit mitmachen. All diese Aktivitäten helfen den Kids, die Natur und ihre Bewahrung wertschätzen zu lernen. Ganz nebenbei werden sie so zu den Führungskräften der zukünftigen Umweltarbeit. Einige der Schüler, die bei unserem Programm mitgemacht haben, leisten heute selbst Wiederbegrünungsarbeit.«

2. Das Projekt Sadhana Forest

Ein weiteres eindrucksvolles »Kind« von Auroville ist »Sadhana Forest«. Die in der Zukunftsstadt gemeldeten Initiatoren Yorit und Aviram Rozin stammen aus Israel. Sie haben sich vorgenommen, 28 Hektar stark erodiertes, trockenes Land umzuwandeln. Im Geist der Einheit der Menschheit wollen sie möglichst viele Leute mit einem enkeltauglichen, veganen Lebensstil bekanntmachen und Ernährungssicherheit durch Renaturierung ermöglichen. »Unsere Kräfte und Ressourcen fokussieren wir dabei auf die Wiederherstellung eines Stücks lebendigen Trockenwalds«, erklären sie. Hauptziel des Ökoprojekts ist es, die Menschen der angrenzenden Dörfer zu unterstützen, indem der Grundwasserspiegel angehoben wird. Solange die Leute ihre Nahrung selbst anbauen können, müssen sie nicht in die Slums der Städte flüchten.

Bei der Umweltbildung bezieht auch diese Initiative so viele Kinder und junge Menschen wie möglich ein. Natürlich, so die Website des Projekts, haben die Jungen keine Erinnerung an den Wald, der lange vor ihrer Geburt zerstört wurde. Dennoch träumen die Rozins davon, den Kindern den Urwald in einem Zustand zurückzugeben, wie ihn deren Vorfahren kannten. Die Kids legen bei der Arbeit begeistert Hand an, und viele machen beim Schaffen im Sadhana-Projekt erste praktische Erfahrung mit Nachhaltigkeit. »Zwischen uns und den Einheimischen ist eine herzliche Freundschaft entstanden«, vermelden die Projektgründer. »Bei der Wiederherstellung unserer Gegend arbeiten wir Hand in Hand, und der Sadhana Forest wird insbesondere von den einheimischen Kindern oft besucht. Jede ist willkommen und jeder bekommt eine Einführung in unsere Arbeit und deren Wert für die Umwelt. Tausende Kinder haben bereits geholfen, Bäume zu pflanzen.« Ein Teil des Geländes dient ausschließlich der Umweltbildung, indem es die Kreativität und das freie Denken der Kinder anregt. »Das Feedback der Kinder, Eltern und Lehrer ermutigt uns, den ›Kinderland‹-Bereich weiterzuführen und auszubauen«, freuen sich Yorit und Aviram.

Als Sadhana Forest im Jahr 2003 begann, war das Land absolut kahl. Bis Anfang 2014 wurden mit den bewährten Methoden fast 30 000 Waldpflanzen gesetzt, wie sie für den dort heimischen immergrünen tropischen Trockenwald typisch sind, und pflegte die Gehölze etwa durch Mulchen, bis sie der kritischen Phase entwachsen waren. Auch auf den magersten Böden erreichen die Aktivisten – die sich nicht nur aus Einheimischen, sondern auch aus Tausenden Freiwilligen aus aller Welt zusammensetzen – auf diese Weise Überlebensraten von mindestens 70 Prozent; auf besserem Untergrund liegt die Rate sogar zwischen 80 und 90 Prozent. Mehr als 20 Kilometer Gräben sowie acht verschiedene Dämme konnten in gemeinsamer Anstrengung angelegt werden, die zusammen mindestens 50 000 Kubikmeter Wasser zu speichern imstande sind. Nach vier Jahren intensiver Bemühungen haben diese neuen Landschaftselemente dazu geführt, dass der Grundwasserpegel um ganze sechs Meter anstieg.

In dem genannten Zeitraum engagierten sich im Sadhana-Wald mehr als 7000 ehrenamtliche Arbeiter jeweils für einen Zeitraum zwischen zwei Wochen und 36 Monaten. (Auf der Projekt-Website kann man sich anmelden; Verpflegung und Unterkunft sind frei.) Gäste sind hier gern gesehen. Im März 2006 fand auf dem Gelände das zweite indische Wald-Festival »Van Utsay« statt, wobei die anwesenden Aktivistinnen aus ganz Indien eine Menge Erfahrungen austauschten. Außerdem erregte auch dieses Projekt die Aufmerksamkeit von westlichen Wissenschaftlern.

Viel internationales Interesse konnte Sadhana Forest im Jahr 2010 erregen, als es den dritten Preis beim »Humanitarian Water and Food Award« gewann. Im April desselben Jahres startete in Haiti eine Tochtergemeinschaft von Sadhana Forest India. In einer extrem armen Gemeinde im Südosten des Lands entsteht seither mit Unterstützung von lokalen und internationalen Freiwilligen ein riesiger »Food Forest« (Waldgarten). 80 000 fruchttragende Gehölze wurden gepflanzt, und mehr als 7000 Haitianer erhielten dort Schulungen in Agroforstwirtschaft und Wasserrückhaltung.

Ein weiterer Sadhana-Wald zur Ernährungssicherung entsteht seit 2013 im Norden Kenias auf dem Territorium der Samburu. Es sieht so aus, als habe die Gründung der Stadt der Morgenröte, Auroville, bereits viel bewirkt.

—

Websites

www.auroville.org

www.sadhanaforest.org

Literatur

Blanchflower, Paul: Restoration of the Tropical Dry Evergreen Forest of Peninsular India, in: Biodiversity 6(3)/2005. kurzlink.de/Auroville1

– Restoration of the Tropical Dry Evergreen Forest, 8.4.2010. kurzlink.de/Auroville2

Börger, Renate: 35 Jahre Auroville. Eine Vision in Arbeit, connection, 2004. (3. Auflage)

Eisenschenk, Herbert: Experiment Auroville. Leben auf eigene Gefahr, Grubbe Media, 2016.

Sundarvali, Priya: Pioneering a Forest Sanctuary, 1.12.2008. kurzlink.de/AranyaForest

Abdul Kareem | Indien

Der Lohn von Weitsicht und Beharrlichkeit

Der Inder Abdul Kareem wuchs in einfachen Verhältnissen auf und genoss keine akademische Bildung. Dennoch wurde der Naturliebhaber mehrfach mit Preisen ausgezeichnet und sein Lebenswerk war Gegenstand diverser wissenschaftlicher Studien. Der 70-Jährige gehört zum überschaubaren Kreis der Personen weltweit, die durch eigene Hand ein Stück Ödland in einen Forst verwandelt haben – in Abdul Kareems Fall handelt es sich um ein trockenes 13-Hektar-Hanggrundstück in Parappa, gelegen in seinem heimatlichen Bundesstaat Kerala, das nun von dichtem, grünem Wald überzogen ist: ein Anziehungspunkt nicht nur für Vögel, Insekten und Kleinsäuger, sondern auch für Forscher und Ökologinnen aus aller Welt. Über Kareems Geschichte drehten die BBC, der Discovery Channel und National Geographic jeweils eigene Dokumentationen, zu internationalen Zusammenkünften von Umweltschützern wird er als Redner eingeladen.

»Mein Herz sprach davon, ein grünes Heiligtum zu erschaffen«

Ende der 1970er Jahre begann Abdul Kareem, an seinem Wald zu arbeiten. »Bäume habe ich immer geliebt«, erzählt er. »Schon als kleiner Junge verbrachte ich all meine freie Zeit in kleinen Wäldchen, die es in der Umgebung meines Elternhauses in Nileshwaram gab. Dort war es so friedlich, eine vergleichbare Stille fand man sonst nirgendwo.« Die Liebe zur Natur blieb ihm auch als Heranwachsendem erhalten. Dennoch zog er nach dem Abschluss der zwölften Klasse nach Mumbai, um in Indiens ökonomischer Hauptstadt sein Brot zu verdienen. »Ich hatte nichts Spezielles gelernt und war bereit, jede Arbeit zu machen.« Kareem fand einen Job auf einer Werft. Nach vier Jahren in der Großstadt zwangen ihn 1969 eine Reihe von Streiks und Unruhen, nach Nileshwaram zurückzukehren. Dort lernte er an einem privaten College Buchhaltung, bevor er eine entsprechende Stelle in der nahegelegenen Stadt Kasargod antrat. »Zu der Zeit setzte in Indien der Boom mit den Golfstaaten ein«, erzählt er. Eine Chance witternd, eröffnete er in der Stadt eine Reise- und Vermittlungsagentur für Fremdarbeiter, die in den Vereinigten Arabischen Emiraten, in Bahrain oder anderen Golfstaaten ihr Glück versuchen wollten.

Außerdem heiratete Kareem. Seine Frau stammt aus einem etwa 20 Kilometer von Nileshwaram entfernten Ort. Immer wieder besuchte das Paar an den Wochenenden ihre Heimatorte – und so kam Abdul an seinen Hügel: »Beim Spazierengehen blickten wir auf kahle Hänge. Mir tat der Anblick im Herzen weh, und dennoch zog er mich irgendwie an. Mit einem Mal wurde mir bewusst, dass ich oft, nur für kurze Augenblicke, von den Kavuu geträumt hatte. Die Kavuu sind ein wichtiger Teil der kollektiven Erinnerung Indiens. In früheren Zeiten hatte jedes Dorf einen solchen heiligen Hain, als Kind habe ich oft davon gehört. Ich glaube, unbewusst trug ich immer eine Sehnsucht nach solch einem grünen Heiligtum in mir.«

Kareems Reisebüro ging gut. »Doch während ich Tickets buchte und die Reisen meiner Kunden organisierte, sprach mein Herz davon, einen Wald zu schaffen.« Dahinter habe keinesfalls der Traum gestanden, die Welt zu retten oder ein ähnlich pathetisches Ideal. »Ich wollte einfach nur aus einem trockenen Stück Land einen Wald machen, wollte beweisen, dass man die Natur regenerieren kann, wenn man es sich wirklich, wirklich vornimmt. Ich wollte der folgenden Generation etwas hinterlassen.«

Obwohl sein Unternehmen florierte, gab er schließlich 1977 dem Drängen seines Herzens nach. Ohne auch nur seiner Frau Bescheid zu sagen – »Sie hätte meine Pläne sowieso nicht abgelehnt« –, kaufte er zwei Hektar Land auf dem Hügel. »Der Verkäufer war überglücklich, als er es mir für 3750 Rupien (etwa 55 Euro) verkaufen konnte«, meint Kareem grinsend. »Das war kein schlechter Preis für ein Stück Ödland ohne viel Wasser und praktisch ohne Vegetation.«

Spott gehört dazu

Nach dem Kauf marschierte Abdul Kareem zum nächsten Büro der Forstbehörde und bat dort um einige Setzlinge für sein Land. »Als sie hörten, wo ich pflanzen wollte, lachten sie mich aus und bezeichneten mich als verrückt. Und mit dieser Ansicht standen sie nicht alleine da. Viele Leute aus dem Dorf und auch Mitglieder meines erweiterten Familienkreises glaubten, ich sei übergeschnappt.« Kareem ignorierte diese Stimmen. Er pflanzte die einhundert Setzlinge, die er von der Behörde bekommen hatte, zwischen die Lateritfelsen und hoffte, dass sie es schaffen würden. »Ich wusste, dass kaum Muttererde da war, und außerdem war es staubtrocken. Täglich goss ich die Pflänzchen und wartete ab.« Weil es keine Quellen oder Teiche in der Nähe gab, holte Abdul auf seinem Motorrad Wasser aus zwei Kilometern Entfernung. »Alle lachten, wenn sie mich mit den ans Rad gebundenen Kanistern sahen, aber mir war das egal; vor meinem inneren Auge sah ich bereits meinen Wald wachsen.« In der harten Realität jedoch überlebten die Pflanzen gerade einmal ein paar Tage, bevor sie aller Fürsorge zum Trotz welkten und eingingen. »Nur einer von hundert Setzlingen schaffte es – aber aufzugeben war für mich keine Option. Ich ging also zurück zur Forstbehörde und bat um neue Setzlinge. Die Beamten machten mich lächerlich, aber sie gaben mir doch, worum ich bat, denn glücklicherweise lief damals gerade ein Förderprogramm für Baumpflanzungen.« Kareem wiederholte sein Experiment, und wieder überlebten nur ein paar wenige Pflänzchen. Er beschloss, es mit etwas entwickelteren Bäumchen zu versuchen, die über das Stadium eines Setzlings hinaus waren.

Zwei Jahre lang gab er sich die größte Mühe, immer in der Hoffnung, dass seine Arbeit Früchte tragen würde. Im dritten Jahr hatte die Natur endlich ein Einsehen; seine Schützlinge begannen, Wurzeln zu treiben, und überlebten sogar die 40 Grad heißen Sommer von Kerala. »Das versetzte mich gar nicht übermäßig in Aufregung«, behauptet er. »Denn im Herzen wusste ich immer, dass der Wald meiner Träume Gestalt annehmen würde. Für mich war es nur eine Frage der Zeit, bis das Gelände wieder grünen würde.« Im Bewusstsein, dass sein Experiment erfolgreich verlief, setzte Abdul so viele Pflanzen wie möglich auf sein Land. Die Gewinne aus dem Reisebüro flossen samt und sonders in seinen Traum.

»1982 erstand ich dann weitere 11 Hektar, so dass ich insgesamt 13 besaß. Nun begann ich eine größere Bandbreite an Pflanzen anzusiedeln.«

Die Natur übernimmt, Fülle kündigt sich an

Es funktionierte. Die Bäume gediehen sehr gut, und Abdul Kareems Wald nahm Gestalt an. Zurückschneiden oder Laub harken, so etwas gibt es bei ihm nicht. Und auch dies nicht: »Chemische Pestizide oder Kunstdünger benutzte ich nie, meinen Bäumen gab ich nichts als Wasser. Ich hatte den Prozess in Gang gesetzt, und nun wollte ich die Natur übernehmen lassen. Man soll die Natur zu nichts zwingen – man gebe ihr eine Chance, und sie wird antworten.«

Fünf Jahre später beobachtete Kareem einige erstaunliche Veränderungen auf seinem Land. »Es gab eine Quelle, die im Sommer im besten Fall vielleicht 500 Liter pro Tag gab«, erzählt er. »Überraschenderweise spendete sie nun sogar im Hochsommer 100 000 Liter täglich; während des Monsuns floss sie über.« Es war klar, dass der Wald den Grundwasserspiegel eklatant hatte ansteigen lassen. »Von den Leuten, die am Rand meines Walds leben, erfuhr ich, dass auch aus deren Quellen plötzlich mehr Wasser sprudelte. Waren sie früher im Sommer trockengefallen, gab es nun das ganze Jahr über Wasser. Das hat mich dann wirklich in Begeisterung versetzt!«

Der vormals öde Hügel war zu einem Schwamm geworden, der die Monsunregen aufsog. »Der Wald produziert tatsächlich Wasser«, jubelt Abdul Kareem. »Die Familien, die nahe meines Walds wohnen, versorge ich mit kostenlosem Mineralwasser.«

Er hatte auch die Idee, mehrere Wasserlöcher anzulegen, um Vögel anzulocken. »Die Natur sollte die weitere Samenkeimung und -verteilung übernehmen. Das hat ebenfalls funktioniert, und eine Reihe neuer Pflanzen und Bäume begann zu sprießen.«

Der Mann hat sich nie in die Methoden des Naturschutzes eingelesen. Dennoch ist unübersehbar, dass Kareem eine instinktive Liebe für Wald besitzt und er ebenso instinktiv die Notwendigkeit für respektvolle Unterstützungsmaßnahmen erkannte. »Viel Ungeduld, Unzufriedenheit und Gewalt hat ihren Ursprung im Mangel an Gelegenheit, sich mit unseren Wurzeln wiederzuverbinden«, glaubt er. »Wenn du eine Verbindung zur Natur spürst, wirst du irgendwann Liebe für die Welt und die Menschheit empfinden.«

In mehr als einem Vierteljahrhundert hat Abdul Kareem mehr als 800 Pflanzenspezies sowie mehr als 300 medizinisch wirksame Kräuter gepflanzt, die er von Regierungsfarmen und aus Privatgärten bezog. Sie alle gedeihen nun in seinem Wald.

Kareems Bemühungen blieben nicht unentdeckt. Im Jahr 2005 schaltete die staatliche indische Ölgesellschaft eine Reihe von Anzeigen, in der sie ihn als einen Mann hochhielt, »der die Kraft hat, eine neue Generation zu inspirieren«. Das Unternehmen begrüßte Kareems Initiative, die Umwelt zu schützen und zu erhalten – und als Zeichen der Anerkennung gab man ihm eine Tankstelle, deren Einkünfte seine Ökoinitiative unterstützen soll. »Das war natürlich eine Riesensache für mich«, sagt er. »Die Tankstelle ist heute mindestens 6 Millionen Rupien wert.« 2009 wurde Abdul außerdem vom indischen Limca-Buch der Rekorde zu den 20 Personen des Jahres gewählt.

In Ökologenkreisen spricht man mittlerweile von »Kareems Modell«; verschiedene Universitäten aus ganz Indien sowie darüber hinaus haben den Wald wissenschaftlich untersucht. Abdul Kareem lächelt: »Es waren sogar Studenten aus Estland, Deutschland und den USA hier, um zu erfahren, wie ich das Ödland wiederbegrünt habe.« Der Landwirtschaftliche Forschungsrat Indiens, die Universität für Agrarwissenschaften in Kerala, das Ministerium für Umwelt und Forst sowie die Regierungsstelle für Landwirtschaft suchen heute nach Möglichkeiten, Kareems Bemühungen auf Gebiete mit ähnlichen Ausgangsbedingungen in Indien zu übertragen.

Kareem lebt mit seiner Frau in einem Haus mitten in seinem Wald; fünf ihrer sieben Kinder sind bereits verheiratet und leben in Übersee, die anderen beiden studieren noch. Er kann sich nicht vorstellen, jemals woanders hinzuziehen. »Verschiedene Bauunternehmen und Immobilienhändler haben mich schon angesprochen, weil sie meinen Wald kaufen wollten, um ein Ferienhotel in seine Mitte zu setzen. Aber ich werde nicht verkaufen. Sie würden ein kommerzielles Unternehmen aus dem Ort machen und viele Bäume fällen. Ich hab diese Bäume wie meine Kinder aufgezogen – niemals würde ich jemandem erlauben, sie zu töten!« Unter bestimmten Umständen kann Kareem sich jedoch vorstellen, einer Universität einen Teil der Fläche zu Forschungszwecken zur Verfügung zu stellen. »Die Bäume müssten alle stehen bleiben. In weiser Voraussicht habe ich hier und dort Stellen unbepflanzt gelassen, weil ich die Hoffnung hegte, dass meine Kinder ihre Häuser in den Wald bauen würden, um in meiner Nähe zu leben.« Doch die zeigten bislang wenig Interesse an dieser Option.

»Ich habe verschiedene Auszeichnungen und Belobigungen verliehen bekommen, oftmals durch bekannte Persönlichkeiten wie Amitabh Bachchan oder den Ministerpräsidenten von Kerala, Oomen Chandy«, sagt Abdul, um dann hinzuzufügen, dass nichts davon ihn so stolz gemacht habe wie der Tag, als seine Initiative vom Bildungsministerium zum Unterrichtsstoff für die sechste Klasse bestimmt wurde. »Die Kinder sollen lernen, dass ein Mensch etwas bewegen kann. Ich hoffe darauf, dass wenigstens einige von ihnen verstehen, wie wichtig und nutzbringend Umweltschutz und Begrünungsmaßnahmen sind!«

Website

www.kareemsforest.blogspot.com

Literatur

Ajayan, Gopika: In the jungle lives Kareem. The story of a Kerala man who created 28 acres of forest, The News Minute, 3.1.2018. www.thenewsminute.com/article/jungle-lives-kareem-story-kerala-man-who-created-28-acres-forest-74105

Bainier, Corentin: Man fights climate change by planting a forest, Observers/France 24, 29.7.2015 observers.france24.com/en/20150729-planted-forest-kerala-india-kareem

Chinchu, C.: Abdul Kareem – The Man Who Planted a Forest, The Better India, 12.8.2013. www.thebetterindia.com/7621/tbi-heroes-abdul-kareem-the-man-who-planted-a-forest

Good News India: Abdul Kareem – A Seed Sent from Heaven. Good News India, Oktober 2002. www.goodnewsindia.com/Pages/content/inspirational/abdulKareem.html

Film

»Kareem forest park (Man made forest)«, Universität Kalkutta, 2014 (englisch, 12 Min.) www.youtube.com/watch?v=KQ2V6E7ff-Q

Hiware Bazar | Indien

Ein todgeweihtes indisches Dorf erblüht dank klugen Wassermanagements

Wer einen Baum pflanzt, wird den Himmel gewinnen.

Konfuzius

Auch das mit dem Wasser-Preis der indischen Regierung ausgezeichnete Dorf Hiware Bazar im Bundesstaat Maharastra beweist, dass es keine Frage des Geldes ist, ob ein Landstrich der Wüste anheimfällt oder ein fruchtbarer Lebensraum für Menschen wird bzw. bleibt. Gelegen in einer der niederschlagärmsten Regionen des Subkontinents, etwa 250 Kilometer östlich von Mumbai, sahen sich seit den 1960er Jahren schon viele der als Kleinbauern lebenden Bewohner nach diversen Missernten gezwungen, sich in den Städten als Lohnarbeiter zu verdingen. Die Hänge im Umkreis der Siedlung waren in den Jahren davor immer weiter entwaldet worden – bis selbst der wenige Regen dazu geführt hatte, dass Erosionen die Felder zerstörten. Der Grundwasserspiegel fiel, weil keine Wurzeln mehr da waren, um Niederschläge in die Erde zu führen. Doch im Jahr 1989 begannen die verbliebenen Bewohner unter der Führung ihres Dorfvorstehers Popatrao Pawar, einen kollektiven Masterplan für das Management des zur Verfügung stehenden Wassers zu erarbeiten und umzusetzen. Ein wenig finanzielle Anschubunterstützung durch den Staat ermöglichte es den Menschen, an den Maßnahmen zur Wiederbegrünung und Regenernte teilzunehmen – und siehe da: Wenn man dieses wenige Wasser in Hunderten großen und kleinen oberflächlichen Rückhaltebecken sammelte und auf umsichtige, solidarische Weise einsetzte, ließ sich ein wahrer Garten der Fülle anlegen, der dem Dorf heute nicht nur das Überleben, sondern sogar einen gewissen Wohlstand sichert.

Auch in Hiware Bazar trugen mit Hunderttausenden neuen Bäumen bepflanzte »Swales« (Gräben) entlang der Höhenlinien dazu bei, die Versickerung zu verbessern. (Die Methode ist auch als »Keyline-System« bekannt.) Die Einführung eines Beweidungs-Managements führte zu einer eklatant höheren Gras- und damit auch Milchproduktion. Die vergrößerte Molkerei ist heute ein florierendes genossenschaftliches Unternehmen. Daneben war ein Verbot von Brunnenbohrungen mitverantwortlich dafür, dass sich der Grundwasserspiegel in Hiware Bazar um mehr als 13 Meter hob – und das, obwohl die jährliche Niederschlagsmenge mit 400 Millimeter so gering blieb wie eh und je. Zwischen 1992 und 2009 wuchs die bewässerbare Ackerfläche des Dorfs dank des erfolgreichen Wassermanagements von 40 auf 550 Hektar. Kein Wunder, dass bis 2002 vierzig jener Familien, die vor der Trockenheit nach Pune und Mumbai geflüchtet waren, in ihre Heimat zurückgekehrt sind. Diese bildet heute eine kollektiv bewirtschaftete Oase inmitten der Wüste. Im Kollektiv haben die 1300 Einwohner auch beschlossen, dass sie keine Früchte wie Zuckerrohr oder Bananen anbauen, die zwar viel Geld einbringen, aber auch viel Wasser brauchen. Das Youtube-Video zum »Miracle Water Village« ist unbedingt sehenswert!

Die »Watershed«-Methode zum Ernten von Niederschlägen und zur Regenerierung von verödetem Land war vor mehr als 40 Jahren vom Schweizer Jesuiten Hermann Bacher entwickelt und offenbar durch den Orden verbreitet worden. Hiware Bazars Bürgermeister Popatrao Pawar bezog sein Wissen über innovative Methoden, Regen zu ernten (»Rainwater Harvesting« ist der gebräuchliche Begriff), vom Jesuiten Robert D'Costa aus dem indischen Goa. Der wiederum spornte weitere etwa 60 Dörfer der Region an, dem Beispiel von Hiware Bazar zu folgen. Bis auf wenige Fälle, bei denen es offenbar an Motivation und Bereitschaft zur Kooperation mangelte, haben auch die Einwohnerinnen und Einwohner dieser Orte sehr gute Erfahrungen mit dem Ansatz gemacht.

Literatur

Sakhuja, Neha: Sunday Hiware Bazar – A village with 54 millionaires, Down To Earth, 7. 6. 2015. www.downtoearth.org.in/coverage/hiware-bazar--a-village-with-54-millionaires-4039

Otterpohl, Ralf: Das Neue Dorf – Vielfalt leben, lokal produzieren, mit Natur und Nachbarn kooperieren, Oekom, 2017. (siehe Seite 71)

Film

»The miracle water village«, Film von Rintu Thomas und Sushmit Gosh (englisch, 13 Min.): www.youtube.com/watch?v=9hmkgnonBgk

Visheswar Dutt Saklani | Indien

Der Mann, der Shivas Lockenpracht wiederherstellte

Das 1997 erschienene Buch »Wälder der Hoffnung« von Christian Küchli gehört zu den großen Inspirationsquellen dieser Publikation, doch leider werden Sie es nur mehr mit Glück antiquarisch finden. Der Schweizer Autor beschreibt darin in Wort und Bild positive Beispiele von gemeinschaftlicher Waldnutzung, Walderhaltung und Aufforstung weltweit. In seinem Kapitel über das Schicksal der von den englischen Kolonialherren beanspruchten Wälder auf der indischen Seite des Himalaya erfuhr ich wie Küchli erstmals von Visheswar Dutt Saklani, einem Inder, der sich – wie seine Landsleute Abdul Kareem und Jadav Payeng – das Pflanzen eines Walds zur Lebensaufgabe gemacht hat.

Bevor Christian Küchli von seiner Begegnung mit dem Mann berichtet, erwähnt er den öko-religiösen Mythos, den die Bevölkerung der Region mit der ursprünglich dichten Bewaldung der Berghänge verband. Man nannte diese Wälder die »Locken Shivas«: Die Flussgöttin Ganga (Ganges) habe sich aus Wut über ihre Versetzung vom Himmel auf die Erde vom großen Gebirge südwärts geworfen, alles mit sich gerissen und Überschwemmungen verursacht. Da dämmte Gott Shiva den Strom mit seiner Stirn ein und schützte die Hänge mit seinen Locken aus Himalayaeichen vor weiterer Erosion.

Am Anfang stand ein Denkmal

Der 1922 geborene Visheswar Dutt Saklani hatte zunächst offenbar keine ökologischen Motive, als er die Aufforstung in der Nähe seines Heimatdorfs Saklana am Song-Tal begann. Vielmehr wollte er mit einem Hain ein Denkmal setzen für früh verstorbene Familienmitglieder: Seine erste Frau hatte er bald an die Tuberkulose verloren, und sein Bruder – ein beliebter kommunistischer Widerstandskämpfer – war 1948 im Kampf gegen die Truppen des Maharadschas gefallen. Er selbst war ebenfalls Freiheitskämpfer gewesen und nun begann er in den frühen 1950er Jahren mit der Aufzucht und Auspflanzung von Setzlingen, angefangen von Rhododendron bis hin zu seinem Lieblingsbaum, der Himalayaeiche.

Der Autor von »Wälder der Hoffnung« erklärt im genannten Buchkapitel auch die wichtige Rolle des Walds für die Wirtschaftsweise der örtlichen Kleinbauernschaft – und man darf vermuten, dass Ähnliches für sehr viele Regionen der Welt gültig ist. In Nordindien gehört es zu den zahlreichen Pflichten der Frauen, für das Futter der Kühe zu sorgen. In den Trockenzeiten, wenn kaum Gras wächst, müssen sie oft weite Strecken zurücklegen, um belaubte Äste zu schneiden und diese dann bündelweise nach Hause zu tragen. (Laubfütterung für Rinder war übrigens auch im Alpenraum noch bis vor wenigen Jahrzehnten üblich, ebenso die Verwendung von trockenem Laub als Einstreu.) Natürlich werden hierbei immer die nächstgelegenen Bäume beerntet, eine Praxis, die die Pflanzen allerdings nur für begrenzte Zeit mitmachen. Die ohnehin schon spärlichen Wälder Nordindiens werden also vom Rand her immer weiter ausgedünnt. Irgendwann wird die Distanz zwischen Stall und Wald zu groß, um sie laufend und tragend überwinden zu können. Die Bauern tauschen dann oftmals ihre Kühe gegen Ziegen ein, weil diese noch das Letzte aus der verbliebenen Vegetation einer Landschaft herausholen können. Allerdings geben die im Übermaß gehaltenen anspruchslosen Tiere eben auch vielerorts den degenerierenden Lebensräumen den Rest. Verwüstung ist dann die letzte Station einer verheerenden Abwärtsspirale.

Vor diesem Hintergrund sollte der von Saklani angelegte und sich über die Jahrzehnte immer weiter ausbreitende Wald eigentlich ein Segen für die Nachbarschaft gewesen sein. Stolze 120 Hektar groß war er der indischen Zeitung »The Tribune« zufolge im Jahr 2009. Doch in dem Beitrag heißt es auch, dass der Schöpfer des Walds zeitweise im Clinch mit den anderen Dorfbewohnerinnen und -bewohnern gelegen hatte. Eifersüchtig habe er stets darüber gewacht, dass kein Mensch seinen Pflanzen zu nahe kam. Mit vielen anderen einsamen Baumpflanzern teilte Visheswar Dutt Saklani demnach das Schicksal, wegen der seltsamen Leidenschaft für seine belaubten »Kinder« von den Mitmenschen lange Zeit nicht ernst genommen worden zu sein. Die verödeten Bergseiten, welche er wieder mit Shivas Locken bestückte, waren landwirtschaftlich nicht zu gebrauchen. Doch die Dörfler griffen ihn an, weil sie der Ansicht waren, dass er seinen Wald auf öffentlichem Land pflanzte. Forstbeamte prozessierten deshalb sogar einmal gegen ihn; aber das Gericht gab Saklani in seinem Standpunkt recht, dass Bäumepflanzen nicht gegen das Gesetz verstoße.

Ignoranz, Spott, Ruhm

»Zuerst ignorieren sie dich, dann lachen sie über dich, dann bekämpfen sie dich – und dann gewinnst du.« So hat bekanntlich der große Inder Mahatma Gandhi seine eigenen Erfahrungen zusammengefasst, und so scheint es auch Visheswar Dutt Saklani und seinen baumpflanzenden Landsleuten Abdul Kareem und Jadav Payeng ergangen zu sein. Sie alle erlangten schließlich Berühmtheit, als der Erfolg ihrer Wiederbegrünungsbemühungen nicht mehr wegzureden war. Wann der Zorn von Saklanis Nachbarn in liebevolle Bewunderung umschlug, konnte ich den wenigen Spuren, die der Mann im (englischsprachigen) Netz hinterlassen hat, nicht entnehmen. Anzunehmen ist, dass es spätestens 1986 so weit war, als der – aus der Sicht seiner Mitmenschen – seltsame Baumpflanzer vom damaligen indischen Premierminister Rajiv Gandhi den »Indira Priyadarshani Award« verliehen bekam. Zu diesem Zeitpunkt hatte sich Saklani längst zu einem Fürsprecher des Umweltschutzes gemausert; auf diese Auszeichnung sollten noch diverse in- und ausländische Preise folgen.

Kein Happyend – aber ein Vermächtnis

Der Mann, der Shivas Lockenpracht zumindest an seinem Heimatort wiederherstellte, hat also schließlich die Anerkennung der Menschen »gewinnen« können. Leider muss dennoch gesagt werden, dass sein Lebenswerk nicht von Bestand war. Die erwähnte Onlineausgabe der Zeitung »Tribune India« vom 7. Mai 2009 berichtet nämlich davon, dass der mittlerweile erblindete 87-Jährige den Verlust seines Walds beklagt, welcher eine Woche zuvor vollständig dem Feuer zum Opfer gefallen war. Gut, dass ihm wenigstens der Anblick erspart blieb, heißt es in dem Bericht.

Kein Happyend? Nun, vielleicht ist Saklanis Streben nicht ganz umsonst gewesen, wenn die Welt – also wir! – eine inspirierende Anregung von ihm aufgreift: Wie bereits erwähnt, hatte Saklani seine indischen Landsleute gebeten, eine ebenso schöne wie sinnvolle Tradition zu beginnen, die der Natur und der Gesellschaft zu großem Vorteil gereichen würde: Pflanzt anlässlich jeder Geburt, jeder Hochzeit und jedes Todesfalls mindestens einen Baum!

Literatur

Jha, Krishna: Saklani Keeps His Promise, New Age Weekly, 14.1.2011. www.newageweekly.in/2011/01/saklani-keeps-his-promise.html

Küchli, Christian: Wälder der Hoffnung, Verlag Neue Zürcher Zeitung, 1997.

Kazmi, S.M.A.: This 80-yr-old tree man won't give up, The Tribune of India, 6.5.2009. www.tribuneindia.com/2009/20090507/dplus.htm#1

Thapliyal, Jotirmay: Face Of The Week. His love for environment only growing stronger, The Tribune of India, 2.6.2012. www.tribuneindia.com/2012/20120603/dplus.htm#6

Film

»Garhwal's Green Man Inspires Many«, Beitrag von Vriksha Mitra, NDTV, 5.6.2007 (englisch, 3 Min.) www.ndtv.com/video/player/news/vriksha-mitra-garhwal-s-green-man-inspires-many/14199

Die Bonn Challenge

Stell dir vor, die Welt wird begrünt – und kaum jemand nimmt Notiz davon

Natürlich müssen wir so viele Bäume wie möglich pflanzen und existierende Bäume schützen. Vor allem aber müssen wir die Treibhausgasemissionen stoppen und die fossilen Brennstoffe in der Erde lassen.

Greta Thunberg, Trägerin des Alternativen Nobelpreises

Als ich zum ersten Mal von einsamen Aufforstungshelden wie Yacouba Sawadago oder von Organisationen wie der Wangari Maathais hörte, die bei der Wüstenbegrünung Unglaubliches geleistet hatten, war meine Begeisterung für das vermeintliche Nischenthema im Nu geweckt. Erst später wurde mir bewusst, dass verschiedentlich auch ganze Staaten sehr ehrgeizige nationale Wiederaufforstungsprojekte umgesetzt haben. Das Beispiel China etwa legt sogar fast unweigerlich einen kühnen Gedanken nahe: »Was, wenn die ganze Welt sich der so wichtigen Aufgabe der Landschaftswiederherstellung annähme?« Dieser Lösungsansatz wäre angesichts der Probleme auf dem Globus ja eine naheliegende Sache. Und doch klingt er zugleich ziemlich utopisch, hat man sich doch daran gewöhnt, dass das Naheliegende in dieser Welt meistens nicht zählt – jedenfalls nicht bei denen, die die Hebel in den Händen halten.

Umso verblüffter war ich, als ich bei der Onlinerecherche für dieses Buch plötzlich feststellten durfte, dass genau das bereits passiert. Eine ganze Reihe von Ländern verständigt sich in einer Reihe internationaler Abmachungen auf durchaus ambitioniert klingende Aufforstungsziele. Regierungschefs und Umweltministerinnen kommen auf Konferenzen zusammen und beschließen (zumindest in diesem Fall): das Naheliegende! Und das Erstaunlichste ist, dass ein internationales Unterfangen wie die ökologische Wiederherstellung von Flächen mit einer Gesamtgröße Spaniens dann nicht einmal für größere Schlagzeilen sorgt – ich jedenfalls hatte auch als relativ aufmerksamer Zeitgenosse von dem Plan bis dahin nichts mitbekommen. Sie etwa?

Später wurde ich allerdings darauf aufmerksam gemacht, dass die international angestrebten Aufforstungsbemühungen durchaus vorsichtig bewertet werden müssen. Bevor ich auf die Kritik näher eingehe, soll zunächst einmal beschrieben werden, um welche Pläne es sich handelt.

Dieses Kapitel, das sich zunächst an einem Überblick über die laufenden internationalen Aufforstungs- und Wiederbegrünungsbemühungen versucht, ist – verglichen mit den packenden Berichten über wackere Privat-Aufforsterinnen – anspruchsvoll zu lesen. Wer sich bislang nicht näher mit den Klima- und Biodiversitäts-Konventionen auseinandergesetzt hat, mag angesichts all der Kürzel von beteiligten Organisationen und internationalen Abmachungen verwirrt sein. Das ist nicht weiter schlimm. Es geht hier lediglich darum, dass Sie eine ungefähre Ahnung davon bekommen, welche Maßnahmen geplant bzw. bereits in Umsetzung sind.

Die Herausforderung von Bonn

Im September 2011 fand in Bonn ein internationales Treffen auf Ministerebene statt. Die »Bonn Challenge« (Herausforderung von Bonn) getaufte Veranstaltung richtete die Bundesregierung gemeinsam mit der Internationalen Union zur Bewahrung der Natur und natürlicher Ressourcen (IUCN, eine Nichtregierungsorganisation, die auch als »Weltnaturschutzunion« bekannt ist) aus, unterstützt von der Globalen Partnerschaft bei der Wiederherstellung von Forstlandschaften (Global Partnership in Forest Landscape Restoration, GPFLR). Vorangegangen waren Treffen in London (2009) und im brasilianischen Petrópolis (2005). Führende Politiker aus verschiedenen Bereichen riefen bei dem Treffen in der alten Bundeshauptstadt zur Wiederherstellung von weltweit 150 Millionen Hektar entwaldetem und verödetem Land bis zum Jahr 2020 auf.

Die drei Jahre später beim Klimagipfel 2014 zustande gekommene »New York Declaration on Forests« konnte der globalen Dynamik, die offenbar hinsichtlich der ökologischen Wiederherstellung auf internationalem Parkett existierte, dann noch einmal zusätzlichen Schwung verleihen. Mehr als 100 Regierungen, zivilgesellschaftliche und indigene Organisationen sowie Unternehmen der Privatwirtschaft bekräftigten die Erklärung. In den Kontext der New York Declaration on Forests wurden die ehrgeizigen Ziele der Bonn Challenge aufgenommen und in Anerkennung ihrer Dringlichkeit sogar noch deutlich erweitert: Bis zum Jahr 2030 sollen zu den vereinbarten 150 Millionen Hektar nun noch mindestens 200 Millionen Hektar hinzukommen.

Bislang (Stand September 2019) hat das Bonn-Challenge-Abkommen dazu geführt, dass verschiedene Staaten, Bundesstaaten und private Körperschaften sich verpflichteten, große Flächen degradierten Lands aufzuforsten – zusammengenommen sind es weltweit über 170 Millionen Hektar. Dies betrifft Äthiopien (15 Mio. ha. bis 2020), Argentinien (1 Mio. ha.), Armenien (0,26 Mio. ha.), Asia Pulp & Paper (1 Mio. ha.; privat), Bangladesch (0,75 Mio. ha.), Benin (0,5 Mio. ha.), Brasilien (12 Mio. ha. bis 2030), Brasiliens Atlantic Forest Pact (1 Mio. ha., mindestens teilweise privat), Burundi (2 Mio. ha.), Chile (0,5 Mio. Ha), Costa Rica (1 Mio. ha.), Demokratische Republik Kongo (8 Mio. Ha), Dominikanische Republik (0,19 Mio. ha.), Ecuador (0,5 Mio. ha.), Elfenbeinküste (5 Mio. ha. bis 2030), El Salvador (1 Mio. Ha), Georgien (0,01 Mio. ha.), Ghana (2 Mio. ha. bis 2030), Guatemala (1,2 Mio. ha.), Guatemala Private Natural Reserves (0,04 Mio. ha.; privat), Guinea (2 Mio. ha. bis 2030), Honduras (1 Mio. ha.), Indien (13 Mio. Hektar bis 2020 und weitere 8 Mio. ha. bis 2030), Kamerun (12,06 Mio. ha. bis 2030), Kenia (5,1 Mio. ha.

bis 2030), Kirgisistan (0,32 Mio. ha.), Kolumbien (1 Mio. ha.), Liberia (1 Mio. ha.), Madagaskar (2.5 Mio. ha. bis 2020 und weitere 1,5 Mio. ha. bis 2030), Malawi (2 Mio. ha. bis 2020 und weitere 2,5 Mio. ha. bis 2030), Mexiko (8,47 Mio. ha.), Mexiko/Bundesstaat Campeche (0,35 Mio. ha.), Mexico/Bundesstaat Quintana Roo (0,4 Mio. ha.), Mexiko/Bundesstaat Yucatán (0,3 Mio. ha.), Mosambik (1 Mio. ha. bis 2030), Mongolei (0,6 Mio. ha.), Nicaragua (2,7 Mio. ha.), Niger (3,2 Mio. ha.), Pakistan (0,1 Mio. ha.),Pakistan/Provinz Khyber Pakhtunkhwa (0,6 Mio. ha.), Panama (1 Mio. ha.), Peru (3,2 Mio. ha.), Republik Kongo (2 Mio. ha.), Ruanda (2 Mio. ha.), Schottland (0,17 Mio. ha.), Simbabwe (2 Mio. ha.), Sri Lanka (0,2 Mio. ha.), Swasiland (0,5 Mio. ha.), Tadschikistan (0,07 Mio. ha.), Tansania (5,2 Mio. ha.), Tschad (5 Mio. ha.), Uganda (2,5 Mio. ha.), Uruguay (0,2 Mio. ha.), USA (15 Mio. ha.), Usbekistan (0,5 Mio. ha.), Zentralafrik. Rep. (1 Mio. ha. bis 2020 und weitere 2,5 Mio. ha. bis 2030).

Vor dem Abschluss stehen außerdem eine Selbstverpflichtungserklärung des im Aufbau befindlichen länderübergreifenden patagonischen Schutzparks »Conservacion Patagónica« sowie seitens der 40 Mitglieder des »International Network of Bamboo and Rattan« die Zusage, mit mindestens 5 Millionen Hektar in China, den Philippinen, Indien, Äthiopien und weiteren Ländern beizutragen. Das Netzwerk »Bosques Modelo« in Costa Rica hat unter seinen zugehörigen Landbesitzern geeignete Flächen von insgesamt 1,6 Millionen Hektar identifiziert. Acht Länder in Zentralasien und im Kaukasus schlossen sich 2018 der Bonn Challenge an. Dazu haben sich die offiziellen Regierungsvertreterinnen und -vertreter von Armenien, Aserbaidschan, Georgien, Kasachstan, Kirgisistan, Tadschikistan, Turkmenistan und Usbekistan im Rahmen eines regionalen Ministertreffens in Astana, Kasachstan, bekannt und den Wiederaufbau von zweieinhalb Millionen Hektar Wald zugesagt. Mit der »Astana-Resolution« brachten sie den starken Willen zum Ausdruck, die regionale Zusammenarbeit für Erhalt und Wiederaufbau von Wäldern und Waldlandschaften auszubauen.

Hiermit scheint die Bonn Challenge auf einem guten Weg zu sein, das Ziel für das Jahr 2020 zu erreichen. Wie der Rest der großen Herausforderung – mindestens weitere 200 Millionen Hektar bis 2030 – auf den Weg gebracht werden soll, scheint allerdings unklar. In einem Papier von 2015 heißt es, dass »Ehrgeiz und Erfolg nicht einfach nur in zugesagten Hektarzahlen gemessen werden sollten«. Was letztlich zähle, sei die praktische Umsetzung der Aufforstungsziele. Von den Zielen und bisherigen Verpflichtungen angetrieben, nehme diese Umsetzung sowohl in »Entwicklungsländern« als auch in »entwickelten Staaten« derzeit an Fahrt auf.

Das globale Potenzial: Flächen von der Größe Südamerikas

Die Art und Weise, wie ein Konzeptpapier des Bundesumweltministeriums für die zweite Runde der Bonn-Challenge-Gespräche im März 2015 die Potenziale weltweiter Aufforstung einschätzte, klang nicht schlecht.

Die Wiederherstellung der Funktionalität und Produktivität der in weiten Teilen abgeholzten und degradierten Landflächen auf dem Planeten soll demnach zukünftig Hand in Hand gehen mit den Anstrengungen, die nötig sind, um weitere Entwaldungen aufzuhalten. Die Globale Partnerschaft bei der Wiederherstellung von Forstlandschaften (GPFLR) schätzt, dass sich weltweit zwei Milliarden Hektar Land zur Wiederherstellung anbieten – das ist eine Fläche so groß wie Südamerika! Hier böte sich nicht nur ein riesiges Potenzial, in der kritischen Phase der kommenden 50 Jahre CO_2 zu binden (worauf die große Politik mit den einschlägigen Ansätzen allerdings in erster Linie zielt). Ganz richtig heißt es, die Wiederherstellung könne Menschen darüber hinaus auch aus der Armut helfen und ihnen Grundlagen für nachhaltige Lebensweisen geben; sie vergrößere die Widerstandsfähigkeit von Ökosystemen wie auch von menschlichen Gesellschaften und ihren Ökonomien. Die im Rahmen der Bonn Challenge und der New York Declaration on Forests beschlossenen Maßnahmen zur Wiederherstellung von 350 Millionen Hektar Land würden über einen Zeitraum von 50 Jahren einen wirtschaftlichen Nettogewinn in der Größenordnung zwischen 0,47 und 5,6 Billionen (!) Dollar bedeuten, wenn man die Steigerung der Holzproduktion sowie die Funktion von Wäldern als Kohlenstoffsenken und Erholungsorte einberechnet.

Eine Fläche von der Größe Südamerikas – welch ein Potenzial zu einer Zeit, wo die Erde bis auf den letzten Zentimeter vermessen ist und es schon lange keine unbekannten Kontinente mehr zu entdecken gibt! Neulich hörte ich jemanden sagen, dass Friedrich II. von Preußen, »der einzige Herrscher war, der in Friedenszeiten Land erobert« habe. Der alte Fritz trieb nämlich – etwa im Oderbruch – verschiedene ambitionierte Entwässerungsprojekte in Feuchtgebieten durch, um diese ur- und bewohnbar zu machen. Sicher – die Trockenlegung von Mooren ist heute aus guten, ökologischen Gründen verpönt. Aber, liebe Mächtige dieser Welt, grundsätzlich ist dieser Ansatz doch viel besser als jeder kriegerische Beutezug um Ländereien und vermutlich auch billiger als eine Mond- oder gar Mars-Mission. Hier ist Wachstum wirklich möglich!

Die Vorgeschichte der Bonn Challenge

Ein erster globaler Workshop zur Umsetzung von Maßnahmen zur Wiederherstellung von Forst- und Waldlandschaften fand im April 2005 im brasilianischen Petrópolis statt. Als Gastgeberin und Organisatorin trat neben der brasilianischen Regierung auch die Großbritanniens auf. Die damaligen Teilnehmer einigten sich auf die Ziele der »Petrópolis Challenge«, wonach zum Wohl von Mensch und Natur Forst- und Waldlandschaften wiederhergestellt werden sollten; zudem müsse unbedingt der Trend zur Entwaldung und Bodenerosion gestoppt werden. Als ein zentrales Element zur Umsetzung dieser Ziele wurde der Aufbau der Global Partnership on Forest Landscape Restoration (GPFLR) beschlossen, ein Forschungsnetzwerk rund um das Thema Wiederbegrünung.

Vier Jahre später, im November 2009, trafen dann hochrangige Regierungsvertreterinnen mit Abgesandten der Wirtschaft, von indigenen Organisationen sowie der Zivilgesellschaft aus aller Welt an einem runden Tisch in London zusammen, der von der britischen Regierung sowie der Weltnaturschutzunion (IUCN) ausgerichtet wurde. Am Ende des Treffens stand die »London Challenge«, eine Abmachung, die sich auf die Themen »Wiederbegrünung und Klimawandel« sowie »Wiederbegrünung und Menschen« konzentrierte. Außerdem wurde ein grober Arbeitsplan für die GPFLR erstellt.

Im Februar 2011 rief das Forstforum der Vereinten Nationen (UNFF) seine Mitgliedsstaaten und andere Akteure dazu auf, auf der bisherigen Arbeit der GPFLR aufzubauen, um den Plan der Wiederherstellung von Forst- und Waldlandschaften weiterzuentwickeln und schließlich zur Umsetzung zu bringen.

Restorationsprojekte tragen auch zu den bei der UNO-Generalversammlung 2007 festgelegten globalen Waldzielen bei, insbesondere zum Ziel 1, das dazu aufruft, den global anhaltenden Verlust an Wäldern durch ein nachhaltiges Forstmanagement umzukehren.

Die Bonn Challenge vom September 2011 war deshalb auch explizit auf die Umsetzung bereits existierender Abkommen angelegt, wie etwa der Biodiversitätskonvention. Mit 191 Vertragsparteien ist diese zwar eines der erfolgreichsten internationalen Vertragswerke, sie hat aber mit praktischen Schwierigkeiten zu kämpfen, da die Vertragsstaaten zwar völkerrechtlich zur Umsetzung der Konvention verpflichtet, jedoch nicht gezwungen sind. Dementsprechend haben viele Staaten bis heute keine nationale Biodiversitätsstrategie vorgelegt, obwohl die Konvention bereits am 29. Dezember 1993 in Kraft getreten ist. Das im Rahmen der Konvention festgelegte sogenannte Aichi-Ziel 15 fordert die Wiederherstellung von mindestens 15 Prozent der geschädigten Ökosysteme. Dies sei nötig, um die Auswirkungen des Klimawandels abzuschwächen und sich an den Wandel anzupassen sowie um die Wüstenausbreitung zu bekämpfen. Die Aichi-Ziele sind Teil des 2010 verabschiedeten und 2014 inkraftgetretenen Nagoya-Protokolls, mit dem die Ziele der Biodiversitätskonvention umgesetzt werden sollen.

Schutzkonzepte, Konventionen und Organisationen

Die Klimarahmenkonvention der Vereinten Nationen (UNFCCC, United Nations Framework Convention on Climate Change) hat eine Entscheidung übernommen, die sämtliche Länder in Sachen Waldschutz, Aufforstung und CO_2-Ausgleich in die Pflicht nimmt. Bei den Verhandlungen zu dem Abkommen ist »REDD+« ein seit 2005 diskutiertes Konzept, mit dem der Schutz von Wäldern als Kohlenstoffspeicher finanziell attraktiv gemacht werden soll. (Das Kürzel steht für »Reducing Emissions from Deforestation and Forest Degradation and the role of conservation, sustainable management of forests and enhancement of forest carbon stocks in developing countries«, deutsch etwa »Verringerung von Emissionen aus Entwaldung und Waldschädigung sowie die Rolle des Waldschutzes, der nachhaltigen Waldbewirtschaftung und des Ausbaus des Kohlenstoffspeichers Wald in Entwicklungsländern«.[1])

Gemäß dem IPCC (Intergovernmental Panel on Climate Change) stammen über 17 Prozent der menschengemachten Treibhausgasemissionen weltweit aus dem Forstsektor. Besonders bedeutsam für den Klimaschutz sind dem IPCC zufolge die tropischen Regen- und Feuchtwälder, deren Kohlenstoffbilanz eine sehr hohe Speicherung gewährleistet. Die Grundidee von REDD+ sind leistungsbasierte Zahlungen für mess- und überprüfbare Emissionsreduzierungen durch Waldschutzmaßnahmen in Entwicklungsländern. Dem in den Wäldern gespeicherten Kohlenstoff wird im REDD+ -Modell ein monetärer Wert zugewiesen, damit Wälder bei wirtschaftlichen Entscheidungsprozessen größeres finanzielles Gewicht bekommen. Der REDD+ -Prozess sieht vor, Waldemissionen zu messen bzw. zu errechnen und anschließend finanziell zu bewerten. Hiermit sollen Anreize für die Begrenzung der Waldzerstörung geschaffen werden. Das Modell ist allerdings umstritten; dazu später noch mehr.

Ökologische Wiederherstellung ist laut dem oben bereits erwähnten Papier des Bundesumweltministeriums eine entscheidende Komponente des REDD+ -Konzepts sowie ein unverzichtbarer Bestandteil jedes realistischen Plans hinsichtlich der Herausforderung, eine um weitere drei Milliarden Personen angewachsene Menschheit mittels »nachhaltiger« Landwirtschaft satt zu bekommen. Die Restaurierung der Produktivität von oftmals stark geschädigten urbanen Wassereinzugsgebieten und Ackerflächen bilde ein Schlüsselelement in der Agenda für die Schaffung nachhaltiger Städte. Außerdem ergäben sich aus der Wiederherstellung degradierten Lands Möglichkeiten, Rohstoffe aus nachhaltigem Anbau zu gewinnen und damit gleichzeitig den Druck von bestehenden Wäldern zu nehmen. Landschaftliche Wiederherstellungsprojekte hätten sich – wie etwa in Südkorea und Costa Rica – immer wieder als Motoren der Wirtschaft erwiesen.

Die bereits mehrfach erwähnte Globale Partnerschaft bei der Wiederherstellung von Forstlandschaften (Global Partnership in Forest Landscape Restoration, GPFLR) ist ein weltweites Netzwerk, in dem sich einflussreiche Regierungen, größere UN-Organisationen und Nichtregierungsorganisationen, Unternehmen aus dem Privatwirtschaftssektor und andere Akteure mit dem Ziel zusammengeschlossen haben, zerstörte Landschaften in lebendige zurückzuverwandeln. Seit ihrer Gründung im Jahr 2003 hat die GPFLR sich mit wichtigen Entscheidungsträgern sowohl auf der lokalen wie auf der internationalen Ebene für Wiederherstellungsprojekte eingesetzt. Das Netzwerk bietet Informationen und Werkzeuge für verstärkte Heilungsbemühungen an beschädigten Flächen auf der ganzen Welt an.

Mitglieder der Organisation helfen zum Beispiel Ländern bei der Planung und Umsetzung von Wiederherstellungsprojekten. Sie begleiten auch Länder auf dem

Weg zur Selbstverpflichtung im Rahmen der Bonn Challenge, indem sie das jeweilige Potenzial für Wiederbegrünung ausloten, die politische Willensbildung unterstützen und bei der Findung von Finanzierungsmöglichkeiten helfen.

Die Prinzipien des Konzepts »Forest Landscape Restoration«

Die »Wiederherstellung von Forst- und Waldlandschaften« (Forest Landscape Restoration, FLR) ist ein interessanter Ansatz, der auf die Wiederherstellung der ökologischen Unversehrtheit von beschädigten Flächen und auch des damit zusammenhängenden Wohlergehens der menschlichen Anwohner zielt. Erreicht werden soll dies durch die Schaffung von »multifunktionalen« Landschaften. Das Konzept erweitert einige enger gefasste Ansätze zur ökologischen Wiederherstellung, Aufforstung und Wiederaufforstung, indem es jeweils eine Vielzahl an Landnutzungsmöglichkeiten und Wiederherstellungsmaßnahmen ins Auge fasst.

Das Ziel besteht hier immer darin, Mensch und Natur zu multiplen Vorteilen zu verhelfen. Als Forst- und Waldlandschaften werden dabei alle Flächen bezeichnet, die früher einmal von Bäumen bestanden waren oder die von Gehölzpflanzungen (darunter auch Bambus) profitieren können. Zu solchen Landschaften zählen etwa landwirtschaftliche Zonen, wo auf Farmen gepflanzte Bäume zu einer Ertragssteigerung beitragen können, oder auch Küstenregionen, in denen Mangroven eine Rolle beim Schutz vor Naturkatastrophen und als Rohstoffquelle spielen.

Zentral für das FLR-Konzept sind die folgenden Prinzipien:[2]

- *Multifunktionalität:* Das Ziel jedes einzelnen Projekts besteht darin, ein von allen Beteiligten gebilligtes, ausgewogenes Paket an Landschaftsfunktionen wiederherzustellen. Die Flächen werden so wiederhergestellt und verwaltet, dass die Ökosysteme in einer zuvor abgestimmten ausgewogenen Weise arbeiten und von den Menschen genutzt werden können. Keinesfalls geht es einfach nur darum, die Bewaldungsrate zu erhöhen oder die ursprünglichen Wälder aufleben zu lassen. Die Landschaft wieder in ihren Urzustand zu versetzen, ist immer nur eine Lösungsmöglichkeit unter vielen.

(Anmerkung J.S.: Wie bereits aus einigen der vorangegangenen Kapiteln deutlich geworden ist, sollte man sich vor der leichtfertigen Annahme hüten, dass die Anwohnerschaft eines wiederzubegrünenden Gebiets in jedem Fall Feuer und Flamme für derartige Pläne sei. Manchmal gibt es unüberbrückbare Widersprüche in der gewohnten Landnutzung; und manchmal lassen sich anfängliche Bedenken durch Gespräche auflösen. Grundsätzlich erscheint mir deshalb der nachfolgende Punkt in der Liste der Prinzipien als äußerst wichtig.)

- *Einbeziehung aller Beteiligten:* Die Bewohner vor Ort werden aktiv in die Entscheidungsfindung und Umsetzung einbezogen. Unter allen Interessengruppen finden aktive Verhandlungen und Zusammenarbeit statt.

- *Landschaften, nicht nur einzelne Orte:* Es werden nicht nur einzelne, isolierte Flächen wiederhergestellt, sondern ganze Landschaften, die eine Vielzahl an Landnutzungsmöglichkeiten bieten. Anders als bei der bloß punktuellen, örtlichen Wiederherstellung lassen sich hier bei konkurrierenden Interessenlagen eher Kompromisse erarbeiten und Konflikte begrenzen.
- *Flexible Maßnahmenwahl:* In Betracht wird jeweils eine ganze Bandbreite an Wiederherstellungsoptionen gezogen. Von der eher passiven Schonung einer Fläche bis hin zur aktiven Aufforstung – zur Anwendung kommt immer die jeweils angemessenste Lösung.
- *Schutz der natürlichen Ökosysteme:* Eine weitere Reduzierung der natürlichen Bewaldung sowie anderer Ökosysteme wird unter allen Umständen vermieden.
- *Beobachten und anpassen:* Lösungen müssen auf die jeweiligen lokalen Verhältnisse maßgeschneidert sein. Dies erfordert ein kontinuierliches Erforschen dieser Gegebenheiten sowie die Anpassung an ihre Veränderungen.

Eine wiederhergestellte Landschaft kann dem Konzept zufolge eine Vielfalt an Landnutzungsformen erlauben, etwa Landwirtschaft, ökologische Schutzflächen und Korridore, sich selbst überlassene Wälder, intensiv bewirtschaftete Plantagen, Agroforstsysteme und Uferbepflanzungen zum Schutz von Wasserläufen. Eine Wiederherstellung muss die Produktion von Nahrungsmitteln ergänzen und unterstützen; sie darf keinesfalls dazu führen, dass naturnah gewachsene Wälder später doch wieder in Plantagen umgewandelt werden.

Die jeweils angemessensten Wiederherstellungsziele und -strategien hängen von den sozialen, wirtschaftlichen und ökologischen Gegebenheiten ebenso ab wie von den nationalen oder globalen Zielsetzungen. Beispiele hierfür sind etwa:
- die Agroforstwirtschaft, welche unter anderem in Niger, Ruanda und Äthiopien zum Erfolg bei der Bodenverbesserung, Energieversorgung und Erhöhung der Ernährungssicherheit beitrug;
- die Schonung von Waldlandschaften durch viehhaltende Dorfgemeinschaften im nördlichen Tansania, was in der Trockenzeit zusätzliche Futterquellen garantiert;
- die Wiederherstellung natürlicher Habitate auf degradiertem Weideland in Costa Rica, was die Entwicklung des Ökotourismus ermöglichte;
- die Lenkung des Palmölanbaus im Sinn einer verbesserten Produktivität des degradierten Lands als eine Alternative zur weiteren Abholzung in Indonesien;
- das Management der natürlichen Regeneration in wichtigen Wassereinzugsgebieten zur Absicherung der Wasserversorgung großer Städte wie Peking und Rio;
- landesweite Aufforstungen verödeter Landschaften, wie in Südkorea geschehen;
- Wiederherstellung und Bepflanzung zur Unterstützung der Erholung des Wassereinzugsgebiets des South Platte River in den USA, wo katastrophale Waldbrände gewütet hatten;

- die weiträumigen Agroforstwirtschafts-Maßnahmen zur Erhöhung der Nahrungsmittelproduktivität des völlig degenerierten Bodens auf dem riesigen chinesischen Lössplateau (siehe Seite 37);
- die ökologische Wiederherstellung und verbesserte Verbindung der verbliebenen Teile des Atlantischen Regenwaldsystems der brasilianischen Mata-Atlântica-Region (siehe Seite 156) sowie die Wiederherstellung des Graslands in der Cerrado unter Zuhilfenahme von Gehölzpflanzen (ebenfalls Brasilien);
- die aktive Wiederherstellung von Mangrovenwäldern zur Verbesserung der für die Fischerei wichtigen Fischbestände. Auf Costa Ricas Chira-Insel half diese Maßnahme auch dabei, den Ökotourismus zu etablieren. In Vietnam konnten damit die Erhaltungskosten für Dämme gesenkt werden.

Diese Beispiele verdeutlichen, dass bei der Wiederherstellung von Forst- und Waldlandschaften der jeweilige Kontext eine große Rolle spielt. Ob sich eine bestimmte Landnutzungs- und Wiederherstellungsstrategie in Einklang mit dem FLR-Ansatz bringen lässt, mag von Faktoren wie der Größenordnung, der umliegenden Landnutzung oder dem partizipatorischen Prozess abhängen, in dessen Rahmen über die zukünftige Nutzung einer Landschaft bestimmt wird.

Wenn Länder erfolgreiche Landschaftswiederherstellung betreiben wollen, so sind nach Einschätzung des World Ressources Institute (WRI) drei Lehren aus der Vergangenheit zu ziehen.

- Länder, die bereits Erfolge bei solchen Maßnahmen verzeichnen konnten, wurden durch eine große Bandbreite an in Aussicht gestellten Vorteilen motiviert. Dazu zählen: verbesserte Wasserqualität, Erhalt der Bodenfruchtbarkeit, Verfügbarkeit der Ressource Holz, Schaffung von Arbeitsplätzen. In letzter Zeit kamen noch der Fokus auf (menschliche) Erholung hinzu, Erhalt der Vielfalt an Wildtieren und -pflanzen sowie die Entschärfung der Folgen des Klimawandels.
- Es hat sich gezeigt, dass die gefühlte Wertigkeit dieser Nutzen über die Zeit zu- und abnehmen kann. So wurde die Wiederaufforstung etwa in den südlichen USA in den 1920er Jahren vor allem vom Wunsch angetrieben, Wassereinzugsgebiete zu schützen, der Bodenerosion zu begegnen und den Holzbedarf zu sichern. Während der großen Wirtschaftskrise der 1930er Jahre ging es vorrangig darum, Jobs zu schaffen. In den 1960ern stand der Erholungswert im Vordergrund und in den darauffolgenden Jahrzehnten gesellten sich die Ziele Artenschutz sowie Umgang mit dem Klimawandel hinzu.
- Drei allgemeine Aspekte wurden identifiziert, die sich als wichtig für den Erfolg von Maßnahmen herausstellten: 1.) Die klare Motivation: Entscheidungsträger, Landbesitzer und/oder Bürger wurden inspiriert bzw. motiviert, Wälder und locker bewaldete Landschaften wiederherzustellen. 2.) Die ökologischen, wirtschaftlichen, politischen, sozialen und institutionellen Rahmenbedingungen waren gewährleistet.

3.) Die nötigen Ressourcen und Kapazitäten waren vor Ort verfügbar und wurden in nachhaltig sinnvoller Weise für die Umsetzung der Maßnahme eingesetzt.

In verschiedenen Fallstudien erwiesen sich laut WRI jeweils unterschiedliche Faktoren als wichtig; dies unterstreiche die Bedeutung des Kontexts. Es gebe nicht den einen großen Faktor, der für erfolgreiche Maßnahmen bedacht werden wolle; vielmehr zeige sich typischerweise eine Kombination wichtiger Faktoren, die untereinander in einer jeweils unterschiedlich gelagerten Beziehung stehen. So habe sich beispielsweise ein Monitoring des bereits im Projekt Erreichten als hilfreich erwiesen, weil auf diese Weise Umsetzungsstrategien angepasst werden konnten. Zudem würden die beteiligten Menschen durch eine Veröffentlichung von Erfolgen und Nutzen motiviert, ihre Anstrengungen bei der Wiederbegrünung weiter zu intensivieren.

Der Geograf und Forstwissenschaftler Robert Winterbottom war bis zu seiner Pensionierung 2017 leitender Wissenschaftler am World Resources Institute. Zur Bonner Herausforderung sagte er: »Wenn wir das festgelegte Ziel erreichen wollen, müssen wir jedes Jahr etwa 23 Millionen Hektar Land wiederherstellen. Mit reinem Bäumepflanzen kommen wir da nicht weiter. Der Schlüssel, um wirklich Hunderte Millionen Hektar zu renaturieren, liegt in einfachen und effektiven Methoden und in der Beteiligung der lokalen, ländlichen Bevölkerung mit Millionen von Kleinbauern.«

Einige Fragen zum Bonn-Challenge-Aufforstungsprogramm

Nach einigem Hin und Her erhielt ich schließlich vom Bundesumweltministerium (BMUB), das federführend an der Bonn Challenge beteiligt ist, nach der zweiten Konferenz vom März 2015 Antworten auf einige schriftliche Fragen. Welche Person in welcher Position hinter den »Interview«-Antworten steht, vermag ich nicht zu sagen. Vermutlich handelt es sich um einen Vorgesetzten des Pressereferenten Jan Scharlau, der in der Sache vermittelnd tätig war.

Jochen Schilk: In der Aufstellung der Länder und Privatunternehmen, die sich im Rahmen der Bonn Challenge bzw. der New York Declaration zur Aufforstung bedeutender Flächen verpflichtet haben, fällt auf, dass diese alle in Afrika, Süd-, Mittel- und Nordamerika liegen. Was ist mit Staaten auf anderen Kontinenten, wie der Volksrepublik China oder Israel, die ja lange schon eine recht intensive Aufforstungspraxis pflegen?

BMUB: Die Bonn Challenge ist ein Prozess, der mit dem New York Summit im September 2014 eine sehr herausgehobene Bekanntheit erfahren hat. Mehr und mehr Staaten bekunden Interesse und assoziieren sich mit der Bonn Challenge und dem hier formulierten Ziel. Im Gegensatz zu den internationalen Konventionen der Vereinten Nationen in der Umweltpolitik geht es bei der Bonn Challenge um eine freiwillige Teilnahme mit freiwilligen Verpflichtungen. Dass bislang in erster Linie tropische Länder sich verpflichtet haben, liegt u.a. an der inhaltlichen Verbindung zwischen dem

REDD+ -Mechanismus der Klimarahmenkonvention der Vereinten Nationen (UNFCCC) und der Biodiversitätskonvention (CBD) mit ihrem Restoration-Ziel 15. Generell ist es natürlich wünschenswert, wenn sich so viele Länder wie möglich mit der Bonn Challenge assoziieren, nationale Beiträge vorstellen und diese dann auch umsetzen. Und dies tun nicht nur tropische Länder, auch Industrieländer wie die USA, die ein sehr großes Ziel verkündet haben, setzen es national um.

Hat Deutschland innerhalb seiner Grenzen denn gar nichts beizutragen, gibt es hier keine degradierten Flächen? Ich denke hier etwa an die stark auf Monokultur und Chemieeinsatz setzende Landwirtschaft oder auch an den Trend zur Wüstenbildung etwa in Brandenburg, von der des Öfteren zu hören war. Könnten hier nicht agrarpolitische Entscheidungen viel Positives bewirken?
Restorationspotenziale beziehen sich nicht auf landwirtschaftlich genutzte Flächen. Es wird unterschieden zwischen »Großflächiger Restoration« und »Mosaik-Restoration« (in dicht besiedelten Gebieten). Für Deutschland gibt es durchaus Potenziale, allerdings sind diese flächenmäßig nicht besonders ausgedehnt und betreffen in erster Linie Auenwälder und Moorlandschaften. So fördern das Bundesumweltministerium (BMUB) und das Bundesministerium für Ernährung und Landwirtschaft (BMEL) mit dem Waldklimafonds auch die Wiederherstellung, Redynamisierung und Neuanlage von natürlichen oder naturverträglich genutzten Au- und Feuchtwäldern.

Was ist mit den lange schon vielerorts an Entwaldung und Wüstenbildung leidenden südeuropäischen Ländern wie Spanien und Griechenland?
Die genaue Situation in den südeuropäischen Ländern in diesem Bereich ist dem Bundesumweltministerium nicht bekannt, aber Spanien hat in den zurückliegenden Jahrzehnten große Anstrengungen beim Wiederaufbau seiner Wälder unternommen. Restoration erfordert signifikante Investitionen – die sich lohnen, aber deren Wert sich erst in der Zukunft voll entfaltet.

Ich war erstaunt, dass ich als halbwegs aufmerksamer Zeitgenosse nicht aus der Zeitung von den ehrgeizigen Plänen der groß angelegten Initiative erfahren habe, sondern eher zufällig bei einer Webrecherche darauf stieß. Auch nach dem jüngsten Treffen vom März 2015 habe ich in den Zeitungen kaum eine Nachricht gefunden. Das Anliegen ist doch eigentlich von kaum zu unterschätzender Wichtigkeit: In vereinten transnationalen Anstrengungen die zerstörten Ökosysteme der Welt wiederherzustellen – das müsste doch ein Topthema sein! Habe ich die Schlagzeilen verpasst? Bekommt die so groß angelegte Initiative Ihrer Ansicht nach genügend mediale Aufmerksamkeit?
Die Berichterstattung in den Medien war nach unseren Unterlagen sowohl im In- als auch im Ausland durchaus vorhanden – aber (noch) nicht so, wie es das Thema sicher

verdient hätte. Der Wiederaufbau von Wäldern wird aber, so schätzen wir es ein, in Zukunft an Aufmerksamkeit gewinnen.

Ich habe in Büchern und im Internet eine ganze Reihe faszinierender Beispiele dafür gefunden, dass Privatpersonen – zum Teil ohne großes Budget und Ausbildung – große Flächen sogar in semiariden Gegenden und in Trockenwüsten begrünen konnten. Wenn man aber die Karte des World Ressources Institute zum globalen Wiederbegrünungspotenzial studiert, fällt auf, dass dort große Wüstengebiete als nicht aufforstbar verzeichnet sind. Kann die Menschheit tatsächlich auf die Aktivierung dieser Flächen verzichten? Sind den Verantwortlichen die erfolgreichen Experimente etwa von Yacouba Sawadogo (Mali), vom Ehepaar Yuzhen (China, Innere Mongolei/Ordowüste), von Geoff Lawton (Jordanien, Totes Meer) oder Dr. Haller (Kenia) bekannt, die alle beweisen, dass sogar aus den widrigsten Ausgangsbedingungen fruchtbare Oasen geschaffen werden können?
Solche Aufforstungsinitiativen sind technisch gesehen zwar durchaus möglich, aber sehr kostenintensiv. Deshalb konzentrieren sich die Mehrzahl der Aktivitäten zum Wiederaufbau von Wäldern auf die ehemals bewaldeten, heute degradierten Waldflächen, da hier mit dem gleichen Geld viel mehr erreicht werden kann.

Es gibt im Rahmen der Bonn Challenge mit deren Ziel von 350 Millionen Hektar aufgeforsteter Fläche momentan Zusagen für etwa 65 Millionen Hektar. [Zum Zeitpunkt des Interviews hatte die Bonn Challenge noch nicht die Verpflichtungen diverser afrikanischer Länder im Rahmen der kontinentalen Initiative AFR 100 integriert. Mehr zu dieser Initiative siehe unten.] Wie werden die restlichen 285 Millionen Hektar verbindlich verabredet und umgesetzt? In Ihrer Pressemitteilung 059/15 kann ich dazu nichts Konkretes finden. Laut Wikipedia (Stichwort »Entwaldung«) verringert sich die globale Waldfläche jährlich um etwa 13 Millionen Hektar. In den verbleibenden 15 Jahren bis 2030 wird sich der Verlust demnach voraussichtlich auf etwa 195 Millionen Hektar summieren. Ohne weitere verbindliche Zusagen dürfte es schwer werden, überhaupt schwarze Zahlen zu schreiben, oder?
Wie eingangs bereits beantwortet, stellt die Bonn Challenge eine freiwillige Initiative dar. Verbindlich wird hier nichts vereinbart – es geht um Zusammenarbeit, um gegenseitige Unterstützung und um freiwillige Verpflichtungen der Länder, die den Wiederaufbau von Wäldern in ihrem Land aus eigenem Interesse umsetzen wollen. Zur Entwaldung: Der Waldverlust wird durch das Programm REDD+ der Klimarahmenkonvention der Vereinten Nationen (UNFCCC) adressiert, und mit der Verabschiedung des »REDD+ -Entscheidungspakets« auf der Klimakonferenz von Warschau 2013 wird nun versucht, diese nicht akzeptablen Entwaldungsraten zu reduzieren. Die Bonn Challenge verrechnet aber nicht den Waldverlust mit diesen Entwaldungsraten, sondern bezieht sich auf den Wiederaufbau der in der Vergangenheit verlorenen Waldflächen.

Das Thema Aufforstung begeistert viele Menschen. Welche Möglichkeiten hat die interessierte Bundesbürgerin, der interessierte Bundesbürger, sich an dem globalen Projekt zu beteiligen? Diese Frage zielt nicht bloß auf finanzielles Engagement und korrekte Kaufentscheidungen, sondern durchaus auch auf ganz praktische Möglichkeiten.

Neben den öffentlichen Mitteln werden auch private Mittel benötigt, um diese ambitionierten Ziele umsetzen zu können. Ein Großteil der jährlichen Entwaldung von rund 13 Millionen Hektar wird für die Produktion von Palmöl, Soja, Kaffee, Viehzucht etc. genutzt. Über die internationalen Konzerne sind auch alle Verbraucher an diesem Waldverlust indirekt über die Produktketten »beteiligt«. Interessante jüngere Entwicklungen suchen nach Lösungsansätzen, für zertifizierte Produkte – sogenannte Commodities aus entwaldungsfreien Lieferketten – mehr zu bezahlen, um darüber die Entwaldung zu stoppen. Auch Produkte aus restaurierten Waldflächen leisten dazu einen wichtigen Beitrag. National gibt es eine Vielzahl von Baumpflanzaktionen, an denen sich interessierte Bürgerinnen und Bürger beteiligen können. Der Internationale Tag der Wälder, der 21. März, bietet dafür einen idealen und sehr handfesten Rahmen an, der auch von verschiedenen Verbänden wie z.B. der Schutzgemeinschaft Deutscher Wald (SDW) in Deutschland für solche Aktionen öffentlichkeitswirksam genutzt wird. (Ende des Interviews, Anm. J.S.)

Afrika bäumt sich auf

Im Dezember 2015 wurde bekannt, dass eine Allianz aus zehn afrikanischen Staaten weiträumige Aufforstungen vereinbart hat. Mit der »African Forest Landscape Restoration Initiative« (AFR 100) sollen bis 2030 auf einer Fläche von 100 Millionen Hektar Bäume gepflanzt werden. Das Programm wurde am Rande der UN-Klimakonferenz-COP21-Verhandlungen in Paris vorgestellt und wird mit einer Milliarde Dollar von der Weltbank und mit einer guten halben Milliarde Dollar von privaten Investoren gefördert. Das deutsche Entwicklungshilfeministerium (BMZ) ist beratender Projektpartner, und auch das Green Belt Movement (siehe Seite 87) wird das Unterfangen mit technischer Beratung unterstützen.

Die Waldfläche, die laut Plan in länderspezifischen Programmen aufgeforstet werden soll, entspricht dem dreifachen der Grundfläche Deutschlands. Nach dem Stand vom Juni 2016 beteiligen sich 13 afrikanische Länder, die zusagt haben, insgesamt 41 Millionen Hektar degradierte Flächen aufzuforsten: Demokratische Republik Kongo; Äthiopien; Kenia; Liberia; Madagaskar; Malawi; Niger; Ruanda; Togo; Uganda; Zentralafrikanische Republik; Ghana; Mosambik. Im Juli 2017 verpflichtete sich außerdem der Tschad zur Aufforstung von 5 Millionen Hektar bis 2030.

Um die Zielmarke von 100 Millionen Hektar zu erreichen, müssen weitere Länder überzeugt werden, so Ingrid-Gabriela Hoven vom deutschen Entwicklungshilfeministerium und vormalige Direktorin der Weltbank. Nach Berichten der britischen Tageszeitung The Guardian haben Kamerun, Burundi und die Republik Kongo sich ebenfalls bereiterklärt, die Initiative zu unterstützen. Ibrahim Assane Mayaki, ehemaliger Premierminister von Niger und nunmehriger Vorstand des wirtschaftlichen Entwicklungsprogramms der Afrikanischen Union (NEPAD) teilt mit, dass insgesamt mehr als 700 Millionen Hektar in Afrika das Potenzial zur Wiederaufforstung hätten. Diese Fläche, die dem 21-Fachen der Bundesrepublik Deutschland entspricht, ist wissenschaftlichen Analysen zufolge von Bodendegradation betroffen.

Da wundert es nicht, dass es auf dem afrikanischen Kontinent noch weitere Wiederherstellungsinitiativen gibt, etwa die »African Resilient Landscapes Initiative« (ARLI), »TerrAfrica« und »Great Green Wall«. Die letztere, Afrikas »Große Grüne Mauer« oder auch »Große Grüne Mauer der Sahara und Sahel Initiative« (kurz GGWSSI; engl. »Great Green Wall of the Sahara and the Sahel Initiative«) genannt, ist Afrikas Vorzeigeinitiative, um die Effekte des Klimawandels und der Desertifikation zu bekämpfen. Die Initiative wird von der Afrikanischen Union (AU) geführt. Das Ziel ist die Erschaffung eines großen Mosaiks aus grüner und produktiver Landschaft, welches sich über Nordafrika, die Sahelzone und das Horn von Afrika erstreckt, um das Leben von Millionen von Menschen zu verbessern. Als Vorbild dienen Chinas Große Grüne Mauer (siehe Seite 35) oder die von Thomas Sankara in Burkina Faso 1983 bis 1987 initiierten Projekte, die allerdings nach seiner Ermordung von den Nachfolgeregierungen wieder zunichtegemacht wurden (siehe Anmerkung auf Seite 61). Ähnlichkeiten gibt es auch mit dem mehr dezentral ausgerichteten Green Belt Movement.

Das Projekt wurde bereits im Juli 2005 von der AU beschlossen, um gegen die Desertifikation in der Sahelzone anzugehen. Am Anfang stand die Idee, ein Band aus Bäumen von mindestens 15 Kilometer Breite über eine Länge von 7775 Kilometern von Ost nach West durch die afrikanische Wüste zu ziehen (von Dakar nach Dschibuti). Im Lauf der Verhandlungen entwickelte sich das Konzept der Großen Grünen Mauer in ein Mosaik aus unterschiedlichen Interventionen, welche auf die Herausforderungen der Menschen in der Sahelzone und der Sahara abgestimmt sind. Als Programmierungsinstrument für ländliche Entwicklung ist das generelle Ziel dieser sub-regionalen Partnerschaft die Stärkung der Resilienz der Menschen und der natürlichen Systeme mit ihren intakten Ökosystemen, der Schutz des ländlichen Kulturerbes und die Verbesserung der Lebensbedingungen der lokalen Bevölkerung.

Kritiker hatten 2012 bemängelt, dass eine wortgetreue Umsetzung in Form eines durchgehenden »Grünstreifens« ökologisch und sozial ineffizient sei. Da sich die Wüstenbildung ungleichmäßig ausbreite, seien dezentrale Ansätze vielversprechender. Die Bepflanzung sei dort aussichtsreich, wo die lokalen Bewohner zur aktiven Mitwirkung gewonnen würden. Bei einem zentralen Großprojekt bestehe hingegen die Gefahr, dass die Mittel etwa in nationale Forstministerien flössen, ohne vor Ort nachhaltige Wirkungen zu entfalten. Ausgehend von diesen Kritikpunkten unterstützt die

Initiative auch dezentrale Projekte, und man spricht inzwischen trotz des gleichgebliebenen Namens eher von einem »Mosaik« als von einer »Mauer«.

In das Projekt waren zunächst die elf afrikanischen Länder Senegal, Mauretanien, Mali, Burkina Faso, Niger, Nigeria, Tschad, Sudan, Eritrea, Äthiopien und Dschibuti involviert. Inzwischen geht die Initiative aber über die Sahelzone hinaus, insgesamt 21 afrikanische Staaten beteiligen sich. Der Senegal, der jedes Jahr rund 50 000 Hektar Land an die Sahara verliert, nimmt zurzeit die Vorreiterposition ein. Gemäß dem Projektkoordinator waren im Jahr 2017 etwa 15 Prozent der ursprünglich geplanten Bäume gepflanzt, vor allem im Senegal und in Burkina Faso. Der Senegal habe zwölf Millionen Bäume auf einer Länge von 150 Kilometern und einer Fläche von 40 000 Hektar gepflanzt – vor allem einheimische Arten, die keine Bewässerung brauchen.[3]

Großflächige Aufforstung oder moderner Ablasshandel?

Die große Politik hat also angesichts der Bedrohungen durch den Klimawandel das Bäumepflanzen und Waldschützen entdeckt. Das ist zunächst einmal aus vollem Herzen zu begrüßen! Man sollte sich allerdings fragen, wie und aus welchen – nicht immer offen ausgesprochenen – Motiven heraus die wohlklingenden Pläne umgesetzt werden. Immer lauter wird die Kritik daran, wie Eliten aus Politik, Wirtschaft und Wissenschaft an das Problem Klimawandel herangehen. Im Folgenden sollen einige Zusammenhänge und Widersprüchlichkeiten zumindest kurz benannt werden.

Die reichen Industrienationen haben die Erdüberhitzung durch ihre Wirtschafts- und Lebensweise maßgeblich zu verantworten. An den Folgen haben jedoch zunächst in erster Linie die weniger industrialisierten Länder des globalen Südens zu leiden. Aus dieser Tatsache erwächst die berechtigte Forderung nach Klimagerechtigkeit.

Das Pflanzen und Schützen von Wäldern ist eine anerkannte Möglichkeit, das Klimagas CO_2 aus der Atmosphäre zu binden. (Die von Ripl und Scheer in ihrem Klima-Memorandum – siehe Seite 71 – erklärten Kühlungseffekte durch Vegetation sind hingegen nicht anerkannt bzw. werden bei den allgemeinen Überlegungen und internationalen Verhandlungen vernachlässigt.) Doch wer beim Klimaschutz nur auf den Wald setzt, gibt sich einer Illusion hin. Die vorrangige Herausforderung bei der Begegnung der Erdüberhitzung muss die Einsparung von Emissionen bleiben – wobei die reichen Industrienationen und einige sogenannte Schwellenländer wie Indien sich bislang nicht dazu bereit zeigen, ihre auf Wachstum getrimmte Wirtschaftsweise zu ändern. Ihnen erscheint nun das Pflanzen von Wäldern als rettende Maßnahme, um ihr insgesamt unverantwortliches Handeln beibehalten zu können. Das Klimaschutz-Potenzial durch Aufforstung hat jedoch – ebenso wie jeder andere Ansatz – seine Grenzen.

Klimaforscher haben errechnet, wie viel CO_2 die Menschheit noch maximal freisetzen darf, ohne dass die globale Erwärmung die Grenze von 2 Grad Celsius überschreitet. Der Ansatz »Handel mit Emissionsrechten« sieht vor, dass das Gesamtbudget nach einem bestimmten Schlüssel auf die Länder aufgeteilt wird. Länder bzw. Unternehmen, die mehr CO_2 emittieren wollen, als ihnen zusteht, müssen entsprechende Emissionsrechte von Ländern erwerben, die diese nicht selbst benötigen. Waldbesitzer bzw. bewaldete Staaten können die »negativen Emissionen«, die ihr Wald darstellt, nach dem REDD+ -Modell (siehe oben) in den Handel mit Emissionsrechten als Guthaben einbringen. In der Folge wird Wald ökonomisch enorm aufgewertet – und wie immer, wenn der Marktmechanismus ins Spiel kommt, hat dies auch bereits hier und dort üble Folgen gezeigt. Liquide Unternehmen (der sogenannte private Sektor), die in Klimaschutzmaßnahmen investieren, zielen meist auch auf die Kontrolle der entsprechenden Waldflächen. In der Realität bedeutet das nicht selten Landraub etwa an indigenen Gemeinschaften, und es gibt insbesondere in trockenen Regionen nicht nur Streit um die Art der Landnutzung, sondern auch um den Wasserverbrauch.

Die Biologin Jutta Kill untersucht die Auswirkungen des Konsums in Industrieländern auf Lebensräume im globalen Süden. In einem Interview mit der Tageszeitung taz stellte sie im August 2019 fest, dass es heuchlerisch sei, etwa Brasilien für den brennenden Amazonas anzuprangern, solange die großen Industriestaaten einen Lebensstil und eine Wirtschaftsweise praktizieren, der – unter anderem – Wälder auf der ganzen Welt zerstört. In dem Gespräch kritisierte sie zudem das REDD-Programm, weil es nachweislich darin versage, Aufforstung und Waldschutz zu finanzieren. »Zurzeit bekommen Landbesitzer aus dem Programm 5 Dollar pro Tonne angeblich eingespartem CO_2«, so Jutta Kill. »Wenn die großen Landbesitzer weiterhin den Wald roden und Soja anbauen oder Rinder grasen lassen, verdienen sie viel mehr.«

Dabei gebe es eigentlich bewährte Ansätze, die viel besser greifen als REDD. So sei etwa zu erkennen, dass überall dort, wo der Staat die Arbeit der Umweltbehörde stärkt und die Rechte der indigenen Bevölkerung anerkennt – ihr Land »demarkiert«, so der Fachbegriff –, auch der Wald wirksam geschützt wird. »Vor 30 Jahren hat [die informell zusammengeschlossene Gruppe der sieben größten Industriestaaten] G7 ein Programm beschlossen, das sehr gut funktioniert hat, es hieß PPG7. Die G7 und die Niederlande stellten rund 360 Millionen US-Dollar bereit, ein Großteil der Gelder floss in die Demarkierung indigener Flächen im brasilianischen Amazonasgebiet. Die positive Wirkung sieht man noch heute. Ebenso in Kolumbien, Peru und Bolivien.«

Die in Washington DC ansässige Organisation »Rights and Resources Initiative«, die sich für die Rechte von Indigenen in aller Welt einsetzt, hat in mehreren Berichten gezeigt, dass der Schutz der Rechte der lokalen Bevölkerung der effektivste Waldschutz ist. Die Welt, so Jutta Kill, müsse ihre internationalen Instrumente zum Schutz der Wälder und zur Finanzierung von Aufforstung deshalb dringend überdenken.

Anmerkungen

1 Der Abschnitt über die Klimarahmenkonvention sowie das REDD+-Abkommen beruhen auf:
de.wikipedia.org/wiki/REDD%2B
de.wikipedia.org/wiki/Klimarahmenkonvention_der_Vereinten_Nationen
Weiterführende Informationen und teils vernichtende Kritik an »Redd« und »Redd+« finden sich auf folgenden Websites:
www.pro-regenwald.de/news/2010/02/07/Fundamentalkritik_an
www.scienceblogs.de/frischer-wind/2014/11/14/lassen-sich-die-westafrikanischen-regenwaelder-mit-redd-effektiv-schuetzen

2 Die Prinzipien des Konzepts zur »Forest Landscape Restoration« wurden aus Passagen folgender englischsprachiger Websites zusammengestellt:
www.wri.org/resources/maps/global-map-forest-landscape-restoration-opportunities
http://pdf.wri.org/ideas_transform_landscapes_brochure.pdf
www.forestlandscaperestoration.org/our-approach-landscape-approach

3 Die Informationen zum Projekt der »Great Green Wall« beruhen auf:
de.wikipedia.org/wiki/Afrikas_Grüne_Mauer_im_Sahel
www.greatgreenwall.org

Website

www.bonnchallenge.org

Literatur

Gemeinsam für Afrika: Aufforstung für Afrika. Milliarden für neue Wälder, 11.12.2015. www.gemeinsam-fuer-afrika.de/2015/12/aufforstung-fuer-afrika-milliarden-fuer-neue-waelder (Artikel zur Initiative »AFR100«)

Goergen, Roman: Mit grünen Oasen gegen die Wüste, Spektrum, 2/2019. www.spektrum.de/news/neue-und-wiederentdeckte-methoden-der-wiederaufforstung-sorgen-fuer-gruen-in-den-wuesten-afrikas/1617504

Holdinghausen, Heike und Jutta Kill: Unser Verbrauch ist viel zu hoch, taz, 31.8.2019. https://taz.de/Biologin-ueber-Amazonasbraende/!5619405

International Union for Conservation of Nature: Africa & the Bonn Challenge – A demonstration of leadership, in: IUCN Forest Brief, Nr. 13, Oktober 2016. www.iucn.org/sites/dev/files/content/documents/20161007_iucn-forest-brief-no-13_web.pdf

Lenz, Dennis: Neue Waldregionen. Afrika plant gigantische Aufforstung, Forschung und Wissen, 28.3.2016. www.forschung-und-wissen.de/nachrichten/umwelt/afrika-plant-gigantische-aufforstung-13372287 (Artikel zur Initiative »AFR100«)

Shute, Joe: Africa's Great Green Wall. Can an ambitious project bring life back to the desert?, The Telegraph, 14.6.2019. www.telegraph.co.uk/news/great-green-wall

Felix Finkbeiner und Plant-for-the-Planet

Wie ein Neunjähriger eine weltweite Jugendbewegung zur Aufforstung lostrat

Die Geschichte vom neunjährigen Jungen aus dem bayerischen Alpenvorland, der 2007 eine riesige internationale Kinder-Baumpflanz-Bewegung zur Rettung des Planeten erfand, wurde bereits oft erzählt. Dennoch darf sie hier natürlich nicht fehlen – zumal die politisch-praktischen Ziele von Plant-for-the-Planet absolut unterstützenswert erscheinen und ausgezeichnet zur Botschaft dieses Buchs passen.

Wie alles anfing, das hat Felix Finkbeiner schon in ungezählte Mikrofone diktiert. Und wenn man auf Youtube das professionelle Auftreten von Felix sieht, wie er im Alter von zwölf Jahren routiniert vor der TV-Kamera agiert und die Geschehnisse der Jahre 2007 bis 2010 erzählt, so gerät man ins Staunen über das politische Talent des Jungen mit der Denkerbrille; der Vergleich mit Greta Thunberg ist naheliegend. Felix äußert etwa der Reporterin gegenüber seine Zweifel, dass die Verantwortlichen genug tun, um die Klimakatastrophe aufzuhalten. »Wenn ihr Erwachsenen nichts oder zu wenig für unsere Zukunft tut, dann müssen wir Kinder es eben selber in die Hand nehmen – denn wir wollen die gleiche Zukunft haben, wie die Erwachsenen sie jetzt haben!« Vielleicht hat Felix Finkbeiner Thema und Talent ja geerbt: Sein Vater Frithjof gehört zu den Begründern der »Global Marshall Plan Initiative«.

Die Geschichte geht so: Nach dem außerordentlich warmen Winter 2006/2007 soll der neunjährige Felix vor seiner Klasse an einer Starnberger Schule ein Referat über die Klimakrise halten. Offenbar nicht sein erster derartiger Auftritt: »Ich habe mich darauf vorbereitet, wie auf jedes Referat«, erklärt er der Fernsehreporterin. »Bei der Recherche hierzu fand ich heraus, dass Wangari Maathai mit ganz vielen anderen Frauen in Kenia innerhalb von 30 Jahren 30 Millionen Bäume gepflanzt hat. Am Ende des Referats habe ich dann spontan gesagt: ›Lasst uns Kinder in jedem Land der Welt eine Million Bäume pflanzen!‹ Meine Lehrerin fand die Idee sehr gut und so hat sie mich noch in andere Klassen geschickt.« Der Direktor entsandte Felix mit seiner Idee außerdem an andere Schulen. »Da waren dann ganz viele Kinder, die das Projekt starten wollten.« Zwei Monate später schritten sie zur Tat: Im März 2007 pflanzte

Felix gemeinsam mit seiner Schwester Franziska und einigen weiteren Jugendlichen im Park der Schule ein Zierapfel-Bäumchen. 2010 wird Felix dann berichten: »Als ich vor drei Jahren sagte: ›Lasst uns Kinder in jedem Land eine Million Bäume pflanzen‹, hab' ich gedacht, dass wir es irgendwann schaffen – aber ich hab' nie gedacht, dass wir so schnell so viel schaffen!« Denn in diesem Jahr setzten Kinder – in Anwesenheit der Umweltminister aus Deutschland, Dänemark, Kanada, Mexiko und der Türkei – bereits den millionsten Baum. Die Kinder überzeugen die Umweltpolitiker, wie wichtig ein auf Klimagerechtigkeit basierender Weltvertrag für ihre Zukunft ist. Aus der Idee ist binnen kurzem eine nationale Organisation geworden, bei der der ehemalige Bundesumweltminister und Vorsitzende des Umweltprogramms der Vereinten Nationen (UNEP) Klaus Töpfer als Schirmherr fungiert. »Wenn wir das geahnt hätten, wäre ich nicht so knickerig gewesen und hätte einen schöneren ersten Baum finanziert«, kommentiert Vater Frithjof stolz die rasante Entwicklung.

Die Bewegung wächst und wächst

2008 wird der zehnjährige Felix »UNEP Junior Board Member« und spricht auf wichtigen Umwelt- und Klimaveranstaltungen, unter anderem vor dem Europäischen Parlament. Er trifft außerdem auf sein großes Vorbild, die für ihre Baumpflanzbewegung sowohl mit dem Friedensnobelpreis als auch dem Alternativen Nobelpreis ausgezeichnete Kenianerin Wangari Maathai (siehe Seite 87). Deutschland- und weltweit werden nun Plant-for-the-Planet-Akademien organisiert. Das sind Veranstaltungen von Kindern für Kinder, auf denen sie sich gegenseitig dazu befähigen, gegen die Erdüberhitzung aktiv zu werden. Kinder, die sich als Botschafter für Klimagerechtigkeit engagieren, geben in den Akademien ihr Wissen weiter; sie ermuntern die anderen Kinder, selbst soziale Verantwortung zu übernehmen und ihre Zukunft aktiv zu gestalten.

Felix verspricht der UNEP, dass die Kids in jedem Land der Erde eine Million Bäume pflanzen werden. Bei der UNEP-Kinder- und Jugendkonferenz, die 2009 in Südkorea ausgerichtet wird, rückt das ambitionierte Ziel tatsächlich näher. Hier verabschieden 800 Kinder eine Erklärung für den anstehenden Klimagipfel in Kopenhagen. Am Ende fragt Felix das Auditorium, wer ebenfalls eine Million Bäume in seinem Land pflanzen wolle. Innerhalb weniger Minuten kommen viele hundert Kinder und Jugendliche aus 56 verschiedenen Ländern aufs Podium, um die Idee von Plant-for-the-Planet in ihren Ländern in die Tat umzusetzen.

Zur weiteren Bekanntmachung der Initiative wird eine Kommunikationskampagne unter dem Motto »Stop talking. Start planting.« gestartet. Auf weltweit angebrachten Plakaten ist zu sehen, wie jeweils ein Kind einem prominenten Unterstützer – darunter der Schauspieler Harrison Ford, Fürst Albert von Monaco und der Unternehmer Michael Otto – den Mund zuhält: Nicht reden, sondern etwas tun! Das ist Felix zufolge einer der Gründe, warum seine Organisation so erfolgreich ist: »Ich glaube, Bäume pflanzen ist so unglaublich stark, weil es jeder machen kann, egal wo auf der Welt. Es ist einfach ein sehr positives Symbol, dass wir Kinder und Jugendlichen etwas tun, statt nur zu demonstrieren und zu sagen, die anderen müssen was tun.«

Im Jahr 2011 folgt dann die ganz große Bühne: Felix Finkbeiner spricht vor den Vereinten Nationen in New York. In seiner Rede fordert er die Delegierten persönlich auf, im Kampf gegen die Klimakrise nicht mehr nur zu reden, sondern endlich zu handeln. Seit März jenes Jahres hat Plant-for-the-Planet eine demokratische Struktur mit einem Kinder- und einem Jugendweltvorstand, der jeweils aus 14 Heranwachsenden aus der ganzen Welt besteht. Die vorbildliche Organisation führt dazu, dass heute über 100 000 Kinder aus mehr als 90 Ländern weltweit für Plant-for-the-Planet aktiv sind. 88 000 von ihnen dürfen sich »Botschafter für Klimagerechtigkeit« nennen. Das sind Kinder von 9 bis 12 Jahren, die ihr Wissen auf den Akademien an andere weitergeben und sie ebenfalls zu Botschaftern ausbilden. So erreicht Plant-for-the-Planet möglichst viele Kinder und motiviert sie, für ihre Zukunft aktiv zu werden. Bei den Akademien erfahren Interessierte, wie sie Eltern, Lehrer und Medien für ihr Anliegen gewinnen und wie sie eine Pflanzaktion durchführen können.

Tausend Milliarden neue Bäume für den Planeten

Inzwischen hat die Organisation ihr Ziel noch einmal neu formuliert. Bis 2030 will sie 1000 Milliarden Bäume mobilisieren (zum Vergleich: Die deutschen Wälder umfassen geschätzte 90 Milliarden junge und alte Bäume). Der Stand des »Baumzählers« auf der Website von Felix' Initiative bewegt sich im Dezember 2020 um die stattliche Zahl 13,6 Milliarden. (Wobei hier 12 Milliarden im Rahmen der »UN Billion Tree Campaign« gepflanzte Bäume eingeflossen sind; die UNEP hatte die Verantwortung für jene von Wangari Maathai gegründete Kampagne im Dezember 2011 an Plant-for-the-Planet übertragen.) »Wenn jeder Mensch 1000 Bäume und jedes Unternehmen für jeden Mitarbeiter 1000 Bäume pflanzt und nur 10 Prozent mitmachen, dann erreichen wir unser Ziel von 1000 Milliarden Bäumen bis 2030«, sagte Felix anlässlich der Eröffnung der »Trillion Trees Campaign« im März 2018 in Monaco. Er weiß aber natürlich auch, dass jährlich mindestens zehn Milliarden Bäume abgeholzt werden und die Netto-Baum-Bilanz der Erde bedrückend negativ ist.

Mit Baumstatistik kennt sich der mittlerweile 23-Jährige gut aus – auf Anregung von Felix' Stiftung hat der 35-jährige Professor Thomas Crowther von der ETH Zürich ermittelt, wie viele Bäume es ungefähr auf diesem Planeten gibt. Das Ergebnis – drei Billionen – übertraf bisherige Schätzungen um das Achtfache. Die Untersuchung zielte auf die Frage, wie viele weitere Bäume man sinnvoll und nachhaltig pflanzen könnte und welchen Einfluss dies auf das Weltklima haben würde. Die angesetzte Definition »sinnvoller und nachhaltiger« Aufforstung meint konkret: »nicht in Wüsten, nicht in Städten und nicht in landwirtschaftlich genutzten Gegenden«. (Als Leserin bzw. Leser dieses Buchs wird sich bei Ihnen angesichts dieser Ausschlüsse vermutlich Widerstand regen, schließlich erscheint das Pflanzen von Bäumen in Wüsten – wie zahlreiche Beispiele zeigen – als durchaus sinnvoll und notwendig, ebenso die Begrünung überhitzter, trister Städte und das Anlegen von Agroforstsystemen in den dafür geeigneten Landwirtschaftszonen.) Eine qualifizierte Antwort gibt die im Juli 2019 veröffentlichte Studie des Crowther Lab an der ETH Zürich »The global tree restoration potential«, die Crowther als einer der Hauptautoren mitverfasst hat und die Aufforstung als eines der wirksamsten Mittel zur Eindämmung der Erdüberhitzung bestätigt (siehe Seite 83): Auf weltweiten Flächen von einer Größe von 0,9 Milliarden Hektar könnten 500 Milliarden zusätzlich gepflanzte Bäume stehen. Damit könnte der bis heute durch Menschen verursachte CO_2-Eintrag in die Atmosphäre um bis zu zwei Drittel aufgefangen werden. Ob der Trillion Trees Campaign wohl am Ende gar der Platz für neue Bäume ausgehen wird?

88 000 Botschafter für Klimagerechtigkeit, mehr als 100 Angestellte

Bis 2018 studierte Felix Finkbeiner in London. Allerdings nicht Umweltschutz, wie sich vermuten ließe, sondern zunächst Internationale Beziehungen. Beides habe durchaus miteinander zu tun, erklärte er, denn nur durch weltweite Zusammenarbeit und Verträge könnten die Probleme der Klimakrise gelöst werden. Später wechselte er zum Londoner Institut für Orientalische und Afrikanische Studien – und forscht nun zusammen mit Thomas Crowther in Zürich, um doch noch einen Master in Ökologie zu machen. Seine Lebensaufgabe, das Bäumepflanzen, gerät ihm dabei nicht aus dem Blick, immerhin die Hälfte seiner Zeit wendet er dafür auf. Felix packt hin und wieder persönlich beim mexikanischen Aufforstungsprojekt von Plant-for-the-Planet mit an und sitzt im gewählten Board der gleichnamigen Stiftung. 88 000 Botschafter für Klimagerechtigkeit hat Plant-for-the-Planet global, Verein und Stiftung mit Sitz im oberbayrischen Uffing beschäftigen weit über 100 Mitarbeitende: 30 koordinieren in weltweit verstreuten Büros die Aktivitäten, rund 100 pflanzen vor allem Bäume.

Aus der Kinder- und Jugendinitiative mit der dahinterstehenden Stiftung – deren Vorstandsvorsitz Felix ehrenamtlich übernommen hat – ist, nicht zuletzt durch die Verbindung zu Organisationen wie der UNEP, eine politische Kraft geworden. Und die scheut sich nicht, ihre Sicht der Dinge deutlich zu kommunizieren. Plant-for-the-Planet repräsentiert die Stimmen der kommenden Generationen in einer allzu kurzsichtigen Erwachsenenwelt. Jeden gepflanzten Baum wollen die jungen Aktivistinnen als Statement verstanden wissen, als Symbol ihrer Forderung nach Klimagerechtigkeit. Dass sie sich längst aktiv in die Klimadebatte einbringen, das beweist auch ihr »3-Punkte-Plan zur Rettung unserer Zukunft«, der so klug und naheliegend erscheint, dass er hier zum Abschluss des Kapitels im Wortlaut wiedergegeben wird. Zunächst jedoch noch ein paar Details zur Arbeitsweise von Plant-for-the-Planet.

So kommen bei Plant-for-the-Planet die Bäume in die Erde

Auf der Homepage von Plant-for-the-Planet finden Interessierte eine Menge Antworten auf die Frage, wie man sich im Rahmen der Organisation engagieren kann. Aus dem reichhaltigen Frage-und-Antwort-Bereich (FAQ) der Seite habe ich im Folgenden einen Aspekt herausgegriffen, der mir in praktischer Hinsicht interessant erscheint: der Unterschied zwischen dem Baumpflanzengagement in Deutschland und dem für ärmere Länder.

Wer bezahlt die Bäume?

»Am besten ihr sprecht erst mal den örtlichen Förster an. Oft könnt ihr mit dem Förster gemeinsam pflanzen, ohne dass weitere Kosten entstehen. Der Förster kümmert sich dann um die Setzlinge. Das ist sehr wichtig, denn der Förster weiß genau, wo welche Bäume gepflanzt werden können, damit sie auch gut anwachsen. Falls es nicht möglich ist, mit einem Förster gemeinsam zu pflanzen, dann wird es etwas schwieriger. Ihr braucht ein Grundstück, auf dem ihr eure Bäume pflanzen könnt und wo auch sichergestellt ist, dass die Bäume dort langfristig bleiben und nicht nach ein paar Jahren abgeholzt werden. Wenn ihr das Gründstück habt, dann sucht euch Sponsoren für die Bäume. Nehmt aber vorher trotzdem Kontakt mit einem Förster oder auch einer Baumschule auf, damit sie euch sagen können, welche Bäume ihr auf dem Grundstück gut pflanzen könnt. Vielleicht ist eine örtliche Baumschule auch bereit, euch die Bäume zu spenden. Falls nicht, dann versucht einen guten Preis zu erzielen – schließlich pflanzt ihr für eine gute Sache! Wenn ihr dann noch Geld für die Bäume braucht, dann sprecht mit örtlichen Firmen oder versucht durch Aktionen an eurer Schule das Geld für die Bäume aufzubringen. Mit dem Geld, das an Plant-for-the-Planet für Bäume gespendet wird, werden Bäume in Ländern des Südens gepflanzt. Dort gibt es meistens kein so gutes Forstsystem wie bei uns in Deutschland. Deshalb ist es sehr wichtig, dass man dort aufforstet. Außerdem wachsen aufgrund der klimatischen Bedingungen die Bäume dort schneller und können so auch schneller das CO_2 aufnehmen. Das Geld für diese Bäume kommt von vielen Kleinspendern, die über www.plant-for-the-planet.org spenden. Aber auch viele Firmen spenden einen Teil ihres Erlöses für Bäume.«

Warum werden die gespendeten Bäume in anderen Ländern gepflanzt?

»Eine Umverteilung von Geldern in das Forstsystem vor Ort ist in vielen Ländern nicht sinnvoll, da die Kinder die Bäume in der Regel kostenfrei zur Verfügung gestellt bekommen. Die im Süden gepflanzten Bäume helfen nicht nur gegen die Klimakrise, sondern sie bekämpfen auch Trockenheit, Wüstenbildung und Erosion und schützen an anderer Stelle beispielsweise die Küste vor Seebeben. Zudem wachsen Bäume in tropischen Ländern schneller und können so mehr CO_2 binden als in nördlichen Ländern. Um die Pflanzungen und Pflege der Bäume gewährleisten zu können, kooperieren wir mit unseren Pflanzpartnern, die bereits langjährige Erfahrungen in der Bepflanzung von großen Flächen haben.«

(Anm. J.S.: Wie bereits angeklungen, sammelt Plant-for-the-Planet auf verschiedenen Wegen Spenden, die natürlich vor allem für Baumpflanzungen in vegetationsbedürftigen Weltgegenden verwendet werden – insbesondere in Mexiko, wo Plant-for-the-Planet auf der Halbinsel Yucantán seit 2015 eigene Wiederaufforstungsflächen betreibt. Zuvor wurden gespendete Bäume mit Partnern in Ländern des Globalen Südens gepflanzt, etwa in Malaysia, Costa Rica, Ecuador, Namibia, Brasilien und der Demokratischen Republik Kongo. So wurde eine eigene »Die Gute Schokolade« aufgelegt – aus fairem, CO_2-neutralem Kakaoanbau, konventionell oder in Bio-Qualität –, deren Verkaufserlös in Bäume fließt; und es können »Baumgutscheine« erworben werden, bei denen mit jedem gespendeten Euro jeweils ein Baum gepflanzt wird.)

Der »3-Punkte-Plan zur Rettung unserer Zukunft«[1]

»Wir Kinder haben uns überlegt, was wir täten, wenn wir die Mächtigen der Welt, also z. B. die Regierungschefs, wären und auf den nächsten Klimagipfeln Entscheidungen treffen würden. Was würden wir tun, um unsere Zukunft zu retten? Unsere Ideen haben wir zusammengefasst und den »3-Punkte-Plan zur Rettung unserer Zukunft« genannt.

1.) Wir wollen die bestehenden Wälder schützen und Milliarden neue Bäume pflanzen: Insgesamt 1000 Milliarden neue Bäume. Es gibt auf der Erde noch eine Milliarde Hektar an Fläche, die bewaldet werden kann, also 10 000 Milliarden Quadratmeter Fläche, die nicht in Konkurrenz zu anderer Nutzung steht. Durch die Umrechnung in Quadratmeter können wir uns besser vorstellen, wie viele Bäume wir pflanzen können. Denn auf einen Quadratmeter werden viele Setzlinge gepflanzt und der Wald verjüngt sich später, d. h., nicht jeder Setzling wird auch zu einem großen mächtigen Baum.

1000 Milliarden Bäume klingt sehr viel – das ist eine Eins mit zwölf Nullen – aber einige Beispiele zeigen, dass es möglich ist: Die Chinesen pflanzten im Jahr 2009 im Rahmen der UNEP-Billion Trees Campaign 2,7 Milliarden Bäume. Wenn sie die nächsten 40 Jahre so weiterpflanzen, schaffen die Chinesen alleine 100 Milliarden Bäume. Die US-Amerikaner schafften es in zehn Jahren zum Mond, also warum sollte es uns nicht gelingen, das größte Weltaufforstungsprogramm der Menschheit umzusetzen?

2.) Die fossilen Energieträger im Boden lassen: Bis 2050 müssen wir Menschen den CO_2-Ausstoß auf null senken. Die Technologie für eine CO_2-freie Zukunft gibt es längst. Mit der heutigen Technik ist es möglich, dass wir Menschen bis 2050 weltweit unsere Energie zu 100 Prozent aus erneuerbaren Quellen und ohne Atomkraftwerke gewinnen.

3.) Armut ins Museum durch Klimagerechtigkeit: Um die weitere Erderwärmung auf die von den Regierungschefs in Kopenhagen versprochenen 2 °C zu beschränken, dürfen bis 2050 nur noch 600 Milliarden Tonnen CO_2 ausgestoßen werden. Pusten wir mehr

CO_2 raus, steigt die weltweite Durchschnittstemperatur um mehr als 2 °C an. Wenn das passiert, könnte das Grönlandeis vollkommen schmelzen und damit der Meeresspiegel um 7 Meter ansteigen. Teilen wir 600 Milliarden Tonnen CO_2 durch 40 Jahre, ergibt das 15 Milliarden Tonnen CO_2 pro Jahr für alle. Zum Vergleich: In 2010 waren es 31 Milliarden Tonnen CO_2. Stellt sich nur die Frage, wie wir diese 15 Milliarden Tonnen CO_2 unter der Weltbevölkerung aufteilen? So wie heute 60 Prozent für USA und Europa? Für uns Kinder gibt es nur eine Lösung: Jeder bekommt das Gleiche, nämlich 1,5 Tonnen CO_2 pro Mensch und Jahr bei 9 bis 10 Milliarden Menschen im Jahr 2050.

Und was passiert mit denen, die mehr verbrauchen oder verbrauchen wollen? Ganz einfach: Wer mehr will, muss zahlen. Wenn ein Europäer weiter 10 Tonnen CO_2 rauspusten möchte, kann er das tun, muss aber das Recht dazu von anderen Menschen (z.B. in Afrika) kaufen, die für nur 0,25 Tonnen CO_2 verantwortlich sind. So sorgt das Prinzip der Klimagerechtigkeit dafür, dass auch die Armut ins Museum kommt. Denn mit dem Geld können die Afrikaner in Ernährung, Ausbildung und medizinische Versorgung investieren. Sie müssen auch nicht wie wir auf Kohle, Erdöl und all die anderen fossilen Energieträger setzen, sondern können ihre Energie direkt mit Hilfe der Sonne und anderen erneuerbaren Quellen generieren. So müssen die Menschen in den ärmeren Ländern nicht dieselben dummen Fehler machen wie wir.

2 °C mehr klingt nach wenig, wird aber schon große Veränderungen für uns Kinder bedeuten. Welche genau, das weiß noch keiner. Wir wissen nur, dass zwei Kilometer Eis über uns lagen, als die Durchschnittstemperatur 5 °C niedriger war als heute. Selbst wenn wir bis 2050 unter 600 Mrd. Tonnen CO_2-Ausstoß bleiben, ist es nur zu 75 % sicher, dass die Durchschnittstemperatur um weniger als 2 °C ansteigt. 100 %-ig weiß das keiner.

Zu Karbonspeichern: Warum wollen die Erwachsenen das CO_2 in die Erde pressen und nennen das Ganze dann CCS? Das bedeutet »Carbon Capture and Storage« – auf Deutsch »CO_2-Abscheidung und -Speicherung«. Bei CCS weiß keiner, ob es jemals klappen wird, und niemand kann sicher sein, ob es nicht gefährlich ist, das CO_2 in die Erde zu pressen. Wird es da für immer bleiben? Was ist, wenn nicht? Wer will schon in der Nähe von CO_2-Endlagern leben? Viele offene Fragen …

Manchmal sind die Erwachsenen wirklich schwer zu verstehen! Warum nutzen sie nicht das seit Jahrmillionen bewährte CCS über die Bäume? Bäume pflanzen ist kinderleicht und wir können das »C« in Bäumen, aber auch Holzmöbeln, Holzhäusern usw. für viele Jahrzehnte speichern. Die Erwachsenen wollen viel Geld in die Forschung von CCS investieren. Warum investieren wir nicht genauso viel Geld wie in die CCS-Forschung in die Aufforstung, ein seit Jahrmillionen funktionierendes CCS? Wenn jeder Mensch auf unserer Erde bis 2030 150 Bäume pflanzen würde, wären das 1000 Milliarden Bäume. Wer keinen Platz in der Umgebung findet, kann die Bäume auch in den Ländern des Südens pflanzen. In den tropischen Regionen wachsen die Bäume schneller und binden damit schneller mehr CO_2. Es ist also gar nicht so schwer und unmöglich schon lange nicht.

Diese 1000 Milliarden Bäume werden als zusätzlicher Kohlenstoffspeicher jedes Jahr zusätzlich 10 Milliarden Tonnen CO_2 binden. Das ist aus vielen Gründen extrem wichtig für die Umsetzung der anderen beiden Punkte unseres 3-Punkte-Plans. Diese zusätzlichen 10 Milliarden Tonnen CO_2 durch zusätzliche Bäume werden dringend benötigt: Sie sind so etwas wie ein Zeitjoker, der uns einen kleinen zeitlichen Puffer verschafft, um unseren CO_2-Ausstoß zu verringern. Statt der 15 Milliarden Tonnen CO_2, die wir als Menschheit nach unserem Plan im Jahr ausstoßen dürften, pusteten wir im Jahr 2010 nämlich 31 Milliarden Tonnen CO_2 raus. Im Jahr 2010 haben wir im Vergleich zu 2009 den Ausstoß um fünf Prozent gesteigert und nicht gesenkt!

Wenn wir jedes zukünftige Jahr den Ausstoß um fünf Prozent steigern, wie 2010, dann hätten wir schon im Jahr 2024 unser Budget der 600 Milliarden Tonnen CO_2 aufgebraucht. Wenn wir in den kommenden Jahren den Ausstoß nicht steigern würden, d. h. auf 31 Milliarden Tonnen CO_2 halten würden, hätten wir bis zum Jahr 2029 unser Budget der 600 Milliarden Tonnen schon aufgebraucht und damit die 2 °C plus verursacht. Beides darf nicht passieren – und die Bäume sind ein wichtiger Schritt, um etwas dagegen zu tun!

1000 Milliarden Bäume schaffen wir Kinder natürlich nicht alleine, dazu brauchen wir die Hilfe der Erwachsenen. Aber wir Kinder haben schon mal angefangen und pflanzen eine Million Bäume in jedem Land der Erde. […]«

Anmerkungen

1 www.plant-for-the-planet.org/media/files/download/drei_punkte_plan_20141103.pdf

Website

www.plant-for-the-planet.org

Literatur

Finkbeiner, Felix und Plant-for-the-Planet: Wunderpflanze gegen den Klimawandel entdeckt: Der Baum – Warum wir für unser Überleben pflanzen müssen!, Komplett Media, 2019.

Kahlweit, Cathrin: Wipfelstürmer, Süddeutsche Zeitung, 9. 3. 2018. kurzlink.de/Wipfel

Mamer, Blanche: Der Felix, der mit dem Bäumepflanzen anfing, Süddeutsche Zeitung, 9. 3. 2013. kurzlink.de/FelixPlantPlanet

Film

»Weil ich länger lebe als du«, Fernsehfilm von Henriette Bornkamm und Carl-A. Fechner (45 Min.) www.weilichlaengerlebealsdu.de

Terra Preta
Staub zu Erde

Wenn ich wüsste, dass morgen die Welt unterginge,
würde ich heute noch ein Apfelbäumchen pflanzen.

Von unbekannt (und mit einiger Gewissheit nicht von Martin Luther)

Das folgende Kapitel – eine leicht überarbeitete Fassung eines für die Zeitschrift Oya verfassten Artikels – hat nur mittelbar mit Aufforstung und Wiederbegrünung zu tun. Die darin vorgestellte Technik hält allerdings erhebliches Potenzial für die Lösung der globalen Humuskrise sowie der Erdüberhitzung bereit, indem sie den heute im Übermaß in der Atmosphäre enthaltenen Kohlenstoff dauerhaft (!) dahin zurückbringt, wo er von Nutzen ist: zurück in den Boden. Das sogenannte Klimafarming mit Pflanzenkohle bedingt eine regionale Fülle an Vegetation – die Methode kommt also für Gegenden, in denen (noch) ein Mangel an Bäumen herrscht, eher nicht in Frage.

Die englische Sprache kennt für das Sterben den etwas derben Ausdruck »to bite the dust«, und es ist bekannt, dass zahlreiche historische Kulturen buchstäblich »in den Staub gebissen« haben, weil sie der Pflege ihrer Böden nicht die nötige Aufmerksamkeit schenkten. Natürliche Bodenbildungsprozesse brauchen nämlich sehr, sehr viel Zeit; ist die Humusschicht einmal verloren, dauert es im günstigsten Fall Jahrhunderte, bis sie wiederhergestellt ist. Derzeit werden jährlich mehr als 24 Milliarden Tonnen fruchtbarer Boden durch Erosion fortgespült oder fortgeweht; das sind mehr als drei Tonnen pro Erdenbürger! Doch mit dem richtigen Knowhow kann der Mensch guten Humus in überschaubaren Zeiträumen selbst herstellen. Die Indio-Zivilisationen im Amazonasgebiet, die einstmals Siedlungen von Zehn- oder gar Hunderttausenden Menschen hervorbrachten, gehören zwar auch zu den untergegangenen, aber an einem mangelnden Bewusstsein für Bodengesundheit kann es hier nicht gelegen haben. Im Gegenteil, denn diese Kulturen, die lange Zeit in Vergessenheit geraten waren, haben uns auf mindestens einem Zehntel der Fläche des riesigen Regenwaldgebiets menschengemachte, auch nach Hunderten und Tausenden Jahren noch immer hochfruchtbare Böden hinterlassen. Heutige Bauern erzielen auf dieser Erde fette Ernten, ohne sich allzu sehr plagen zu müssen. Die mit »Terra Preta do Indio« (Portugiesisch für »indianische Schwarzerde«) bezeichneten Flecken von bis zu zwei Metern Tiefe unterscheiden sich schon rein optisch deutlich von der ansonsten extrem mageren, staubig-gelben Tonerde des Regenwaldgebiets, wo, abgesehen von einer hauchdünnen Humusschicht, fast das gesamte verfügbare organische Material in lebenden Pflanzen und Tieren eingebaut ist.

Die wissenschaftliche Wiederentdeckung der Terra Preta seit 1978 hat insbesondere in den letzten 20 Jahren bei vielen Leuten Aufregung verursacht – um nicht zu sagen: Sie hat eine gehörige Portion Staub aufgewirbelt. Denn das Geheimnis der Terra Preta scheint den Schlüssel gleich für eine ganze Reihe von drängenden Herausforderungen bereitzuhalten: Lösungsansätze für die globale Abnahme der Bodenfruchtbarkeit, für hygienisch-sanitäre Probleme in vielen Teilen der Welt und nicht zuletzt möglicherweise sogar für die Klimakrise.

Worin also besteht das Geheimnis der im Zug der spanischen Eroberung des Kontinents verschwundenen indigenen Bewohner des Regenwalds? Untersuchungen verschiedener Proben ergaben variierende Zusammensetzungen; in der Regel finden sich in den bis zu 7000 Jahre alten Böden jedoch Anteile von Bioabfällen, Gräten, Knochen sowie von menschlichen und tierischen Exkrementen. Das verbindende und entscheidende Element ist außerdem in allen Fällen die offensichtlich bewusste Zugabe von mindestens zehn Prozent kleinkörniger Holzkohle. Diese entsteht, wenn Biomasse bei niedriger Temperatur und unter Abschluss von Sauerstoff verschwelt wird. Mit ihrem sehr feinen Porensystem wirkt die sogenannte Pflanzenkohle im Boden wie ein Schwamm, der dauerhaft Nährstoffe und Wasser festzuhalten vermag. Zudem finden auf der Oberfläche der Kohle mikrobische Bodenorganismen ein optimales Biotop (neben wassergelösten Stoffen gehören diese zum »Futter« der Pflanzen).

Wer jemals einen Komposthaufen angelegt hat, weiß, dass all die fleißig aufgeschichtete Biomasse zu einem enttäuschend kleinen Häufchen zusammenrottet. Oft werden mehr als Dreiviertel des Volumens noch im Haufen von Bodenorganismen veratmet; den schließlich ins Gemüsebeet eingebrachten Rest zehren die Pflanzen bald auf.

Der Aufbau guten, humosen Bodens ähnelt somit einer Sisyphosaufgabe – sofern man kein strukturgebendes Substrat wie die Pflanzenkohle zur Verfügung hat, welche die organische Materie und andere Nährstoffe über lange Zeiträume festhalten kann. Wie das funktioniert, erklärt der Biologe, Chemiker und Agrarökologe Jürgen Reckin: »Untergemischte Biokohle verhindert, dass ein großer Anteil der organischen Substanz quasi in Rauch aufgeht, also vollständig zu Kohlendioxid und Wasser abgebaut wird. Bekanntermaßen wird Holzkohle, sogenannte Aktivkohle, in der Biochemie als Katalysator verwendet, um die Ausbeute an bestimmten erwünschten Substanzen zu erhöhen. In den Boden eingemischt, scheint die Holzkohle ebenfalls als Biokatalysator zu wirken, indem sie die Ausbeute an Humus entscheidend verbessert: Offenbar bewirkt sie, dass die relativ kleinen und instabilen Huminsäuremoleküle rascher als gewöhnlich zu stabilen Großmolekülen verkettet werden. Biokohle macht aus Humus Dauerhumus.« Dieser Effekt stellt Reckin zufolge »das eigentliche Wesen« der Terra Preta dar.

Allgemeingut für die Menschheit

Jürgen Reckin gehört zu jenen Pionieren, die das Phänomen Terra Preta nach Europa gebracht haben. Im brandenburgischen Finowfurt verwandelte der leidenschaftliche Pflanzenkenner den aus dem typischen märkischen Sandboden bestehenden 800-Quadratmeter-Garten seines Elternhauses mit Hilfe des neuentdeckten Wissens in ein Schwarzerde-Paradies – in nur fünf Jahren! Reckin experimentierte mit verschiedenen Zusammensetzungen und Methoden, und er schaffte das, woran andere Wissenschaftler zu jener Zeit noch nicht einmal zu denken wagten: Mit Hilfe seines Wissens über biochemische Prozesse sowie dank langjähriger Gärtnererfahrung konnte er praktisch zeigen, dass sich die südamerikanische Schwarzerde überall mit einfachen Mitteln nachmachen lässt. Bereitwillig erklärt der kleine, sonnige Achtzigjährige allen, die es wissen möchten, die zum Ziel führenden Wege. Nach den Erfolgen im eigenen Garten lautet sein Credo: »Wir sollten Terra Preta unbedingt zu einem Allgemeingut der Menschheit machen!«

In einer seiner Methoden formt Jürgen Reckin aus Bioabfällen mit einem hohen Anteil an kleingehäckselten Holzfasern etwa 50 Zentimeter hohe Beete, mischt Urgesteinsmehl, Tonmehl und den obligatorischen Holzkohleanteil unter. Diese Beete gießt er regelmäßig mit Pflanzenjauche und Urin, den er in geschlossenen Plastikeimern unter Einsatz einer Mischung von Mikroorganismen einige Tage lang fermentiert, das heißt, mit Hilfe der Mikroben-Enzyme aufschließt. Auf diese Weise kommen nicht nur die für die Verrottung zuständigen Mikroben massenhaft in den Kompost. Auch die vielen wertvollen Bestandteile des Urins, wie Stickstoff und Phosphor, gehen so in den Gartenkreislauf ein. Ein solcher Weg zum Dauerhumus ahmt gewissermaßen den langwierigen Bodenaufbau im Wald nach; durch maschinelles Zerfasern des Holzanteils in der organischen Masse sowie durch gezielten Mikrobeneinsatz verkürzt Jürgen Reckin den Prozess bei warmen Temperaturen auf nur wenige Wochen; im Winter sind die Mikroben kaum aktiv.

Uralte Kulturtechnik erobert die Welt

Zurück in den Amazonas, wo die erstaunlichen Mengen an menschengemachter Schwarzerde auf eine Kulturlandschaft mit einst dichter Bevölkerung schließen lassen. Wie, so fragen sich einige Forscher, war es den indigenen Gesellschaften eigentlich möglich, unter den heiklen sanitären Bedingungen des feuchtwarmen Klimas in Städten zusammenzuleben? Kanalisationssysteme gab es offenbar keine. Wohin also mit den massenhaft anfallenden Küchenabfällen und Fäkalien, die in der Hitze rasch zum Problem werden? Teil des Rätsels um Terra Preta sind die im traditionell hergestellten Schwarzerdeboden überall sehr zahlreich zu findenden Tonscherben. Der Experte für Abwasserentsorgung Ralf Otterpohl von der TU Hamburg-Harburg hält es für denkbar, dass die alten Kulturen diese Scherben mit einer Art homöopathischen Botschaft impften, um die den Exkrementen eingeschriebenen Informationen ihrer »Produzenten« zu löschen. Er bezieht sich dabei auf Rudolf Steiner, der wegen dieser hygienisch-energetischen Problematik vor einer allzu frühen Rückführung der Ausscheidungen in den Nahrungskreislauf warnte.

Eine andere Hypothese vertritt Haiko Pieplow, der für das Bundesumweltministerium arbeitete. Für ihn deuten die vielen Tonscherben auf große Gefäße hin, in denen die Menschen ihre bedenklichen und unbedenklichen organischen Abfälle mitsamt dem obligatorischen Holzkohle-Einstreu fermentiert haben müssen – eine hygienisch und olfaktorisch übrigens völlig einwandfreie Angelegenheit, wie Experimente gezeigt haben. War der Inhalt nach einiger Zeit zu duftendem Humus gereift, verwendeten die Indios die Terracotta-»Sauerkrautfässer« laut Haiko Pieplow gleich vor Ort als Hochbeete für den Gartenbau.

Eine kleine Sensation bewegte im Jahr 2011 die Terra-Preta-Begeisterten auf der ganzen Welt. Morgan J. Schmidt, Geograf an der Universität Florida, entdeckte in der Nähe des Amazonasflusses Xingu, dass der dort beheimatete Stamm der Cuicuro offenbar noch Kenntnisse einer simplen Terra-Preta-Herstellungsweise besitzt. Die in einem Runddorf lebenden Mitglieder dieser traditionellen Gemeinschaft werfen ihre Bioabfälle zusammen mit Asche und Kohle auf hinter den Häusern befindliche Haufen, wo sie sich in Gartenerde verwandeln. Trotz ihres Überraschungscharakters dürfte diese Entdeckung allerdings langfristig nur den Rang einer kleinen Anekdote in der großen Terra-Preta-Story einnehmen, hegte doch zuletzt kaum noch jemand ernsthafte Zweifel daran, dass die Schwarzerde Amazoniens ein menschgemachtes Phänomen ist. Der Pflanzenkohle-Funke ist längst schon auf Gärtnerinnen, Visionäre, Geschäftsleute und Klimaschützer in der ganzen Welt übergesprungen, denen es in erster Linie ums Machen und Verändern geht. Nicht wenige Menschen aus der deutschsprachigen Permakulturszene etwa sind inzwischen zu praktischen Versuchen im kleinen Stil übergegangen. Sie wollen wissen, ob die Technik tatsächlich die große Chance für die Gärtner dieser Welt ist, die sie zu sein scheint.

Vielfacher Nutzen einer Open-Source-Technik

Für viele Menschen stellt das Schwarzerde-Vermächtnis aus dem Regenwald ein großes Geschenk für diese Zeit dar, für eine Welt, in der seit der neolithischen Revolution – und erst recht seit Einführung der industriellen Landwirtschaft – bereits unfassbar viel fruchtbarer Boden verlorengegangen ist. Das Potenzial von Terra Preta, so heißt es, sei zu groß, die Sache zu hoffnungsvoll, um sie den ökonomischen Interessen weniger Firmen zu überlassen. Würde das Wissen in der Breite angewendet, ergäben sich völlig neue Chancen hinsichtlich der globalen Ernährungssituation. Und: Wenn in Zukunft massenhaft Dauerhumus hergestellt würde, so bedeutete das zugleich, dass große Mengen des Treibhausgases CO_2 dauerhaft in der Erde gebunden würden.

Wie das? Bei der Verbrennung von Biomasse, wie in einem Lagerfeuer oder – langsamer – auf einem Komposthaufen, geht das in den Pflanzen gespeicherte CO_2 wieder in die Atmosphäre ein. Anders beim Vorgang der Verschwelung: Das von den Pflanzen aus der Luft geholte CO_2 bleibt hier etwa zu einem Drittel im Endprodukt, der Pflanzenkohle, dauerhaft stabil gebunden. Der Film »Humus – Die vergessene Klima-Chance«, herausgegeben von der österreichischen Ökoregion Kaindorf, wo man auf größeren Flächen mit Pflanzenkohle experimentiert, nennt die Zahl von 19 Milliarden Tonnen CO_2, die sich in den Äckern der Welt auf diese Weise elegant unterbringen ließen. Eine in mehrfacher Hinsicht sinnvolle Idee, deren Umsetzung freilich sehr viel Biokohle sowie engagierte Akteure in allen Winkeln der Erde bedingt. Der Ansatz ist wohl nur dort praktikabel, wo ohne Raubbau ausreichend Biomasse verfügbar ist – und diese Voraussetzung dürfte in manchen Regionen mit humusarmen Böden nicht gegeben sein. Die Möglichkeit des »Klimafarming« sollte aber dennoch bei allen Kapiteln dieses Buchs mitgedacht werden.

Abwasserexperte Ralf Otterpohl berät im afrikanischen Senegal eine 7000 Hektar große Farm, die allein ein Viertel des im Land benötigten Grundnahrungsmittels Reis erzeugt. Zuletzt hat seine Organisation den Arbeiterfamilien einige Holzgasöfen für das Kochen im Freien gebracht, auf die die Leute schon bald nicht mehr verzichten wollten. Bei diesen Öfen wird das Gas genutzt, das dem Holz bei der Verschwelung entweicht. Übrig bleibt nicht Asche, sondern Holzkohle, mit der man nach dem Gang auf die Komposttoilette sein »Geschäft« bedecken kann. Otterpohl strahlt, wenn er das Prinzip erklärt: »Ist es nicht wunderbar, wenn man mit solch simpler Technik derart nützliche lokale Kreisläufe schaffen kann?«

Mit vereintem Klimafarming den Hitzekollaps abwenden

Der Bedrohung durch den Prozess der Erdüberhitzung ließe sich auch durch andere Änderungen bei der Landbearbeitung beikommen. Ute Scheub und Stefan Schwarzer stellen in ihrem Buch »Humusrevolution« zum Potenzial einer global eingeführten »regenerativen Agrikultur« folgende Rechnung auf: »Menschen bewirtschaften laut der Welternährungsorganisation FAO ungefähr fünf Milliarden Hektar Acker- und Weideland, welches meist nur noch einen Humusgehalt von ein bis zwei Prozent aufweist. Ein Humusaufbau von nur einem Prozentpunkt auf diesen Flächen könnte 500 Gigatonnen CO_2 oder 135 Gigatonnen Kohlenstoff aus der Atmosphäre holen, was einer Reduzierung von 64 ppm (parts per million) entspräche. Das brächte den heutigen CO_2-Gehalt in der Atmosphäre auf weitgehend ungefährliche 336 ppm. Steigen die

Emissionen allerdings weiter auf 550 ppm an und sollen dann von diesem Wert auf das vorindustrielle Niveau von 280 ppm zurückgebracht werden, müsste der Humusanteil in den globalen Böden im Extremfall auf gut vier Prozent gesteigert werden – höchst anspruchsvoll, aber auch nicht völlig unmöglich.«

Aus »Humus«, so schreiben Ute Scheub und Stefan Schwarzer, können »Humanismus« und eine neue »Humanität« entstehen. Regenerative Agrikultur, in deren Mittelpunkt Kohlenstoff als Bestandteil allen Lebens steht, würde damit zum Teil einer »Ökonomie der lebendigen Erde«. Ihre »Zauberformel« zur Abwendung des drohenden Klimakollapses liest sich wie folgt: »Regenerative Agrikultur, die die globale Agroindustrie ablöst, plus regenerative Energien, die weltweit Kohle, Öl und Gas ersetzen.« Dies seien die beiden Seiten einer Medaille namens Zukunftsfähigkeit.

—

Websites

www.humusrevolution.de

www.ithaka-journal.net

www.4p1000.org

Literatur

Mallien, Lara: Schwarzes Gold. Die wiederentdeckte Methode, fruchtbare Schwarzerde von Menschenhand herzustellen, in: Oya 06/2011. www.oya-online.de/article/read/290-schwarzes_gold.html

Pfützner, Caroline: Natürlich gärtnern mit Terra Preta. Praxiswissen für Garten, Hochbeet und Balkon, Oekom, 2018.

Preißler-Abou El Fadil, Andrea: Gärtnern nach dem Terra-Preta-Prinzip. Praxiswissen für dauerhaft fruchtbare Gartenerde, Pala-Verlag, 2018.

Scheub, Ute, Haiko Pieplow und Hans-Peter Schmidt (Hrsg.): Terra Preta. Die schwarze Revolution aus dem Regenwald. Mit Klimagärtnern die Welt retten und gesunde Lebensmittel produzieren, Oekom, 2013.

Scheub, Ute und Stefan Schwarzer: Die Humusrevolution. Wie wir den Boden heilen, das Klima retten und die Ernährungswende schaffen, Oekom, 2017.

Scheub, Ute: Pflanzenkohle als Retter, taz, 6.12.2018. www.taz.de/!5557002

Schilk, Jochen: Staub zu Erde. Terra Preta erobert die Welt, in: Oya 12/2012. www.oya-online.de/article/read/586-staub_zu_erde.html#

Island
Überraschungen am Nordrand Europas
Mit einem Gastbeitrag von Lauri Dekkert

Warum ich Bäume pflanze? Stellen Sie sich einmal eine Welt ohne diese großen, ruhigen Wesen vor, die den Schatten und den Klang ihres Laubs mit uns teilen und in viel längeren Rhythmen als wir mit und über uns leben – es wäre eine Parkplatzwelt.

Ursula K. Le Guin, Schriftstellerin

Hätten Sie gedacht, dass Europas größtes Wiederbegrünungssprojekt ausgerechnet auf Island stattfindet, einem Ort, dessen weitgehende Baumlosigkeit viele Menschen auf das vermeintlich zu kühle Klima zurückführen?

Der Nachdruck des folgende Artikels über Wiederaufforstung auf der Insel im Nordatlantik erscheint mit ausdrücklicher Genehmigung des finnischen Autors Lauri Dekkert. Der aus dem Englischen übersetzte Beitrag spricht für sich. Ich möchte ihm lediglich vorausschicken, dass auch in Island die Mitglieder einer intentionalen (das heißt: wahlverwandten) Gemeinschaft zu den Aufforstungspionieren gehörten. Die anthroposophisch geprägte Gemeinschaft Sólheimar (Heimat der Sonne) besteht schon seit 1930 und gehört somit zu den ältesten intentionalen Gemeinschaften Europas. Nachfragen ergaben allerdings, dass dort heute kaum noch etwas über die Motive und Praktiken jener früheren Mitglieder bekannt ist, die sich auf dem Feld der Wiederaufforstung engagiert hatten. In den Gewächshäusern, die der Gruppe vor vielen Jahrzehnten als Baumschulen dienten, gedeiht nun schon lange biologisch-dynamisches Gemüse.

Die Gründerin von Sólheimar, Sesselja Sigmundsdóttir (1902–1974), hatte sechs Jahre lang in Deutschland, Dänemark und der Schweiz studiert. Dort wurde sie von der anthroposophischen Lehre Rudolf Steiners inspiriert und entwickelte daraufhin viele Träume und Ideen, wie ein ideales Land und eine ideale Gemeinschaft aussehen könnten. Zurück auf Island gründete sie an ihrem 28. Geburtstag Sólheimar als Heim für behinderte und nichtbehinderte Kinder gleichermaßen, zumeist Waisen. Heute leben auf dem Gelände der Gemeinschaft rund einhundert Menschen jeden Alters, davon etwa 40 mit geistigen Behinderungen.

Nach diesem Auftakt kommen wir nun zu Lauri Dekkerts Artikel – und anschließend zu Europas derzeit größtem Landschaftswiederherstellungsprojekt:

Ein Kleid für die Landschaft: Aufforstungsbestrebungen auf Island. Ein Gastbeitrag von Lauri Dekkert [1]

Einem alten nordischen Witz zufolge ist es leicht, aus einem isländischen Wald herauszufinden – man müsse nur aufstehen ...

Der Witz ist allerdings nicht mehr ganz aktuell. Heute muss man zumindest hüpfen, denn es gibt auf Island Flecken mit echten Wäldern. Die Wiederaufforstung der erosionsgeplagten Insel beginnt Resultate zu zeigen: In vor dem Wind geschützten Tälern und auf einigen Berghängen sind nun dichte, bis zu 20 Meter hohe Nadelwälder zu bestaunen. In Reykjavík, wo noch vor einigen Jahrzehnten Bäume nur auf Friedhöfen wuchsen, sind die Straßen gesäumt mit importierten Laubbäumen. Die neuen Waldlandschaften haben dem Land auch eine neue Fauna und Flora beschert, darunter Vögel wie Amsel, Buchfink oder Wintergoldhähnchen sowie mehrere neue Pilzarten.

Als die Wikinger vor 1100 Jahren Island besiedelten, war das Land gemäß den mittelalterlichen Sagen »vom Fuß der Berge bis zum Strand« bewaldet gewesen. Wälder bedeckten ungefähr 30 Prozent der gut 103 000 Quadratkilometer messenden Gesamtfläche Islands. Das kalte, windige Klima dürfte aber auch damals kaum hohe, artenreiche Wälder zugelassen haben. Die Abwesenheit der meisten in Nordeuropa oder Kanada heimischen Baumarten lässt sich auch durch die geographische Isolation des Lands erklären. Archäologische Untersuchungen haben ergeben, dass die ursprünglichen Wälder hauptsächlich aus Moor- und Zwergbirken bestanden, die als einzige Arten die letzte Vergletscherung überstanden hatten, die vor 10 000 Jahren endete. Abgesehen von Kriechwacholder fand sich kein Hinweis auf Nadelgehölze, obwohl das Land eigentlich in der Breitenzone der borealen Wälder liegt. Die Sagen künden davon, dass die ersten Siedler diese Bäume als Feuer- sowie als Bauholz schlugen. Außerdem brachten sie Schafe und Pferde mit, und die Beweidung verhinderte das Nachwachsen der Wälder. Etwa 200 Jahre nach der Landnahme hatten die Menschen die isländische Landschaft geschaffen, wie sie sich heute präsentiert: kahles Land, das von Wüsten, Tundra und Grasbewuchs dominiert wird. Ein Wandel hin zu einem kühleren Klima im 14. Jahrhundert ließ die Bedingungen für Pflanzen sogar noch härter werden.

Der junge, vulkanische und poröse Boden (ein Resultat einer Reihe von Vulkanausbrüchen), starke Niederschläge (je nach Landesteil jährlich 2000 bis 4000 mm), starke Winde und eine ohnehin schon spärliche Vegetation führten zu verbreiteter Erosion, nachdem die Bäume verschwunden waren.

Die Aufforstung wird zur nationalen Angelegenheit

Zu ersten Aufforstungsversuchen kam es in den ersten beiden Jahrzehnten des 20. Jahrhunderts, ausgeführt zunächst vor allem durch Gruppen von Intellektuellen und Geschäftsleuten. Die Regierung wurde auf diesem Feld zunächst nicht wirklich aktiv, bis in den 1950er Jahren erste Anstrengungen hinsichtlich Gesetzgebung,

Forschung und Finanzierung unternommen wurden. Indem der Staat während der 1960er und frühen 1970er Jahre eine Forststeuer auf Zigaretten erhob, konnte er die Baumpflanzaktionen von privaten Forstgesellschaften und Farmern unterstützen. In den 1980er und 1990er Jahren wuchsen die Regierungsaktivitäten beim Erosionsschutz und bei der Landschaftswiederherstellung kräftig an. Präsidentin Vigdís Finnbogadóttir machte die Aufforstung zu einer wichtigen öffentlichen Angelegenheit. Während ihrer Regierungszeit von 1980 bis 1996 wuchs das Staatsbudget für Forstwirtschaft von umgerechnet 880 000 US-Dollar auf 4,2 Millionen US-Dollar an, das Geld diente hauptsächlich zur Durchführung von Aufforstungsprogrammen für Landwirte. Zusätzlich brachten private Investoren, Gemeinden, Forstgesellschaften und andere Körperschaften alleine im Jahr 1996 annähernd 4 Millionen US-Dollar für die Aufforstung auf.

Heute pflanzen und pflegen Bauern und Landbesitzer Bäume rund um ihre Häuser, die noch vor wenigen Jahrzehnten in einer kahlen Landschaft standen. Schulkinder pflanzen stolz Bäumchen, und die Erwachsenen wiederum erfüllt eine gehörige Portion Befriedigung, wenn sie jene Bäume aufsuchen, die sie als Schüler selbst gepflanzt haben.

Seit 1955 verbietet ein Forstgesetz jeden Kahlschlag der einheimischen Wälder, und die Rekultivierung von Land zielt wo immer möglich auf die Entstehung von neuen Wäldern. Das jüngste Forstgesetz zu lokalen Aufforstungsprogrammen legt fest, dass mindestens fünf Prozent der Landesfläche bzw. 215 000 Hektar in den Niederungen innerhalb der kommenden 40 Jahre in Waldlandschaften verwandelt werden sollen.

Die Zunahme der Waldfläche verlief nicht ohne Konflikte mit Viehhaltern. Jahrhundertelang waren die Gemeinflächen (Allmenden, Commons) als Schaf- und Pferdeweiden genutzt worden, nun mussten die Anpflanzungen mit Zäunen vor den Tieren geschützt werden, und dies hat überall zu rechteckig geformten Wäldern geführt. In den vergangenen Jahrzehnten ist die Zahl der Weidetiere, aus welchem Grund auch immer, zurückgegangen. Die ehemaligen Weiden wurden dabei in vielen Fällen umzäunt, was sowohl der natürlichen Ansiedlung von Bäumen als auch deren Anpflanzung Vorschub leistet.

Einheimische und importierte Gehölze

In der Regel werden die Sibirische Lärche und/oder die einheimischen Birkenarten gepflanzt. Außerdem wurden weitere nicht-einheimische Arten importiert, darunter vielversprechende Laubgehölze wie die Westliche Balsam-Pappel oder die Hänge-Birke, die Espe, die Grau-Erle *(Alnus tenuifolia* sowie *Alnus incana)* und die Grün-Erle *(Alnus sinuata)*. Es hat sich gezeigt, dass Erlen ein großes Potenzial für die Bodenverbesserung auf erodierten oder unbewachsenen Flächen besitzen. Daneben startete man versuchsweise die Aufpflanzung mit der Balsam-Pappel *(Populus balsa-*

mifera) aus Alaska, die eng verwandt ist mit der Westlichen Balsam-Pappel *(Populus trichocarpa).*

Außerdem wurden exotische Nadelgehölze wie die Waldkiefer *(Pinus sylvestris),* die Sitka-Fichte *(Picea sitchensis),* die Gemeine Fichte *(Picea abies)* und die Küstenkiefer *(Pinus contorta)* eingeführt. 1962 richtete die Kiefernblattlaus *(Pineus pini)* derart großen Schaden an den Waldkiefern an, dass die weitere Pflanzung dieser Art eingestellt wurde. Der Sitka-Fichte schien eine glänzende Zukunft in Island bevorzustehen, bis im Jahr 1963 auf einen milden Winter klirrender Frühlingsfrost einsetzte und die Bestände nahezu vollständig vernichtete. Heute wird diese Fichtenart in Island mit besser angepassten Samen (aus anderer Herkunft) und auch mit einem verbesserten Wissen über passende Standorte wieder forstwirtschaftlich angebaut. Die Gemeine Fichte verträgt hingegen generell die starken, kalten Winde nicht und kann deshalb nur an sehr geschützten Stellen zum Einsatz kommen. Die aus Alaska stammende Küstenkiefer war da erfolgreicher; sie wächst heute sowohl in Küstengebieten als auch an einigen Stellen im Landesinneren. Diese Kiefer wird sogar kommerziell angepflanzt, da sie sich als Weihnachtsbaum einiger Beliebtheit erfreut.

Jedes Jahr werden auf Island etwa 1800 Hektar mit ungefähr 5 Millionen Gehölzpflanzen aufgeforstet. Oftmals gehen den Pflanzungen Gründüngungsmaßnahmen mit stickstoffbindenden Lupinen voraus, um die oberste Bodenschicht zu binden und fruchtbarer zu machen.

So etwas wie eine Forstindustrie gibt es heute in Island nicht, aber die 1907 gegründete staatliche Forstbehörde prognostiziert, dass an fruchtbaren, geschützten Stellen ohne Staunässe die schnellwachsenden Westlichen Balsam-Pappeln etwa alle 30 Jahre erntereif sein werden. (Zum Vergleich: Nadelgehölze benötigen 60 bis 100 Jahre bis zur Hiebreife.) Im östlichen Landesteil, wo die klimatischen Bedingungen sehr günstig sind, schlagen 80 Landbesitzer vor, in den kommenden vier Jahrzehnten mindestens 15 000 Hektar kommerzielle Forstflächen anzulegen.

Auch nach all den genannten Anstrengungen beträgt Islands Bewaldungsrate gerade einmal 1,4 Prozent. Das Potenzial des Lands für Aufforstung ist also offenkundig. (Ende des Gastbeitrags von Lauri Dekkert, Anm. J.S.)

Europas größtes Projekt zur Landschaftswiederherstellung

Da der Artikel von Lauri Dekkert bereits von 2001 datiert, sind noch zwei Aktualisierungen angebracht: Die erste betrifft die isländische Finanzkrise von 2008/2009, denn dieses Ereignis hatte unter anderem zur Folge, dass das Haushaltsbudget für Forstangelegenheiten halbiert wurde. Die zweite liegt zeitlich noch vor dem Crash: 2005 wurde die Ausweitung eines kleineren, 1990 begonnenen Vorhabens zu Europas größtem Landschaftswiederherstellungsprojekt beschlossen. Bevor ich zu diesem halb staatlich und halb privat finanzierten Großunternehmen komme, muss von einer weiteren Herausforderung für die isländische Vegetation – und ebenso für die Isländer – die Rede sein, die in obigem Artikel keine Erwähnung findet: Island liegt in einer vulkanisch aktiven Region. Vermutlich erinnern Sie sich daran, wie die Aschewolken des Vulkans Eyjafjallajökull im April 2010 zum bislang längsten Luftverkehrsverbot im europäischen Luftraum führten. Tatsächlich wird das (vermutlich) größte europäische Rekultivierungsprogramm in der weiträumigen Umgebung eines anderen isländischen Vulkans umgesetzt.

Die Hekla, isländisch für »Haube«, ist ein 1491 Meter hoher Berg im Süden der Insel, der zu den drei aktivsten Vulkanen Islands zählt. Die beachtlichen Eruptionen haben immer wieder große Teile von Island mit vulkanischen Aschen und Bimsstein bedeckt. Wälder, Buschland und Flächen mit Leymus-Gras (Strandroggen) sind die einzigen Vegetationsgesellschaften, die derartige Ablagerungen überstehen können. Solange nur die oberste Triebspitze aus der Asche herausschaut, sind Birken und Weiden in der Lage, dicke Schichten von Bimsstein zu überleben. Gras und niedrigere Vegetation stirbt hingegen bei Bedeckung ab. Vulkanische Asche ist nicht nur unmittelbar nach einem Ausbruch ein Problem – sie wird in einer offenen Landschaft immer wieder hin und her geweht und kann noch jahrzehntelang zur Ursache von Staubstürmen werden. Im Schutz von Wäldern hingegen setzt sich die nährstoffreiche Asche rasch auf dem Boden ab und wird von Vegetation überwuchert. Die Wälder wirken also wie eine Art Schutzschirm, der Ascheverwehungen sowie die Bildung von Wüsten verhindert.

Noch heute vorhandene Reste von Birkenwäldern und die Schriften der isländischen Sagas lassen darauf schließen, dass das Land rund um die Hekla in früheren Zeiten sehr viel reicher an Vegetation und Wäldern gewesen sein muss. Sie schützten die Siedlungen nahe des Vulkans vor Ascheablagerungen – doch irgendwann müssen sie der Mehrfachbelastung durch menschliche Übernutzung, Überweidung sowie durch vulkanische Ablagerungen erlegen sein.

Um der Erosion in dem vegetationsarmen Gebiet zu begegnen, hat die Staatliche Wiederaufforstungsgesellschaft (Skógræktar ríkisins) das Projekt Hekluskógar (Wälder der Hekla) ins Leben gerufen und 1990 mit der praktischen Umsetzung begonnen. Das Hauptziel besteht darin, weite Flächen nördlich, westlich und südlich der Hekla durch Wälder mit Birken- und Weidenbuschbewuchs zu rekultivieren. Neben der erwähnten Schutzfunktion haben die Projekt-Maßnahmen den Effekt, die Erosion durch den Wind zu reduzieren; auch die Biodiversität wird deutlich erhöht.

Die Betreiber glauben, dass dies das größte Projekt seiner Art in ganz Europa ist. Das Hekluskógar-Gebiet besitzt eine beträchtliche Ausdehnung von ungefähr 90 000 Hektar (andere Quellen sprechen gar von einer Projektgröße von 100 000 Hektar) und weist an den Berghängen Höhenunterschiede von 500 Metern auf. Als Ziel ist eine Bewaldung von 60 Prozent der Gesamtfläche festgesetzt. Konkrete Maßnahmen zur Landrekultivierung und Wiederaufforstung werden hier bereits seit einigen Jahrzehnten durchgeführt. Der Boden ist jedoch arm an Stickstoff und auf erodierten Flächen sehr trocken. Ein Problem sind zudem instabile Bodenoberflächen durch Frosthub sowie Wind- und Wassererosion. Aufgrund dieser ungünstigen Voraussetzungen ist man dazu übergegangen, den Boden für die Aufforstung vorzubereiten. Bewährt hat sich eine Gründüngung mit Leguminosen (zur Luftstickstoffbindung im Boden) in Verbindung mit Mykorrhizapilzen; außerdem wird zur Bodenstabilisierung Gras gesät. Erst nach dieser Vorbehandlung des Untergrunds können Birken und Weiden gepflanzt werden.

Die Website des Hekluskógar-Projekts hat keinen englischsprachigen Bereich. Doch bei der Gemeinschaft Sólheimar wurde ich auf eine schwer zu findende deutsche Projektbeschreibung auf der Seite aufmerksam gemacht. In dem Artikel von Sabine Fischer ist noch von einer weiteren auf dem riesigen Areal angewandten Methode die Rede: »Da das Gebiet so weitläufig ist, ist es wichtig, effiziente Methoden bei der Wiederbewaldung zu verwenden. Unser Plan ist es, die Natur so viel wie möglich selbst tun zu lassen. Dies wird bewerkstelligt, indem kleine Baumgruppen gepflanzt werden. In den darauffolgenden Jahren produzieren sie Samen, die sich mit dem Wind in die nahegelegenen Gebiete verbreiten werden.«

Wenn das Projekt beendet ist, so hofft man, wird hierdurch ein weiteres Prozent der Fläche Islands bewaldet sein.

Anmerkung

1 Der mit freundlicher Genehmigung in deutscher Übersetzung wiedergegebene Artikel von Lauri Dekkert/Umpihanki Media, erschienen in der Zeitschrift Unasylva 4/2001, ist hier online verfügbar: www.fao.org/docrep/004/y2795e/y2795e09a.htm

Literatur

Fischer, Sabrina: Das Aufforstungsprojekt »Hekluskógar«. Europas größtes Wiederaufforstungsprogramm. https://hekluskogar.is/information/die-idee-von-hekluskogar/das-aufforstungsprojekt-hekluskogar-europas-grostes-wiederaufforstungsprogramm

Iceland Forest Service (Hrsg.): Forestry in a Treeless Land, April 2013 (4. Auflage). www.rafhladan.is/bitstream/handle/10802/7037/Treeless-land_netutgafa.pdf?sequence=1

Film

»Hekluskogar« von Profilm und Kristinn Þorsteinsson, 2006 (englisch, 7 Min.) www.youtube.com/watch?v=5DFSN6lC8yw

»Iceland Is Growing New Forests for the First Time in 1000 Years«, Ewa Hermanowicz, 2017 (5 Min.) www.youtube.com/watch?v=pnRNdbqXu1I

Klaus Hirrich und FAL e.V. | Mecklenburg-Vorpommern
Eine Region wieder zur Blüte gebracht

Klaus Hirrich gehört zu den maßgeblichen Initiatoren, die in der kleinen Gemeinde Wangelin in der Region Müritz (Mecklenburg) seit der Wende eine Reihe von ökosozialen Projekten anstießen. Der »Verein zur Förderung ökologisch-ökonomisch angemessener Lebensverhältnisse westlich des Plauer Sees e.V.«, kurz FAL, ist unter anderem Träger der Europäischen Bildungsstätte für Lehmbau, des Lehmmuseums Gnevsdorf sowie des wunderschönen Wangeliner Gartens, wo Gäste auf anderthalb Hektar mehr als 900 Pflanzenarten und -sorten und auch faszinierende Lehmarchitektur sowie einen begehbaren Maulwurfshügel erleben können. Für das Projekt »Werkstatt des guten Lebens – Antworten und Lösungen finden für die Probleme der Region« erhielten Hirrich und der FAL e.V. zwischen 2013 und 2017 finanzielle Unterstützung durch das Neuland-Programm der Robert-Bosch-Stiftung.

Laut einem Buch über »Neulandgewinner« – Graswurzelprojekte, die in strukturschwachen Gegenden Ostdeutschlands innovative Wege aufzeigen – hat Klaus Hirrich zusammen mit Leuten aus seiner Region neben einem ganzen »Kosmos an Projekten« nebenbei auch noch 50000 Bäume gepflanzt, weil »die Landschaft in und um die Dörfer Wangelin und Gnevsdorf so leer aussah«. Grund genug für mich, einen Ausflug nach Wangelin zu machen und mir die Geschichte zu diesen Aufforstungen etwas ausführlicher erzählen zu lassen. Die letzten Kilometer ab der Kreisstraße fahre ich durch eine schöne, vielleicht 20 Jahre alte Birkenallee und frage mich, ob die wohl auch vom FAL-Verein gepflanzt wurde.

Klaus Hirrich erwartet mich im Café des Wangeliner Gartens, dem größten Kräutergarten Mecklenburgs. Er trägt weißgraue schulterlange Haare und einen Bart. Der gelernte Schlosser, Jahrgang 1953, wurde nach einem missglückten Fluchtversuch aus der DDR inhaftiert. 1986 zog der Dresdener nach Mecklenburg und erlebte dort das Wüten dessen, was im Westen »Flurbereinigung« hieß. Er erzählt mit deutlich sächsischem Zungenschlag, wie sein Bewusstsein für die Wichtigkeit von Bäumen geschärft wurde: »Alles, was der DDR-Großraumlandwirtschaft im Wege stand, musste weichen. Jeder Baum, der die Maschinen behinderte, wurde weggemacht. Ich habe damals ziemlich heftig versucht, einiges zu erhalten – was auch gelungen ist. Aber letzten Endes war die Landschaft bis zur Wende doch extrem ausgeräumt. Du konntest hier endlos gucken.

Nach der Wende waren dann alle arbeitslos, und man konnte Arbeitsbeschaffungsmaßnahmen durchführen. Wir haben als Verein gesagt: Okay, wir arbeiten mit den Leuten, doch wir werden mit ihnen niemals ›den Wald fegen‹« – ein Ausdruck für sinnlose Beschäftigungsmaßnahmen –, »sondern eher einen Wald anpflanzen. Wir haben immer versucht, etwas für die Region zu machen, für die Menschen und für die Natur.«

Wenn Klaus Hirrich von »wir« spricht, meint er die 50 bis 60 Mitglieder des 1990 gegründeten FAL-Vereins. Sie alle seien von Anfang an vom Aufforstungsgedanken beseelt gewesen. Und auch andere Anwohnerinnen und Anwohner waren für Pflanzaktionen leicht zu gewinnen; er erinnert sich an Arbeitseinsätze, wo der Bürgermeister aus Ganzlin mit dem Pastor aus Gnevsdorf Bäume gesetzt hat. Die ersten Jahre der Vereinstätigkeit sind Klaus als wilde Zeit im Gedächtnis geblieben: »In der Umbruchszeit nach der Wende gab es Freiheiten, die heute kaum mehr vorstellbar sind. Wir haben zum Beispiel einfach ohne Genehmigung an der Kreisstraße gepflanzt. Wir haben niemanden gefragt, sondern nur auf der Flurkarte geguckt, was Gemeindeland war. Bemerkenswerterweise wurden von den vielen Bäumen bis heute nur ganz wenige gefällt. Die Nachwendezeit war gewissermaßen eine Art gesetzlose Zeit – die wir völlig unverfroren genutzt haben, indem wir alles mit Bäumen vollpflasterten, was ging.«

Später, das weiß ich aus dem Buch »Neuland gewinnen«, war Klaus Hirrich zehn Jahre lang Bürgermeister von Gnevsdorf. Das meint er vermutlich, wenn er sagt: »Wir haben einen ziemlich guten Draht zur Gemeinde, der war früher sogar noch besser. Dadurch konnten wir uns Dinge erlauben, die man heute so nicht mehr machen kann. Heute braucht man entweder ein eigenes Grundstück oder man lässt sich auf Genehmigungsverfahren ein. Doch Ackerland zum Beispiel ist ja mittlerweile extrem teuer geworden, und für öffentliche Flächen gibt es zahlreiche behördliche Hoheiten, die bei Bepflanzungen mitreden wollen.«

Klaus Hirrich bringt das Beispiel der schönen Birkenallee an der Gemeindestraße. Diese würde in der neuen Zeit in dieser Form gar nicht mehr genehmigt: »Heute müssen Straßenbäume einen Standard in puncto Größe und Wuchsbild erfüllen. Doch wir haben einfach Bäume aus einem Moor, das zu verlanden drohte, genommen. Die sind halt schief und krumm.«

Mein Gastgeber führt mich durch den Garten, und ich kann es kaum fassen, als er erwähnt, dass das Gelände noch vor zwanzig Jahren eine kahle, ans Dörfchen Wangelin angrenzende Ackerfläche gewesen sei. Alles ist hier üppig grün, die zahlreichen

Bäume machen einen wesentlich älteren Eindruck. Mir kommt dieses chinesische Sprichwort in den Sinn: »Die beste Zeit, einen Baum zu pflanzen, war vor zwanzig Jahren! Die zweitbeste Zeit ist jetzt.«

Hatte Klaus so etwas wie ein Vorbild? Jean Gionos Geschichte vom »Mann, der Bäume pflanzte« kennt er nicht, doch Joseph Beuys und die Pflanzung seiner 7000 Eichen in Kassel, das fasziniere ihn schon lange. »Die Gestaltung unserer ehemals ausgeräumten Landschaft hat auch immer ein bisschen was mit Kunst zu tun.« Er lacht und bekräftigt dann, dass seine Motivation für das Aufforsten freilich nicht bloß eine ästhetische, sondern immer auch eine ökologische gewesen sei. »Ein Gedanke war, dass so ein Baum, den man wachsen lässt, in seiner Lebenszeit schon eine ganze Menge CO_2 einspeichert. Etwas für den Erdball tun, für Mutter Erde – das sind zwar nur bescheidene, lokale Ansätze, aber irgendwas muss man ja machen.«

Wie viele Bäume die Leute vom FAL seit 1990 gepflanzt haben, lässt sich heute nur mehr schätzen. Klaus sagt, es müssen wohl 50 000 bis 60 000 sein. Er ist zufrieden: »Unser Anliegen, die Landschaft wieder lebendig zu machen, ist an vielen Stellen gelungen. Wir haben Sträucher und Hecken angelegt und kamen irgendwann auf den Gedanken, dass Obstbäume ja noch sinnvoller sind: Die Leute bekommen was zu essen, ebenso die Insekten und andere Tiere. Also haben wir unzählige Obstbäume gesetzt, die mittlerweile schon ganz gut nutzbar sind. Zum Teil haben wir die Bäume selber veredelt, andere haben wir mit Spenden- und Fördergeldern eingekauft.«

Die Pflanzaktion als Party

Am Tag meines Besuchs steht zufälligerweise noch eine Pflanzaktion an: An einem Weg sollen 90 neue Bäume – 20 Linden und 70 Obstbäume – ihre Bestimmungsorte finden, das Ganze ist eine Ausgleichsmaßnahme für Windkraftanlagen. Den Wanderweg hatte ein früherer Bürgermeister im Rahmen der Flurneuordnung schon vor 15 Jahren als Obstbaumallee vorgesehen. »Die Bäume bekommen wir gestellt, und außerdem erhält der Verein noch Geld. Die Umsetzung geschieht mit unseren Arbeitskräften, und einige Ehrenamtliche sind auch dabei. Wir versuchen, wieder eine Party daraus zu machen, um zusätzlich 10 oder 20 Vereinsmitglieder anzulocken.« Eher nebenbei erwähnt Klaus die guten Kontakte zum örtlichen Großagrarier. Obwohl der sich von all den wiederangelegten Wegen, Hecken und Alleen behindert fühlen könnte, schickt er jeweils einen Mitarbeiter mit dem Bagger vorbei, wenn es neue Pflanzlöcher auszuheben gilt – eine schöne Pointe, wenn man bedenkt, dass die Geschichte des FAL mit der Flurbereinigung für die Agrarindustrie begann!

Auch darüber, wie viel seiner Zeit bereits ins Bäumepflanzen geflossen ist, hat Klaus keine Aufzeichnungen gemacht. Alles in allem müssen es wohl Jahre gewesen sein. »Man kann ja nicht einfach irgendwo 'nen Boom reinstecken, es gibt da immer auch einiges zu planen. Gerade mit den für heute Nachmittag angesetzten Pflanzungen wird mir wieder klar, was für eine extrem aufwendige Geschichte das ist! In den neuen Zeiten gibt es um die 90 Bäume endlos viel organisatorisches Hin und Her.« Und er setzt etwas wehmütig nach: »Früher war das einfacher.«

Doch sein Blick geht nach vorne. Viele der in der Vergangenheit gepflanzten Obstbäume bringen in guten Jahren bereits massenhaft Früchte hervor, das sei eine schöne Grundlage für eine zukünftige wirtschaftliche Verwertung. »In Ganzlin betreiben wir eine eigene Mosterei, die neben Saft auch Obstessig und Fruchtaufstriche herstellt. Um die Obstmassen zu bewältigen, müssen wir jetzt aber unsere Verarbeitungsstrecke ausbauen. Eine weitere Idee betrifft die Anschaffung einer Ölmühle, mit der sich zum Beispiel Walnussöl herstellen ließe.«

Und wie geht es weiter mit den Bäumen? Sind die FAL-Aktivisten nicht allmählich zufrieden mit dem Erreichten? Zumindest Klaus denkt nicht ans Aufhören: »Unsere eigenen Grundstücke sind schon alle bepflanzt. In Zukunft werden wir wohl wieder vermehrt Flächen der jetzt vergrößerten Gemeinde aufforsten. Außerdem planen wir, eine ökologische Baumschule aufzuziehen, von der wir das Material für unsere Pflanzungen beziehen und wo auch die Gäste des Wangeliner Gartens Bäume kaufen können.«

Website

www.fal-ev.de

Stephan Seidemann | Mecklenburg-Vorpommern
Der Langstrecken-Aufforster

Beinahe wären sie für immer geblieben. Der Potsdamer Stephan Seidemann und seine damalige Frau Andrea waren zwischen 1995 und 1997 mehrfach nach Brasilien gereist. Sie hatten von Ernst Götsch gehört, der im Nordosten des Lands aus dem Nichts einen einzigartigen, superfruchtbaren Waldgarten geschaffen hatte (siehe Seite 165). Was die beiden bei ihrem ersten Besuch sahen, ließ aus bloßem Interesse feurige Inspiration werden – und so fuhren sie zwei weitere Male hin, um von dem Pionier zu lernen. Bei ihrem letzten Brasilien-Aufenthalt 1997 wären sie dann sogar fast geblieben. Der Kauf eines passenden Grundstücks war bereits in die Wege geleitet – aber als Stephan noch einmal in sich ging, kam ihm das Unterfangen plötzlich nicht mehr stimmig vor: Sie waren »Gringos«, die letztlich nicht nach Südamerika gehörten.

Also zurück nach Deutschland, wo sie nördlich von Berlin einen Ort zur Verwirklichung ihrer Vision suchten. So stießen sie Ende 1997 im südlichen Vorpommern am Übergang zur Uckermark auf einen zum Verkauf stehenden Hof. Auch hier in Dargitz bei Pasewalk waren die Bodenverhältnisse dürftig – was schon an den Namen der Nachbarorte Sandkrug und Sandförde abzulesen ist. Zum Anwesen gehörte neben einer Scheune und weiteren kleinen Wirtschaftsgebäuden ein Wohnhäuschen und 21 Hektar mageren Lands, von denen rund fünf Hektar mit krummen Kiefern bewachsen waren. »Aber diese Kiefern stehen nur an zwei Stellen«, sagt Stephan. »Auf dem übrigen Grund fand sich damals praktisch kein Baum und kein Strauch. Fast überall fegte der Wind durchs Land.« Die Ausgangsbedingungen ähnelten also denen von Ernst Götschs Versuchsgelände – der Hof schien wie geschaffen, um die in Südamerika empfangene Inspiration Gestalt werden zu lassen: Andrea und Stephan würden nach den syntropischen Prinzipien aufforsten und ihr Ideal der Selbstversorgung verfolgen.

Aber ist so ein Vorhaben überhaupt realistisch? Lassen sich Ernst Götschs Prinzipien – wie dieser behauptet – wirklich auf andere Kontexte anpassen? Bäume wachsen in den Tropen vier- bis achtmal so schnell wie in Klimazonen mit winterlichen Vegetationspausen. Es ist wärmer und das Sonnenlicht ist intensiver, so dass auch im

Halbschatten unter dem Blätterdach eines Walds noch eine Menge fruchttragende Pflanzenarten gedeihen. Zudem ist die zu erwartende Ernte in Äquatornähe höher: Bananenstauden etwa produzieren zweieinhalb Mal so viele Kalorien wie Esskastanienbäume auf gleicher Fläche. Ein wesentlicher Unterschied zwischen europäischen und tropischen Wäldern betrifft die Böden. Die sind in den Tropen ziemlich humusarm, weil sich fast die gesamte Biomasse des Waldsystems über der Erde befindet. Das liegt unter anderem daran, dass der Wald seine Fruchtbarkeit nicht unterirdisch einlagern muss, um den Winter zu überstehen. Aufgrund von Wärme und viel Feuchtigkeit verrotten Blätter und Zweige sehr rasch, ihre Bestandteile werden umgehend wieder in lebende Pflanzen eingebaut (siehe dazu auch den Abschnitt ab Seite 167).

Die ersten Erträge sind immaterieller Natur

Tatsächlich sind heute weite Teile des zum Hof gehörenden Grundstücks von noch jungen, aber gesund wirkenden Waldstücken bestanden. Nicht alle Aufforstungen entstanden nach den Methoden von Ernst Götsch, doch floß immer etwas von dessen Erkenntnissen ein, wenn Stephan wieder ein Stück in Handarbeit »aufbäumte«. Hinter dem schick sanierten Haus durchschreitet der Besucher einen Heckenstreifen aus Nadelgehölzen und Ahorn – und findet sich auf einer Streuobstwiese von etwa einem Hektar, wo vor allem Walnussbäume, Esskastanien, einige Aprikosen sowie Apfelbäume mit offenkundig sehr magerem Untergrund zurechtkommen müssen. Hier und dort hat Stephan in mistgefüllte Löcher Kürbisse gepflanzt – dies sei aber die einzige externe Düngerzugabe, versichert er. An einigen Stellen ist zu sehen, wie die Mahd der kurzgesensten Wiese als düngende Mulchschicht um die Stämme herumgelegt ist. In vielleicht zehn Jahren wird diese Plantage erkleckliche Mengen Nüsse und Obst liefern, und der Boden wird durch Laubfall und weiteres Mulchen an Fruchtbarkeit gewonnen haben.

Wie lange es in Europa wohl dauern mag, bis ein neu angelegtes Waldgartensystem in den Vollertrag kommt? »Ich habe hier zwar schon eine Menge aufgeforstet, aber in Sachen Agroforstwirtschaft stehe ich noch ganz am Anfang«, beginnt Stephan bescheiden seine Antwort. »Ich habe gesehen, wie Ernst Götsch in acht Jahren aus einer vegetationsarmen Ödnis eine essbare Landschaft gemacht hat. Wenn ich schätzen müsste, wie lange so was hier dauert, würde ich sagen: vielleicht fünfzig Jahre. Hier in Europa sind aber vergleichsweise wenige und ganz andere Früchte zu ernten. An Waldrändern kommen schneller erste Erträge. Ich habe zum Beispiel viel Schlehe und Sanddorn gepflanzt. Von meinem Waldgarten ernähre ich mich bislang nur minimal: neben dem Obst nur ein paar Nüsse und Maroni.«

Später wird Stephan sagen, dass es wohl eher eine soziale und psychologische als eine ökologische Frage sei, ob der in Brasilien bewährte Ansatz auch bei uns funktioniert. Wer sich dem Unterfangen stelle, müsse nicht zuletzt an seinen inneren Haltungen arbeiten, etwa ein geduldiges Vertrauen in die Natur entwickeln: »Geduld lernst du hier in der gemäßigten Klimazone, wo Lagerwirtschaft erforderlich ist und dir nicht an 365 Tagen im Jahr die gebratenen Tauben in den Mund fliegen.« Zudem gelte es, in jeder Hinsicht beweglich zu werden: »Die Arbeit mit dem Land hat meinen Geist, mein Herz, meine Seele und letztlich auch meinen Körper geöffnet. Sie ist eine Möglichkeit, uns zu heilen und uns mit den natürlichen Prozessen zu verbinden.«

Die Zukunft liegt in mehrjährigen Pflanzen

Wer durch die maximal 20 Jahre jungen Schonungen auf Stephans weitläufigem Grundstück streift, mag ahnen, dass man mit etwas Geduld auch in gemäßigten Breiten Bäumen beim Wachsen zusehen kann. Direkt hinter der Streuobstwiese liegt ein Waldstück, das Stephan mit punktueller Unterstützung anderer gepflanzt hat. Die zehnjährigen Eichen, Robinien, Lärchen, Wildkirschen und Douglasien stehen so dicht, dass der Eintritt nicht leicht fällt. (Er hat hier nicht bzw. nicht nur mit Pioniergehölzen gepflanzt, weil die geldgebende Forstbehörde die Baumarten vorgab, möchte den Wald aber nachträglich mit fruchttragenden Bäumen durchsetzen.) Es ist hier viel feuchter als nebenan auf der vom sehr trockenen Sommer gezeichneten Magerwiese mit lichtem Streuobst-Baumbestand; die Vegetation ist erstaunlich üppig. Wenige Schritte im Inneren der Schonung sind Hinweise auf die Götsch'sche Bewirtschaftungsweise zu erkennen: abgeschnittene, in die Reihen zwischen den Stämmen gelegte Äste, die den Boden mit organischer Masse anreichern sollen. Stephan zeigt manchmal Gruppen, wie das Beschneiden mit dem Buschmesser und das Mulchen gemacht werden und wie so eine Anpflanzung sich peu à peu zu einem essbaren Wald umbauen lässt.

Als seine Partnerin noch auf dem Hof lebte, versuchte sich das Paar auch im Anbau von Getreide. Stephan hat das Selbstversorgungsexperiment nicht in bester Erinnerung: »Dabei durften wir lernen, wie ungeheuer viel Plackerei und energetischer Aufwand im täglichen Brot steckt – einem Lebensmittel, das vielen Menschen letztlich nicht einmal gut bekommt: Schon der Anbau ist irre aufwendig, dann die Ernte, die trockene Lagerung, der Transport, das Vermahlen, das Backen …« Ihm sei klar, dass so ein Waldgarten eine Ernährungsumstellung bedinge. »Letztlich müssen wir als Gesellschaft wegkommen von den einjährigen Pflanzen«, glaubt er – und räumt ein, dass es ihm selbst schwerfalle, sich das geliebte Brot abzugewöhnen.

Auch an den Stellen, wo Stephan dem alten Kiefernbestand Bau- und Brennholz entnommen hat, wachsen nun Esskastanien und Haselnüsse hoch. Maroni bieten eine vergleichsweise wenig arbeitsintensive Methode, in Dauerkultur Kohlenhydrate anzubauen – sind sie einmal durch die ersten Jahre gebracht, muss mensch eigentlich nur noch ernten; auch Mehl lässt sich aus den Früchten herstellen. Walnüsse sind eine weitere Möglichkeit, sich hierzulande von Bäumen zu ernähren; aus den Nüssen kann man sogar feines Speiseöl pressen. Doch anders als in den Tropen gedeihen in Europa eben kaum essbare Früchte im schattigen Bodenbereich der Wälder. Auf die Frage, welche Kulturen Stephan in der Bodenetage seines Waldgartens angepflanzt hat, nennt er bezeichnenderweise eine Pflanze, die er als hervorragendes Mulchmaterial angesiedelt hat: den Färberwaid. »Der sät sich schön aus, braucht nicht viel Wasser, ist tiefwurzelnd und mehrjährig.« Und wie sieht es mit essbaren Pflanzen aus? Stephan: »Ich werde mal versuchen, Bohnen an Bäumen ranken zu lassen. Da musst du aber wenigstens ab und zu gießen – etwas, das Ernst Götsch nicht machen würde.«

Zu den Prinzipien seines Lehrers zählt nämlich, dass »Wasser gepflanzt« wird: Bewässerung und die Anlage von Wasserrückhaltegräben und -teichen seien überflüssig, die Pflanzen selbst brächten das Wasser ins System. In den Tropen scheint das zu funktionieren, denn tatsächlich führen seit der Landschaftswiederherstellung auf Götschs zuvor ausgetrocknetem und winddurchtostem Gelände in Piraí do Norte im brasilianischen Bundesstaat Bahia heute alle 17 Wasserläufe, die das Gebiet durchziehen, wieder ganzjährig Wasser; auch die Temperaturen sanken beträchtlich.

Ausdauer-Anpflanzer

Man kann davon ausgehen, dass an den Stellen, die dank Stephan Seidemann mittlerweile nicht mehr kahl daliegen, heute Wasser- und Humusgehalt sowie die Artenvielfalt deutlich gestiegen sind. Fast sieben Hektar neuen Walds hat der Mann in zwanzig Jahren gepflanzt und gehegt – während er unter anderem noch Kinder großgezogen, Gärten betreut und Häuser gebaut bzw. saniert hat. Wo hat Stephan nur die Ausdauer und Kraft für all diese Projekte – die, wie er heute weiß, für einen allein doch zu viele waren – hergenommen? Vielleicht liegt die Antwort darin, dass er bis Mitte der 1990er Jahre Marathons gelaufen ist, ja, 1983 sogar einmal DDR-Meister war (und das, ohne ins staatliche Leistungssportsystem integriert gewesen zu sein). Schon als Kind hatte er mit dem Laufen angefangen, am liebsten rannte er bereits damals auf einsamen Waldwegen. Gegen Ende seiner Karriere sagte er sich mehrmals vom Leistungssport los, um dann jeweils doch wieder weiterzumachen. Das Laufen, meint Stephan rückblickend, sei eine Sucht, nicht anders als Alkoholismus. Vielleicht hat er nach dem endgültigen Abschied vom Ausdauersport seine Kraft und Disziplin ins Pflanzen von Wäldern umgeleitet? Diese Leidenschaft mag auch Suchtpotenzial besitzen, doch erscheint sie insgesamt sinnvoller als das Rennen im Kreis – besonders wenn dabei Antworten auf die Frage nach der Landwirtschaft der Zukunft gefunden werden!

Website

www.seidewald.de

Roland Gorsleben | Mecklenburg-Vorpommern
Der Erlkönig

Haben der Herrscher und sein Minister
das Zeitliche längst auch gesegnet,
wird dem Baum von den Menschen noch immer
mit Liebe und Ehrfurcht begegnet.

Tu Fu (712–770), chinesischer Poet

Nichtprofessionelle Aufforstungsenthusiasten finden sich – wie wir schon gesehen haben – auch in Deutschland. Einer von ihnen ist Roland Gorsleben, der 1992 als Teil einer Gruppe von elf ehemaligen DDR-Bürgern und ihren sieben Kindern an den Rand des vorpommerschen Dörfchens Zarnekla im damaligen Landkreis Demmin zog. Sie hatten sich bei den Vorbereitungstreffen eines Projekts kennengelernt, das später einmal das Ökodorf Sieben Linden werden würde.

Bei meinem Besuch erklärt Roland gleich, dass Aufforstung in gemäßigten Klimazonen verhältnismäßig einfach sei, denn verglichen zu trockenen, vegetationslosen Gebieten gäbe es hier ja schon eine gute Bodengrundlage: »Ich habe nichts gegen Grasland«, meint er, der schon im Rahmen des DDR-Schulunterrichts ganz praktisch gelernt hatte, wie Wald »gemacht« wird. »Aber was für das Ökosystem dieses Planeten definitiv am besten ist, ist Wald. Nichts wird heute dringlicher gebraucht als der Schutz von bestehenden und das Anpflanzen von neuen Wäldern!« Fundamental wichtig sei in Zeiten der Erdüberhitzung zum Beispiel die Funktion der Baumvegetation für das natürliche Kühlungssystem des Planeten als kühlende Schattenspender (siehe das Kapitel über die Forschung von Wilhelm Ripl ab Seite 71).

Solche ökologischen Erwägungen hätten – neben ästhetischen Gründen – den Ausschlag dafür gegeben, dass die junge Gemeinschaft schon im Herbst 1994 damit begann, zunächst dreieinhalb Hektar des 15 Hektar großen Gemeinschaftsgrundes aufzuforsten. »Da wir Fördergelder beantragt hatten, konnte der Förster uns vorgeben, dass ein Teil der betroffenen Fläche mit Erlen, der andere mit Linde, Eiche, Esche, Feldahorn und Hainbuche zu bepflanzen sei. Wir setzten die Bäume aber nicht in Reih und Glied, sondern verteilten sie in Hippiemanier wild über der torfigen Wiese, pflanzten aus Lust und Laune heraus Kreise aus Linden oder Erlen. Da bezahlten wir dann in den Folgejahren reichlich Lehrgeld, als die in dem nährstoffreichen Boden super entwickelten Brennnesseln und das Klettlabkraut unsere Setzlinge völlig überwucherten. Wir mussten sie dann mühsam einzeln suchen und vorsichtig mit Sicheln freischneiden. Die folgenden Erstaufforstungen setzten wir schließlich ganz preußisch in Reih und Glied.«

Wir brechen zu einer Begehung »seiner« Neupflanzungen auf. In den Jahren 1997, 2004 und 2010 hatte es auf dem Land des Vereins I.G.E.L. e.V. (Im Grünen einfach leben) noch weitere, von freiwilligen Helfern unterstützte Aufforstungsaktionen gegeben, und in der Nähe des Hauses entwickelt sich nun auch eine schöne Streuobstwiese. Es ist berührend, die Begeisterung des Landpflegers und -hüters zu fühlen, während er hier- und dorthin deutend durch verschieden alte Erlen-»Wälder« führt, die genaugenommen als »Forst« zu bezeichnen seien, weil sie eben nicht natürlich gewachsen sind. Spontan fällt mir der Name »Erlkönig« ein, irgendwie passend. Roland Gorsleben – der Briefe auch mal mit »Zar Nektar« (abgeleitet vom Ortsnamen Zarnekla) unterschreibt und mir sein Alter nicht verraten mag – erzählt beim Gehen, dass es teuer und anstrengend werden kann, wenn das Forstamt die Nachpflanzung von einigen tausend auf der Strecke gebliebenen Jungbäumen anordnet; dass es frustrierend ist, wenn ein einzelnes durch den Zaun der Schonung eingebrochenes Reh sich monatelang an den mühsam hochgepäppelten Setzlingen fett frisst und sich einfach nicht vertreiben lässt ... Ich kann nicht anders, als ihn zu fragen, ob er angesichts solcher Rückschläge denn gesinnt sei, die Baumpflanzerei weiterzuführen. »Ja klar! Immer für das Leben!«, kommt die Antwort sofort. »Wenn ich nur an Land käme, würde ich gleich weitermachen!«

Aber Land sei heute, wo der Boden zur beliebten Kapitalanlage geworden ist, fast unerschwinglich. Aus diesem Grund habe es nicht einmal das vergleichsweise baumarme Flächenbundesland Mecklenburg-Vorpommern geschafft, das Staatsziel von 1994 umzusetzen und die Bewaldungsquote von 21 Prozent auf 30 Prozent zu erhöhen. (In zwanzig Jahren reichte es gerade mal für 2 Prozent Steigerung.) Mir kommt der Gedanke, dass die Aufforstungsenthusiasten sich vielleicht doch besser in den sich ausbreitenden Wüstengebieten der Erde austoben sollten. Dort gibt es vermutlich preiswerten Platz in Hülle und Fülle.

Experimentierfreudig

Der fiktive Bäumepflanzer Elzéard Bouffier in Jean Gionos berühmter Geschichte vom »Mann, der Bäume pflanzte« verfolgt eine Methode, die in der realen Aufforstungspraxis nur höchst selten zur Anwendung kommt. Es heißt dort, der Schäfer sei durch die Berglandschaft gegangen und habe dabei ausgesuchte Eicheln in Löcher gesteckt, die er mit dem Stock in den Boden stieß. Die realen Begrünungspioniere hingegen scheinen allesamt Setzlinge zu pflanzen. Roland Gorsleben aber möchte die Direktsaat gerne einmal ausprobieren. Auf der Vereinswebsite schreibt er:

»Sobald der I.G.E.L. e.V. wieder an Land zum Aufforsten kommt, werden wir folgendes Experiment an den Start bringen: Aufforsten ohne Förderung. Das heißt ohne vorhergehendes Standortgutachten und ohne Kulturkontrollen. [...] Das Ganze einzäunen, dann wird die Fläche maschinell gemäht, gemulcht und gegrubbert [...]. Vorm Grubbern werden wir mit Freiwilligen massenhaft Samen auswerfen, alles, was wir in der Saison sammeln und einsacken konnten an Eicheln, Bucheckern, Nasenflügeln, Maronis, Eschenrotoren, Lindenkugeln, Zapfen und Nüssen, gern auch aus botanischen Gärten. Vielleicht sollte noch gewalzt werden? Je nach Standort können auch Hasel, Weiden und Pappeln gesteckt werden. Dann lassen wir die Fläche zehn Jahre lang vollkommen in Ruhe, keine Pflege. Ich bin mir sicher, dass es ausreichend viele Bäume (mit unbezahlbar gesunden Wurzeln) schaffen werden und ein Wald entsteht.«

—

Website

www.parkhueter.de

Lili-Alba Schilling und Michael Kubitschek | Frankreich

Begrünungs- und Lesepioniere

War es Zufall oder wundersame Synchronizität, dass ich im April 2017 über eine gemeinsame Bekannte auf Lili-Alba Schilling und Michael »Serge« Kubitschek stieß? Die beiden Mitfünfziger waren damals auf dem Sprung, nach Südfrankreich auszuwandern, um ein Modellprojekt zur Wiederbegrünung aufzubauen – und das Material zu diesem Buch hatte gerade eine halbwegs präsentable Form gefunden. Nach einem anregenden Gespräch übergab ich das Manuskript erstmals an zwei Testleser, die gehöriges Interesse am Thema mitbrachten. Ich war gespannt: Wie würde der ungewöhnliche Ansatz bei ihnen ankommen? Würden die Geschichten und theoretischen Kapitel auch auf eine »fortgeschrittene« Leserschaft wie Lili-Alba und Michael inspirierend wirken? Würden die beiden darin überhaupt etwas für sie Neues finden?

Als Erstleserinnen schienen die beiden jedenfalls ideal zu sein. Sie erzählten mir von der Weinbauregion Corbières in Okzitanien, wo sie im Departement Aude mit der Hilfe eines Förderers zweieinhalb Hektar Land erstehen konnten, mit der Aussicht auf mehr als zwanzig weitere. Mit EU-Fördermitteln werden in dieser Region unrentable, kleinparzellige Weinbauflächen stillgelegt. Bis zu 25 Prozent der Flächen sind wegen globaler Überproduktion unrentabel geworden. Immer mehr Betriebe schließen, wobei in etwa der Hälfte der Fälle ungeklärt ist, was künftig mit dem Land geschehen soll. Die beiden berichteten, dass die ehemaligen Weinbau-Böden in ihrer neuen Heimat ökologisch betrachtet in einem desaströsen Zustand seien; vielerorts gebe es praktisch keinen Humus mehr und keinerlei sichtbares Bodenleben. Michael: »Die Verkarstung ist offensichtlich, es gibt kaum Wald, und die Dörfer müssen im Sommer immer öfter per Lkw mit Wasser versorgt werden, weil der Grundwasserspiegel fällt. Im Winter gibt es eigentlich reichlich Regen, doch der harte, wurzellose Boden kann die Niederschläge nicht zurückhalten. Uns ist klar: Es braucht Bäume, Bäume, Bäume!«

Ihrem Plan, in Verbindung mit der einheimischen Bevölkerung mittels naturgemäßem Anbau die Landschaft wiederzubegrünen, aufzuforsten und Humus aufzubauen, stünde die Gemeinde positiv gegenüber, wie mir Michael und Lili-Alba berichteten.

»Der Bürgermeister und der überwiegende Teil der rund 50 Dorfbewohner sind unserem Vorhaben zugeneigt – zumal es unter ihnen bereits zwei Menschen gibt, die aktiv Permakultur betreiben und gerne eine Art Permakulturzentrum aufbauen möchten.« Sie träumen von einem »möglichst nichtmonetär gesteuerten Leben in überwiegender Eigenversorgung und im (Aus-)Tausch mit anderen Menschen«. Mit ihrem Modellprojekt wollen die Idealisten zur Entwicklung einer globalen »sozialökologischen, interkulturellen Allgenerationen-Friedenskultur« beitragen. Sie planen die Durchführung von Erfahrungscamps oder auch soziale Einzelfall-Arbeit.

Lili-Alba stammt vom Land und verfügt über tiefe Erfahrungen und Kenntnisse im Umgang mit Pflanzen, Kleintieren und anderen Organismen; ihre pädagogische Qualifikation erwarb sie sich u.a. als Montessori-Lehrerin. Michael verbrachte seine Jugend überwiegend im Wald, er hat eine pädagogische Ausbildung im Bereich Musik und lebt sein unternehmerisches Leben »von einem interessanten Projekt zum nächsten«.

Am Ende ihres ersten Sommers in Corbières berichteten Lili-Alba und Michael, dass sie bei einem Spaziergang einem weiteren Verbündeten begegnet seien. Sie hatten bereits von einem »heimlichen Bäumepflanzer« gehört, der zur Verärgerung der örtlichen Wildschweinjäger hier und dort ungefragt Haine aus verschiedenen Baumarten anlegte (in denen die Schweine natürlich besseren Schutz finden als in der offenen Landschaft). Aufgrund der Kontroversen kehrte der Mann dem Dorf schließlich den Rücken – obwohl er durchaus Sympathisanten unter den Einwohnern hat, die ihn für seinen Mut bewundern. »Wir haben uns bei der Begegnung sofort großartig verstanden«, schrieb mir Michael. »Er erzählte uns, dass er die Baumpflanzungen jahrelang betrieben und vor allem nachts gepflanzt habe. Später hat er uns einige seiner Grundstücke gezeigt und uns einfach so, ohne Gegenleistung, einen seiner Gemüsegärten zur Nutzung und zwei kleinere verwilderte ehemalige Weinbauflächen für Pflanzversuche überlassen. Er meinte, dass er nun knapp 60 sei und die Pflege nicht mehr schaffe. Ihm liege am Herzen, dass die Erde möglichst naturgemäß genutzt wird.«

Die Geschichte bestärkt meine Hoffnung, dass die Zahl der Do-it-yourself-Aufforster viel größer ist, als die hier versammelten Beispiele vermuten lassen!

Die Anschubfinanzierung für das Projekt haben Lili-Alba und Michael, der sich jetzt Serge nennt, selbst aufgestellt. Sie hoffen nun auf Unterstützung durch Geldschenkungen, Baum-Patenschaften, Sachspenden, Austausch, Mitarbeit usw.

Ach ja, und das Buch fiel bei den beiden auf fruchtbaren Boden (siehe Seite 269)!

Website

www.terredalbas.org

Ausklang
Anregungen aus meiner Pflanzpraxis

Für eine gute Zukunft für alle braucht es Hunderte Millionen ökologischer Gärtner, Bauern und Forstwirte, die den Boden erhalten, regenerieren, Humus aufbauen.

Ralf Otterpohl, Siedlungswissenschaftler, in seinem Buch »Das Neue Dorf«

Zu Beginn des Buchs hatte ich geschrieben, dass ich in meinem 45-jährigen Leben wohl ein paar Dutzend Bäume gepflanzt habe, mich aber keinesfalls als Experten auf dem weiten Gebiet der Aufforstung betrachte. Zum Abschluss möchte ich nun von meinen bescheidenen Versuchen berichten, ein paar mehr Gehölze in die Landschaft zu bringen. Lassen Sie sich davon doch zu eigenen Experimenten anregen!

Deutschland, dessen Fläche zu knapp einem Drittel mit Wald bestanden ist (11,4 Millionen Hektar mit geschätzt etwa 90 Milliarden Bäumen), weist seit vielen Jahren eine positive Waldbilanz auf, das heißt, die Wälder wachsen nicht nur nach oben, sondern auch in der Fläche: In den vergangenen zehn Jahren stieg der Anteil um 0,4 Prozent, das entspricht rund 50 000 Hektar – das ist nicht viel, aber besser als nichts. Es gibt jedoch auch Ökologen, die davor warnen, gewachsene Kulturlandschaften mit ihrer je speziellen Nischenfunktion für Flora und Fauna zuwuchern zu lassen. Dennoch bin ich sicher, dass es auch hierzulande viel Potenzial für mehr Bäume in den Landschaften gibt. Dieses Potenzial gilt es im Sinn des Klimaschutzes auszuschöpfen.

Ich lebe in Vorpommern, kurz vor der Insel Usedom. Das Land hier ist hügelig und von zahlreichen großen und kleinen Gewässern geprägt: sogenannte Sollöcher (wassergefüllte Senken, die von Eisblöcken herrühren, welche von eiszeitlichen Gletschern in die Erde gedrückt worden waren), größere Seen, der Peenestrom zwischen Festland und Insel Usedom sowie dahinter die offene Ostsee. Die Landschaft ist schön, aber aufgrund der aus der DDR-Zeit übernommenen Agrarstrukturen sind die Felder hier riesengroß. In der ausgeräumten Landschaft fehlen Bäume und Hecken – Gehölze, die Tieren Lebensraum bieten und die den Wind bremsen könnten. Im Grunde genommen wäre dies eine ideale Ausgangsstruktur, um ausführlich mit Agroforst-Lösungen zu experimentieren. Doch ist zu bezweifeln, dass der agrarindustrielle Betrieb, der in der Region mehr oder weniger sämtliche Flächen unter dem Pflug – und unter der Giftspritze – hat, offen für solch einen unkonventionellen Ansatz wäre. Tatsächlich frage ich mich, ob dieser Großagrarier überhaupt ein Bewusstsein für die ökologischen Probleme hat, die mit seiner derzeitigen Arbeitsweise verbunden sind. Möglichkeiten für Baumsetzungen finden sich unter diesen Umständen nur entlang von Straßen und Feldwegen oder im Uferbereich der zahlreichen Sollöcher und Seen. Und genau hier habe ich in den vergangenen Jahren mit der Haltung eines urbanen Guerilla-Gärtners probehalber versucht, Bäume zu pflanzen. Dabei verfolge ich verschiedene Ansätze:

Tipp 1: Setzlinge aus- und an anderer Stelle eingraben

Wann immer ich wildwachsende sehr junge Birken, Eichen, Walnüsse, Pappeln, Robinien usw. fand, grub ich diese mit dem Spaten aus und setzte die Setzlinge an baumbedürftigen Stellen neben eine Verbindungsstraße zwischen zwei Dörfern, auf der ich fast jeden Tag entlangspaziere. Beim Pflanzen gab ich meistens etwas Dünger vom Kompostklo ins Loch; wenn nötig, wurde im ersten Jahr gewässert. Was das Pflanzen deutlich mühsamer macht, ist die Notwendigkeit, die Setzlinge vor Wildverbiss bzw. besonders vor »fegenden« Rehböcken zu schützen, denn es gibt sehr viel Wild in der Gegend. Soll der neue Baum eine gewisse Überlebenschance erhalten, braucht er entweder eine umgebende, zwischen ein und zwei Meter hohe »Drahthose« an zwei oder drei Pfählen, oder man windet eine Plastikspirale um das Stämmchen, was ebenfalls einen gewissen Schutz darstellt.

Machtlos war ich allerdings gegen den entschlossenen Widerstand eines Mannes, der am Rand unseres Dorfs ein Wochenenddomizil hat. Ich hatte mit recht großem Aufwand fünf junge Birken an das seinem Haus gegenüberliegende Ufer eines flachen Weihers gepflanzt. Die Stelle ist von dem Ferienhaus gut 200 Meter entfernt, aber für den Herrn stellte die kleine Aufforstung eine Bedrohung seines freien Blicks auf die dahinterliegende Agrarwüste dar, und so schnitt er die jungen Bäume kürzlich einfach mit der Astschere ab. Die Leser dieses Buchs wissen, dass Do-it-yourself-Aufforster mit Rückschlägen aller Art zu rechnen haben und deshalb eine beachtliche Menge Durchhaltevermögen und Visionskraft benötigen.

Tipp 2: Der Natur ihren Lauf lassen

Variante Nummer zwei beruht auf einer für mich verblüffenden Beobachtung: Auf den meisten Flächen in Mitteleuropa muss vermutlich gar nicht aktiv aufgeforstet werden, wenn man Gehölze in die Landschaft bringen möchte. Wahrscheinlich genügt in den meisten Fällen ein Zaun, der Tiere oder mit Astscheren, Motorsensen und Rasenmähern ausgerüstete Hominiden davon abhält, den natürlicherweise aufkeimenden Bäumen den Garaus zu machen.

Der Prozess der Waldentstehung aus einer Wiese ist in der Biologie als Teil der »Sukzession« bekannt. Ich hatte auf meinen Spaziergängen entlang der Straße zwischen zwei Dörfern entdeckt, dass auf dem Grünstreifen jedes Jahr unter anderem Haseln,

Ahorn, Ulmen, Birken, Pappeln, Eichen und Eschen keimen – um im Herbst jeweils von einem Kommando des Straßenbauamts bzw. der Gemeindeverwaltung niedergemäht zu werden. Man kann sich die Pflanzarbeit sparen, indem man solche wildwachsenden Sprösslinge vor der Klinge schützt: Ich setzte Pfähle und kleine Zäune bzw. markierte mit Fähnchen oder den oben erwähnten Schutzspiralen – was erstaunlicherweise bis jetzt von den gewissenhaft arbeitenden Sensenmännern in Signalwesten respektiert wird.

Man bedenke: Um Arbeitsplätze für Jugendliche zu schaffen und den Umweltschutz zu fördern, hat Indien im Sommer 2014 angekündigt, ein landesweites Aufforstungsprogramm zu starten. Junge Inder zwischen 15 und 24 Jahren sollen entlang der Highways rund 2 Milliarden Bäume pflanzen. Das Programm wird rund 300 000 Arbeitsplätze schaffen und auf diese Weise helfen, die hohe Jugendarbeitslosigkeit zu bekämpfen.

An dieser guten Sache wird der Unterschied zu den klimatischen, biologischen und geologischen Bedingungen in Mitteleuropa deutlich. Um hierzulande – etwas aus Gründen des Klimaschutzes – die Straßen mit zwei Milliarden neuen Bäumen zu säumen, müsste man vermutlich kein einziges Pflanzloch graben und keinen Cent für Pflanzmaterial ausgeben. Es würde genügen, drei Jahre lang alle Mäharbeiten außerhalb eines sinnvollen Abstands vom Fahrbahnrand einzustellen und abzuwarten, was da hochkommt und hölzern wachsen möchte. Das funktioniert auch in einiger Entfernung von vorhandenen Bäumen, denn die Samen vieler Sorten werden durch Wind oder Vögel verteilt. Ich verstehe nicht, warum Straßensäume an manchen Abschnitten für viel Geld mit Bäumen und Büschen bepflanzt werden und zugleich an den meisten Grünstreifen, Böschungen und Straßenbanketten alljährlich ein ungeheurer Aufwand zur Bekämpfung des natürlichen Aufwuchses betrieben wird. Wer den Blick nach England wendet, findet ein zwar waldarmes, dafür aber von Hecken durchzogenes Land, und auch die Landstraßen sind dort über weite Strecken von hohen Hecken gesäumt, die vermutlich einmal pro Jahr mit einer überdimensionalen, fahrbaren Heckenschere getrimmt werden. Was aber machen wir hierzulande? Knapp über dem Boden wird alles niedergemäht, alles »schön sauber« gemacht – und im November werden entlang der Straßen Plastikzäune gegen Schneeverwehungen gezogen!

Zu diesem Punkt gehört noch eine weitere fundamentale Erkenntnis: Aus den Geschichten dieses Buchs, aber auch anhand eigener Beobachtungen und Experimente wurde mir irgendwann klar, dass es dort, wo Wald bzw. Bäume – also guter Boden und ein gutes Mikroklima – vorhanden sind, im Allgemeinen nicht allzu schwer ist, weitere Bäume zu etablieren. Wie gesagt, muss man in vielen Fällen nicht viel dafür tun, dass es »von allein« geschieht. Doch wie schwer wird die Sache, wenn weit und breit kein Schatten, kein Windschutz, kein humoser Boden, kein Mikroklima, kein Samenspender, keine Alternativen fürs baumschädigende Wild, kaum Wasser vorhanden ist! In solchen Fällen muss der aufforstungswillige Mensch in der Regel erst einmal eine Menge Energie aufwenden, um die Startvoraussetzungen für eine Pioniergeneration von Bäumen bereitzustellen.

Im Juli 2019 bemerkte ich beim Kinderwagenschieben auf der oben erwähnten, von mir durch ein Dutzend Bäume verschönerten Allee einen Mann. Auf den ersten Blick schien er Bodenproben aus der Böschung zu entnehmen, doch ein klappriges, an eine Eiche gelehntes Damenrad wollte so gar nicht zu diesem Eindruck passen. Ich sprach den städtisch anmutenden Sonnenbrillenträger an, indem ich meine Neugierde über sein Tun gestand. Darauf hielt der ein Glas mit Aprikosenkernen hoch. »Ich vergrabe Obstsamen, auf dass fruchttragende Bäume draus wachsen«, erklärte der Mittvierziger im Berliner Zungenschlag. Ich antwortete, dass ich selbst ein Bäumepflanzer sei und unter anderem die Walnussbäume zwanzig Meter weiter gesetzt hätte; außerdem erwähnte ich das Buch mit Geschichten über Do-it-yourself-Aufforster, das in Bälde erscheinen sollte. »Hey«, rief er erfreut, »mein Held ist ja Johnny Appleseed!«[1] Mit dieser erstaunlichen Begegnung auf der – außerhalb der kurzen touristischen Saison ziemlich einsamen – Landstraße kommen wir zur nächsten Methode.

Tipp 3: Bäume säen

Zum Erfolg oder Misserfolg der dritten Aufforstungsmethode, mit der ich experimentierte, lässt sich derzeit noch nichts sagen, denn es handelt sich um das von Roland Gorsleben (siehe Seite 252) bereits angesprochene Aussäen von Baumsamen. Auf die naheliegende Idee dazu war ich zugegebenermaßen erst ziemlich spät, nämlich im vergangenen Winter gekommen, als es für das Sammeln von keimfähigem Saatgut mutmaßlich zu spät war. So freute ich mich also, als im Herbst die wunderschönen Eicheln zu Boden fielen. Ich sammelte eine Kiste voll, sortierte nach zwei Wochen die wurmstichigen Exemplare aus – und tauchte die Samen vor der Aussaat eine Nacht lang in Urin. Der Gedanke hinter dieser Behandlung war, dass Wildschweine bekanntlich einen sehr guten Riecher haben, und ich vermeiden wollte, dass sie meine zukünftigen Eichen gleich nach der Aussaat als Nachtmahl verspeisen. Keine Ahnung, ob das funktioniert, aber ich hoffe eben, dass der Geruch menschlicher Ausscheidungen ihnen den Appetit verdirbt. Die so gebeizten Eicheln säte ich in der schmalen Uferböschung eines völlig strauch- und baumlosen Sollochs, welches inmitten eines Felds der Agroindustrie liegt. Ob die Eicheln sich in Mini-Eichen verwandeln, wird sich im kommenden Herbst erweisen, wenn ich dem Ort einen nächsten Besuch abstatte. Gegebenenfalls werde ich mir dann Gedanken über den Schutz der Babybäumchen vor Tier und grünen Mitbewerbern machen.

Eine einfache, kostengünstige und effektive Methode, einen jungen Baum vor Wurzelkonkurrenz zu bewahren, ist das Abmulchen mittels eines größeren Pappkartons, in den vom Rand bis zur Mitte ein Schlitz geschnitten wird. Die den Baum umgebende

Scheibe nimmt den umstehenden Gräsern und anderen Pflanzen etwa zwei Jahre lang das Licht (bis der Karton gänzlich verrottet ist). Zu einem Trichter geformt, kann die Pappe zudem Niederschläge zum Baum leiten. (Bleibt nur zu hoffen, dass Rehe diese Scheiben nicht als Hinweisschilder auf besondere Leckerbissen betrachten.)

Auf www.waldwissen.net findet sich in einem längeren Beitrag über das Aussäen von Baumsamen die folgende einführende Passage: »Direktsaat kann eine Ergänzung zur Naturverjüngung und eine Alternative zu herkömmlichen Methoden wie Pflanzungen mit Nacktwurzlern oder Topfpflanzen sein. Bei Bestockungsversuchen mit Direktsaaten [von Fichten, Bergföhren und Lärchen] ohne Keimhilfen war der Erfolg in der Vergangenheit bescheiden. Der Verbrauch an wertvollem Hochlagensaatgut war groß. Saatversuche mit Keimhilfen zeigen hingegen deutlich bessere Resultate.« Mit Keimhilfen sind hier kleine, kegelförmige Treibhäuschen aus zersetzbarem Kunststoff gemeint, welche die Wärme- und Feuchtigkeitsverhältnisse für den Keimungsvorgang verbessern. »Samen und Keimlinge werden vor Frost, Hagel, sowie vor Fraß durch Vögel, Mäuse, Schnecken und Insekten geschützt. Nach zwei bis drei Vegetationsperioden zersetzen sich die Keimhilfen unter dem Einfluss von UV-Strahlung ohne Rückstände.« Dies betrifft, wie gesagt, das Aufforsten von Nadelbäumen.

Ich bin gespannt auf die Erfahrungen, die Roland Gorsleben bei seiner angedachten Direktsaat von verschiedenen Laubbäumen machen wird.

Tipp 4: Ruten stecken, Bäume klonen

Eine vierte Methode ist recht erfolgssicher und betrifft das Stecken von Haselruten oder Weidenstöcken in den feuchten Boden, z.B. an einer Uferböschung. Wenn die Stöcke leben und der Untergrund nicht austrocknet, kommt es fast immer zur Anwurzelung. Einziges Problem: Rehe knabbern sehr gerne an der jungen Rinde, und Rehböcke wählen zum »Fegen« (das Abreiben der Geweihhaut im Frühjahr) bevorzugt schwache, niedrige Stämmchen, deren Rinde bei der Prozedur meist großen Schaden nimmt. Eine Hülle aus Kaninchendraht kann hier Abhilfe schaffen, ebenso wie vielerorts Bäume in Gewässernähe mit Maschendrahtgürteln vor Biberfraß geschützt werden.

Es muss in diesem Zusammenhang gesagt werden, dass der Wildbestand in Deutschland von konventionellen Jägern widernatürlich hoch gehalten wird, weil sie immer genug Jagdobjekte vorrätig halten möchten. Ökologisch orientierte Jagd-, Forst- und Umweltverbände versuchen seit Jahren, an diesem Zustand zu rütteln, welcher der Naturverjüngung des Walds deutliche Grenzen setzt (einziges Gegenmittel sind umzäunte Schonungen). Bislang sind sie dabei allerdings erfolglos, denn die Jagdlobby ist in der Politik stark vertreten.

Zur Lösung dieses Problems können mancherorts übrigens auch wiedereingeführte Prädatoren wie Wölfe und Bären beitragen. Als im berühmten US-amerikanischen Yellowstone-Nationalpark Elche zu viele junge Bäume fraßen, wurden Wölfe angesiedelt.

Die Anwesenheit von Beutegreifern lässt grasende Tiere ständig umherwandern, was die Überlebenschance von jungen Bäumen erheblich verbessert. Die meisten deutschen Jäger betrachten »Raubtiere« wie Wolf, Luchs und Bär jedoch offenbar als lästige Konkurrenten, die ihnen das begehrte Wildbret »rauben«.

Tipp 5: Die Baumschule

Methode fünf ist die Anzucht von Jungbäumen aus Samen in Töpfen. So habe ich Esskastaniensamen keimen lassen und im Frühjahr ein zweijähriges Bäumchen an die erwähnte Landstraße verpflanzt. Maronen wachsen recht schnell, und angepasste Sorten sollen auch nördlich der Alpen gute Erträge bringen. Ein Fachmann schreibt in einem Permakulturforum, dass der Anbau von Esskastanien eine konkurrenzlos einfache und noch dazu dauerhafte Möglichkeit darstelle, Kohlenhydrate zu gewinnen. Die zu Mehl verarbeiteten Früchte waren jahrhundertelang das »Getreide« der einfachen Bevölkerung in südeuropäischen Regionen, was sich etwa in Südtirol und Norditalien noch heute in zahlreichen Koch- und Backrezepten niederschlägt. Auch hierzulande gibt es heute wieder Ansätze, ein schmackhaftes glutenfreies Brot aus Kastanien und Walnüssen zu backen. Mein Straßenbaum verlor allerdings im Spätsommer bereits die oberen Blätter, und ich vermute, dass hier Wühlmäuse Gefallen an den Wurzeln gefunden haben. Wühl- bzw. Schermäuse sind im Obstbau ein großes Problem, weshalb man dazu übergegangen ist, den Wurzelballen in einem engmaschigen Drahtkorb zu pflanzen oder auch in eine Umgebung aus scharfkantigen Splittsteinen; Letzteres scheint für die Entwicklung der Bäume erstaunlicherweise kein Hemmnis darzustellen.

Vision einer essbaren Allmende-Allee

Walnusswurzeln wirken auf Schermäuse glücklicherweise wenig anziehend. Das erwähne ich, weil die Anlage einer öffentlich zugänglichen Walnussbaum-Allee mit einhundert veredelten Kulturbäumen mein nächstes Ziel ist, quasi Methode sechs: arbeiten mit gekauftem Material. Ich habe solch eine Allee 2018 im brandenburgischen Falkenberg (Richtung Hohenfinow) entdeckt, und ein Anwohner erzählte mir, dass zur Erntezeit Menschen aus nah und fern anreisen, um einen Wintervorrat an Nüssen zu sammeln. Der in Deutschland seit dem Krieg vernachlässigte Anbau von Walnüssen ist eine einfache, dauerhafte Möglichkeit der Erzeugung von öl- und proteinhaltigen Lebensmitteln; eine Region mit Walnussplantage ist in Sachen Ernährungssicherheit gut aufgestellt. Bislang ist bei uns allerdings kein Baum in der Erde, ich stecke noch in der Planungsphase: Über ein Landschaftsschutzprogramm der Landesforstanstalt Mecklenburg-Vorpommern ließe sich möglicherweise eine 80-prozentige Förderung des Unterfangens organisieren. Das nötige Fachwissen sowie veredeltes Pflanzmaterial – verschiedene an hiesige Boden- und Klimaverhältnisse angepasste Sorten – werde ich voraussichtlich von Vivian Böllersen erhalten; die junge Agrarökologin aus Berlin hat im Rahmen ihres Studiums das Potenzial des Walnussanbaus im deutschen Nordosten ausgelotet und anschließend in Velten bei Berlin eine Plantage mit 120 Bäumen angelegt. »Meine« Allmende-Allee soll entlang eines an vielen Stellen noch baumlosen Feldwegs bei meinem Heimatdorf entstehen. Bevor es konkret werden kann, müssen freilich noch Gespräche mit der Gemeinde geführt werden, die Eigentümerin des Wegs ist. Die Bewässerung will organisiert werden, und ich möchte das Versprechen des hiesigen Agrarindustriellen einholen, dass seine Traktoren nicht unnötig dicht an die Anpflanzung heranpflügen. Über die Pflanzaktion selbst mache ich mir keine Gedanken, denn ich habe bereits von vielen Seiten begeisterte Mitarbeits- und Spendenangebote erhalten, als ich meine Walnuss-Vision vorstellte.

Abschließend bleibt mir nur noch, Ihnen, liebe Leserin und lieber Leser, dafür zu danken, dass Sie so lange durchgehalten haben, und Ihnen viel Erfolg für die eigene Pflanzpraxis zu wünschen! – Weitere Anregungen dazu finden Sie auf den nachfolgenden Seiten.

Anmerkung

1 Johnny Appleseed, bürgerlich John Chapman (1774–1847), war ein ökologischer Pionier, der zu einer bekannten Figur der US-amerikanischen Folklore wurde. In einigen Teilen der USA wird sein Geburtstag, häufiger jedoch sein Todestag, als »Johnny Appleseed Day« begannen. Im deutschsprachigen Raum ist er als Johnny Apfelkern, Hänschen Apfelkern oder Hans Apfelkern bekannt (»Die Geschichte von Hans Apfelkern« ist der Titel eines ins Deutsche übertragenen Kinderbuchs des Autors Aliki aus dem Jahr 1963; siehe Seite 270). John Chapmans Spitzname »Appleseed« rührt daher, dass er im gesamten Mittleren Westen Apfelbäume aufzog, die aus den bei der Kelterung anfallenden Kernen ausgesät wurden. Er legte keine Obstgärten, sondern reine Anzuchtgärten voll mit Zufallssämlingen an, deren Früchte sich gut für die Herstellung von Cider (Apfelwein) eigneten. Diese Anzuchtgärten überließ er anschließend lokalen Partnern zur Betreuung. Der Legende zufolge zog er nach dem Tod seiner Verlobten für den Rest seines Lebens als Missionar der durch den schwedischen Mystiker Emanuel Swedenborg begründeten »Neuen Kirche« durchs Land, trug einen Pott auf dem Kopf und hatte die Hosentaschen voller Apfelkerne. Er lehrte die Bibel und schloss Freundschaft mit Indianern, wilden Tieren und Siedlern. Die besondere Bedeutung der Apfelbäume bestand darin, dass Apfelwein der für Pioniere am einfachsten zu produzierende Alkohol war. Dazu waren keine Destillation wie beim Kornbrand, keine aufwendig zu kultivierenden Weinreben oder Hopfen für das Brauen von Bier erforderlich. Autor Michael Pollan zufolge war Appleseed also der »Mann, der den Stoff an die Frontier brachte«. (Quelle: de.wikipedia.org/wiki/Johnny_Appleseed)

Anhang
Leichte Einstiege in die Pflanzpraxis

Wer etwas schaffen will, das Bestand hat über die eigene Lebenszeit hinaus, der muss Bäume pflanzen – nicht Kinder zeugen.

Freiherr von Quint, Romanfigur aus Christine Brückners »Jauche und Levkojen«

Eine Initiative gründen

Durch die Lektüre dieses Buchs haben Sie möglicherweise Lust bekommen, die globale Aufforstungsbewegung um eine lokale Initiative zu bereichern – schließlich gibt es noch viel Platz für neue Bäume. Doch wie anfangen? Wegen der von Ort zu Ort sehr unterschiedlichen politischen und ökologischen Bedingungen kann es kein allgemeingültiges Rezept geben. In der Regel dürften sich jedoch folgende Fragen stellen: Wer ist Eigentümer des Grundstücks, das sich für die Aufforstung zu eignen scheint? Welche Behörden und Gremien wollen möglicherweise mitreden: etwa Grünflächen-, Forst-, Straßenbauamt und/oder die Gemeindevertretung? Welche heimischen Pflanzen bieten sich an? Wie lässt sich die angedachte Maßnahme finanzieren – oder sogar ohne nennenswerten Geldbedarf umsetzen? Bei diesen Herausforderungen wird es schnell unübersichtlich, deshalb folgender Rat: Finden Sie Verbündete für das Anliegen, gründen Sie einen Verein oder eine Bürgerinitiative, wenn es dergleichen in Ihrer Region noch nicht gibt. Und: Lassen Sie sich nicht gleich entmutigen! Denken Sie an den langen Atem, den fast alle Protagonistinnen und Protagonisten in den hier versammelten Geschichten beweisen mussten. Seien Sie kreativ! Für fast alle Probleme gibt es Lösungen.

Nachfolgend seien zur Anregung stellvertretend für die zahlreichen kleinen und großen Initiativen drei deutsche genannt, die sich um lokale Aufforstung bemühen:

Langerwischer Obstgarten e.V.: Die Mitglieder dieses Vereins aus dem brandenburgischen Michendorf bei Berlin haben sich die Erhaltung und Neuanpflanzung von Obstwiesen und -alleen in ihrer Gemeinde auf die Fahnen geschrieben.

www.langerwischer-obstgarten.de

Greencity e.V.: Seit 1992 wirbt der Verein Greencity unter anderem mittels einer »Wanderbaumallee« für die dauerhafte Begrünung Münchens. Mit 15 mobilen heimischen Bäumen werden triste Straßen für einige Wochen in grüne Alleen verwandelt. Die in großen Kübeln stehenden Wanderbäume schmückten bereits mehr als 60 Straßen – von denen nicht wenige anschließend dauerhaft mit Gehölzen bestückt wurden, weil die Anwohnenden den grünen Anblick nicht mehr missen wollten.

www.greencity.de/projekt/wanderbaumallee

Bürgerinitiative Schellenberger Wald: Nachdem 2014 ein Sturm den angrenzenden Wald in Mitleidenschaft gezogen hatte, machten sich siebzig Anwohner zweier Straßen am Stadtrand von Essen dafür stark, die Lücken wieder aufzuforsten. Man bot den Behörden die eingesammelten Spenden sowie tatkräftige Mithilfe bei den Aufräum- und Nachpflanzungsarbeiten an.

kurzlink.de/SchellenbergBI

Organisierte Pflanzungen mit Freiwilligen

Am Ende des vorletzten Kapitels habe ich von meinem Plan berichtet, mit Hilfe von Freunden und Bekannten eine Walnuss-Allee zu pflanzen. Sollte trotz zahlreicher Zusagen dennoch ein Mangel an Arbeitskräften absehbar sein, könnte ich das Projekt bei »WikiWoods« bewerben. Auf der Website der 2007 von Berliner Umwelt- und Klimaschützerinnen und -schützern begründeten Organisation lassen sich Aufforstungsunterfangen einstellen – und Freiwillige können sich anhand der Projektbeschreibungen entscheiden, ob sie Lust zum Mitmachen verspüren. Schauen Sie sich die Seite doch einmal an! Seit den Anfängen haben bei 208 WikiWoods-Aktionen bereits 3481 Freiwillige etwa 172 076 Bäume gesetzt (Stand Juli 2019).

www.wikiwoods.org

Weitere wunderbare Anlässe, das Bäumepflanzen für sich zu entdecken, bietet die multinationale Umwelt- und Naturschutzorganisation Bergwaldprojekt, die mit Freiwilligen in Waldökosystemen arbeitet. Die Organisation führt von Januar bis Dezember einwöchige Arbeitseinsätze für forstliche Laien in der Schweiz, Österreich, Liechtenstein, Deutschland, Katalonien und der Ukraine durch. Die Einsatzorte reichen von den Bergwäldern der Alpen, Pyrenäen und Karpaten über Mittelgebirge wie Schwarzwald, Rhön und Harz bis zum Inselwald von Amrum und Küstenwäldern an der Ostsee. Die Organisation arbeitet hierbei nur in öffentlichen Wäldern bzw. auf Flächen, die gemeinnützigen Organisationen gehören oder, wie in Deutschland, Teil des Nationalen Naturerbes sind.

Die vielfältigen Arbeiten einer Projektwoche können beispielsweise folgende umfassen: Waldpflege, Jungwuchspflege, Bau von Begehungswegen (Steigbau), Aufforsten von Schutzwald, Maßnahmen zum Schutz vor Wildverbiss, Zaunbau, Bau von

Dreibeinböcken, Erosionsverbauungen, Landschafts- und Biotop-Pflege sowie Renaturierung von Mooren. Die durchgeführten Tätigkeiten sind in der Regel für Forstdienstleister aufgrund der geografischen Lage oder der Art der Arbeit (hoher Anteil Handarbeit) wirtschaftlich unrentabel, so dass die Einsätze zu keinem Verdrängungseffekt führen. Neben der Arbeit wird Wissenswertes über das Ökosystem Wald vermittelt. Zu jeder Projektwoche gehört eine forstkundliche Exkursion. Seit 1987 haben rund 60 000 Freiwillige im Bergwald gearbeitet (Stand Juli 2019), wobei die Teilnehmenden eine besondere Art Urlaub in der Natur erleben. Die teilnehmenden Frauen und Männer aller Alters- (ab 18 Jahren) und Berufsgruppen zahlen die An- und Abreise zum Projektort sowie Versicherung selber. Das Bergwaldprojekt sorgt für Unterkunft, Verpflegung sowie professionelle Betreuung und Anleitung während der Einsatzwoche.

www.bergwaldprojekt.org

Permakulturdesigner pflanzen umsichtiger

Der Autor Charles Eisenstein hält in seinem wunderbaren Buch »Die schönere Welt, die unser Herz kennt, ist möglich« an einer Stelle ein Plädoyer für die Permakultur. Er fragt: »Wo im Universum der politischen Debatte über Landwirtschaft ist die Idee eines großflächigen Übergangs zur Permakultur, einschließlich großer Gärten dort, wo heute Rasenflächen sind, einer Wiederbesiedelung der ländlichen Gebiete, der Kompostierung menschlicher Exkremente und der therapeutischen Vorteile einer Wiederanbindung an den Boden? Man könnte dadurch Kohlenstoff wieder in den Boden zurückbringen, die Eutrophierung der Wasserläufe beenden, die Wasseradern wieder auffüllen und die Desertifikation rückgängig machen. Es entstünde sinnvolle Arbeit für Millionen, die danach suchen, es würde drastisch den Verbrauch fossiler Brennstoffe reduzieren – und man produzierte mehr Nahrungsmittel auf weniger Landfläche, wodurch die wilden Ökosysteme wiederhergestellt werden könnten.«

Wer darüber nachdenkt, in großem oder kleinem Stil Landschaftswiederherstellung zu betreiben, dem sei als Grundlage eine Ausbildung in Permakultur ans Herz gelegt. Anbieter gibt es im deutschsprachigen Bereich viele. Die deutsche Permakultur-Akademie bietet ebenso wie die Permakultur-Akademie im Alpenraum (Österreich) die Weiterbildung zur Permakultur-Gestalterin mit dem international anerkannten Abschluss »Diploma of Applied Permaculture Design«. In der Deutschschweiz wird an diesem Angebot derzeit noch gearbeitet, doch auch hier finden sich viele Möglichkeiten für Einführungskurse.

www.permakultur-akademie.net
www.permakultur-akademie.com (Österreich)
www.permakultur.ch (Schweiz)

Gratis-Onlinestudiengang zur Landschaftswiederherstellung an der Hamburg Open Online University

»RuVival« steht für »Rural Revival« (etwa: »das Ländliche zu neuer Blüte erwecken«) und ist eine Plattform der Technischen Universität Hamburg. An der TUHH verfolgt Prof. Dr. Ing. Ralf Otterpohl als Leiter der Arbeitsgruppe Ländliche Entwicklung zahlreiche spannende Ansätze im Sinne dieses Buchs. Die Seiten gehören zu dem sich im Aufbau befindlichen Studiengang »Restoration Engineering«, von dem Teile bereits als kostenloser Onlinekurs zu Erosionsumkehr auf www.ruvival.de verfügbar sind.

Das von Ralf Otterpohl geleitete Institut betreibt zudem in Südäthiopien zusammen mit der örtlichen Bevölkerung von Arba Minch ein praktisches Regenerationsprojekt, bei dem die nachfolgend aufgezählten Ansätze zur Anwendung kommen: Kleinbäuerlicher organischer Landbau mit Polykultur und Agroforstsystemen (mit den vielseitig nutzbaren Moringa-Bäumen), intelligente Nutzung der Niederschläge, Maßnahmen zur Erosionsprävention, nachhaltige Errichtung von Wohnhäusern mittels Lehmbau, integrierte Terra-Preta-Sanitation, Kochen mit Holzgasöfen nach Marius Bierig (NOAH-Lehmofen) und Jörg Fingas (Climatefarming, Metallöfen). Das studentische Projekt »Slope farming Arba Minch« zeigt modellhaft alle Elemente, die im Studiengang Ruvival gelernt werden können.

Professor Otterpohl sagt, dass die Bodenerosion bei weitem das gravierendste globale Problem auf der physischen Ebene darstelle, die Erdüberhitzung sei davon wesentlich mitverursacht. Er findet es unfassbar, dass es trotzdem kaum Universitäten gibt, die sich mit »Restauration Engineering« beschäftigen. Er selber bietet diese Themen bis hin zum Bau von Ökodörfern im Rahmen des internationalen Master-Studiengangs »Environmental Engineering« an der TU Hamburg-Harburg an. Die entsprechenden Kurse sind inzwischen immer voll, viele Absolventen arbeiten bereits beruflich im Sinne von RuVival.

www.ruvival.de
www.slopefarming.org

Suchmaschine Ecosia: »Suche im Web und pflanze dabei Bäume!«

Der Hinweis auf die Internet-Suchmaschine Ecosia (die Betonung liegt auf dem »o«) hat zwar nur indirekt mit Aufforstungspraxis zu tun, darf hier aber nicht fehlen. Denn das kleine Social-Business-Team von Ecosia mit Sitz in Berlin verwendet 80 Prozent der Einnahmen aus kostenpflichtigen Suchanzeigen, um verschiedene handverlesene Aufforstungsprojekte zu unterstützen, darunter auch die Pflanzungen der belgischen Ondernemers Zonder Grenzen in der Sahelzone (siehe Seite 124). Auf diese Weise kamen zwischen 2009 und April 2018 weltweit 24 Millionen neue Bäume zusammen. Alle 1,1 Sekunden kommt eine weitere Baumpflanzung zu Kosten von 0,2 Euro hinzu. Im genannten Zeitraum wurden bereits annähernd 6,7 Millionen Euro in Aufforstungsprojekte in Nicaragua, Peru, Äthiopien, Spanien, Madagaskar, Marokko, Brasilien, Tansania, Burkina Faso und Indonesien investiert. Das hinter Ecosia stehende Team will die Erfahrungen aus den verschiedenen Projekten in Hinblick auf ein ehrgeiziges Ziel zusammenfließen lassen: »Wir möchten die weltweit führenden Baumpflanzexperten werden und herausfinden, wie sich die Superkräfte von Bäumen maximieren und die verschiedenen Effekte sorgfältig ausgewählter Pflanzprojekte miteinander kombinieren lassen«, heißt es im FAQ-Bereich der Website.

Nutzerinnen und Nutzer von Ecosia müssen keine Nachteile gegenüber anderen Suchmaschinen in Kauf nehmen. Die Suchergebnisse und die daneben angezeigten suchgebundenen Werbeanzeigen stammen von Microsofts hauseigener Suchmaschine Bing. Diese ist nach Google die zweitgrößte Suchmaschine in den USA; sie beliefert unter anderem auch die Yahoo!-Suchmaschine. Das Team von Ecosia arbeitet daran, Bing mittels eigener Algorithmen noch effizienter zu machen.

Es gibt also gute Gründe, Ecosia als Standard-Suchmaschine im eigenen Browser einzurichten!

info.ecosia.org/what
Kurzfilm zur Aufforstungsarbeit von Ecosia: www.youtube.com/watch?v=qk5erQLu8to

Danksagung

Zunächst gilt mein Dank all jenen Aufforsterinnen und Aufforstern aus aller Welt, die durch ihr unermüdliches Engagement zur Wiederbegrünung unserer Planetin beigetragen haben und weiter beitragen! Und ich danke Mutter Natur dafür, dass sie uns beständig eine unglaubliche Fülle an Baumsamen schenkt, mit denen wir diese Welt schöner und lebenswerter gestalten können.

Stellvertretend für alle, die die Fertigstellung dieses Buchs durch wertvolle Informationen, Beispiele, Rückmeldungen, Korrekturlesungen und ermutigende Worte unterstützt haben, möchte ich zwei Personen herausgreifen: Lili-Alba Schilling und Michael »Serge« Kubitschek – die in Südfrankreich selbst ein Aufforstungsprojekt gestartet haben (siehe Seite 255) – schrieben mir nach der Lektüre einer frühen Manuskriptfassung: »Wir sind von deinem Buch total begeistert! So viel inspirierender, mut- und lustmachender Input ist einfach grandios!«

Nun bleibt mir noch, mich bei Ihnen, liebe Leserin und lieber Leser, dafür zu bedanken, dass Sie zu diesem Buch gegriffen haben, und hoffe, Ihr Urteil fällt ähnlich positiv aus. Ganz besonders würde ich mich freuen, wenn sich Ihre Lektüre in eigenen Baumpflanzungen niederschlagen würde!

Literaturempfehlungen

Ausgewählte Baum- und Aufforstungsbücher

Abouleish, Ibrahim: Die SEKEM-Symphonie. Nachhaltige Entwicklung für Ägypten in weltweiter Vernetzung, 2004. (6. stark überarbeitete Auflage, Info3-Verlag, 2015)

Aliki: Die Geschichte von Hans Apfelkern, deutsch von James Krüss, Betz 1963. (Bilderbuch, empfohlen ab 4 Jahren)

Beuys, Joseph; Bernhard Blume und Rainer Rappmann: Gespräche über Bäume, FIU-Verlag, 1987.

Börger, Renate: 35 Jahre Auroville. Eine Vision in Arbeit, Connection 2004. (3. aktualisierte und erweiterte Auflage)

del Buono, Zora: Das Leben der Mächtigen. Reisen zu alten Bäumen, hrsg. v. Judith Schalansky, Matthes & Seitz, 2015.

Cotta, Heinrich: Die Verbindung des Feldbaues mit dem Waldbau oder die Baumfeldwirthschaft, Arnold, 1819. (Ansicht und Download eines Digitalisats: kurzlink.de/HeinrichCotta)

Dieterich, Johannes (Hrsg.): Tony Rinaudo. Der Waldmacher, Rüffer & Rub, 2018.

Ehlert, Stefan: Wangari Maathai. Mutter der Bäume. Die erste afrikanische Friedensnobelpreisträgerin, Herder Spektrum, 2004.

Finkbeiner, Felix und Plant-for-the-Planet: Wunderpflanze gegen Klimakrise entdeckt: Der Baum! Warum wir für unser Überleben pflanzen müssen! Komplett Media, 2019.

Grober, Ulrich: Die Entdeckung der Nachhaltigkeit. Kulturgeschichte eines Begriffs, Kunstmann, 2010.

Giono, Jean: Der Mann, der Bäume pflanzte. Illustriert von Quint Buchholz, Hanser Verlag, 2007.

Haartje, Maren: Das Wunder in der Wüste, in: Ute Scheub und Heinrich Böll Stiftung (Hrsg.): Gute Nachrichten! Wie Männer und Frauen weltweit Kriege beenden und die Umwelt retten, 2012.

Hageneder, Fred: Der Geist der Bäume. Eine ganzheitliche Sicht ihres unerkannten Wesens, Verlag Neue Erde, 2016. (Erstmals 1999 erschienen)

Haller, René und Sabine Baer: Von der Steinwüste zum Paradies. Die faszinierende Geschichte eines einzigartig erfolgreichen Experiments in Kenya, Koschany, 1993.

Holbein, Ulrich: Mehr Grün! Ein Dschungelbuch zwischen Kahlschlag und Stadtbegrünung, thinkOya, 2014.

Idel, Anita: Die Kuh ist kein Klimakiller. Wie die Agrarindustrie die Erde verwüstet und und was wir dagegen tun können, Metropolis Verlag, 2016. (6. Auflage)

Jeska, Andreas: Der Mann, der die Wüste aufhielt, Adlerstein Verlag, 2013.

Küchli, Christian: Wälder der Hoffnung, Verlag Neue Zürcher Zeitung, 1997.

von Lüpke, Geseko: Die Alternative. Wege und Weltbild des Alternativen Nobelpreises. Pragmatiker, Pfadfinder, Visionäre, Riemann Verlag, 2003.

Montgomery, David: Dreck. Warum unsere Zivilisation den Boden unter den Füßen verliert, Oekom, 2010.

Nivola, Claire A.: Bäume für Kenia. Die Geschichte der Wangari Maathai, Verlag Freies Geistesleben, 2015. (Bilderbuch, empfohlen ab 6 Jahren)

Palla, Rudi: Unter Bäumen. Begegnungen mit den größten Lebewesen, Edition Zeitblende/AT Verlag, 2018. (Überarbeitete Neuauflage)

Powers, Richard: Die Wurzeln des Lebens, S. Fischer, 2018. (2019 mit dem Pulitzer-Preis ausgezeichneter Baum-Roman)

Radkau, Joachim: Holz. Wie ein Naturstoff Geschichte schreibt, Oekom, 2012.

Robbins, Jim: The Man who Planted Trees. A Story of Lost Groves, the Science of Trees, and a Plan to Save the Planet, Spiegel & Grau, New York, 2012.

Scheub, Ute; Haiko Pieplow und Hans-Peter Schmidt (Hrsg.): Terra Preta. Die schwarze Revolution aus dem Regenwald. Mit Klimagärtnern die Welt retten und gesunde Lebensmittel produzieren, Oekom, 2013.

Scheub, Ute und Stefan Schwarzer: Die Humusrevolution. Wie wir den Boden heilen, das Klima retten und die Ernährungswende schaffen, Oekom, 2017.

Smith, J. Russell: Tree Crops. A Permanent Agriculture, 1929. (Download möglich von: www.soilandhealth.org/01aglibrary/010175.tree%20crops.pdf)

Stone, Christopher D.: Haben Bäume Rechte? Plädoyer für die Eigenrechte der Natur, thinkOya, 2014.

Thoma, Erwin: Die Sprache der Bäume. Und wie die Wissenschaft sie entschlüsselt, Ecowin, 2015.

Weisman, Alan: Gaviotas. Ein Dorf erfindet die Welt neu, Piper 2012.

Wohlleben, Peter: Das geheime Leben der Bäume. Was sie fühlen, wie sie kommunizieren. Die Entdeckung einer verborgenen Welt, Ludwig Verlag 2015.

Wohlleben, Peter: Menschenspuren im Wald. Ein Waldführer der besonderen Art, Pala Verlag, 2015.

Zürcher, Ernst: Die Bäume und das Unsichtbare. Erstaunliche Erkenntnisse aus der Forschung, AT-Verlag, 2016.

thinkOya Akt. Dünger fürs Denken.

Akt 66
Maude Barlow
Die Wasser-Allmende
Eine gute Zukunft braucht gutes Wasser für alle
92 Seiten, 10 Euro, ISBN 978-3-927369-78-8

Akt 112
Christopher D. Stone
Haben Bäume Rechte?
Plädoyer für die Eigenrechte der Natur
128 Seiten, 10 Euro, ISBN 978-3-927369-81-8

Akt 77
Ulrich Holbein
Mehr Grün!
Ein Dschungelbuch zwischen Kahlschlag und Stadtbegrünung
96 Seiten, 10 Euro, ISBN 978-3-927369-82-5

Akt 438
Ute Scheub
Ackergifte? Nein danke!
Für eine enkeltaugliche Landwirtschaft
128 Seiten, 10 Euro, ISBN 978-3-927369-87-0

Akt 08
Wendell Berry
Körper und Erde
Essay über gutes Menschsein
96 Seiten, 10 Euro, ISBN 978-3-9273699-79

thinkOya
Am See 1
17440 Klein Jasedow
Telefon +49 (03 83 74) 7 52 24
Fax +49 (03 83 74) 7 52 23
info@think-oya.de
www.think-oya.de